항공기내
식음료론

김선희·조영신·양정미
서현경·김윤진·이효선·정희용 공저

 (주)백산출판사

P r e f a c e

   오늘날 승객들은 기내식을 단지 식욕을 충족시키기 위한 대상으로서가 아니라 즐거움을 경험할 수 있는 수단으로 인식하고 있다. 이러한 승객들의 차원 높은 식음료 서비스에 대한 요구에 부응하기 위해 각 항공사는 메뉴 개발부터 고객 서비스 방법까지 차별화되면서도 고급화된 서비스를 제공하기 위해 많은 노력을 기울이고 있다.

   본 교재는 나날이 그 중요성이 커짐에도 불구하고 항공 기내식에 관련된 교재가 부족한 점을 느낀 저자들이 효율적이고 세련된 기내식 서비스를 제공하기 위하여 객실승무원이 반드시 알아야 할 내용을 중심으로 구성·집필하였다.

   본서를 집필하면서 어려웠던 점은 식음료에 관련된 방대한 자료를 항공기 객실승무원에게 꼭 필요한 내용만으로 일목요연하게 함축하는 것이었다.

   이 책은 총 4부로 구성되어 있으며 대학 강의 주수에 맞추어 구성하였다. 1부에서는 항공 기내식에 대한 역사와 특징 및 기내식 섭취에 영향을 주는 환경에 대하여 다루었다. 2부에서는 음료의 이해로 음료에 대한 전반적인 이해를 돕도록 구성하였고 3부에서는 식의 이해로 기내식을 이해하기 전에 기본적으로 반드시 알아야 할 내용으로 구성하였다. 4부에서는 앞에서 배운 내용을 바탕으로 항공 기내 서비스의 절차와 내용을 자세히 다루었다.

객실승무원이 되고자 하는 학생들이 실무지침서로 활용할 수 있도록 최선을 다해 정리하였으나 부족한 점과 아쉬운 점이 많이 남는 것도 사실이다. 아무쪼록 부족한 부분은 다음에 더욱 수정·보완할 수 있도록 아낌없는 조언과 격려를 부탁드리며 이 책이 앞으로 승무원을 꿈꾸는 많은 학생들에게 기본 교재와 안내서로서의 역할을 다하길 바란다.

끝으로 본 교재가 출간될 수 있도록 도와주신 많은 분들께 감사드리며 출판을 위해 심혈을 기울여주신 백산출판사 사장님을 비롯한 임직원분들께 진심으로 감사드린다.

저자 일동

C o n t e n t s

제1부 기내식의 이해

제2부 음료의 이해

제3부 식의 이해

제4부 기내 식음료서비스의 이해

기내식의 이해

SALAD

MEAT

BREAD

TEA

DESSERT

항공 기내식의 이해

1. 기내식의 역사와 특징

기내식(幾內食)이란 비행 중 승객에게 제공되는 음식으로 항공기 출발 전에 기내식 공급회사(Catering)가 각 항공사별 기물을 이용하여 기내 주방(Galley)에 탑재·보관된 것을 객실승무원에 의해 미리 계획된 서비스 스케줄에 따라 각종 음료와 함께 승객에게 제공되는 음식을 말한다.

오늘날 승객들은 기내식을 단지 식욕을 충족시키기 위한 대상으로서가 아니라 즐거움을 경험할 수 있는 수단으로 인식하고 있다. 이러한 승객들의 차원 높은 식음료 서비스에 대한 요구에 부응하기 위해 각 항공사는 정선된 메뉴의 선정을 위해 노력하고 있다. 그러나 기내에는 언어, 식습관, 종교가 다른 수백 명의 승객이 탑승하고 있으므로 모두를 동시에 만족시킬 식사를 탑재·제공하기란 사실상 불가능하다. 이러한 이유로 항공사들은 승객 모두가 공통적으로 즐길 수 있는 식사류를 선정해서 제공하는 것이 일반적이며 모든 기내식의 신선도를 유지하는 일을 매우 중요시하고 있다. 또한 상용고객 배려 차원에서 식사메뉴를 정기적으로 교체하는 사이클메뉴(Cycle Menu)제를 행하고 있으며, 승객이 종교 또는 건강상의 이유로 특별식을 원하는 경우에는 예외적으로 개별 희망식사를 준비하여 제공하고 있다. 기내식에 곁들여 제공되는 음료와 주류 또한 승객에게 즐거움을 주는 물적 서비스의 하나이다.

이와 같이 정선된 기내식의 품질 우수성은 항공사의 서비스 품질을 평가하는 데 중요한 요소로 작용하고 있다. 따라서 각 항공사는 타 항공사와의 서비스 차별화를 위하여 다양한 메뉴 개발과 품질 향상에 노력하고 있다.

1) 기내식의 역사

항공운수업 초기에는 비행기 안의 시설이 빈약하여 대개 중간 기착지의 공항식당에서 승객에게 식사를 제공하였으나, 항공기 산업의 발달과 더불어 기체가 대형화되고 장거리를 장시간 운항하게 됨으로써 기내식 제공시설도 개발되었다.

1919년 8월 런던~파리 사이의 정기 항공노선에서 샌드위치·과일·초콜릿 등을 종이상자에 담아 승객에게 제공한 것이 효시가 되었다. 그 뒤 1919년 11월에 네덜란드 항공사인 KLM이 동일한 구간에서 샌드위치와 커피 그리고 차로 구성된 기내식을 제공하였고 다른 유럽의 항공사들도 따라서 기내식을 제공하기 시작하였다.

첫 번째로 기록된 기내식 정찬은 1927년 Air Union에서 승객에게 제공한 것이다. 이들은 오르되브르, 바닷가재 샐러드, 차가운 닭고기요리와 햄, 아이스크림, 그리고 치즈와 과일로 구성된 기내식을 남승무원들에게 서비스하도록 하였으며 식사와 함께 음료도 샴페인, 와인, 위스키, 생수 그리고 커피 등을 다양하게 제공하기 시작하였다.

각 클래스별 서비스가 달라진 것은 1927년 임페리얼 에어웨이가 일등석과 이등석의 요금을 달리하면서 시작되었다.

따뜻한 식사 서비스는 1928년 4월 베를린과 파리 구간의 루프트한자(Lufthansa)항공사가 'Flying Dining Car'를 소개하면서 갤리(galley)에 장비를 갖추고 15명의 승객들에게 준비되어진 따뜻한 식사를 제공한 것이 시초이다.

1930년에 아메리칸 보잉 에어 트랜스포트(현재의 United Airlines)가 8명의 간호사 출신 여승무원을 고용하면서 좀 더 친숙하면서 편안한 식사 서비스를 제공하게 되었다.

기내식의 새로운 변화는 1946년 처음으로 갤리(조리실)에 오븐(Oven)이 장착되어 기내식을 기내에서 직접 가열할 수 있게 된 것이다. 따뜻한 식사를 탑재·보관하여 서비스하는 것이 다였던 기내식을 직접 기내에서 가열할 수 있게 됨으로써 보다 다양한 기내식이 등장하게 된 것이다. 그 뒤 항공기에 탑승하는 다양한 승객들의 기호에 맞추기 위하여 다양한 기내 갤리 장비와 식기류 등이 알맞게 개발되고 디자인되었다.

1960년대에는 비용절감을 위해 기존의 도자기와 유리컵 같은 식기류에서 플라스틱 용기로 식기가 변경되었다.

1970년대에는 좌석 등급에 따라 기내식 서비스의 차별화가 이루어졌다.

현재 퍼스트클래스와 비지니스클래스, 이코노미클래스의 서로 다른 기내식 제공 시스템은 1970년에 만들어진 것이다.

한식의 기내식화는 1990년 대한항공의 워싱턴-하와이(호놀룰루) 구간의 전세기에 처음으로 비빔밥을 선보이면서라고 할 수 있다. 1990년대 초 점차 노선을 확대하여 일등석에서 기내식으로 비빔밥을 제공하였다. 이때에는 즉석밥이 생산되기 전이어서 보온 밥솥에 밥을 담아 탑재하여 승객 개개인에게 나누어주는 형식으로 서비스를 하였다. 비빔밥이 본격적으로 이코노미클래스에 제공된 것은 1996년 즉석 가공밥인 햇반이 생산되면서 가능하게 되었다. '햇반 비빔밥'은 1997년 7월부터 LA, 밴쿠버, 런던, 취리히, 시드니 등 32개 노선 기내식으로 시작하여 지금은 전 노선으로 확장·운영되고 있다. 대한항공의 비빔밥은 청정야채를 식재료로 하여 끊임없는 품질 개선을 통하여 1998년 기내식 부문의 최고봉인 '머큐리상' 대상을 수상하였고 '기내식 비빔밥'의 맛과 품질을 세계적으로 인정받았다. 그 뒤 아시아나도 다양한 한식 메뉴를 개발하여 서비스하고 있다. 대한항공의 비빔밥과 함께 '영양쌈밥'이라는 브랜드명으로 서비스하고 있으며 신선한 쌈용 야채와 5가지 이상의 견과류로 맛을 낸 쌈장을 비롯한 풍성한 한상 차림으로 한식을 세계에 알리는 데 앞장서고 있다.

오늘날에는 지상에서의 호화로운 레스토랑의 다양한 메뉴와 질 좋은 음식에 손색이 없는 음식물을 하늘에서 제공하는 서비스가 가능하게 되었다.

대부분의 항공사들이 제공하는 물적 서비스는 정도의 차이가 거의 없을 정도로 흡사하였으나 최근 경쟁이 점차 과열되면서 새로운 아이디어로 물적 서비스의 차별화와 고급화 전략으로 고객을 유치하려는 움직임이 활발하다. 세계 유수의 항공사들은 고객에게 과거에 경험하지 못했던 물적 서비스를 제공하는데 그중에서 기내식이 근래에 들어 가장 치열하게 고급화·차별화를 위해 경쟁하고 있는 부분이라 할 수 있다.

대한항공 기내식 '비빔밥'

아시아나 기내식 '영양쌈밥'

2) 기내식의 특징

기내식의 특징은 소화가 잘되고 흡수되기 쉬운 저칼로리음식으로 구성된다는 점이다. 이는 항공기의 제한된 좁은 공간이라는 환경적 요인과 기압이 낮고 공기가 건조해 뱃속에 가스가 많이 차게 된다는 점, 그리고 장거리 비행이 주는 운동부족으로 인한 소화장애 등의 요인을 고려한 것이다. 또한 좁은 공간에서 무리 없는 서비스가 가능하도록 알맞게 고안 제작된 식기류나 운반도구가 사용된다. 지상의 일반 음식점과는 달리 기내식은 항공기 운항계획에 맞추어 지상의 조리센터에서 미리 조리된 음식을 정해진 그릇에 담아, 잠시 저장하였다가 항공기 출발시간에 맞추어 기내에 싣고, 알맞은 시간에 기내 주방에서 재조리한 다음 승객에게 제공된다. 제공되는 시간에 따라 조식, 브런치, 중식, 석식, 경식 등으로 나뉘어진다.

세계 거의 모든 항공사에서는 일등석 승객들에게 정찬(full)코스로 서비스를 하고 그 밖의 승객에게는 쟁반(tray)에 미리 준비한 음식을 한상 차림으로 제공하는 것이 보통이다. 특수한 경우로서 인종·종교적 이유 때문에 특별식을 요구하는 승객에게는(비행기 출발 최소 24시간 전까지 요청해야 함) 미리 주문을 받아 별도의 음식을 제공한다.

2. 기내식의 운영

1) 기내식 케이터링센터

항공사의 기내식은 항공사가 자체적으로 케이터링을 운영하거나 항공사와 항공 케이터링사 간의 계약에 의해 생산되어 기내에 탑재되고 있다. 국내에서는 일평균 4만 식 이상의 기내식을 생산하는 대한항공 케이터링과 2만 5천 식 이상을 생산하는 LSG케이터링에서 국내에 취항하는 모든 항공사에게 기내식을 공급하고 있다. 반면 해외에서는 현지공항마다 케이터링업체가 있어 기내식을 공급받고 있다. 그렇기 때문에 같은 항공사라도 출발지에 따라 맛이 다를 수 있다고 생각할 수 있으나 해당 항공사의 기내식 매뉴얼 SPEC에 따라 생산하는 관계로 맛의 차이는 없다고 할 수 있다. 보통 항공사별로 다르나 국적 항공사의 경우 4cycle(Cycle별 3개월 주기)로 운영되고 있어 승객의 취향에 맞는 기내식의 메뉴로 변경하고 있다. 보통 항공사의 메뉴 선정은 해당 항공사와의 Meal presentation을 통해 메뉴를 결정하고 있다.

항공사별 기내식은 자체 탑승승객의 승객분포를 분석하고 회사의 서비스 이미지를 부각할 수 있는 메뉴를 케이터링업체에게 의뢰한다. 케이터링업체에서는 항공사에서 요구하는 기내식 메뉴의 식자재 공급이 용이한지 조리의 제반요건을 확인하고 현지에서 실제 Meal presentation을 통해 확정한다. 신 메뉴들은 대부분 이러한 Meal presentation에서 결정하게 된다. 국내항공사를 통해 개발되었던 고추장과 불고기, 불갈비찜 등의 한식 메뉴는 서울에 취항하는 외국 항공사에 공급하여 승객들에게 좋은 반응을 얻고 있다.

케이터링업체에서 기내식 생산계획을 수립하기 위해서는 먼저 항공편의 항공기 사양, 출발시간 그리고 예약 승객수의 정보를 필요로 한다. 기내식의 생산은 항공기 출발시간을 기준으로 생산량에 따른 생산 소요시간을 역산하여 생산일정을 수립하며, 생산량에 따른 식재료의 준비과정을 필요로 한다. 여기서 중요한 점은 정확한 Meal order 등의 정보가 사전에 필요하다는 것이다. 부정확한 정보의 제공은 식재료의 손실을 가져오거나 혹은 생산량의 부족현상을 초래할 수 있으므로 케이터링 내 상황정보 전달체계의 수립은 매우 중요하다고 볼 수 있다.

기내식은 항공기 운항정보 및 예약정보를 바탕으로 생산되며 이러한 기내식의 생산과정은 대량 생산체제이나 요리사에 의한 음식의 조리과정이 반드시 필요하므로 기계화에 한계가 있는 노동집약적 생산이라는 특징이 있다. 케이터링 계획에는 기내식의 생산뿐만 아니라 음료와 각종 소모품 그리고 기내 서비스용 집기류, 기내 오락용 소프트웨어, 기내 면세품, 기내 서비스용 잡지와 신문 등 많은 종류의 품목이 기내식과 더불어 탑재계획에 포함된다.

케이터링 물품은 지상에서 생산 및 준비되어 비행 중에 기내에서 소모된다. 즉 생산과 소모의 상당한 시간 차이가 발생되며 이러한 사유로 생산으로부터 소모시점까지 전 과정에 철저한 위생관리가 필요하다. 장기간 동안의 음식물 위생관리를 위해서는 냉장보관이 불가피하다. 통계에 따르면 기내식 박테리아의 60%는 온도관리 실패에 기인하는 것으로 보고되

고 있다.

따라서 대부분의 케이터링에서는 식자재 구매부터 생산 그리고 탑재까지의 전 과정에 엄격한 제조공정관리를 하고 있으며 특히 작업장과 냉장고/냉동고의 온도관리 및 손세척 등 개인위생에 초점을 맞추어 위생관리를 철저히 강화하고 있다. 만약 기내에서의 위생사고가 발생하면 치명적이라고 할 수 있다. 기내 식중독 등 응급환자가 발생했다 하면 정도에 따르겠지만 가급적 가까운 공항에 착륙하려고 시도할 것이고 여의치 않을 경우 간단한 기내 응급처치만이 가능할 뿐이다. 이런 특수성으로 인해 위생은 생명과 직결된 문제로 철저한 위생관리 개념이 필요하다. 국내 케이터링에서는 최고 수준의 위생관리 시스템을 구축하고 있으며 유럽항공연맹(AEA)의 위생기준인 HACCP(Hazard Analysis Critical Control Point) 시스템에 의한 철저한 위생관리가 이루어져 위생안전에 관해서는 철저하다고 볼 수 있다.

① 대항항공 케이터링

대항항공 케이터링센터는 1969년 1월 김포공항 케이터링사업을 시작으로 기내식을 생산하고 있으며 인천발 취항하는 대한항공 항공기와 해외 각지에서 인천으로 취항하는 25개 이상의 외항사에게 기내식을 공급하고 있다. 현재는 기내식 공급에 있어 김포공항과 인천공항에 각각의 기내식 생산공장을 보유하고 있으며 2001년 인천국제공항 개항과 동시에 인천공항 내 최첨단시설의 4만 식 생산규모의 기내식 공장을 가동 중에 있다.

② LSG 케이터링

최초 출발은 아시아나항공 케이터링센터에서 출발하였으나 LSG에게 매각하여 운영되고 있으며 주 고객은 아시아나항공에 기내식을 공급하고 있다. 기내식 공장의 규모는 하루 2만 5천 식을 생산규모로 건설하였으나 현재는 일평균 2만 식 이상을 생산하고 있다. 현대적인 감각과 함께 합리적인 공정흐름으로 건설된 기내식 공장은 지하 1층과 지상 2층 규모로 13개 외항사에게 기내식을 공급하고 있다.

2) 케이터링 운영절차

다음은 케이터링에서 기내식 생산부터 탑재까지의 운영절차이다.

(1) PMI(Preliminary Meal Inform)

먼저 케이터링센터의 상황실에서는 고객사로부터 해당 항공편 출발 48시간 전에 출발일의 예약자 수를 받는 PMI(사전 Meal order)정보를 작성하여 각 작업장으로 전달한다. 각 작업장에서는 PMI에 따라 Meal을 생산하고 Tray setting장에서는 생산된 Meal을 Cart에 승객 수에 맞게 1차 Setting해 놓는다.

(2) PMO(Preliminary Meal Order)

PMI보다 정확한 것으로 해당 항공편 출발 24시간 전에 받는 PMO(Preliminary Meal Order) 에는 FLT NO, A/C NO, CLASS별 Meal수량, SPML 등에 관한 정보가 구체적으로 포함되어 있 으며 이것에 따라 생산부에서는 Meal을 추가 생산하고, Tray Setting장에서는 생산된 Meal을 가지고 기내 카트에 승객수에 맞게 추가 세팅을 하며, Bar Packing장에서는 지정된 기내식 매뉴얼(Manual)에 따라 음료 및 기물을 세팅한다. 보통 아침 비행인 경우에는 전일 야간에 작업을 완료하고, 저녁 비행은 그날 오전 내로 세팅작업을 완료하는 것이 일반적이다.

(3) FMO(Final Meal Order)

해당 항공기 출발 6시간 전에 받은 주문서(Meal Order)에 따라 하달하는 상황실은 전날 및 당일 아침에 작업 완료한 카트 내의 Meal 숫자를 담당반장의 재확인을 거친 후 출하하 여 냉동실로 이동·보관하며 Food Car의 탑재 전까지 신선도를 유지한다.

(4) Food Car 탑재

Loading Supervisor는 Meal 및 Beverage, 그리고 상황실로부터 접수받은 후 늘어난 승객 만큼의 Additional Meal을 기타 서비스 물품(Ice 등)과 함께 체크하여 Food Car에 탑재한다.

(5) 기내 인수인계

기내에 도착한 후 Supervisor는 기내 승무원과 Meal 인수인계를 하고 항공기 출발 전까지 승객의 변동상황을 주시하고, 늘어난 Meal 및 서비스 물품 등의 추가지원 대비를 위해 항공 기 출발 전까지 항시 승무원 주위에 대기한다.

(6) 기내식 탑재 지원 종료

항공기 출발 후, 상황실에 탑재상황 종료 통보를 끝으로 케이터링의 기내식 탑재지원이 종 료된다.

(7) 하기

항공기가 도착 후 하기는 탑재 역순으로 승객이 하기 후 세관직원의 확인을 득한 후 하기 작업을 실시한다. 때때로 항공기는 공항사정, 기후, 항공기 정비상태에 따라서 장시간 지연 및 운항 취소되는 경우가 발생하기도 한다. 이때 기내식의 폐기 및 재활용은 위생담당이 사

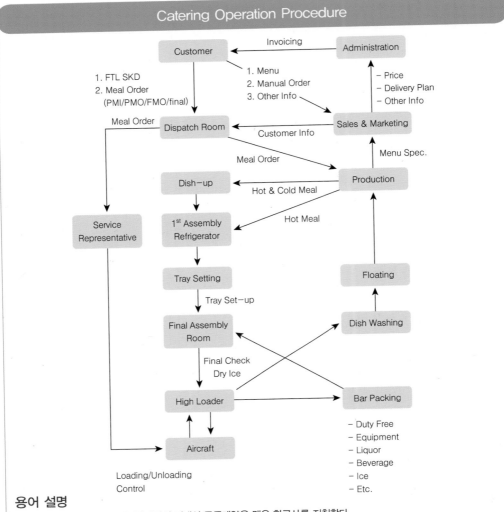

Catering Operation Procedure

용어 설명

1. Customer Airline : 케이터링업체와의 기내식 공급계약을 맺은 항공사를 지칭한다.
2. Dispatch : 케이터링 운영에 관련된 모든 업무를 관장하며 주로 각 항공사의 운항 스케줄 관리, Meal Order 접수, 생산 현장에 각종 상황 및 Meal Order 전달, Ramp Operation control 등의 업무를 수행한다.
3. Tray setting : 주방에서 생산된 음식과 기구매된 식재료를 승객에게 서비스할 수 있도록 각종 기물과 함께 Tray에 담아 서 기내에 탑재될 수 있는 운반기구(Cart 혹은 Container)에 세팅 후 냉장실에 보관하기까지 일련의 작업을 말한다.
4. Packing : 기내식 외 음료수, 소모품, 기물, 주류, 잡지, 메뉴북, 헤드셋 등을 세팅하여 운반기구(Cart 혹은 Container)에 담아 Final Assembly로 이동하는 일련의 작업을 말한다.
5. Dish Washing : 기내에 서비스되는 기물, Glass, Cutlery, Cart, Container 등을 세척·분류하며 지정된 장소에 정돈하는 업무를 말한다.
6. Loading/Unloading : Tray setting, Packing 및 주방에서 생산된 음식 및 소모품을 항공기 Galley의 정해진 위치에 탑 재 및 하기하는 업무를 말한다
7. 창고 관리실(Central Control Room) : 물류 자동화 창고의 원활한 운영을 위한 중앙제어시스템을 관리하고 각 Setting, Dish washing, Packing 등의 생산현장으로 원활한 기물 흐름이 이루어지도록 지원하는 한편 고객사의 물품을 입고·불 출·공급을 종합 관리하는 통제실을 말한다.

전 협의를 통하여 반드시 처리하도록 한다. 재활용의 경우 어떠한 이유에 의해서도 생산에서 승객의 취식 시까지의 시간이 최대 72시간을 넘어서는 안된다. 만약 72시간이 넘는다고 판단될 경우 케이터링 절차에 의거하여 폐기하도록 하고 있다.

상기 케이터링에서의 기내식 생산부터 탑재까지의 운용절차의 이해도를 높이기 위해 앞 페이지에 도표로 나타내었다.

3) 물류자동화 창고(Automated Store)

케이터링 서비스를 위한 기용품, 기물, 기판품, 소모품 등의 입고·보관 및 불출이 컴퓨터 시스템을 통하여 자동으로 처리되는 창고를 말한다.

(1) Inbound Dock(Inbound되어 입고된 사용기물 및 음식물들 대기)

(2) Dish Washing(세척장)

(3) 세척된 기물보관장

세척이 완료되어 사용 대기 중인 기물

(4) 음식을 생산하고 있는 주방

기내식으로 샌드위치를 기물에 담는 공정

스테이크를 굽는 작업

Hot kitchen에서의 작업

Cold meal 작업 공정

(5) 조리된 음식을 조합하는 Tray Setting 공정

Tray setting 작업대에서 작업하는 작업자

카트 내에 세팅되어 정돈된 Tray

Bulk로 탑재되어 기내에서 별도 healting될 Soft roll들

커버로 덮여 있는 Hot meal Entree

Rack에 담겨 있는 Entree 음식 외 기물 및 음료 세팅 공정

음료 및 기내 소모품들을 세팅하는 공정

(6) 최종작업이 완료되어 Food car로 탑재되는 공정

(7) 기내로 탑재되는 작업공정

이동 중인 Food Car의 안전사고를 예방하기 위해 카트를 고정하고 있는 작업자

기내에 최종 탑재하기 위한 작업

3. 기내식의 분류

1) 비행 소요시간에 따른 분류

항공 기내식은 비행 소요시간에 따라 Hot Meal 또는 Cold Meal로 나누어진다. Hot Meal은 비행 소요예정시간이 2시간 이상인 경우 재가열하여 서비스되는 식사이고, Cold Meal은 비행 예정소요시간이 2시간 이내인 경우 재가열할 필요 없이 그대로 서비스되는 식사이다. 그리고 비행구간에 따라 서비스 횟수에도 차이가 있다.

- 비행 예정시간이 6시간 이내 : 1회 서비스
- 비행 예정시간이 6시간 이상 : 2회 서비스
- 비행 예정시간이 12시간 이상 : 3회 서비스

2) 서비스 시간에 따른 분류

항공 기내식은 출발지의 현지시간을 기준으로 식사 서비스 시간에 따라 다음과 같이 분류하며, 이때 식사의 메뉴나 탑재비율은 비행 소요시간, 승객의 국적 분포도, 메뉴 선택 시의 선호도에 대한 통계자료 등 해당 노선의 특성에 따른다.

Meal type	Code	Serving time
Breakfast	BT	03 : 00~09 : 00
Brunch	BH	09 : 00~11 : 00
Lunch	LH	11 : 00~14 : 00
Dinner	DR	18 : 00~21 : 00
Supper	SR	21 : 00~24 : 00
Snack	SK	14 : 00~18 : 00 24 : 00~03 : 00
Light snack	LS	-
Movie snack	MS	-

(1) 아침식사(Breakfast)

아침식사는 오전 5시에서 오전 9시 사이에 제공되며 기내식의 아침은 미국식에 기준하여 제공된다.

싱가폴항공의 아침식사(대만~싱가폴구간)

(2) 늦은 아침식사(Brunch)

늦은 아침식사로 오전 9시에서 오전 11시 사이에 제공되는 식사이다. 아침식사와 점심식사의 중간 Type으로 아침식사와는 달리 와인이 서비스되며 주요리(Main dish)는 쇠고기(Beef), 생선(Fish), 가금류(Poultry) 등이다.

(3) 점심식사(Lunch)

점심식사는 오전 11시에서 오후 2시 사이에 제공되는 식사이다. 코스별로 준비되기도 하고, 국내 항공사에서는 내국인 승객을 위해 한식(비빔밥)을 주요리로 하여 서비스하기도 한다.

(4) 저녁식사(Dinner)

저녁식사는 오후 6시에서 10시 사이에 제공되며 점심식사와 비슷하게 코스별로 준비하여 서비스한다.

(5) 야식(Supper)

야참은 오후 9시에서 오후 12시 사이에 제공되며, 저녁식사와 비슷하다. 저녁식사보다 간단한 메뉴로 코스별로 준비하여 서비스된다.

(6) 중참(Snack)

스낵은 비행 노선의 종류에 따라 Heavy, Light로 구분하며 헤비 스낵(Heavy Snack)은 거의 저녁식사 코스에 준하는 메뉴로 구성되어 서비스한다.

즉, 식사시간대이긴 하지만 비행 소요시간으로 인해 풀코스(Full Course)로 식사 제공이 불가능할 경우 일부 코스를 축소·생략하여 제공되기도 하고 출발지·도착지의 시차 및 비행 소요시간을 감안하여 출발지 중심의 Meal 내용과 도착지 시간대를 고려, 상반되는 경우에 스낵(Snack)이라는 메뉴를 서비스한다.

(7) 리프레시먼트(Refreshment)

장거리구간에 간단한 죽이나 샌드위치 등 비교적 가볍고 간단한 음식들을 제공한다.

3) 사전 주문에 따른 분류

항공 기내식은 승객의 식사 사전 주문 여부에 따라 일반식과 특별식으로 구분된다. 일반식은 비행 전 사전 주문 없이 탑승한 모든 승객에게 제공되는 식사이고 특별식은 승객이 개개인의 건강상, 종교상 등의 이유에 의해 비행 전 특정한 음식을 주문하여 제공하는 식사이다.

(1) 일반식

비행 중 승객에게 서비스되는 기내식은 시간적·공간적 제약 속에서 보다 많은 승객에게 만족을 제공하기 위하여 보편적으로 선호도가 높은 메뉴(Menu)로 구성된다. 일반적으로 항공기 내에서의 기내식은 승객의 운동부족으로 인하여 소화 장애나 고칼로리 식사로 인한 비만 등을 방지하기 위하여 소화가 잘되고 흡수되기 쉬운 저칼로리 식품으로 구성되며, 기내에서 원활한 서비스를 제공할 수 있도록 알맞게 고안되어진 식기와 운반류로 서비스할 수 있어야 한다. 일반식에 대한 자세한 내용은 다음 장에서 다루도록 하겠다.

(2) 특별식

① 특별식의 정의

특별식(Special meal)이란 종교, 기호, 연령적 제한, 건강상의 이유로 인해 일반적인 기내식 제공에 제한을 받는 승객의 특수한 요구에 의해 기내에 탑재되는 기내식이다. 또한 생일, 결혼, 크리스마스, 신년 축하를 위하여 특수 menu로 개발·제공된 기내식도 여기에 포함된다.

② 특별식의 유래와 현황

특별식은 일반 기내식에 비해 제공되는 비율이 높지는 않지만 기내식 서비스에 있어 중요한 부분을 차지한다. 승객들은 다양한 이유로 특별식을 주문하는데 승객 개개인의 종교적인 이유, 건강과 다이어트 등 특별한 이유로 주문한다. 특별식의 시작은 영국항공(British Airways)이 1970년대에 콩코드 항공기의 일등석에서 채식주의자를 위한 식사를 제공하면서 시작되었다고 할 수 있다.

특별식의 비율은 비행 구간마다 다르고 정확하게 파악하기는 어려우나 지속적으로 증가하는 추세이다. 이렇듯 특별식의 주문이 늘어가는 이유는 명확하지 않지만 첫째, 승객들이 특별하다라는 것에 의미를 부여하거나 둘째, 객실승무원에 의해 가장 먼저 서비스된다는 점

셋째, 특별식을 경험해 본 승객들이 일반 기내식보다 더 좋았다는 인식을 갖게 되었기 때문으로 추측되고 있다.

③ 특별식의 절차

승객들이 항공사에 특별식을 주문하게 되면 이 특별식은 IATA협정에 근거하여 319쪽의 도표와 같이 네 개의 알파벳으로 이루어진 코드를 갖게 된다.

특별식에 대해서는 모든 항공사가 기준화되고 균일한 규정으로 동일한 재료를 사용하게 된다. 그러나 항공사들은 몇몇 특별식을 결합시킴으로써 자사의 비용을 절감하고 노동력을 축소하려고 한다. 따라서 자주 애용되는 특별식의 경우, 예를 들어 채식요리, 시푸드, 저지방 요리, 저콜레스테롤요리 등은 각 항공사의 케이터(caterer)들에 의해 만들어진다. 그러나 특별한 시설 등이 필요한 코셔밀, 무슬림밀, 힌두밀과 같이 종교적 성격의 특별식의 경우에는 외주를 주어 만든다. 종교와 관련된 특별식의 경우 음식을 준비하는 데 있어 특정한 형식이 필요하기 때문이다. 예를 들어 유대교의 경우 랍비가 주방을 방문해야 하는 것과 같은 형식이 바로 그 예이다.

일단 특별식이 만들어지고 나면 특별식의 표식을 붙인 후 항공기에 탑재되게 된다. 이 모든 과정에 특별식은 일반식보다 높은 노동비와 경비가 들어가게 된다.

특별식의 자세한 종류는 뒤에서 다루도록 하겠다.

(3) 승무원 식사(Crew Meals)

일반적으로 승무원들은 승객과 동일한 식사를 하도록 되어 있다. 특히 핫밀(hot meal)을 서비스하는 구간에서는 승객들이 선택하고 남은 밀(meal)을 먹도록 하고 있다. 그러나 다음과 같은 몇 가지 이유에 의해 최근에는 승무원들의 식사를 따로 개발해야 한다는 의견이 제시되고 있다.

첫째, 혹시라도 승객의 식사가 오염되거나 변질되어 있다면 승무원들이 감염될 것이고 그런 경우 승무원들은 승객들을 제대로 돌볼 수 없게 될 것이다. 이러한 이유로 운항승무원들은 항공기 내에서 그들만을 위해 따로 준비된 식사를 하도록 되어 있다.

둘째, 메뉴는 몇 주 단위로 그 주기가 바뀌게 되는데 승무원들은 계속적으로 비행을 하게 되

므로 계속해서 똑같은 식사만을 하게 된다. 이러한 이유로 몇몇 항공사들은 승무원들을 위한 특별한 메뉴 사이클을 개발하여 운영하고 있다.

셋째, 객실승무원의 경우는 비행 중 움직임이 많고 많은 에너지를 소모하므로 에너지를 얻을 수 있는 식사를 하여야 한다. 이러한 경우에 어울리는 전형적인 식사는 저지방 고탄수화물식이라고 할 수 있다. 이는 승무원의 식사가 따로 준비되어야 하는 또 다른 이유라 할 수 있겠다.

마지막으로, 승무원들은 때때로 식사서비스가 없거나 아주 간단한 스낵만을 제공하는 구간에서 근무할 수 있다. 그러나 비행시간, 근무패턴에 의해 승무원들에게는 스낵이나 식사가 제공되어야만 그들의 일을 제대로 수행할 수 있는 것이다.

4) 좌석 등급에 따른 분류

음료부터 식사, 그리고 간식에 이르기까지 기내에서 맛볼 수 있는 다양한 기내식은 서비스되어지는 내용이 좌석 등급에 따라 달라 우선 가격으로 비교해 봤을 때 이코노미클래스 기내식을 기준으로, 비즈니스클래스의 기내식은 3배, 퍼스트클래스 기내식은 6배까지 차이가 난다.

도표와 같이 이코노미클래스와 퍼스트클래스 모두 코스요리를 표방하지만 이코노미클래스에서는 한 쟁반에 전채와 메인 그리고 후식이 담겨 나오는 한상 차림으로 제공하고 퍼스트클래스는 전채요리에서 디저트까지 코스별로 제공한다. 비즈니스클래스는 이코노미클래스와 퍼스트클래스의 중간단계인 세미코스로 제공되어진다.

재료부터 서비스되는 기물까지 좌석 등급에 따라 다르게 제공되어진다. 그러나 항공사의 SVC 경영방침에 따라 좌석 등급별 기내식 서비스는 다양하게 변경되기도 한다.

✳ LUNCH/DINNER/SUPPER

ECONOMY CLASS	BUSINESS CLASS	FIRST CLASS
BREAD & BUTTER	BREAD & BUTTER	BREAD & BUTTER
APPETIZER or SALAD	HORS D'OUEVRE	CAVIAR
ENTREE	SALAD	HORS D'OUEVRE
DESSERT	ENTREE	SOUP
	CHEESE & FRUIT	SALAD
	DESSERT	ENTREE
		CHEESE
		FRUIT
		DESSERT

✖ BREAKFAST/BRUNCH

ECONOMY CLASS	BUSINESS CLASS	FIRST CLASS
BREAD & BUTTER	BREAD & BUTTER	BREAD & BUTTER
YOGHURT	YOGHURT	YOGHURT
ENTREE	ENTREE	CEREAL
FRUIT	FRUIT	ENTREE
		FRUIT

✖ LIGHT MEAL

ECONOMY CLASS	PRESTIGE CLASS	FIRST CLASS
BREAD & BUTTER	BREAD & BUTTER	BREAD & BUTTER
APPETIZER	SALAD	SALAD
ENTREE	ENTREE	ENTREE
FRUIT	FRUIT	FRUIT

(1) 일등석

항공기 좌석의 꽃은 누가 뭐라고 해도 일등석(First class)이다. 일등석은 항공사의 서비스 역량과 노하우가 결집된 결정체로 항공사의 품위를 평가하는 척도이다. 아무리 노선이 많고 덩치가 큰 항공사라도 일등석 서비스의 품격이 떨어진다면 일류 항공사로 발돋움할 수 없다.

일등석의 식사는 격조 높은 고급 호텔 레스토랑 수준의 정통 서양식 코스별 요리를 제공한다. 식사메뉴의 구성은 물론 제공 되어지는 음료와 기물도 최상위 서비스에 맞추어 고급화·차별화되어 서비스된다. 국적 항공사의 경우에는 서비스 이미지 제고 및 내국인 승객의 요구에 부응하기 위하여 다양한 종류의 전통 한국 음식을 서비스한다.

대한항공은 제주 제동목장에서 방목 생산한 명품 한우와 토종닭 등의 최상의 식재료를 기내식에 적극 도입해 일등석 승객들에게 제공하고 있으며, 유기농 채소류와 곡물류를 메뉴 전반에 사용해 기내식의 고급화에 앞장서고 있다. 고급 한정식 및 취항지에 따라 엄선된 양식, 중식, 일식 등의 기내식 메뉴를 구비하고 있으며 장거리 노선에서는 승객이 원하는 시간대에 원하는 식사를 제공하는 'ON DEMAND MEAL'을 제공해 승객 개개인의 신체 리듬에 중점을 둔 맞춤형 서비스를 제공하고 있다. 최상위 클래스인 만큼 모든 요리에 최고급 식자재를 사용하고 승무원이 즉석에서 구워내는 쿠키도 제공된다. 이외에도 100% 국산쌀을 사용해서 만든 막걸리 쌀빵과 잣을 띄운 오미자차, 에스프레소 커피, 초콜릿 퐁듀(일부 유럽노선), 치즈퐁듀(일부 미주노선) 등 수준 높은 간식도 함께 제공하고 있다.

아시아나항공은 일급 요리사가 직접 비행기 안에서 요리를 하고, 롯데호텔의 중식당 도림과 이탈리안 레스토랑 라쿠치나, 딤섬 전문업체인 딘타이펑과 같은 전문 외식업체와 제휴를 맺어 차별화된 기내식을 제공하고 있다. 기내식 서비스와 관련된 상을 여러 번 수상하였고 최근에는 5성 항공사라는 타이틀을 받기도 했다. 또한 궁중음식 연구원과 제휴를 맺어 전복삼합찜, 불갈비, 송이버섯산적 등의 궁중요리를 기내식으로 올리는 등 한식의 기내식화에도 끊임없는 노력을 하고 있다.

(2) 비즈니스석

일등석과 이코노미석 서비스의 혼합 스타일로 일등석의 코스보다는 간편화된 세미코스 스타일이다.

(3) 이코노미석

이코노미클래스는 일반적으로 서양식을 기본으로 하며, 서비스 스타일은 하나의 트레이(tray)에 내용물을 한번에 세팅(setting)하여 서비스하는 방식이다. 저녁이나 점심식사는 정식코스를 한상 차림으로 서비스하며, 아침식사는 미국식 아침 메뉴로 구성된 식사가 제공된다. 최근에는 국적 항공사뿐만 아니라 외국항공사도 기내식에 한식을 선보이고 있다.

최근에는 이코노미클래스에서도 낙지볶음, 오징어볶음, 두부김치, 김치볶음밥, 해물볶음밥, 영양쌈밥, 도토리묵밥 그리고 비빔밥 등과 같은 다양한 한식뿐만 아니라 연어샐러드와 국수로 구성된 저칼로리 식단으로 구성된 웰빙 기내식까지 다양한 기내식을 접할 수 있게 되었다. 또한 일본노선에서는 일본식 조리방법을 중국노선에서는 중국식 조리방법을 이용한 요리를 선보임으로써 각 노선별 특성에 맞는 메뉴를 구성하여 서비스하고 있다.

기내식의 원가는 대외비로 외부에 공개하지 않는 것이 원칙이며 일반석이 보통 2만 원에서 3만 원 정도로 추정되고 있다. 일반석의 기내식은 시간과 공간의 제약으로 인하여 한 트레이에 모든 코스가 담겨 있지만 식사할 때에는 코스에 준하여 먹는 것이 좋다.

4. 기내식의 구성

1) 다양한 사이즈의 Meal Tray

일반석의 경우 현지 공항의 탑재방식을 기본으로 하여 1/2tray, 2/3tray, Full size tray로 기내에 탑재되어진다. 현지 공항의 기내식 생산시설이 미비하거나 전세기인 경우에는 기지공항(대한항공, 아시아나는 인천공항)에서 기내식이 탑재되며 이 경우에는 일반적으로 1/2tray가 탑재된다.

크기	탑재 노선 및 특징
1/2tray	FULL CART당 56개 탑재
2/3tray	FULL CART당42개 탑재
Full size tray	FULL CART당 28개 탑재

2) Meal Tray의 구성

일반석의 일반식의 경우 Appetizer, Dessert, Bread, Entree와 물로 구성되어진다. 커피와 차는 빈 컵에 승객의 선택에 따라 드실 수 있도록 따로 서비스되어진다.

2/3 Meal Tray의 예

(1) 메뉴의 구성

① Appetizer : 입맛을 돋울 수 있는 산뜻한 맛의 샐러드 등 전채로 구성

② Dessert : 단맛이 강한 cake, pudding 또는 후식용 과일이 탑재된다.

③ Bread : 아침식사인 경우 croissant, 그외 식사는 soft roll

④ Entree : Main dish로 meat, starch, vegetable로 구성

⑤ Coffee, tea : 아침식사의 경우, 식사와 함께 SVC하며, 그 외 식사에서는 식사 SVC 후에 서비스 실시

(2) 기물

① Cutlery set : fork, knife, tea spoon, paper dinner napkin, sugar & cream 등을 포함하고 있다.

② dish : 빵과 버터, hot meal SVC 구간에는 노선이나 상황에 따라 파이, 한과 등이 추가로 탑재되기도 함

③ bowl : appetizer, dessert setting 용도로 사용된다.

④ Casserole 또는 Tin foil : Hot entree dish로 oven에 미리 setting된 채로 탑재되고 2nd meal entree는 카트에 담겨 chiller에 탑재된다. Rest time에 2nd meal 서비스하는 근무조가 오븐에 세팅하여 가열한다.

⑤ cup : hot beverage(coffee, tea) SVC용 cup이다.

5. Meal Presentation

위에서 살펴본 바와 같이 여러 가지 분류기준에 의하여 기내식을 나눌 수 있다. 기내식 메뉴가 개발된 뒤에는 Meal Presentation을 통하여 항공사 관계자와 케이터링이 상호 의견을 교환한다. 다음은 일반석의 기내식을 Cold Meal과 Hot Meal 그리고 Size별, 기내식의 내용에 따라 분류한 것이다.

1) Cold Meal

Cold Meal on Half Size Tray

Cold Meal on 2/3Size Tray

2) Hot Meal

Hot Meal on Half Size Tray

Hot Meal on 2/3Size Tray

묵밥 on Half Size Tray

비빔밥 on 2/3Size Tray

쌈밥 on Full Size Tray

Hot Meal on Full Size Tray

Hot Snack Meal

6. Special Meal의 종류와 서비스 방법

1) 종교식

(1) Kosher Meal(KSML)

유대교 손님을 위한 식사로 항공사에서는 완제품을 구매하여 승객에게 제공한다. 코셔밀은 유대교 율법에 따라 고유의 전통의식을 치른 후 만들어진 완제품으로 다른 음식을 만드는 데 사용되는 기물이나 장소로부터 분리하여야 하며 항상 밀봉되어 있는 상태로 SVC되어야 한다. 기물은 재사용을 금하고 있으므로 disposable 용기를 사용하고 육류는 Kosher의 규정에 의해 준비된 것만 사용할 수 있으며, 유제품과 함께 조리되거나 SVC되어서는 안된다. 승무원은 Meal 점검 시 탑재 여부를 확인하고, 절대 포장을 뜯지 않는다. 먼저 손님께

주문여부를 확인한 뒤, box를 보여드리고 손님께서 직접 열도록 권유하고 가열해도 되는지 여쭈어본다. 가열(Heating) 후에도 상자(box)째 서비스하도록 한다. 코셔밀의 금기 식자재는 돼지고기가 포함된 음식, 조개류, 갑각류(굴, 새우, 게, 바닷가재 등), 비늘과 지느러미가 없는 생선류이다.

(2) Moslem Meal(MOML)

이슬람교를 믿는 회교도(Muslim)를 위한 식사로 no pork meal이라고도 부른다. 생선(fish), 닭고기(chicken), 야채와 밥으로 구성되어 있으며 유제품도 포함하여 제공된다. 금기 식자재

로는 돼지고기 및 돼지고기가 포함된 음식(bacon, ham, salami 등), 알코올(alcohol)류이다.

(3) Hindu Meal(HNML)

힌두교도를 위한 식사로 쇠고기와 돼지고기를 사용하지 않는다. 주로 양고기(lamb), 가금류(poultry), 생선(fish) 등의 식자재를 사용하며 유제품도 드실 수 있는 종교식이다. Curry향을

선호하고 AVML(Asian vegetarian meal)이 힌두밀로 대체 가능하다. 금기 식자재는 소고기(beef, veal), 돼지고기 및 관련 제품이다.

2) 건강식(환자식)

(1) Low Calorie Meal(LCML)

Low Calorie Meal(LCML)은 비만, 체중과다인 분이 신청하며 저지방고기, 저지방유제품을 사용하고 신선한 과일, 채소, 시리얼 등을 포함하여 제공하는 식사이며 고섬유질 음식을 사용한다.

(2) Bland Meal(BLML)

소화장애 환자 또는 수술 후 회복기에 있는 환자에게 제공되며, 데치거나 끓이는 방법으로 부드럽게 조리하고 자극성 향신료를 넣지 않고 만든 식사이다. 저지방음식(지방이 적은 고기, 닭고기)과 위에 부담이 적은 섬유질과 부드러운 양념을 사용한다.

(3) Low Sodium Meal(LSML)

염분조절식으로 고혈압 환자, 간질환, 신장병이 있는 분을 위한 식사이다. 소금 및 간장류 그리고 염분식재료의 사용을 제한한다.

(4) Diabetic Meal(DBML)

당뇨병 환자를 위한 음식으로 '당'이 포함된 설탕, 꿀 등의 사용이 금지되어 있으며, 고섬유질 식재료(신선한 과일, 야채, 곡물류)를 이용하고, 저지방 낙농제품(탈지분유, 우유 등)을 사용한다. Diet sugar만 서비스될 수 있다.

(5) Low Fat Meal(LFML)

심장질환, 동맥경화, 비만증 환자에게 제공되며, 지방이나 육류의 기름기를 제거하고 만든 식사이다. (섭취 가능한 지방의 양이 24시간당 40g 미만이다.) 기름기가 없거나 제거한 육류를 사용하며, 음식은 튀기지 않고 살짝 익히거나 끓이거나 구워서 조리한다. 또한 고섬유질 식재료(신선한 과일, 야채, 곡물류)를 이용하고, 저지방 낙농제품(탈지분유, 우유 등)을 사용한다.

(6) Low Protein Meal(LPML)

신장과 간질환이 있는 분을 위한 식사로 과일, 샐러드, 드레싱, 설탕, 꿀, 잼, 시럽 등은 자유로이 이용된다.

(7) Gluten-Free Meal(GFML)

글루텐 민감성 장 질환, 만성 소화장애, 밀 알레르기, 스프루 열대성 환자를 위한 특별식이다. 글루텐은 밀, 귀리, 호밀, 보리에 있는 단백질로 빵, 과자 등에 많이 포함되어 있으므로, 보리, 호밀, 밀, 귀리 등 글루텐 함량이 높은 식재료 사용을 제한한다.

(8) High Fiber Meal(HFML)

만성변비와 과민성 대장증후군, 동맥경화증, 신진대사 병의 예방이나 치료에 이용되는 특별식으로 완전 소맥분과 신선한 과일, 채소, 콩류, 땅콩류를 사용하여 조리한다.

(9) Low Purine Meal(PRML)

신장담석 및 통풍질환이 있는 분들을 위한 식사로 내장, 간, 고기 등 퓨린이 풍부한 음식은 피하여 조리한다.

(10) No Lactose Meal(NLML)

유당 알레르기가 있는 분들을 위한 식사로 두유, 코코넛 우유를 사용하고 신선한 과일, 채소, 고기, 가금류를 사용하여 조리한다.

(11) Diet Meal

여성용 저칼로리 기내식으로 성인여성 표준섭취권장량인 약 670kcal를 기준하여 20% 이하로 열량을 조절하여 칼로리는 낮추면서 적절한 영양소로 구성한 것이 특징이다. 죽순쇠고기밥, 연어요리, 쇠고기야채죽 등이 이에 해당되는 메뉴이다.

3) 승객 선호도에 따른 특별식(Based on Personal Preference)

(1) Vegetarian Meals

① Vegan Vegetarian Meal(VGML)

육류, 생선 및 해산물, 유제품, 우유를 금지하는 채식주의자용 식사로 과일, 야채, 곡물, 견과류 위주로 구성된다. 음식 제조 시 설탕을 첨가하지 않으며 금기 고기류(meat), 가금류(poultry), 엽조류(game), 해산물(seafood) 및 관련 생산품을 일체 먹지 않는다.

② Lacto-Ovo Vegetarian Meal(VLML)

VGML과 비슷한 서양채식이나, 계란 및 유제품(우유, 치즈 등)의 사용이 가능하다.

③ Asian Vegetarian Meal(AVML) & Indian Vegetarian Meal(IVML)

AVML은 인디언식 조리법을 이용하여 생산하며, AVML은 뿌리채소(감자, 당근, 양파, 마늘 등)를 사용하지 않으므로 IVML에 비해 덜 맵다. AVML로 HNML을 대체할 수 있다. IVML은 뿌리채소, 열매, 순 등을 사용하므로(브로콜리, 청경채 등 사용 가능) AVML에 비해 약간 더 맵다.

Strict Asian/Indian vegetarian meal은 유제품 및 계란, 뿌리채소(구근류)를 사용하지 않으며 음식 제조 시 설탕을 첨가하지 않는다. 고기류(meat), 가금류(poultry : chicken, duck, turkey), 엽조류(game : 꿩, 토끼, 사슴), seafood 및 관련 생산품을 먹지 않는다.

(2) Seafood Meal(SFML)

해산물 위주로 구성되는 식사로 승객이 선택하여 신청할 수 있다.

(3) Fruit Platter Meal(FPML)

과일 위주의 식사이다.

4) 연령식

(1) Child Meal(CHML)

만 2세 이상 12세 어린이에게 제공되는 식사로 어린이 불고기 정식, 함박스테이크, 스파게티, 돈가스, 자장면, 샌드위치, 오므라이스, 햄버거 등 어린이들이 좋아하는 메뉴로 구성되어 있으며 사전 주문 시 메뉴를 선택하면 된다. 좌석이 없는 24개월 미만의 아이(infant)도 보호자의 요청 시 주문이 가능하다.

단거리의 경우에는 김밥이나 샌드위치와 같은 데우지 않고 서비스하는 기내식이 선택가능하다.

(2) Baby Meal(BBML)

12개월 이하의 유아를 위한 식사이다. 단거리 cold meal 및 산동반도 거버 이유식, 거버 주스, 유기농 두유, 유기농 쿠키를 SVC한다. 베이비밀(BBML)은 연령대에 맞추어 취식이 가능한 미음류로 따로 신청할 수 있다. 기내식으로 탑재된 것 이외에도 항공사에 따라서는 갤리의 선반에 거버 여유분(extra Gerber), 분유(pow-dered milk)가 탑재되어 승객이 요청할 경우 서비스가 가능하다. 승객이 원하면 BBML로 CHML요청이 가능하다. 국적 항공사의 경우 해외 탑재로 가능한 BBML의 경우는 시밀락 혹은 거버 종류로 한정되어 주문이 가능하다.

미음 종류로는 감자미음, 흰살 생선 미음, 밤 미음, 사과, 바나나 미음 등이 있다.

5) Special Cake

신혼여행, 생일, 또는 결혼기념일 등의 축하할 만한 날에 국제선 구간을 여행하는 손님이 미리 신청하는 경우 기념 케이크(special cake)가 탑재된다.

객실승무원은 좌석번호와 성명 등을 미리 확인해 손님께 주문여부를 확인하고, 탑재 사실을 안내해 드린다. 그리고 언제 서비스를 원하시는지 여쭈어본 후, 원하시는 시간대에 서비스하도록 한다. 항공사에 따라 서비스 방법이 다르지만 서빙 카트(Trolley)에 케이크와 음료수, 나이프(knife), 포크(fork), 접시(plate) 등을 준비하여 간단한 축하인사와 함께 서비스한다. 손님이 원하는 경우 케이크 상자째 서비스한다.

  (1) Honey Moon Cake(HMCK) : 결혼축하 케이크

  (2) Birthday Cake(BDCK) : 생일축하 케이크

  (3) 기타 기념일 케이크

6) Special Meal의 서비스 방법

객실 브리핑 시 객실 사무장은 담당구역의 갤리 담당 승무원과 서비스 담당 승무원에게 특별식을 주문한 승객의 탑승을 알려준다. 항공기에 탑승한 갤리 담당 승무원은 SHR를 보

고 탑재된 특별식과 주문한 특별식이 일치하는지 확인하고 해당 특별식에 승객의 좌석번호를 적는다. 탑재된 식사 확인(Meal Check) 시 특별식이 탑재되지 않은 경우에는 슈퍼바이저와 함께 확인하고 탑재하도록 하여야 한다. 승객이 탑승한 뒤 승무원은 특별식을 신청한 것이 맞는지 확인하고 다시 한 번 특별식에 적힌 승객의 좌석번호가 맞는지 확인한다. 일반식보다 대부분 먼저 서비스하며 서비스 시에도 특별식의 주문 여부를 재확인한 후 서비스해야 한다. 왜냐하면 승객들 상호간에 좌석을 바꾸는 경우가 있어 잘못 서비스될 수 있기 때문이다.

※ IATA의 공식 SPML CODE 분류 22종류

CODE	NAME	CODE	NAME
BLML	Bland Meal	DBML	Diabetic Meal
GFML	Gluten-free Meal	HFML	High Fiber Meal
LCML	Low Calorie Meal	LFML	Low Fat Meal
LPML	Low Protein Meal	LSML	Low Sodium Meal
NLML	No Lactose Meal	PRML	Low Purine Meal
AVML	Asian Vegetarian Meal	VGML	Vegan Vegetarian Meal(strict)
VLML	Lacto-ovo Vegetarian Meal	RVML	Raw Vegetarian Meal
HNML	Hindu Meal	KSML	Kosher Meal
MOML	Moslem Meal	BBML	Baby Meal
CHML	Child meal	FPML	Fruit platter Meal
SPML	Macrobiotic Meal	SFML	Seafood Meal

7. 저비용 항공사의 기내식

영업과 운송 방식의 단순화, 서비스의 최소화, 조직의 다기능화 등을 통하여 운영비용을 줄여 이용객들에게 저렴한 항공권을 제공하는 저비용항공사는 기내식에 있어서도 유료 서비스를 대부분 실시하고 있다.

✈ 단원문제

Q1. 비행소요시간에 따른 기내식 서비스 횟수를 순서대로 나열하시오.

Q2. 기내식의 정의와 특징 3가지를 서술하시오.

Q3. Catering 운영절차 중 Food Car 탑재 전의 절차 3가지의 약자와 각 운영이 항공편 출발 몇 시간 전에 이루어져야 하는지 서술하시오.

Q4. 기내식의 분류에서 Hot Meal과 Cold Meal이 어떻게 서비스되는지 비행 소요예정시간과 같이 적으시오.

Q5. Special Meal은 어떠한 승객에게 제공되는 것인지 서술하시오.

Q6. Special Meal의 서비스 방법을 서술하시오.

Q7. Kosher Meal의 약자와 특징, 서비스 방법을 설명하시오.

Q8. Special Meal 중 연령식을 연령별로 나이가 어린 순서부터 약자와 각 개월 수를 나열하시오.

Q9. AVML(Asian Vegetarian Meal)과 IVML(Indian Vegetarian Meal)의 차이점을 설명해보시오.

Q10. High Fiber Meal(HFML)의 특징을 서술하시오.

승객의 욕구와 행동 및 환경

Chapter 02

1. 승객의 욕구와 행동

높은 고도에서 비행하게 되면 승객의 식욕과 행동은 변하게 된다.

음식의 향은 지상에서보다 줄어들며 사람들은 음식의 향에 대한 구별이 어려워지고 알코올과 카페인에 더욱 강하게 반응한다.

항공기의 객실 내 산소의 상태 등은 인체에 생리학적 변화를 일으키며 식욕에도 영향을 미친다. 또한 장거리 비행 시의 건조함은 인체에 다양한 영향을 미치는데 그중 하나가 소화에 시간이 더 걸린다는 것이다. 또한 공간적 제한으로 인하여 제대로 몸을 움직일 수 없다는 사실은 많은 양의 음식의 섭취를 피하는 것이 좋음을 말해준다.

따라서 많은 항공사들은 소화하기 좋은 가벼운 식사를 승객들에게 제공하고 있다.

객실 서비스의 시간대는 출발지와 도착지의 시차에 의해 영향을 받는다. 지구의 서쪽 방향을 향하는 항공편은 도착지의 시간을 고려한 식사를 제공받게 되며 동쪽으로 가는 저녁이나 밤 출발 항공편은 이와 달리 도착이 현지 시간 오전 11시에서 오후 5시 사이일지라도 도착 직전의 식사는 아침을 제공받게 된다.

1) 음식의 관능적 특성

관능적 요소는 맛, 외관(모양, 색), 향(냄새), 질감, 소리 등이며, 우수한 영양과 위생을 갖춘 음식이라도 맛이 없어 먹지 않으면 소용이 없기 때문에 관능적 요소는 음식의 품질 평가에서 매우 중요한 위치를 차지한다. 음식의 상태를 오감으로 느끼는 특성을 관능적 특성이라 하며, 식생활의 즐거움에 있어서 매우 중요한 요인이다.

음식의 관능특성에 영향을 미치는 요인은 화학적 요인, 물리적 요인, 개인의 특성으로 나눌 수 있다.

(1) 화학적 요인

① 맛

맛은 음식에 대한 만족도를 결정짓는 가장 중요한 요소이며, 식욕을 증진시키고 식사 중의 만족감을 줄 뿐 아니라 음식의 소화 흡수에도 영향을 미친다. 맛은 헤닝(Henning, 1924년)이 단맛, 짠맛, 신맛, 쓴맛을 4가지 기본 맛(4원미)으로 정의한 것으로 시작하여 현재는 이 4가지 기본 맛에 감칠맛(umami)을 더하여 5가지 기본 맛으로 분류하고 있다. 5가지 기본 맛 이외에 매운맛, 떫은맛, 아린 맛, 금속의 맛, 알칼리 맛, 콜로이드 맛 등 다양한 기타의 맛이 있다.

② 냄새(향)

냄새 성분은 휘발성으로 후각세포를 자극하여 이 자극이 후각신경을 통하여 뇌에 전달되어 냄새를 느끼게 된다. 사람의 후각은 매우 민감하나 같은 냄새를 오래 맡게 되면 후각이 둔화되어 냄새를 느끼지 않게 되고 다시 회복하는 데 보통 1~10분 정도 소요된다.

③ 향미

향미(flavor)는 맛과 냄새가 어우러져 느껴지는 특성을 말한다. 즉 냄새와 맛을 인지하는 화학적 감각이라 불리는 후각·미각적 요소이다.

(2) 물리적 요인

음식이 맛있다는 느낌을 주는 요인으로는 화학적 요인 외에도 색이나 형태 등의 외관, 질감, 온도, 소리 등과 같은 물리적 요인도 있다.

① 외관

음식의 외관적 특성은 모양, 크기, 색, 형태, 투명도, 윤기, 외적 결합 등을 판단할 수 있는 시각적 요소로 시세포에 의해 지각된다. 이 중 맛이나 식욕 증진과 관련성이 가장 큰 것은 색이다.

② 질감

질감(texture)이란 식품에서는 주로 경도나 점도 등을 말하며, 입안에서의 촉각에 의해 평가되는 식품의 물리적 성질을 말한다. 음식이 맛있다고 느껴지려면 맛과 냄새로 대변되는 화학적 요인과 질감인 물리적 요인이 균형을 이루어야 하는데, 두 요인이 차지하는 비율은 음식의 종류에 따라 다르다. 주류, 주스, 수프와 같이 마시는 것은 화학적 요인이, 알찜, 밥, 쿠키와 같은 것은 물리적 요인이 더 중시된다.

③ 온도

구강 내 피부감각에 의해 인지되는 온도는 질감과 함께 음식을 맛있게 느끼는 데 영향을 준다.

음식이 맛있게 느껴지는 온도는 음식의 종류에 따라 다르므로 적절한 온도에서 먹을 수 있도록 하는 것이 중요하다.

④ 소리

샐러드 섭취 시의 아삭하는 소리나 과자의 바삭하는 소리, 찌개가 보글보글 끓는 소리, 스테이크가 지글지글 익는 소리 등은 그 음식을 더욱 맛있게 느끼게 하는 소리이다.

2) 항공 기내식의 관능적 특성에 영향을 주는 요인

기내식은 신체적(연령), 감각적, 지각적, 그리고 쾌락적 요소에 영향을 미치는 기내 환경에 대하여 고려해야 한다. 다시 말하면, 승객의 신체(연령, 목마름, 배고픔, 식욕), 승객의 심리상태, 그리고 식습관이나 식문화, 식탁환경 등과 같은 승객의 환경적 요인 등을 고려해야 한다는 것이다.

한 연구에 의하면 서독의 산업화되고 풍요로운 지역에서는 '최고의 맛'이, 동독과 같이 덜 풍요로운 지역에서는 '즐거운 분위기'가 먹는 즐거움에 더욱 중요한 요소로 영향을 미친다고 한다.

음식은 사회적 지위와 명성을 나타내곤 한다. 예를 들어, 캐비아, 로브스터, 트러플 또는 작은 카나페 등은 지위가 높은 사람들의 음식이라는 인식과 파이나 소시지와 같은 가공식품들은 보다 낮은 지위를 가진 사람들의 음식이라는 인식을 일반적으로 가지고 있다.

어떤 음식들은 사람의 몸을 치유하는 힘을 가지고 있기도 하고 병을 예방하는 역할을 하기도 한다. 마늘과 인삼은 항생물질을 함유하고 있어 병을 예방하는 데 좋은 식품이라고 잘 알려진 좋은 예이다. 카모마일차와 중국차도 소화를 돕고 소독의 역할을 하기도 한다. 또 어떤 음식들은 정신적 긴장감과 스트레스를 약화시키며 편안함을 갖게 해주기도 하는데 비행 중에 마시는 우유나 알코올성 음료들이 그런 역할을 한다고 할 수 있다.

비교적 많은 지방과 열량을 함유하고 있는 초콜릿 무스 케이크와 같은 후식은 지루함을 달래주고 승객에게 편안함과 보상심리 등을 갖게 해준다. 치킨 수프는 어머니의 보살핌을 생각나게 하는 음식으로 여겨진다. 어떤 음식들은 특별한 축제들과 연결되기도 하는데 크리스마스의 구운 칠면조, 전통적인 크리스마스 푸딩, 중국 명절의 '달 케이크' 등이 바로 그런 것들이다.

> ## 🍴 우마미(Umami)
>
> '맛이 있다'는 뜻의 일본어로, 1908년 일본의 이케다 박사가 해초 수프의 특이한 맛을 유발하는 분자를 발견한 것을 계기로 사용하기 시작하였다. 1997년 미국의 과학자가 동물 혀의 특정 미각 돌기가 유독 글루타민산-나트륨(MSG)에 반응하는 것을 발견하면서 이를 우마미라고 명명하였다. 일종의 고기맛이 나는 MSG는 사람들에게 좀 더 먹고 싶은 욕구를 갖도록 하는 기능을 가진 것으로 알려져 그동안 식품업계에서 과자나 각종 식품에 첨가하여 왔다. 1960년대부터 여러 가지 부작용을 일으킨다는 이유로 비난을 받아왔으나 지난 1995년 미 식품의약국(FDA)으로부터 안전하다는 판정을 받기도 했다.

3) 식욕

시상하부라고 불리는 뇌의 작은 영역은 호르몬을 분비함으로써 식욕과 갈증을 조절한다.

(1) 식욕에 영향을 미치는 요소

식욕에 영향을 미치는 요소에는 많은 것이 있지만 그중에서도 개인의 정신적 상태, 활동 정도(신체 움직임), 혈액 내 포도당과 자유지방산의 함유 정도(화학적 자극)가 주요 원인이다.

식욕과 관련된 호르몬은 배가 고프거나 편안할 때 음식의 모양이나 냄새로 식욕이 자극받을 때 더 많이 흐르게 된다.

(2) 먹는 음식의 양에 관련된 요소

'신물이 난 상태'는 사람이 똑같은 음식은 많이 먹지 못하지만 다양한 음식을 여러 코스로 나누어 먹게 된다면 보다 많은 양의 음식을 섭취할 수 있는 것과 관련이 있다. 좌절, 분노, 근심 또는 불안 등의 감정 또한 평소 자주 먹던 음식에 대한 거부감이나 폭식 등의 형태로 식욕에 막대한 영향을 미친다.

(3) 기내식 만족도 향상을 위한 고려사항

승객들의 기내식에 대한 만족도를 극대화하기 위해서는 다음과 같은 요인들이 고려되어야 한다.

① 승객의 불안상태
② 배고픔의 정도 : 서비스 타이밍과 선행된 식사
③ 냄새와 맛의 객실환경에 대한 효과
④ 음식의 외관과 수용성

4) 감정과 행동에 대한 특정 음식의 효과

먹고 마시는 것의 많은 양상이 감정과 행동에 영향을 미친다. 반대로 감정 또한 먹고 마시는 패턴에 영향을 미칠 수 있다.

아침식사를 하지 않으면 뇌 활동이 떨어지고 더불어 지적 활동도 저하된다. 정서적 불안감은 물론 과식이나 폭식을 유발해 비만까지 초래한다고 많은 사람들이 알고 있고 믿는다. 또한 너무 많은 양의 점심은 졸음(post-lunch dip)을 일으킨다고 생각된다.

워트만(Wurtman, 1981)에 의하면 탄수화물이 많고 전분질이 풍부한 음식은 졸음을 유발한다고 한다. 이는 졸음 유발, 감각 인지, 그리고 체온 조절 등과 연계된 뇌의 화학작용을 자극하는 메커니즘의 다양성 때문이다.

단백질이 풍부한 음식은 세로토닌(혈관수축작용을 하는 호르몬)의 생성을 억제함으로써 사람들을 보다 민감하게 만든다.

대부분의 승객들이 기내식에서 어떤 효과를 기대하고 음식을 선택하지는 않는다. 그러나 장거리 비행 시 만족도는 어떤 음식을 먹었는가도 중요하지만 기내식은 수면의 질과도 관련이 있기 때문에 더욱 중요하다.

5) 알코올

알코올은 대부분의 항공사에서 제공하고 있으며 많은 승객들은 비행 중에 알코올 음료를 마시게 될 것이란 기대를 하고 항공기에 탑승한다. 항공사들은 승객들에게 적절한 알코올 음료를 서비스

하고 있다.

(1) 알코올의 영향

술이 우리 몸에 미치는 영향은 섭취한 알코올의 양, 술의 종류, 술을 마신 기간, 개인적 특성에 따라 다르게 나타난다.

알코올은 다른 섭취 가능한 물질들과는 달리 신체조직 내로 빠르게 흡수된다. 대부분 신체는 다른 화학적 변화 없이 알코올을 직접 혈관으로 흡수하여 뇌와 행동의 변화에 직접적인 영향을 미치는데 마신 양에 따라 그 변화의 정도가 달라지게 된다. 승객의 감정과 개인의 인내 정도에도 영향을 미친다. 알코올은 또한 판단력, 감정조절, 근육운동, 그리고 시각에도 커다란 영향을 미친다.

또 최근 연구에 따르면 잦은 음주는 빠른 뇌세포 손상을 가져온다고 한다.

개인과 환경에 따른 차이는 있지만 일반적으로 알코올은 식욕억제의 효과와 불안감 해소의 효과를 갖는다. 높은 열량을 함유한 알코올 음료는 식욕을 억제하여 음주량이 많은 사람들은 배고픔을 느끼지 못하고 불안한(anxiety) 사람에게는 불안감을 감소시키게 하는 역할을 한다.

대부분의 승객들은 어느 정도의 스트레스와 불안감에 대한 반응으로 알코올 음료를 섭취하기를 원한다. 비좁고 답답한 기내 환경, 많은 사람들로 붐비는 기내, 항공기에 탑승하기까지의 과정에서 오는 스트레스 그리고 항공기 사고에 대한 불안감 등이 바로 알코올 음료 섭취의 원인으로 꼽힌다.

(2) 알코올 권장량

사람의 체중과 신장에 따라 다르다. 영국 정부의 하루 평균 안정 술 권장량은 남성 3~4유니트(unit), 여성 2~3유니트 이상을 마셔서는 안된다. 즉 평균적인 하루 술 권장량은 성인 남성의 경우 맥주 두 병, 와인 두 잔 정도인 것이다.

항공기 내에서 승객들은 식전주로 진토닉과 같은 칵테일을 한 잔 마시고 이어지는 식사와 함께 두 잔의 와인을 마신 후 다시 작은 병의 증류주를 마시곤 하는데 이때 알코올 음료의 양을 합해보면 여섯 유니트로 안전한 양의 하루 평균 소비량을 훌쩍 넘어선다. 그러나 항공기 내의 과음은 승객 개인의 일로 끝나는 것이 아니라 사고로도 이어질 수 있음을 기억해야 한다. 실례로 2008년 말 항공안전본부의 자료에 의하면 2003년부터 2008년 8월 말까지 발생한 기내 난동행위 324건 중 음주로 인한 위해행위가 29.9%에 달하는 97건으로 가장 많았고 흡연 등의 기타 사유로 인한 난동행위가 80건, 고성방가 등 소란행위가 67건 순이었다. 따라서 승객들이 기내에서 과음을 하지 않고 적절하게 알코올성 음료를 섭취할 수 있도록 주의해야 할 것이다.

> **유니트(unit)란?**
> 10ml 혹은 8g의 순수 알코올을 의미한다.
> 알코올 농도 5%짜리 330ml 맥주 한 병에 1.7유니트(unit)
> 알코올 농도 12%짜리 175ml 와인 한 잔에 2.1유니트(unit)
> 알코올 농도 40%짜리 50ml 위스키 한 잔에 2.0유니트(unit)

(3) 알코올 효과 저하방법

① 충분한 수분 제공 : 항공사들은 식사 서비스의 처음 부분에 또는 식사 서비스 시간에 맞지 않는 경우에는 알코올 음료만을 제공하곤 하는데 만일 승객이 식사를 하지 않은 채, 알코올 음료를 마신다면 알코올은 비어 있는 위벽을 통하여 순식간에 뇌까지 흡수될 것이다. 알코올의 또 다른 효과는 뇌에서 생성되는 항-이뇨 호르몬(갈증을 유발시키는)의 분비를 억제함으로써 잦은 배뇨가 일어나게 하는 것이다. 이는 물을 마심으로써만 해결될 수 있는 탈수증상을 더욱 악화시키는 역할을 한다. 그러므로 비행 중에 승객들이 수시로 물을 마실 수 있도록 환경을 제공하고 자주 물을 마시도록 권유하는 것이 중요하다고 할 수 있겠다. 알코올을 희석시킬 수 있는 얼음이나 물의 사용이 권장되어야 하는 것이다. 칼륨이 많이 함유된 과일의 섭취도 중요하다고 할 수 있다.

② 갈증 유발 음식 제공의 제한 : 승객에게 알코올 음료를 제공하기 전, 갈증을 유발하는 짠 스낵이나 음식을 제공하지 않고 탄수화물이나 지방을 많이 함유한 음식을 제공하여 알코올이 위장에 오래 머무르도록 한다. 탄수화물이나 지방이 많이 함유된 스낵은 장운동을 느리게 하고 알코올을 위장에 오래 머물게 함으로써 알코올의 흡수를 막는 역할을 한다.

③ 알코올 음료 제공 시 적절한 양을 드실 수 있도록 조절한다.

④ 스트레스 레벨을 낮추어 알코올의 요구를 줄인다.

⑤ 항공기 내의 알코올 섭취가 초래할 수 있는 부정적 영향에 대해 승객에게 충분히 주지시킨다.

6) 카페인

(1) 카페인

카페인은 커피나 차 같은 일부 식물의 열매, 잎, 씨앗 등에 함유된 알칼로이드(alkaloid)의 일종으로, 커피, 차, 소프트드링크, 강장음료, 약품 등의 다양한 형태로 인체에 흡수되며, 중추신경계에 작용하여 정신을 각성시키고 피로를 줄이는 등의 효과가 있으며 장기간 다량을 복용할 경우 카페인 중독을 야기할 수 있다.

카페인의 주요 공급원은 커피와 차지만 카페인은 콜라음료, 초콜릿, 다른 건강음료, 스포츠 음료 그리고 약물 등에도 함유되어 있다. 75%의 카페인은 커피를 통해서 섭취되고 나머지 25%는 차와 다른 제품을 통해 섭취된다. 커피에는 차보다 50~70%가량 많은 카페인이 함유되어 있으며 카페인 함유 음료들은 각성제의 효과를 위해 소비된다.

(2) 카페인의 효과

카페인을 복용한 사람에게 나타나는 긍정적인 효과로는 운동수행능력 증가, 피로감 감소, 감각기능과 민첩성의 증가 등이 있다. 이와 같은 효과는 아침에 의례적으로 커피 또는 카페인이 들어 있는 음료수를 마시는 사람에게 부분적으로 습관성 복용을 유발한다. 그러나 카페인 섭취는 자극과민성, 신경질이나 불안, 신경과민, 두통, 불면증 같은 부정적인 효과도 나타낸다.

그러므로 늦은 밤의 커피 섭취는 권장되지 않는다. 자극제로써의 카페인은 실제로 심장 박동 수, 호흡, 혈압 그리고 스트레스 호르몬의 분비를 증가시키며 많은 양을 투여했을 경우 심장의 두근거림, 심장 부정맥 등을 일으킬 수 있다.

민간 항공여행의 맥락에서 볼 때 카페인의 정신적·생리적 효과에 대해 반드시 잘 인지할 필요가 있다. 이는 카페인이 정맥 혈전 등을 일으킬 수 있기 때문이다.

알코올과 카페인은 모두 탈수증상을 유발한다.

(3) 카페인 과다섭취 방지 방법

몇몇 간단한 방법으로 항공사들은 승객의 카페인 과다섭취를 방지할 수 있다.

① 디카페인(decaffeination) 음료나 허벌차(herbal)를 제공한다.
② 승객이 항시 물을 마실 수 있도록 준비하고 물을 마시도록 권장한다.
③ 승객의 취침 전에는 되도록 카페인이 없는 음료를 제공한다.

2. 기내식의 섭취에 영향을 주는 환경

1) 미각과 후각에 영향을 주는 기내환경(The Cabin Environment Effect on Taste and Smell)

건조한 기내환경이 미각과 후각을 둔하게 만든다는 것은 이미 잘 알려져 있다. 이는 식사의 즐거움을 반감시킬 수 있다. 또한 후각과 미각에 대한 억제활동은 이 감각들에 의해 영향을 받는 소화과정에 결정적인 영향을 준다. 기내에서 사용하는 탈취제나 일반적 방향제도 제공되는 음식의 향을 변질시킬 수 있다는 점을 알아두어야 한다.

비행 중 제공되는 다양한 서비스들 중에서 기내식은 커다란 부분을 차지하기 때문에 항공사들은 보다 강하고 또 향을 더할 수 있는 여러 가지 요소들을 고려하여 기내식을 준비한다.

2) 고도의 영향(Effects of Altitude)

민간 항공기의 일반적 비행고도는 해발 1,500미터에서 2,400미터에 달한다. 따라서 산을 오르내리는 등산객들의 모습을 적용해 보면 더욱 쉽게 이해할 수 있을 것이다.

높은 고도에서 느껴지는 미세한 산소부족현상은 체내의 수분균형 변화에 의해 체중을 감소시키고, 소화기능을 저하시키며 먹고 마시는 것에 대한 자세(태도)를 변화시킨다.

등산가들은 높은 고도에 올랐을 때 식욕을 잃은 경험이 있다고 이야기하고 있다. 또한 등산가들에 대한 연구에서는 높은 고도에서 혈액 내의 렙틴(leptin)이라는 체내 지방용해물질이 증가하는 것을 알 수 있는데 이는 렙틴의 증가가 식욕의 감소를 유발할 수 있음을 설명할 수 있는 것이다. 그러므로 낮은 압력과 미세한 산소부족의 기내환경이 결합하여 소화와 영양흡수가 활발하게 이루어지지 못하게 한다는 이야기가 꾸준하게 제기되고 있다.

요약하면 높은 고도에서 여행하는 사람들의 생리적 현상은 등산가들과 비슷하므로 항공사들은 이러한 점을 참고하여 승객의 만족도를 극대화하기 위하여 서비스 시 다음 사항에 유의해야겠다.

첫째, 승객들에게 적은 양의 식사를 자주할 수 있는 기회를 제공해야 한다.

둘째, 수분 균형에 관한 문제에 대해 보다 적극적으로 홍보하여 승객들이 기내에서 꾸준히 물을 마실 수 있도록 한다.

셋째, 맛이 좋고 소화하기 쉬운 음식을 제공한다.

3) 탈수(Dehydration)

심각한 탈수증상은 조용히 진행되어 일어날 수 있으며 또 부주의한 승객들은 이를 간과할 수 있다. 장거리비행과 혈전증에는 많은 양의 수분을 섭취해야 한다는 것은 이미 많이 알려진 사실이다. 또한 카페인과 알코올은 탈수를 일으키는 요인들이므로 과다한 섭취를 자제하고 수분보충을 위해 물을 많이 마시는 것이 좋다.

4) 기내 난동

비행에 있어서 세간의 높은 관심을 끄는 두 가지의 양상이 있는데 그 첫 번째는 'air rage'라고 불리는 기내난동이다. IATA(International Air Transport Association)의 보고에 의하면 기내난동은 꾸준한 증가추세에 있다는 것이다.

기내난동은 여러 가지 원인에 기인하지만 그 중 가장 많은 원인으로 제기되는 것은 알코올 섭취이다. 기압이 줄어든 만큼 체내의 알코올을 분해하기 위한 산소의 양이 줄어든 것을 염두해 승객들이 평소의 주량대로 기내에서 술을 섭취하지 못하도록 주의를 주는 것이 필요하다. 기내에서의 과음은 절대로 금물이다.

5) 이코노미클래스 증후군(DVT; Deep Vein Thrombosis)

좁고 불편한 비행기의 일반석에서 장시간 앉아 있다 보면 피가 제대로 돌지 않아 다리가 붓고 저려오며, 이것이 오래되면 혈액응고로 사망에까지 이를 수 있다. 일등석이나 비즈니스석과 달리 좁은 이코노미클래스석에서 발생한다고 해서 '이코노미클래스 증후군'이라 부른다.

병명은 심부정맥 혈전증으로 다리 부위 혈관에서 생긴 혈전이 혈관을 타고 이동하다가 정맥을 막아 생기는 질환이다. 혈전은 혈액의 일부가 굳어 뭉쳐진 덩어리이다.

혈전은 장시간 앉아 있을 때 생길 확률이 매우 높다. 특히 기내의 습도는 5~15%로 낮고, 기압과 산소의 농도도 지상의 80% 수준으로 피의 흐름이 둔해지기 때문에 혈전이 생기기 더욱 쉽다.

비행시간이 두 시간 길어질 때마다 혈액응고 위험은 26%씩 높아지는 것으로 연구결과가 보고되고 있으며, 60세 이상의 고령자, 임산부, 흡연자, 동맥경화나 비만, 고혈압 환자, 고지혈증 환자, 여성호르몬 복용자 같은 경우 위험이 더 크다고 알려져 있다.

혈전이 생기더라도 가볍게 다리가 붓고 저리는 데 그치는가 하면 호흡곤란이나 가슴통증, 심하면 사망에 이를 수 있으므로 승객들에게 심각성을 알리고 기내에서 응급상황에 대처할 수 있는 방법을 승무원은 숙지하고 있어야 한다.

이코노미클래스 증후군을 가장 쉽게 예방할 수 있는 방법은 물을 자주 마시는 것이다. 술과 커피는 피하는 것이 좋다. 물은 혈액순환을 활발하게 하고 탈수로 혈전이 생기는 것을 막는다. 반면 알코올과 커피는 소변을 자주 배출하게 해 수분을 빠져나가게 한다.

따라서 승무원은 자주 물을 제공하고 승객들이 옷을 느슨하게 입고 간단한 기내체조를 할 수 있도록 도와주는 것이 좋다.

3. 기내식의 메뉴 계획과 전략

메뉴는 어떤 식음료 사업에서든지 그것이 레스토랑이든 항공기 기내이든 기본적인 서비스 콘셉트를 말해주는 것이다. 메뉴는 고객에게 제공받을 음식에 대한 이미지, 지불할 돈에 상응하는지 여부, 기대 등을 생각하게 하는 중요한 역할을 한다. 하나의 요리는 특정 음식과 연결된 이미지를 생성한다. 계란과 베이컨은 아침요리를 대변하고 햄버거는 패스트푸드를 생각하게 하며 파테드 푸아그라는 훌륭한 저녁 만찬을 떠올리게 한다. 그러므로 이 절에서는 기내 식음료의 메뉴개발 과정에 대해, 메뉴 결정에 영향을 미치는 요소들, 제품 특화, 기준요리법 개발 등의 요소를 고려하여 알아볼 것이다.

1) 메뉴 개발과정

메뉴 계획, 메뉴 개발, 메뉴 디자인, 메뉴 분석, 그리고 메뉴 공학까지 메뉴에 대한 다양한 언어들이 별 다른 차별화 없이 상호 교환적으로 쓰이고 있다.

일반적으로 새로운 제품개발에 있어 필요한 여섯 단계는 다음과 같다.

첫째, 새로운 아이디어를 탐구한다.

둘째, 체계적이고 신속하게 실현 불가능한 아이디어를 제거한다.

셋째, 시장조사 및 가격 분석을 포함하는 사업 분석을 한다.

넷째, 가능성들을 개발한다.

다섯째, 개발된 제안들을 시험한다.

여섯째, 아이디어를 제품담당 직원에게 내보내고 궁극적으로 승객들에게까지 확대시킨다.

이러한 여섯 단계를 시행하는 데 기내식음료 산업에 있어서 몇몇 요소들에 의해 어려움을 겪는다. 예를 들어 공급자, 식음료 담당자, 그리고 항공사들 사이의 복잡한 관계, 복합적 시장(예, 다른 등급의 좌석, 다른 국적의 승객), 비행고도에서의 승객의 식욕과 음식에 대한 인지, 안전한 기내 탑재와 유지를 위한 냉장, 냉동 등의 기술 필요, 항공기 공간과 무게에 대한 제한 등이다.

(1) 일반적 원칙(General Principles)

모든 메뉴들은 몇몇 일반적인 원칙들에 의거하여 계획된다. 가능한 한 메뉴는 몇몇 요소들의 관계에 있어 뚜렷한 대비와 다양성을 제공해야 한다. 그것은 다음과 같다.

① 외관, 특히 음식 재료의 색상

② 부드럽거나 바삭바삭한 특질

③ 짜고 달고 시고 쓴맛

④ 찜, 끓임, 구이 등의 요리방법

⑤ 온도

(2) 음식(Food)

음식의 타입과 섭취습관은 전 세계적으로 매우 다양하다. 공급자들은 익히지 않은 날재료들의 계속적인 공급과 새로운 제품에 대한 조사와 개발 등으로 메뉴 구성에 중요한 역할을 한다. 메뉴를 계획하는 팀의 중요한 업무 중 하나는 안전한 재료를 사용하는 메뉴를 계획하는 일이다. 여기에서 사용하는 '안전'이라는 단어는 '미생물학 혹은 세균학' 등과 관계가 있다. 제품 개발은 반드시 세균실험을 거쳐서 이루어져야 한다. 미생물학자들은 어떤 식품이 현재 안전하지 않으며 앞으로 계속 피해야 하는 식품은 어느 것인지에 대한 정보를 제공한다. 그 예로 달걀 또는 특정 종류의 조개들을 들 수 있다.

(3) 제품 조사(Product Research)

메뉴 계획이나 새로운 조리법 개발은 그저 단순히 요리를 만들어내는 것이 아니라 보다 중요한 생산활동, 예를 들면 준비, 냉장, 유지, 기내에서의 재가열 등과 같은 활동들을 포함한다고 보아야 한다. 이는 종종 조리법 조정 등을 의미하는데 제품의 안정적 유지나 개선을 위해 대체재료 등을 소개하는 것을 말한다. 또한 항공기 내의 과도하게 뜨거운 음식의 냄새를 완화시키기 위해서 음식을 특별한 방법으로 처리하는 것도 포함된다. 또한 제품 개발에는 다른 기구를 사용한 실험도 포함되며 과정, 방법, 대체재료 공급 시험, 그리고 새로운 재료들의 실험도 들어간다. 때때로 이는 비용절감과 대체조리법 개발 그리고 특화요리 개발 등을 말하기도 한다. 또한 항공사의 메뉴개발팀은 식재료, 요리 그리고 식사 등 승객의 감각을 자극하는지의 여부도 생각할 필요가 있다.

(4) 고객(Customers)

메뉴는 반드시 고객들에게 좋은 인상을 줄 수 있도록 계획되어야 한다. 따라서 메뉴의 개발과정에는 고객들의 욕구와 기대를 확인하기 위한 다양한 방법들을 사용한다. 첫째, 논문, 음식관련 잡지, 신문, 그리고 정기 간행물들에 적혀 있는 음식에 대한 아이디어나 개념들을 통해 고객들의 라이프 스타일에 대한 조사를 한다. 둘째, 직접 고객들에게 묻거나 그들의 행동을 관찰하기도 한다. 셋째, 객실서비스 후 승객들의 반응을 살펴본 객실승무원들의 피드백을 활용한다. 넷째, 항공기 내에서 메뉴에 대한 설문을 통해 식사의 선호도를 평가하기도 한다. 다섯째, 두 가지 타입의 식사 중 선택하는 경우에 어떤 요리가 얼마나 소비되었는지에 대한 기록을 남겨 차후 서비스에 반영한다.

(5) 비행구간, 항공기 그리고 비행 패턴(Airline Routes, Aircraft and Flight Patterns)

어떤 음식과 요리를 서비스할 것이냐에 대한 계획을 세우는 데 있어 항공기종은 가장 기본적으로 생각해야 할 요소이다. 항공사들은 정확하게 어떤 음식을 서비스할 것인가에 대해 규정해 놓고 있으며 이는 각 구간에 따른 음식의 조합, 양, 사이즈 등을 포함한다. 각 항공사들은 자신들의 메뉴를 계획할 때 어떻게 서비스하는 것이 경쟁력이 있을 것인가에 대해 고려할 것이며 각 메뉴당 비용과 이코노미, 비즈니스, 퍼스트 좌석의 기준에 대해서도 산정할 것이다.

메뉴 설계의 기본 원칙은 기내식에도 적용된다. 크기와 스케일은 수천 피트 상공에서 무엇이 실현 가능한가에 영향을 미치며 승객에게 적절하고 편안한 식사를 제공하는 데에도 영향을 미친다. 그러므로 전형적으로 고려되는 사항들은 다음과 같다.

◆ 메뉴 구성 시 고려되는 사항

① 비행 패턴과 관련한 식사의 기능(예, 아침, 늦은 아침, 점심, 늦은 점심, 저녁, 한밤중)

② 비행하는 구간과 사용되는 항공기종과 관련한 트레이나 백의 크기, 전반적 프레젠테이션 그리고 식사의 특성화

③ 다양한 승객들(예 ; 특별식, 종교적, 토속적 식사 그리고 채식주의자 등)

④ 항공기 주방기능의 한계와 비행구간의 비행센터 직원들과 장비문제

⑤ 한 해의 어느 시점인지

⑥ 어떤 코스로 서비스할 것인지, 특히 일등석의 경우

(6) 항공사 서비스 전략(Airline Service Strategy)

항공사들은 자신들의 서비스 전략을 선택한다. 기내식 구성은 비행편이 정기편이냐, 전세기 항공편이냐 또는 저가항공편이냐에 따라 달라진다. 정기항공편들의 경우 기내식은 전형적으로 사업에 있어 긍정적 영향을 주는 것으로 인식되고 있으며 오랜 기간 융통성을 가지고 고급 승객을 위한 서비스가 계속되고 있다.

(7) 항공기종과 좌석 등급(Flight type/class)

항공사는 항공기의 좌석 등급에 따라 차별화된 서비스를 제공한다. 과거에는 항공기가 이륙하면 매우 엄격한 식사시간에 맞추어 카트를 이용한 코스별 식사가 서비스되었던 반면 현재의 몇몇 항공사들은 보다 현대화된 접근방식으로 승객들 자신이 무엇을 먹을지, 언제 먹을지를 결정하도록 하기도 한다. 일등석의 승객들에게 식사시간과 요리 선택권을 줌으로써 보다 승객에게 맞는 맞춤별 기내식을 제공하고 있는 것이다. 기내식의 내용 또한 서양식에 한정되었던 메뉴가 취항지에 맞춘 식사를 제공함으로써 큰 호응을 얻게 되었다.

(8) 케이터(Caters)

현 시대 음식의 스타일과 추세, 그리고 식당에서 요즈음 서비스되고 있는 음식들을 함께 반영하는 메뉴를 위하여 몇몇 항공사와 기내식 조달업체들은 개발된 주방과 앞서가는 조리사들을 보유한다. 개발된 주방은 새로운 메뉴와 새로운 요리들을 만들어내고 항공사들의 반응을 반영하기 위한 것이다. 그러므로 정기적으로 여행하는 사람들은 반복적으로 제공되

는 세트메뉴가 아닌 계속적으로 진화해 가는 기내식에 대한 기대를 가지게 되고 또 경험하게 되는 것이다. 그러나 제공되는 식사는 비행구간에 따라 달라지게 되는데 이는 현지의 지역 상황에 의한 것이다.

(9) 메뉴북의 디자인

메뉴는 고객의 전반적인 경험에 추가적인 인상을 심어주는 중요한 요소로 고려된다. 메뉴의 편집은 기내식 조달업체의 중요한 업무 중 하나이다. 메뉴의 내용은 항공사의 전반적 스타일에 대한 이미지를 갖게 하는 역할을 한다. 기내에서 승객에게 제공되는 메뉴북은 색상이나 로고의 사용 등에 있어 항공사의 전반적인 이미지와 어울려야  한다. 메뉴북은 항공사의 홍보 역할까지도 할 수 있는 기능을 가지는 것이다.

2) 기내식의 메뉴 주기

요리가 개발되고 나면 그 주어진 시간에 따라 그 메뉴를 서비스할 주기가 결정된다. 한 주기의 기간은 각 항공사가 결정하게 되는데 일 년 동안 주어진 시간과 다른 대체요리 등을 고려하여 결정하게 된다. 이 메뉴는 각 항공사들에 의해 신중하게 모니터된다. 단거리 비행의 경우 메뉴가 빨리빨리 바뀌어야 하는데 이는 승객들이 단거리 구간은 자주 이용하는 경향이 있기 때문이다. 예를 들면 4개의 메뉴를 3개월 동안 7~14일 단위로 계속 바꾸는 것이다.

장거리 비행구간의 경우 많은 항공사들이 한 달이나 두 달의 주기로 메뉴 사이클제를 운영하고 있다. 항공수요가 늘면서 장거리 여행을 반복적으로 이용하는 승객이 늘어나도 한 달과 두 달의 메뉴 사이클 내에서 승객들의 선택이 자유로운 편이기 때문이다. 또한 장거리 구간의 너무 빠른 메뉴의 변화는 계절에 따른 음식을 맛볼 수 있는 기회를 가질 수 없게 하기도 하고 조달(procurement) 또한 중요한 요소인데 메뉴 선택의 폭이 넓어짐에 따라 (choice meal의 증가로 인해) 메뉴 주기가 끝날 무렵 재고가 많이 남을 위험이 크기 때문이다.

메뉴 주기의 한 예로 Two-cycle system과 three-cycle system이 있다. Two-cycle system 항공사의 경우에는 여름철 메뉴와 겨울철 메뉴로 운영하거나 Three-cycle system의 경우에

는 Cycle A, B 그리고 C가 각 비행구간 내에서 2개월씩 서비스되는데 1, 2월에 A사이클, 3, 4월에 B사이클, 5, 6월에 C사이클, 7, 8월부터 다시 A사이클 등 반복적으로 운영하기도 한다. 운영 사이클은 항공사마다 상이하다.

이렇게 각 식사는 나름의 특징을 가지고 계획되고 계획된 메뉴는 요리의 사진과 각 요리에 사용된 재료들에 대한 정보 또한 이 메뉴에 함께하는 식기까지도 포함되어 구체화된다.

각 항공사들은 기내식업체와의 계약에 있어서 자신들의 요구사항을 관철시킴으로써 서로 다른 요리를 만들어낼 수 있다. 어떤 항공사들은 각 요리에 사용되는 모든 요소들에 대해서도 계약조건에 명기한다. 여기에는 조리법, 재료 구입처, 이용 공급원, 트레이의 사이즈, 식기의 종류, 어떻게 접시에 담을지와 심지어 서비스될 빵의 종류와 같은 세세한 부분들까지 포함된다. 이러한 부분들의 상이점은 메뉴 계획과정과 생산 시스템의 표준화에 많은 어려움이 있다는 것을 말해준다.

3) 기내식 메뉴 개발의 변화

(1) 브랜드의 선호(Use of Brands)

최근 기내식은 항공기 내에서 사용되는 음료나 식기 등 다양한 면에서 승객들의 인지도가 높은 브랜드 있는 상품을 선호한다. 항공사들은 승객들에게 잘 알려진 상품을 사용함으로써 고품질이라는 인식과 함께 승객의 선호도 검사 없이 일반성을 확보할 수 있다. 또한 최근에는 상품과 식기 이외에도 기내식 메뉴 개발 및 서비스에 유명한 요리사를 참여시킴으로써 항공사의 차별화 전략과 홍보 전략의 일환으로 삼고 있다. 또한 유명 호텔 및 레스토랑과 제휴하여 호텔이나 레스토랑에서 개발한 메뉴를 기내식에 적용시키고 공동으로 프로모션을 진행하는 사례가 늘고 있다.

(2) 유료 기내식

무료 기내식이 아닌 유료 기내식을 제공하는 항공사가 증가하고 있다. 판매가 3~5달러 정도 수준의 저렴한 기내식에서 TGI와 같은 유명 외식업체와 브랜드 및 기술제휴를 통한 기내식까지 다양한 기내식을 기내에서 판매를 통하여 제공하는 것이다. 저가항공사들이 항공료를 낮추기 위한 하나의 방편으로 사용하고 있으나 판매수량 예측의 어려움으로 인하여 여러 가지 문제를 안고 있다.

(3) 냉동식의 사용

저가항공사의 경우 냉동식의 사용이 보편화되고 있다. 냉동기술이 급속하게 발전하여 일반 기내식과 대비하여 품질 차이가 거의 없어졌고 냉동식을 사용하면 비용절감 이외에도 품질의 향상성 유지 및 위생관리에 유리한 점이 이유이다.

(4) 경량화

단거리 노선에 있어 기존의 Hot meal 대신 샌드위치나 김밥 등의 Cold snack을 제공하는 항공사가 증가하고 있다.

(5) 현지식의 증가

현지식 및 계절음식에 대한 선호도가 높아지고 있다. 항공사의 현지식 전통음식에 대한 관심증가로 한국에 취항하는 외항사에서도 현지식인 불고기, 고추장, 김치 등 한식 및 반찬류 등을 제공하는 것과 같이 각 노선별 특성에 맞는 현지식 제공이 증가하고 있는 추세이다.

(6) 웰빙문화 확산

웰빙문화 및 가치관 확산으로 기내에서의 주류와 커피 소모량이 감소하고 대신 건강음료와 생수 소모량이 증가하고 있다. 커피의 경우 디카페인 커피가 선호되고 있다.

(7) 고급화

저가항공사의 경우 비용절감의 문제로 경량화나 유료 기내식 등 기내식의 간편화를 위해 애쓰는 반면 대형 항공사들은 일등석과 이등석에서 더욱 고급화를 시도하고 있다. 일등석의 기내식은 그 항공사의 얼굴인 동시에 서비스 수준을 가늠하는 잣대로 인식되고 글로벌 항공사로서의 이미지를 결정하는 요소로 인식되면서 기내식의 고급화 경쟁은 더욱 치열해지고 있다. 예를 들어 대한항공은 한 병에 40만 원을 호가하는 프랑스의 명품 샴페인인 로랑 페리에와 함께 재료의 고급화를 내세운 제주도 제동목장의 친환경농법 일등급 한우와 닭고기를 제공하고, 아시아나는 그릴에 구운 갯가재와 관자, 콜리플라워 퓌레, 거위 간과 버섯피클, 송로버섯으로 맛을 낸 계절 샐러드, 매콤한 쿠스쿠스와 진공 조리한 양고기 등 그동안 기내식에서 볼 수 없었던 메뉴를 소개해 고급화 경쟁에 가세하였다. 싱가포르항공은 세계의 유명한 요리사들로 구성된 국제요리 감정단이 개발한 사태요리와 피넛소스 닭고기, 양 고기 또는 소고기 꼬치요리를 스페셜 메뉴로 서비스하고 와인 컨설턴트가 선별한 최고급 수준의 샴페인과 와인을 제공하고 있다. 이처럼 항공사들은 저마다 고급화된 기내식을 제 공하기 위하여 노력하고 있다.

(8) 기내식 조리법 개발

기내식은 첨단 조리법의 향연이라고 할 수 있다. 야채나 생선 같은 경우 익히지 않은 상태 로 제공할 수 없기 때문에 다양한 조리법을 통해 선도를 유지해야 하고 비행 전날 최소 4시 간 이상 냉장상태로 보관하고, 냉장차로 이동해야 함에도 불구하고 방부제 등의 화학약품 의 사용도 자제해야 한다. 따라서 진공조리법과 같은 새로운 조리법을 끊임없이 개발하고 있다.

✈ 단원문제

Q1. 관능적 요소란 무엇이며 음식의 이 특성에 미치는 요인은 무엇인지 설명하시오.

Q2. 기내식 만족도 향상을 위한 고려사항은 무엇인지 나열하시오.

Q3. 알코올이 우리 몸에 미치는 영향을 설명하시오.

Q4. 카페인의 긍정적, 부정적 효과를 작성하시오.

Q5. 카페인 과다섭취 방지 방법 3가지를 나열하시오.

Q6. 폐기종에 대해 설명하시오.

Q7. 메뉴 구성 시 고려되는 사항들 중 5가지 이상을 설명하시오.

Q8. 기내식 메뉴 개발의 변화에 영향을 준 것들 중 3가지 이상 나열하시오.

Q9. 객실서비스 시간대는 무엇에 의해 영향을 받는지 설명하시오.

Q10. 기내난동이 일어나는 이유 2가지는 무엇인지 설명하시오.

Q11. DVT은 무엇의 약자인지 쓰고 무엇을 나타내는지 설명하시오.

Q12. 새로운 제품개발에 있어 필요한 여섯 단계를 순서대로 나열하시오.

항 공 기 내 식 음 료 론

음료의 이해

2

SALAD

MEAT

BREAD

TEA

DESSERT

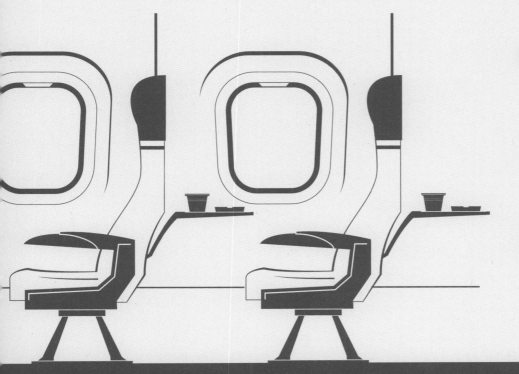

Chapter 03

음료의 이해

1. 음료의 이해

1) 음료의 정의

음료(飲料)란 일반적으로 '에너지 섭취가 주목적이 아닌 마시는 것'들을 총칭하는 말이다. 그래서 술, 주스, 차 같은 것들이 음료에 포함되며, 배를 채우고 영양분을 공급하는 국이나 수프 또는 치료를 위해 먹게 되는 탕약(湯藥) 같은 것들은 음료로 취급하지 않는다.

생명체는 대부분 수분과 단백질로 구성되어 있다. 인간의 경우도 70% 이상이 물로 구성되어 있다. 따라서 사람은 매일 2.5ℓ의 물을 음료수와 함께 식품의 형태로 섭취해야 하고 체내 수분의 10%만 잃어도 생명을 유지할 수 없다. 그만큼 인간에게 물은 소중하고 밀접한 관계에 있기 때문에 인류 문명의 발생지도 대부분 용수를 중심으로 발달한 것이다. 인류 진화의 역사와 운명을 같이해 왔던 물이 최초의 음료라 볼 수 있다. 그러나 점차 문명이 발달하면서 환경오염이 되고 순수한 물을 마실 수 없게 되자 사람들은 물을 대신할 수 있는 다양한 대체 음료들을 자연스럽게 발견하였으며, 현재 사람들이 애음하고 있는 많은 음료들이 탄생하게 되었다. 앞으로도 인간의 다양한 욕구에 의하여 더욱 다양하고 기능화·세분화된

음료가 등장하게 될 것이다.

음료의 의미는 동양과 서양에서 약간의 차이가 있다. 일반적으로 동양에서는 비알코올성 음료만을 의미하고 서양은 알코올성 음료와 비알코올성 음료를 모두 포함한 개념이다. 우리나라 주세법에서 술의 정의는 곡류의 전분과 당분 등을 발효시켜 만든 1% 이상의 알코올 성분이 함유된 음료를 총칭하는 것으로 음료와 구분한다. 그러나 서양에서는 음료라는 범주 안에 알코올성, 비알코올성 음료를 모두 포함한다.

알코올성 음료는 우리나라와 중국, 일본에서 술(주, 酒)이라고 통칭되지만, 서양에서는 종류와 형태에 따라 Drinks, Wine, Liquor, Beverage, Alcohol 등의 다양한 용어로 구분된다. 본 교재에서는 서양식에 맞추어 음료의 범주 안에 알코올성 음료와 비알코올성 음료를 모두 포함하여 다루고자 한다.

2) 음료의 역사

인류역사에 있어 음료는 절대적인 것으로서 인간이 지구상에 존재하기 시작하면서부터 음료를 필요로 하였으며, 세계문명의 발상지로 유명한 티그리스강과 유프라테스 지방의 풍부한 수역에서 강물이 더러워져 이 일대의 지역주민들이 전염병의 위기에 처해 있을 때 독자적인 방법으로 강물을 가공하는 방법을 배워 안전하게 마시게 하였다고 전해지고 있다. 인간이 오염으로 인하여 순수한 물을 마실 수 없게 되자 대체 음료를 찾으려 했던 것은 필연적이라 할 수 있다.

음료에 관한 고고학적 자료가 없기 때문에 정확한 추측은 어렵지만 자연적으로 존재하는 꿀을 그대로 혹은 물에 약하게 타서 마시기 시작한 것이 시초라고 추측되어지고 있다.

최초의 음료 관련 기록은 스페인의 발렌시아 부근 아라니아 동굴 속에 약 1만여 년 전의 것으로 추정되는 암벽의 조각에 봉밀을 채취하는 인물 그림이다. 이 그림으로 봉밀 자체를 마시기도 하고 물에 타서 마셨다는 추측을 할 수 있다. 다음 기록은 B.C. 6000년 전 바빌로니아에서 레몬과즙을 마셨다는 기록이며 이 지방 사람들은 밀빵이 물에 젖어 발효된 맥주를 발견해 음료로 마시기도 했다고 한다. 또한 인간은 동물들이 과일 먹는 것을 자세히 관찰하거나 또한 여러 가지 경험을 통해 먹을 수 있는 과일을 알아냈을 것이고, 시간이 흘러 과일을 통해 음료를 만들어 먹는 방법을 터득했을 것이다.

중앙아시아 지역에서는 야생의 포도가 쌓여 자연 발효된 포도주를 발견하여 마셨다고 한다. 와인은 1만여 년 전에 만들어졌을 것으로 추측되고 있으며 와인에 관한 기록은 그리스와 로마의 문학, 그리고 성경에 그 기록이 언급되어지고 있다.

탄산음료의 산업화는 1772년 영국의 화학자 조셉 프리스틀리(Joseph Priestley)가 효모 발효탱크에서 발생하는 탄산가스를 모으는 방법을 찾아내면서 그 길이 열렸다. 1776년 스웨덴에서 상업적인 탄산음료가 생산되기 시작했으나 탄산가스가 새나가지 않도록 하는 기술의 부족으로 큰 발전을 이루지 못하다가 1892년 오늘날과 비슷한 병뚜껑이 개발되면서 청량음료 산업은 본격적인 궤도에 오르게 되었다.

인류가 오래전부터 마셔온 음료로는 유(乳)제품이 있는데, 목축을 하는 유목민들은 염소나 양의 젖을 음료로 마셨다. 또한 현대인의 기호식품인 커피는 600년경 예맨의 양치기에 의해 발견되어 약재와 식료 및 음료에 쓰이면서 홍해 부근의 아랍 국가들에게 전파되었고 1300년경에는 이란에, 1500년경에는 터키까지 전해졌다.

음료 스토리

탄산음료의 역사 : 청량음료에서 우연히 탄생한 탄산음료

영국 화학의 아버지라고 불리는 조셉 프리스틀리(Joseph Priestley, 1733-1804)는 신학자, 철학자이자 과학자였다. 요크셔 지방에서 가난한 방직공장 직공의 아들로 태어난 그는 23세에 목사가 되었다. 18세기, 독일의 피어몬트 지방에서는 광천수라는 것이 생산되었다. 우리나라의 경북 청송에 있는 달기약수와 같이 이산화탄소와 철분이 많이 함유된 물과 비슷한 것이었는데 천연의 샘으로 거품이 풍부했고, 상쾌한 맛을 지니고 있어서 의사들은 소화불량 환자들에게 약으로 처방을 했다. 그 지방 이름을 붙여 피어몬트수라고 불렸던 광천수는 영국에까지 수출되어 비싼 값에 팔렸다.

한편 조셉은 피어몬트수를 마시고 그 맛을 잊을 수 없었다. 그래서 비싼 피어몬트수를 만들어보겠다는 결심을 하였고 맥주가 발효될 때 나오는 기체를 모으기 시작했다. 그 기체는 이산화탄소였다. 그는 이산화탄소를 물에 녹여 정말 시원한 피어몬트수를 얻을 수 있었다. 하지만 그가 그 고장을 떠나자, 더 이상 이산화탄소로 실험하기도 어려웠다. 결국 그는 석회석에 산을 넣어 이산화탄소 얻는 방법을 알아내고야 말았다. 이산화탄소 물에다 진한 철 용액을 포함한 팅크제 몇 방울, 약간의 염산, 타르타르산, 식초를 조금 넣어서 피어몬트수보다 더 맛있는 소다수를 만들 수 있었고 소다수의 인기가 날로 높아가면서 음료수는 물론, 괴혈병 치료약으로 쓰이기도 했다. 그 뒤 소다수에 과일향을 첨가하는 등 계속 발전되어 지금의 콜라 · 사이다 같은 청량음료가 탄생하게 되었다.

그 후 조셉 프리스틀리는 식물이 낮 동안 좋은 공기를 배출하고 나쁜 공기를 흡수한다는 사실을 밝혀냈고, 쥐를 이용한 여러 가지 실험에서 동물도 공기 중의 어떤 기체를 필요로 한다는 사실도 알아냈다. 그리고 인간에게도 필요한 좋은 기체임을 알게 되었다. 그는 정교한 실험을 하는 화학자는 아니었기에 산소는 발견하였지만 새로운 연소이론이나 산화이론으로 발전시키지 못하였고 이 소식을 들은 다른 과학자에 의해 증명되었다. 우연한 기회에 이루어진 이 모든 일들이 놀라운 과학 발전의 기초가 된 것은 모든 일에 의문을 가지고 늘 연구하는 자세로 살아온 프리스틀리가 아니었으면 쉽지 않았을 것임에 틀림없다.

3) 음료의 분류

음료를 분류하는 방법에는 여러 가지가 있지만 가장 보편적인 방법은 에틸알코올(Ethyl Alcohol)의 유무에 따라 알코올성 음료(Alcoholic Beverages)와 비알코올성 음료(Non-Alcoholic Beverages)로 구분하는 것이다.

알코올성 음료는 일반적으로 술이라 호칭되고 제조법에 따라 양조주, 증류주, 혼성주로 구분되며, 비알코올성 음료는 청량음료, 영양음료, 기호음료로 구분된다.

(1) 일반적인 음료의 분류

음료 (Beverage)	알코올성 음료 (Alcoholic Beverages)	양조주 (Fermented Liquor)	과실(Fruits)	와인(Wine)	
				Cider(Apple)	
				Cherry(Pear)	
			곡류(Grains)	Beer(Ale, Stout, Poter)	
				청주, 막걸리	
		증류주 (Distilled Liquor)	곡류(Grains)	위스키 (Whisky)	Scotch Whisky
					Irish Whisky
					Canadian Whisky
					American Whisky
				보드카(Vodka)	
				진(Gin)	
			과실(Fruits)	브랜디(Brandy)	
			용설란(Agave)	데킬라(Tequila)	
			사탕수수/당밀	럼(Rum)	
		혼성주 (Compounded)	약초, 향초류(Herb & Spices)		
			종자류(Bean & Kernels)		
			크림류(Creme)		
			과실류(Fruit)		
	비알코올성 음료 (Non-Alcoholic Beverages)	청량음료 (Soft Drink)	탄산성 음료	Cola, Soda Water, Ginger Ale, Tonic Water, 7up	
			비탄산성 음료	Mineral Water(광천수), Vichy Water, Evian Water, Seltzer Water	
		영양음료 (Nutritious)	주스(Juice)		
			우유(Milk)		
		기호음료 (Fancy Taste)	커피(Coffee)		
			차(Tea)		

(2) 양조법에 따른 분류

① 양조주

효모의 발효작용에 의하여 만들어진 술을 말하며 원료의 성분이 당분을 가지고 있는 것과 전분질을 가지고 있는 것으로 크게 나눈다. 대표적인 것으로는 맥주와 와인이 있고, 이는 알코올 함량이 3~14%로 비교적 낮아 일반인들이 부담 없이 즐기는 술이다.

② 증류주

증류주는 양조를 증류하여 알코올 농도를 진하게 만든 술이다. 발효시켜 만든 양조주를 불로 가열하여 끓인 다음 증발하는 기체를 모아서 냉각장치를 통과시켜 얻은 무색투명의 맑은 액체의 술이며, 대체로 알코올 도수가 높으며(35~60%), 대표적 종류로는 위스키, 브랜디, 보드카, 럼, 데킬라, 중국의 고량주 등이 이에 속한다.

③ 혼성주

혼성주는 증류주나 양조주에 인공 향료나 약초 또는 초근목피 등의 휘발성 향유를 첨가하고 설탕이나 꿀 등으로 감미롭게 만든 알코올 음료로 주로 식후에 많이 사용되며, 맛·향·색이 조화된 알코올 음료이다.

(3) 마시는 시점에 의한 분류

한식은 한 종류의 주류를 식사순서에 관계없이 마시는 것이 일반적이나 서양식은 식사와 술을 조화시켜 마시는 것이 습관화되어 있다. 따라서 식사와 함께 술을 서비스할 때에는 식사와의 조화를 고려한 세심한 서비스를 제공하는 것이 필요하다.

① 식전주(Aperitif)

식전주는 식욕을 촉진하기 위해 마시는 술로 타액이나 위액의 분비를 활발하게 하는 자극적인 것이 좋다. 신맛과 쓴맛을 가지고 달지 않아야 한다. 대표적인 식전주로는 셰리(Sherry)와 버무스(Vermouth)가 있으며 각종 칵테일(Cocktail), 샴페인(Champagne), 캄파리(Campari) 등도 애용된다.

② 식중주

식사 중에 마시는 술로 식중주는 입맛을 새롭게 하고 소화를 돕는 역할을 한다. 알코올 농도가 높지 않아야 하며, 혀나 위에 자극을 주지 않는 것이 좋으며 대표적으로 와인과 맥주가 있다.

③ 식후주

식전주를 식욕촉진주(Aperitif)라고 하면 식후주는 소화촉진주(Digestive)라고 한다. 알코올 농도가 높고 감미로운 것이 특징이며, 소량씩 마시는 것이 좋다. 대표적인 식후주로는 브랜디(Brandy)류와 리큐어(Liqueur)가 있는데 브랜디는 남성, 리큐어는 여성들이 즐기는 편이다.

4) 항공 기내음료

일반적으로 음료는 수분, 비타민의 공급, 피로회복 등의 생리적인 효과뿐 아니라 식욕을 돋우고 섭취 시에 만족감을 부여하는 등 기호성을 가지고 있다.

항공기내에서의 음료의 섭취는 여러 가지 의미를 갖는다.

항공기내의 승객은 높은 고도와 건조한 기내 환경으로 인하여 충분한 수분섭취가 반드시 필요하다. 이미 많이 알려진 바와 같이 장거리 비행에서 발생하는 이코노미클래스증후군인 혈전증에 대한 예방법의 하나도 충분한 수분 섭취이다. 따라서 승객들이 충분한 수분 섭취를 할 수 있도록 음료 서비스를 제공하는 것이 필요하다. 이때 탈수 예방을 위한 수분 섭취에는 순수한 물이 좋다.

항공기내의 승객들은 비행에 대한 두려움과 여행의 피로를 풀기 위해 알코올성 음료(술)를 섭취하는 경우가 많다. 알코올성 음료(술)는 대부분의 항공사에서 장거리 비행의 경우 제공하고 있으며 실제로 많은 양의 주류가 항공기내에서 소진되고 있다. 그러나 알코올 제공이 기내 난동으로 이어지는 주원인이 되고 있는 만큼 기내에서의 알코올 제공 시 승무원은 더욱 주의를 요해야 한다. 항공사들이 사규를 통해 알코올 제공 횟수를 제한하고 있는 이유도 바로 그 때문이다. 그러나 술을 더 달라고 요구하는 승객들의 요구를 마냥 물리칠 수 없어 알코올 섭취 승객에 대한 적절한 응대 요령을 익히는 것이 필요하다.

항공기내에서의 음료는 자체 제작하는 것이 아닌 시중에 시판되는 것을 탑재하여 서비스하므로 음료에 대한 일반적인 이해가 필요하다. 따라서 본 교재에서는 일반적인 음료에 대한 이해를 한 후 항공기내에서의 음료 서비스에 대해서는 3장에서 자세히 알아보도록 하겠다.

2. 비알코올성 음료(Non-Alcoholic Beverage)

1) 청량음료(Soft Drink)

청량음료란 마셨을 때 시원한 청량감을 주는 음료로서 주로 탄산가스를 함유하고 있는 것과 함유하고 있지 않은 것으로 나눈다. 음료로서뿐만 아니라 칵테일 조주 시에도 보조음료로서 칵테일에 청량감을 주기 위해 사용된다.

(1) 탄산음료(Carbonated)

청량감을 주는 탄산가스가 함유된 음료로서 이때 탄산가스는 미생물의 발육을 저지하고 향기를 보존하는 역할을 한다. 탄산음료의 종류에는 콜라(Coke), 소다수(Soda Water), 토닉워터(Tonic Water), 진저엘(Ginger Ale), 세븐업(7-up), 한국 사이다 등이 있다.

① 콜라(Cola)

1886년 펨버튼이라는 약사에 의해 제조되었다. 남미가 원산지인 코카 나뭇잎에서 추출한 코카인(Cocain)성분과 브라질이 원산지인 나무 열매로 콜라 엑기스를 만들어 물로써 묽게 하고 당분과 여러 가지 원료를 섞어 탄산가스를 넣어 만든 탄산음료이다.

② 소다수(Soda Water)

인공적으로 이산화탄소를 함유하는 물을 고안해 낸 것으로 무기염료에 탄산가스를 함유시킨 것으로 무색투명하며, 아무런 맛과 향이 없다. 소화작용이나 체내 보호역할의 효능이 있다.

③ 토닉워터(Tonic Water)

영국의 식민지 열대 노동자들을 위하여 식욕증진과 피로회복을 시키려는 목적으로 개발된 음료로서 씁쓰레하면서도 상쾌한 맛을 가진 무색투명한 탄산음료이다. 레몬, 오렌지, 라임, 키니네 껍질 등의 엑기스에 당분과 탄산가스를 함유시킨 것이다. 열대지방 사람들의 식욕증진과 원기를 회복시키는 강장제 음료이며 일반적으로 칵테일에 믹서로 많이 이용된다.

④ 진저엘(Ginger Ale)

진저(Ginger)는 생강이란 뜻이고, 엘(Ale)은 알코올을 뜻해서 진저엘은 생강주를 의미한다. 그러나 우리나라에서는 알코올이 전혀 없는 순수한 청량음료이다. 생강향이 있는 탄산음료로서 일종의 자극을 주는 풍미는 식욕증진의 효과가 있으며, 소화를 돕고 정신을 맑게 한다.

⑤ 한국 사이다(Cider)

무색의 탄산음료로 원래 유럽에서 사과를 발효시켜 만든 일종의 과실주을 말하며, 알코올 성분이 1~6% 들어 있다. 따라서 양조주에 해당되며 탄산음료의 종류는 아니다. 그러나 사과주를 영어로 사이다라고 하는데 그것이 탄산음료로 잘못 전해져 현재까지 사용되고 있다. 즉, 한국에서 사이다라 불리는 것은 시트르산(구연산)과 감미료, 탄산가스를 원료로 하여 만든 음료로서 원래 사이다의 의미와는 차이가 있다.

⑥ 7-up

세븐업은 구연산과 여러 가지 과일 엑기스를 혼합한 시럽에 증류수를 넣고 액화탄산가스를 주입시킨 후 레몬(Lemon)과 라임(Lime)향을 가미한 무카페인 투명음료이다. 우리나라의 사이다와 비슷한 맛으로 칵테일에 많이 이용되고 레몬과도 잘 어울린다.

(2) 무탄산음료(Non-Carbonated)

일반적으로 자연 식수인 물을 말하며, 자연 식수는 일반적으로 무색, 무미, 무취이고, 액체로서의 음료와 고체로서의 얼음으로 제조되어 칵테일을 만드는 기본재료가 된다. 최근에는 탄산수·빙하수·해양심층수·광천수·화산암반수 등 다양한 분류와 함께 체질에 따른 물 복용법을 알려주는 워터소믈리에라는 새로운 직업이 탄생할 정도로 마시는 물에 대한 관심이 매우 뜨겁다.

① 광천수

광천수는 칼슘, 마그네슘, 칼륨 등의 광물질이 미량 함유되어 있는 물이다.

② 비시워터(Vicky Water)

프랑스 중부 아리에 지방의 '비키'시에서 용출되는 광천수이다.

③ 에비앙워터(Evian Water)

프랑스와 스위스 국경지대인 에비앙시에서 용출되는 양질의 천연광천수로 세계적으로 유명하다.

④ 셀처워터(Seltzer Water)

독일의 비스바덴(Wiesbaden) 지방에서 용출되는 천연광천수로 위장병 등에 효능이 있다고 한다.

⑤ 미네랄워터(Mineral Water)

광천수에는 천연광천수와 인공광천수가 있는데, 미네랄워터는 인공수를 말하며 칼슘·인·칼륨·라듐·염소·마그네슘·철 등의 무기질이 함유되어 있다.

2) 영양음료(Nutritious Drink)

영양음료는 건강에 도움을 줄 수 있는 영양분을 다량 함유한 음료로 주스류와 우유류가 있다.

(1) 주스(Juice)

과일의 액즙을 짜서 만든 과즙에 과당을 첨가·가공하여 만든 음료이다.

① 과즙주스

오렌지 주스(Orange Juice), 파인애플 주스(Pineapple Juice), 그레이프 주스(Grape Juice), 사과주스(Apple Juice) 등 여러 가지 과즙을 이용한 주스류가 있다. 레몬 주스(Lemon Juice), 라임 주스(Lime Juice) 등은 음료보다는 칵테일의 믹서로 많이 사용된다.

② 야채주스(Vegetable Juice)

야채를 갈아서 만든 주스로 한 종류의 야채만으로 만든 주스와 다양한 야채를 혼합해서 만든 주스가 있다.

(2) 우유(Milk)

우유는 유백색의 불투명한 액체로 송아지는 이것만으로 생명을 유지하고 정상적인 성장을 할 수 있으므로 사람에게도 달걀과 더불어 영양적으로 거의 완전한 식품이라고 할 수 있다.

우유는 BC 4000년경 이미 메소포타미아(이라크)의 우르(Ur)에서 이용한 사실을 보여주는 조각이 발견되었고, 다시 같은 지방의 자르모(Jarmo)에서도 가축화된 소의 뼈가 발견된 것으로 보아 역사는 그 이전으로 거슬러 올라갈 것으로 추측된다.

우리나라에서도 이미 삼국시대에 있었고, 고려시대에 귀족층에서 우유를 이용하고 있었다는 기록이 있다. 고려 말기에는 소의 증식이 활발해져 유우소(乳牛所)까지 두어 그 제도가 조선시대에 전해졌다. 그러나 우유의 생산량이나 소비량은 제한되어 희귀식품의 테두리를 벗어나지 못하였으며, 1960년대에 들어와 비로소 크게 증가하기 시작하였다.

① 초유(Colostrum) : 분만 후 7일 이내의 우유

② 정상유(Normal)

　㉠ 원유(Raw milk)

　㉡ 살균유(Pasteurized milk)

- 저온 살균법(Low temperature long time Pasteurization) : 63℃에서 30분

- 고온 살균법(High temperature long time Pasteurization) : 72℃에서 15초

- 초고온 살균법(Ultra temperature long time Pasteurization) : 135~150℃에서 0.5~5초

　㉢ 멸균유(Sterilized milk) : 원유를 약 150℃에서 2.5~3초 동안 가열 처리하여 무균상태로 만든 우유이다. 장기간 저장할 수 있어 산간벽지, 여행 시 편리하게 이용할 수 있다. 따라서 항공사에서도 저온살균유 이외에 예비용으로 멸균유를 일정량 탑재하고 있다.

3) 기호음료(Fancy Taste)

기호음료는 일반적으로 식전, 식후에 즐겨 마시는 커피류 및 차류를 말하는데 커피는 보통 커피와 무카페인 커피로 나누어지며 차의 종류에는 홍차, 녹차, 인삼차 등이 있다.

(1) 커피(Coffee)

커피나무의 씨(커피콩)를 볶아 가루로 낸 것을 따뜻한 물이나 증기로 우려내어 마시는 음료로 1년에 세계적으로 약 6천 억 잔이 소비되고 있다. 쓴맛·떫은맛·신맛·구수한 맛 등이 조화되어 미묘한 쾌감을 주는 기호음료로 카페인(Caffeine), 타닌(Tannin), 지방산, 당질 등의 성분으로 구성되어 있으며, 카페인은 장의 활동에 자극을 주어 식사의 마지막에 마시는 음료로서 적합하다.

커피의 온도는 일반 '브루(Brew) 커피'의 온도는 80~85도, 우유를 넣은 커피는 60~70도 정도가 좋다. 섭씨 100도 이상의 물을 사용하면 커피 속의 카페인이 변질되어 좋지 않은 쓴 맛을 남기게 되고, 70도 이하의 물에서는 타닌의 떫은맛이 남는다. 또한 우유를 넣은 커피는 우유를 75도 이상 데우면 얇은 점막이 생기고 맛이 비릿해지기 때문에 60도에서 70도가 적당하다. 커피에 크림과 설탕을 넣는 순서도 온도와의 상관관계에 의하여 설탕을 먼저 넣고 저은 다음에 크림을 넣어야 한다. 일단 커피가 사람의 입으로 들어갈 때는 약 65~70도 정도가 가장 맛있다고 한다.

커피의 종류에는 커피의 향을 내기 위해 원두를 볶아 가루 내어 여과시켜 만든 로스트 커피(Roast coffee), 커피를 볶기 전에 97% 정도의 카페인을 제거시켜 만든 디카페인 커피(Decaffeine coffee), 커피콩의 추출액을 건조시켜 분말로 가공한 인스턴트 커피(Instant coffee) 등이 있다.

다양한 커피

카페인 프리 상카커피

기내서비스에서도 커피는 매우 중요한 비중을 차지하고 있다. 대한항공은 중장거리 노선 일등석에서 에스프레소 커피, 카푸치노, 카페라떼, 비엔나 커피, 에스프레소 마끼아또, 에스프레소 로마노, 베일리스 커피 등 다양한 승객의 기호에 맞는 커피전문점과 같은 서비스를 선보였고 아시아나는 국제선 비즈니스 좌석부터 일체의 농약을 사용하지 않는 친환경농법에 의해 재배되어 세계적인 친환경 시민단체인 열대우림동맹(RA : Rainforest Alliance)의 인증을 받은 친환경 커피를 서비스하고 있다.

① Regular coffee(Caffeine 함유)

② Sanka coffee(Caffeine free)

카페인 프리 커피를 처음 만들어낸 사람은 독일의 루드비히 로셀리우스이다. 그는 1900년경 카페인이 건강에 나쁜 영향을 줄 수 있다고 생각하고 카페인 제거방법을 연구해서 카페인이 97%까지 제거되는 커피를 만들어냈다.

(2) 차(Tea)

차는 자연에 가장 가까운 음식이라는 찬사를 받고 있다. 세계보건기구에서도 세계의 다양한 음식을 조사한 결과 장년과 노년층에 가장 좋은 음식 중 하나로 차를 꼽았다. 특히 녹차는 〈타임〉이 '몸에 좋은 세계의 10대 음식'으로 선정할 정도로 그 효능과 가치를 인정받고 있다.

차 잎은 4월 초부터 따기 시작하는데 5월 초까지 딴 잎을 첫물차라고 하여 가장 품질이 좋은 차로 손꼽는다. 이렇게 수확한 차는 발효 정도에 따라 구분된다. 어린잎을 따서 발효시키지 않은 것이 녹차이고, 반발효차가 우롱차이며, 85% 이상 발효시킨 것이 홍차이다.

서양인들은 홍차를, 중국인들은 우롱차를 즐기는 반면, 녹차는 일본에서 주로 애용된다.

차를 마실 때 온도는 70~75℃ 정도가 적당하며, 마시는 사람의 기호에 따라 레몬과 우유를 넣기도 한다. 레몬은 과즙에 포함된 향기와 풍미가 잘 조화되며, 밀크를 넣으면 차의 떫은맛을 제거시켜 부드러운 맛으로 변하게 한다.

① 불발효차 : 녹차(綠茶 ; 발효시키지 않은 차)

② 반발효차 : 우롱차(烏龍茶 ; 10~70% 발효시킨 것)

③ 완전발효차 : 홍차(紅茶 ; 85% 이상 발효

시킨 것)

④ 후발효차 : 보이차(普耳茶 ; 차에 우유를 타서 마시는 것. 차를 만들어 완전히 건조되기 전에 곰팡이가 일어나도록 만든 차)

3. 알코올성 음료

1) 알코올성 음료(술)의 역사

(1) 서양술의 유래

이집트 신화에서는 천지의 신이며 최고의 여신이라 하는 이시스의 남편인 오시리스가 보리로 맥주를 만드는 방법을 가르쳤다 한다.

그리스 신화에서는 디오니소스가 술의 시조라고 한다. 술의 별칭은 바쿠스의 선술 또는 바쿠스라고 하는데, 이것은 후세에 붙여진 디오니소스를 이르는 말이다.

로마 신화에서는 바쿠스가 술을 빚었다고 하여 바쿠스를 술의 신이라 한다.

예수 그리스도가 십자가에 못 박히기 전, 최후의 만찬에서도 포도주를 7인의 제자에게 나누어 주었다고 기록되어 있다.

(2) 동양술의 유래

중국의 고서『전국책』(주나라 안왕부터 진시황까지 240여 년간의 역사를 기록한 책)의「여씨춘추」에 술에 대한 첫기록이 있는데, 이는 하나라 때인 기원전 2000년경에도 이미 중국에 술이 있었다는 것을 말해준다.

우리나라 문헌으로 술 이야기가 최초로 등장하는 것은『제왕운기』의「동명성왕 건국담」으로 술에 얽힌 이야기가『고삼국사』에서 인용되어 있다.

(3) 사실적으로 본 술의 역사

술이 언제부터 시작되었는지는 확실히 알 수 없으나, 고고학에서는 술의 역사를 20만 년 전으로 추측하고 있다.

술이란 인류의 형성과 더불어 원시시대부터 자연발생적으로 출현되었으며 글자가 생기기 훨씬 이전부터 존속되었다는 것은 은시대의 유적에서 빚은 항아리가 발견된 사실로도 충분히 증명된다.

오랜 세월이 흐르는 동안 인간은 과실이나 벌꿀과 같은 당분을 함유한 액체를 발견할 기회가 종종 있었을 것이다. 원시시대의 술은 어느 나라를 막론하고 모두 그러한 형태의 술이었을 것이다. 인류 최초의 술은 봉밀주일 것이다. 벌꿀 술이라는 말은 음주나 명정이라는 말과 같은 뜻으로 석기시대의 혈거인들도 이 술을 마셨을 것이라고 말한다.

역사적인 기록으로 나타나는 맥주는 BC 5000년경 메소포타미아 지방의 수메르 민족에 의해 최초로 제조되었던 것으로 보인다. 그들이 만든 맥주는 보리를 건조하여 분쇄하고 그것으로 빵을 구워낸 후, 그 빵을 부수고 물을 가하여 자연 발효시킨 것으로 원시적인 제조방법이었다.

2) 알코올성 음료(술)의 제조과정

술이란 효모작용을 거쳐 알코올 발효가 되게 하는 것이다. 인간이 주식으로 삼고 있는 곡류에는 전분이 함유되어 있으며, 과실에는 과당이 함유되어 있는데, 이 두 요소가 술을 만드는 원료가 되는 것이다. 즉 전분이나 과당 성분 모두가 술의 원료로 사용된다. 먼저 곡류를 원료로 한 술의 제조과정을 설명하면, 전분질 그 자체가 바로 발효과정으로 작용할 수 없기 때문에 전분당화 효소인 디아스타제를 작용시켜 당분으로 당화해서 효모를 첨가·발효시키면, 이산화탄소는 유리되고 알코올 성분만 생성되는데, 이 액이 바로 술인 것이다.

그리고 과실류를 원료로 한 술의 제조과정으로는 과당원료에 효모를 첨가하면 에틸알코올과 이산화탄소 그리고 물이 만들어진다. 여기에서 이산화탄소는 공기 중에 유리되고 알코올 성분을 포함한 액이 바로 술이다.

3) 알코올성 음료(술)의 제조과정에 의한 분류

(1) 양조주

양조주는 쌀, 보리 등의 곡류나 포도, 사과 등의 과실류를 주원료로 해서 전분이나 과당을 발효시킨 술이다. 발효는 설탕, 포도당과 같은 당분이 효모(Yeast)의 작용으로 인해 알코올과 탄산가스로 변하는 과정이다. 따라서 당분이 함유된 원료에 효모를 첨가하고 발효시켜서 얻어지는 주정을 양조주라고 한다. 양조주에는 포도주(Wine)와 사과주(Cider), 그리고 전분을 원료로 해서 그 전분을 당화시켜 다시 발효공정을 거쳐 얻어내는 것으로 맥주와 청

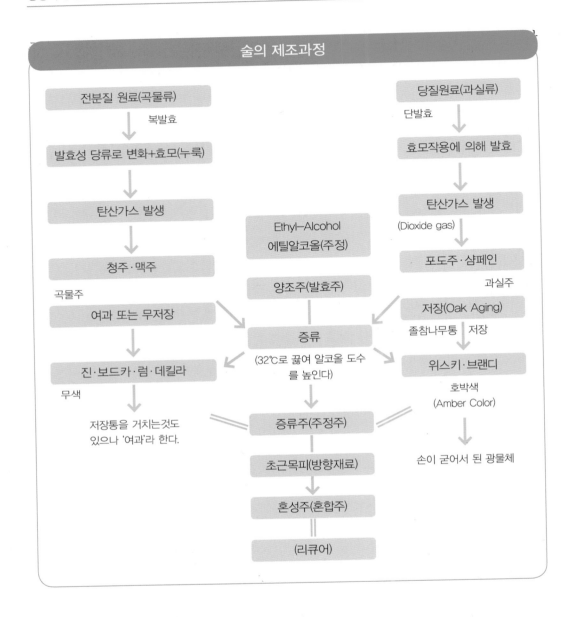

변질되기 쉽다는 단점이 있기도 하지만 원료성분에서 나오는 특유의 향기와 부드러운 맛이 일품이다. 이 책에서는 특히 와인과 맥주 중심으로 양조주를 다루어보도록 한다.

양조주의 종류 : 와인, 사과주, 맥주, 청주, 막걸리

(2) 증류주

증류주(蒸溜酒)는 곡물이나 과일 또는 당분을 포함한 원료를 발효시켜 약한 주정분(양조주)을 만들고 증류기를 이용해 증발하는 알코올 증기를 이슬로 받아낸 술이다. 1차 발효된 양조주를 다시 증류시켜 알코올 도수를 높이는데, 증류방법은 알코올과 물의 끓는점의 차이를 이용해서 고농도 알코올을 얻어내는 과정이다. 양조주는 열을 가해 서서히 끓이면 끓는점이 낮은 알코올이 먼저 증발하게 된다. 이때 증발하는 기체를 모아서 냉각시키면 고농도의 알코올(20~98도) 액체를 얻어낼 수 있다. 이와 같은 증류주에는 위스키(Whisky), 브랜디(Brandy), 럼(Rum), 진(Gin), 보드카(Vodka), 데킬라(Tequila) 등이 있다.

(3) 혼성주

우리나라 주세법상 혼성주는 '전분이 함유된 물료(物料) 또는 당분이 함유된 물료를 주원료로 하여 발효시켜 증류한 주류에 인삼이나 과실을 담가서 우려내거나 그 발효, 증류, 제성 과정에 과실의 추출물을 첨가한 것'이라고 정의되어 있다.

혼성주의 종류에 대한 내용은 다음에 자세히 다루도록 하겠다.

4) 알코올성 음료(술)에 대한 관능적 요소

주류 제품은 소비자의 기호에 적합해야 상품으로서 가치를 인정받을 수 있다.

최근 우리나라에도 소비자의 기호를 파악하려는 노력이 계속되어 왔는데, 그 접근방법은 바로 품질 자체에 대한 화학적인 분석을 토대로 한 요소와 관능적인 요소를 평가하여 상품의 우수성을 식별하는 것이다.

화학적인 분석검사는 기호성을 위한 관능적 평가의 수단이며, 관능검사는 사람의 감성과 이성작용을 사용하므로 주관적 방법이라고 한다. 여기에서는 관능검사가 적합하며 실험계획이 과학적으로 잘 설계되고 결과가 통계적으로 처리·분석된다면 관능검사는 정확한 결과를 얻을 수 있다.

인간이 마시는 음료와 주류의 품질을 생각할 때 품질요소로서 위생, 안정성, 편리성, 저장성, 이용성 그리고 가격 등이 고려되고 있으나 영양가와 기호성이 가장 중요한 요소라고 할 수 있다.

주류의 기호성을 나타내는 것이 관능적 품질특성 요소이며 여기에는 맛, 냄새, 색깔, 텍스처의 등을 생각할 수 있다. 이들 요소를 중심으로 설명하면 다음과 같다.

(1) 맛

맛은 미각을 통해서 느끼게 된다. 즉, 혀의 표면은 돌기부 혹은 유두로 싸여 있는데, 유두에는 무수한 미뢰라는 미각기관이 분포되어 있어서 음료주류를 섭취하면 정미물질이 용해되어 용약이 미뢰 속으로 들어가서 미각세포를 자극하여 이것이 미각신경을 거쳐 대뇌의 미각중추에 전달되면서 맛을 느끼게 되는 것이다.

주류의 맛은 여러 가지가 있으나, 맛의 기본이 되는 것은 단맛, 짠맛, 신맛, 그리고 쓴맛이라는 4대 기본미가 있다.

매운맛은 미각이라기보다는 피부를 자극하여 느껴지는 통각이라고 할 수 있다. 그 외 기본맛으로는 설명하기 힘든 몇 가지 맛이 있다.

이와 같이 생리적으로 지각된 여러 가지 맛에 대하여 감성적·이성적으로 느껴지는 쾌감도가 음료·주류의 맛을 결정하게 된다.

한편, 각 맛의 종류, 농도, 맛의 상호작용 등과 더불어 민족성, 지역성, 성별, 연령, 사회, 경제적인 지위요건 등이 복잡하게 작용된다.

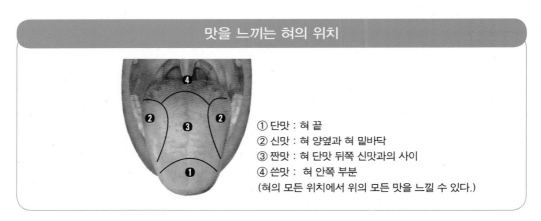

맛을 느끼는 혀의 위치

① 단맛 : 혀 끝
② 신맛 : 혀 양옆과 혀 밑바닥
③ 짠맛 : 혀 단맛 뒤쪽 신맛과의 사이
④ 쓴맛 : 혀 안쪽 부분
(혀의 모든 위치에서 위의 모든 맛을 느낄 수 있다.)

(2) 냄새

주류의 냄새는 기체상태로 비공을 거쳐 후각세포를 자극하여 후각반응으로 냄새가 지각된다.

일반적으로 냄새는 감각 중에서도 가장 원시적인 것으로 알려져 왔으나, 음료·주류의 기호에서는 매우 중요한 역할을 한다. 냄새의 종류는 너무 많고 복잡하여 맛의 기본미와 같이 기본이 되는 냄새가 명확하게 확인되지 못하고 있다. 보통사람은 2천 가지 내외, 전문가의 입장에서는 1만 가지 이상의 냄새를 식별할 수 있다고 하는데 이는 다시 화향, 과향, 약향,

수지냄새, 썩은 냄새, 탄냄새 등으로 분류된다.

후각은 미각보다 대단히 예민하며, 후각기관과 미각기관은 서로 통하여 양 감각은 마셨을 때 통상 동시에 작용하며 냄새와 맛을 합하여 풍미라고 부른다.

(3) 색깔

물질을 눈으로 보고 그 외양과 색깔에 의하여 질을 판단하는 경우가 있으나 성숙도, 신선도, 변질여부 들은 주로 색깔로 판단할 수 있다.

인간의 문명생활에 있어 중요한 시각작용과 색에 관한 것은 깊이 있게 연구되어 여러 가지 색으로 표현하고 측색방법도 다양하나 소비자에 의한 선택은 관능검사로 평가될 수밖에 없다.

(4) 텍스처

텍스처란 입에 넣었을 때의 느낌과 삼킬 때의 느낌을 종합한 것을 말하며, 관련되는 감각으로는 온도감각, 통각, 근육운동감각, 청각 그리고 마찰감각 등이 있다.

5) 술의 알코올 도수 표시방법

현대사회에서 술은 보통 도수(度數)로 표시하고 있다. 이러한 도수는 일정한 물에 함유된 알코올 농도의 비중을 뜻한다. 그러나 도수 표시방법은 나라마다 약간씩 다르다. 우리나라, 독일, 미국, 영국의 예를 살펴보면 다음과 같다.

(1) 우리나라

우리나라에서 '알코올분이라 함은 섭씨 15도에 원용량 100분 중에 함유하는 0.7947의 비중을 가진 알코올의 용량을 말한다.'라고 규정하고 있으며, 용량 퍼센트(%, per cent by volume)의 방법을 취한 것을 나타내고 있다. 이것에 의하면 물이 알코올분 0%, 순수 알코올이 100%라고 하는 것으로 주세법에서는 이 퍼센트의 숫자에 '도'를 붙여서 위스키 알코올이 40° 라든가 43°라든가 하는 표현을 사용하고 있다.

(2) 독일

독일에서는 윈디히(Windich)가 고안한 중량 비율(percent by weight)을 사용하고 있으며, 100g 액체 안에 몇 그램의 순 에틸알코올분이 함유되어 있는가를 표시한다. 술 100g 안에 에틸알코올이 30g 함유되어 있다면 30%의 술이라고 표시한다.

(3) 미국 · 영국

미국이나 영국에서는 술의 강도를 표시하는 데 프루프(proof)라는 단위를 사용하고 있으나 같은 프루프라도 미국식 프루프(America Proof)와 영국식(British Proof)은 그 기준 이 크게 다르다. 그러나 영국식 프루프법은 다른 나라 표시방법에 비해 복잡하기 때문에 최근에는 우리나라뿐만 아니라 세계 각국의 스카치 위스키나 주요 수출품에는, 복잡한 영국식 프루프 표시를 피하고 미국식 프루프를 사용하고 있다.

미국식 프루프는, 온도 60°F(15.6℃)에 있어서 순수한 물을 0, 순 에틸알코올을 200프루프(Proof)라고 하므로, 우리나라에서 쓰고 있는 용량 퍼센트의 2배가 미국의 프루프에 해당된다.

*80proof=40°

✈ 단원문제

Q1. 동양과 서양의 음료의 의미의 차이점은 무엇인가?

Q2. 탄산음료의 산업화는 언제, 누가 어떻게 하면서 그 길이 열리게 되었는가?

Q3. 음료를 분류하는 가장 보편적인 방법은 무엇인지 설명하시오.

Q4. Fermented Liquor는 무엇인지, 대표적인 종류와 알코올 함량은 얼마 정도인지 서술하시오.

Q5. Distilled Liquor는 무엇인지, 대표적인 종류와 알코올 함량은 얼마 정도인지 서술하시오.

Q6. Aperitif에 대해 설명하고 대표적 종류를 나열하시오.

Q7. 식중주에 대해 설명하고 대표적 종류를 제시하시오.

Q8. 식후주에 대해 설명하고 대표적 종류를 서술하시오.

Q9. Carbonated 종류 6가지에 대해서 나열하시오.

Q10. Non-Carbonated 종류 5가지에 대해서 나열하시오.

Q11. Coffee에 대해서 설명하고 무엇으로 구성되어 있는지, 언제 적합한지 서술하시오.

Q12. Coffee의 종류에 대해서 자세히 설명하시오.

Q13. Tea를 발효 정도에 따라 어떻게 불리는지 종류와 어느 정도 발효하였는지 서술하시오.

Q14. 술을 만드는 원료를 나열하시오.

Q15. Fermented Liquor의 제조과정과 종류, 증류주의 제조과정과 종류를 서술하시오.

맥주(Beer)

1. 맥주의 정의

맥주는 보리의 싹을 틔워 만든 맥아(麥芽)로 맥아즙을 만들고 호프(hop)를 첨가해 맥주 효모균으로 만든 알코올을 함유한 음료이다. 국내 주세법에는 "맥아 및 호프와 맥미, 보리, 옥수수, 고량(高粱), 감자, 녹말, 당질, 캐러멜 중의 하나 또는 그 이상의 것과 물을 원료로 발효시켜 여과제성(濾過製成)한 것"이라고 정의하고 있다. 맥아 이외의 녹말질 원료가 맥아 무게의 50%를 넘지 못하도록 하고 있고, 알코올 성분은 2도 이상 6도 이내로 규정하고 있다. 맥주는 알코올 성분이 적은 편이지만 이산화탄소와 호프의 쓴맛 성분으로 소화를 촉진하고 이뇨작용을 돕는 효능이 있다.

맥주를 뜻하는 비어(Beer)의 어원은 마시다는 뜻을 가진 라틴어 비베레(Bibere)나 곡물을 뜻하는 게르만어 베오레(Bior)에서 유래되었다.

인류가 맥주를 만들어 마시기 시작한 때는 BC 7000년경 바빌로니아에서 농경이 시작됨과 동시에 시작되었을 것으로 추정하고 있다. 역사적 기록에 따르면 BC 3000년경 메소포타미아의 수메르인의 유적지에서 출토된 점토판에 맥주양조법이 기록되어 있다. 그 방법은 곡식을 이용해 빵을 구웠으며, 그 빵을 가지고 대맥의 맥아를 당화시켜 물과 함께 각지로 전파되었다. 북유럽에는 포도가 자라기 힘든 환경이고 보리가 흔한 북유럽 중심으로 맥주가 각지에서 제조되어 유명하게 된 것은 당연한 일이었다.

오늘날과 같은 맥주로 만들어지기 시작한 것은 15세기경 독일의 일부 수도원에서 발효법에 의한 맥주를 만들기 시작하면서부터이고 16세기 독일에서는 '맥주 순수령' 즉 "맥주는 보리, 호프 및 물만으로 양조하라"고 규제하였다. 이때부터 고품질의 맥주가 만들어지기 시작했다.

맥주가 우리나라에 처음 들어온 것은 구한말 때 개항과 함께였다. 최초의 맥주회사는 1933년 일본의 대일본맥주(주)가 영등포에 조선맥주주식회사를 설립한 것이 시초이며, 같은 해 12월 8일에는 기린맥주주식회사(麒麟麥酒株式會社)가 역시 영등포에 소화기린맥주주식회사(동양맥주주식회사 전신)를 설립했다. 1945년 광복과 더불어 양 맥주회사는 미 군정에 의해 관리되었고, 이후 적산관리공장으로 지정되었다가 1951년에 민간에 불하됨으로써 오비맥주와 하이트맥주가 되었다.

우리나라 사람들은 경기가 좋을 때는 맥주, 경기가 나쁠 때는 소주를 선택하는 경향을 보인다고 한다. 이렇게 경기와 사회적 분위기에 민감한 맥주는 '뛰어난 미적 가치를 지닌 음료'로서 인정받고 있고, 또한 맥주의 맛과 디자인은 문화 수준의 가치 척도가 되고 있다.

2. 맥주의 제조원료

1) 물(Water)

맥주는 90%가 물로 구성된다. 맥주의 물이 맥주의 종류 및 품질을 좌우하는 직접적 요인이기 때문에 무색·무취·투명하여야 하고 함유된 염류나 미량원소(칼슘이온)들의 조성도 중요하다.

일반적으로 옅은 색의 맥아를 사용해 만든 담색맥주에는 단물이 알맞으며, 짙은 색의 맥아와 특수한 맥아, 그리고 옅은 색의 맥아를 섞어 양조한 농색맥주는 일시적 경도가 높은 센물이 좋다.

요즘에는 물의 성분을 개량 처리하여 제조에 알맞은 물로 만들어 사용하는 여러 가지 방법들이 개발되어 사용되고 있으나, 이러한 처리에는 경제적인 부담이 따르기 때문에 수질의 적부는 처음부터 물리적·화학적·미생물학적으로 시험을 거쳐 결정된다.

2) 보리(맥아)(Barely Malt)

보리를 싹틔워 맥아로 만든 것이 맥주의 주원료가 된다. 맥주원료 보리는 맥아제조 과정을 거쳐 맥아효소의 기질(基質)로 되며 맥아즙의 성분이 될 뿐 아니라, 그 무기성분은 당화와 발효과정 및 맥주의 품질에 큰 영향을 끼친다.

보리의 화학적 성분은 종류·품종·재배·곡립 등 여러 가지 조건에 따라 다른데 줄기 주위에 두 줄 보리알이 맺히는 두줄보리를 독일·일본·한국 등에서 주로 사용하나, 미국에서는 여섯줄보리를 많이 사용한다.

- 알맹이가 크고 고르며, 95% 이상의 균일한 발아율이 있어야 한다.
- 전분 함유량이 많고 단백질이 적어야 한다. (단백질이 많으면 맥주가 탁하고 맛이 나쁘다.)
- 껍질이 얇고 담황색에 윤기가 있어야 한다.
- 수분 함유량이 10% 내외로 잘 건조된 것이어야 한다.

3) 호프(Hope)

맥주가 갖고 있는 독특한 특징으로, 상쾌함을 느끼게 하는 쌉쌀한 맛과 향이 있다. 이것이 바로 맥주 원료 중 하나인 호프 때문이다. 호프는 뽕나무과의 넝쿨풀로서, 맥주에 사용하는 호프는 암술에 있는 루풀린(Lupulin)이라고 하는 노란 꽃가루를 이용한다.

맥주는 신경을 증진시키며, 내·외 분비를 촉진시키고 식욕을 증진시키는 약리작용을 하는데, 특히 호프는 맥주의 독특한 쓴 향과 쌉쌀한 맛, 단백질과 잡균을 제거하며 맥주의 저장성을 높여주는 중요한 역할을 하고 맥주를 맑고 깨끗하게 해준다.

호프

4) 효모(Yeast)

맥주 양조에서 사용되는 효모는 맥아즙(맥아를 분쇄한 후 물과 섞어 적당한 온도로 당화시켜 끓인 것) 속의 당분을 발효시켜 알코올과 탄산가스(CO_2)로 분해시킨다.

맥주 양조에 사용되는 효모는 야생효모가 아닌 배양효모이며, 풍부한 향을 만들어내는 효모, 맛을 조화롭게 하는 효모, 깨끗한 끝 맛을 특징으로 하는 효모 등이 있다.

또한 발효 후 탄산가스의 발생에 의해 거품과 같이 표면 위로 떠오르는 상면발효효모와 발효가 되면서 응집되어 밑으로 가라앉는 하면발효효모로 구분할 수 있고 맥주를 양조할 때 어떤 효모를 사용하는가에 따라 맥주의 질이 달라질 수 있다.

3. 맥주의 제조과정

1) 맥아 제조

보리의 먼지를 제거한 후 침맥조 탱크에서 2일 정도 수분을 흡수시키고, 8일간 통기와 온도를 조절하며 발아조에서 발아시킨다(그린몰트 Green Malt).

수분이 45% 정도 함유된 맥아를 건조실로 보내 6주간 수분이 3%가 되도록 건조시킨다. 이후 맥아의 뿌리를 제거하고 약 20℃의 맥아 저장실에서 6~8주 정도 잠재운다(드라이 몰트 Dry Malt).

2) 당화

드라이 몰트(Dry Malt)를 잘게 부순 후 통에 담아 5~6배의 온수를 넣어 죽과 같은 상태로 만든다(매쉬 Mash). 이 매쉬를 솥에 넣어 끓이면 당맥아액(Wort)이 되고 이때 호프를 넣어준다. 그 뒤 호프를 제거하고 냉각기에서 0℃의 온도로 얼리고 여과기와 원심분리기에서 고형물과 침전물을 제거한다.

3) 발효

상면발효효모나 하면발효효모를 넣고 7~10일간 발효를 시작한다. 이렇게 만들어진 맥주는 탄산가스도 불충분하고 맛도 아직 써서 '어린 맥주'라고 한다. 또는 이를 '전발효', '주발효'라고도 한다.

4) 저장

'어린 맥주'를 60~90일간 0℃의 저장탱크에 계속해서 숙성하면 원숙한 맥주가 된다. 이를 '후발효'라 하고 이 기간 중 탄산가스가 밀폐된 탱크 속의 맥주에 녹아들어 효모나 기타 응고물을 침전하게 한다. 이것을 여과해서 술통에 따라두는 것이 생맥주(Draft Beer)이고 보존성이 없는 생맥주를 병에 넣어 저온살균한 것이 병맥주(Lager Beer)이다.

참고동영상 **맥주제조과정** (https://www.youtube.com/watch?v=-E6ZJ-g-6Cc)

4. 맥주의 분류

1) 발효형태에 따른 분류

(1) 상면발효맥주(Top Fermentation Beer)

호기성 효모(활발히 발효하는 효모)를 사용해서 상면으로 발효되는 것으로 15~20℃의 비교적 높은 온도로 2주 정도 발효 후 15℃ 정도에서 약 1주일간 짧은 숙성을 거쳐 제조된 맥주이다. 이 방법으로 만든 맥주는 향이 풍부하고 쓴맛이 강하며 색이 짙고, 알코올 도수 또한 높다. 대표적인 맥주로는 에일(Ale), 스타우트(Stout), 포터(Porter) 등이 있다.

① 에일 맥주(Ale Beer)

호프의 냄새가 강하고 몰트의 훈제 정도에 따라 다크(dark)나 브라운(brown)의 천연색이 생성되어 맛이 아주 특별하다. 중세 영국의 맥주를 에일이라 불렀으며 맥주의 귀족이라 불리며 포만감이 없어 식중주로 즐길 수 있다. 에일 맥주는 상면발효효모에 의해 보통맥주보다 호프를 1.5~2배 정도 더 넣기 때문에 호프향이 강하고 고온에서 발효시키기 때문에 후숙기간이 짧아 탄산가스가 적어 깊은 맛이 있다.

② 스타우트 맥주(Stout Beer)

색이 검고 감미로우며 다소 탄 냄새와 강한 맥아향을 지니고 있다. 쓴맛이 강하고 8~11℃의 강한 알코올 함유량을 지닌다. 약 6개월 이상의 후숙기간을 가지며 최종 발효는 병 속에서 시킨다.

③ 포터 맥주(Porter Beer)

대표적인 영국의 맥주로 맥아즙의 농도, 발효 정도, 호프의 사용량이 강한 진한 흑맥주이다. 캐러멜로 착색해서 검은 색깔을 띠고 약 5% 정도의 알코올을 함유하고 있으며 일정 비율의 흑맥아를 사용한다.

(2) 하면발효맥주(Bottom Fermentation Beer)

염기성 효모(활발히 활동하지 않는 효모)를 사용해서 발효되는 것으로 발효가 끝나면 효모가 가라앉는다. 일반적으로 라거맥주(Larger Beer)라고 부른다. 5~10℃의 저온에서 발효되고 1~2개월의 긴 숙성기간을 거쳐 만들어진다. 부드러우며 알코올 도수가 낮아 마시기에 편안한 맥주로 독일, 미국, 한국 등지에서 생산되는 맥주를 비롯하여 전 세계적으로 하면발효

맥주가 맥주의 대부분을 차지한다. 대표적인 맥주로는 뮌헨(Munchen)타입, 필젠(Pilsen)타입, 빈(Wien)타입 등이 있다.

① 라거맥주(Lager Beer)

가장 대표적인 하면 발효 맥주이며 낮은 온도(2~10℃)로 숙성하고 저장기간 특히 후숙기간이 긴 향미가 좋은 맥주이다.

② 뮌헨 맥주(Munchen Beer)

독일의 뮌헨에서 유래되었다. 농색 맥아와 흑갈색 맥아를 섞어 만들기 때문에 맥아의 향이 강하고 쓴맛이 부드럽다.

③ 필젠 맥주(Pilsen Beer)

체코의 필젠에서 유래된 맥주로 연수와 담색 맥아를 사용하기 때문에 맥아의 향기가 약한 황금빛 맥주로 담백하고 쓴맛이 강하다. 세계적으로 대세를 이룬다.

④ 도르트문트 맥주(Dortmund Bier/ Export)

독일의 도르트문트 지방의 센물을 사용해 만든 맥주로 홉을 적게 넣고, 향이 조금 무거우나 산뜻하고 쓴맛이 적은 담색맥주 계열이다. 엑스포트는 맥주가 대량생산되어 수출을 많이 할 때 붙여진 이름이다.

2) 맥아의 색에 따른 분류

(1) 담색맥주

옅은 색의 맥아를 사용해서 양조한 맥주로 맛이 깨끗하며, 전 세계적으로 소비량이 농색맥주에 비해 훨씬 많다. 우리나라 맥주도 대부분 담색맥주이다.

(2) 농색맥주

짙은 색의 맥아와 특수한 맥아, 그리고 옅은 색의 맥아를 섞어 양조한 맥주로 담색맥주에 비하여 깊고 풍부한 맛이 있다. 영국의 에일(Ale)이 대표적이다.

5. 세계의 맥주

1) 독일 맥주

맥주의 종주국을 자처하는 독일에는 1,800여 개의 맥주 양조장이 있다. 독일의 맥주 산업이 발전하는 데는 16세기 바이에른 공국의 빌헬름 4세의 양조정책이 큰 기여를 했다. 그 전까지 대부분의 맥주는 수도원에서 제조되었는데, 빌헬름 4세가 양조권을 장악하고 '맥주순수령'을 내렸다. 그 내용은 '맥주의 원료로는 보리와 호프, 그리고 물만 사용하도록 한다.'는 것이었다. 당시 각 지방의 맥주에는 갖가지 향료와 식물이 사용되었는데 이 명령으로 인해 호프가 고정 원료로 사용되게 되었다.

유명맥주 : Beck's Bier, Henninger, Holstein, Löwenbreau, Spaten, Krombacher, Oettinger

2) 영국 맥주

영국 맥주의 특징은 대표적인 상면발효맥주라고 할 수 있다. 일반적으로 호프향이 짙고, 농도가 높은 맥주로 맛과 향이 좋다.

유명맥주 : Guiness Stout, Bass Pale Ale

3) 네덜란드 맥주

네덜란드의 대표적 맥주회사 하이네켄의 본고장으로 맥주 생산량은 세계 4위이다.

유명맥주 : Heineken, Bavaria, Grolsch, Amstel

4) 덴마크 맥주

서기 1845년 뮌헨에서 우수한 효모를 냉수와 얼음으로 냉각시키며 역마차를 갈아타면서 코펜하겐까지 가지고 돌아온 야콥센의 노력과 고심의 결과 덴마크 맥주의 품질은 일변하였으며, 오늘날 세계적으로 높은 평가를 받고 있는 덴마크 맥주로 거듭나게 되었다.

유명맥주 : Carlsberg, Tuborg, Faxe, Bacchus

5) 미국 맥주

1632년 맨해튼에서 네덜란드 서인도회사가 맥주를 판매하기 시작하면서 상업적 맥주산업이 시작되었다. 처음에는 영국식 상면발효맥주가 생산되었는데, 독일 이민의 증가로 하면발효맥주가 만들어지게 되었다. 19세기 중엽에는 독일 이민에 의한 맥주회사의 설립이 많아지게 되었고, 특히 독일계가 많았던 밀워키에서는 미국 맥주 특유의 탄산가스가 강하고 차게 하여(7℃ 이하) 마시는 것이 많은데 예일이나 보크 등의 농도가 높은 것이라든가 저칼로리 맥주 등 종류도 매우 다양하며, 생산량으로는 세계 제일의 자리를 굳히고 있다.

유명맥주 : Budweiser, Coors, Miller, Schlitz

6) 체코 맥주

13세기 체코의 왕이었던 웬체슬라스는 수도원에서만 제조될 수 있는 맥주를 일반인도 양조할 수 있도록 교황 인노세트 4세로부터 허가를 얻었고 이때부터 체코의 프라하와 블타바(Vltava)강이 맥주의 고향이 되었다. 체코의 맥주는 다양하며 대체로 탄산가스의 양이 많고 거품이 매우 짙고 오래 간다. 체코인들은 거품을 '맥주의 혼'이라고 부르며 음식을 먹을 때면 항시 맥주를 곁들인다. 체코에서는 9세기 무렵부터 호프가 재배되었고 체코의 호프는 세계에서 가장 품질이 우수한 것으로 정평이 나 있어 세계 각국으로 수출되고 있다.

오늘날 체코의 필즈너(Pilsner)맥주는 전 세계 담색맥주의 근원이 되었고, 버드바(Budvar) 맥주는 세계에서 가장 판매량이 많은 브랜드인 미국의 버드와이저(Budweiser)의 시조나 마찬가지로 인식되고 있다.

유명맥주 : Pilssner Urquell

6. 맥주의 저장과 서비스 방법

1) 맥주의 저장

맥주는 주류 제품 중 가장 상하기 쉽기 때문에 양조장에서 만들어진 제품의 맛과 향을 유지하기 위해서는 잘 다루어야 한다. 맥주는 병입된 후에는 숙성을 하지 않지만 병입되기 전까지는 숙성하기 때문에 신선도를 유지하는 것이 중요하다. 좋은 맥주의 조건으로는 흔히 색깔, 향기와 청량감을 든다. 이를 위해서는 보관장소가 햇빛에 노출되지 않는 공간이어야 하며 온도변화가 심하지 않아야 한다. 운반할 때는 가급적 맥주 안의 단백질이 응고하는 혼탁현상을 막기 위해 충격을 피한다. 기내에 탑재되는 맥주는 드라이아이스를 사용해 대부분 차갑게 보관되어지므로 맥주에 드라이아이스가 직접 닿지 않도록 승무원의 주의가 필요하다. 또한 기내에 탑재된 맥주가 시원하지 않은 경우에는 얼음을 이용하여 차갑게 한 뒤 서비스를 하도록 하여야 한다.

2) 맥주 서비스 방법

맥주가 너무 차가우면 혀를 마비시켜 맥주 맛이 싱겁게 느껴지게 한다. 여름엔 6~8℃, 겨울엔 8~10℃의 온도에서 맥주가 가장 맛있고 시원하다. 마시기 3~4시간 전에 4~10℃의 냉장실에 넣어두는 것이 좋고 급히 시원한 맥주가 필요할 때는 커다란 통에 물과 얼음을 채우고 맥주를 담가 냉각시킨다. 또한 글라스를 냉장고에 넣어두면 꺼낼 때 서리가 생기는데 이것을 프로스트 글라스(Frost Glass)라고 하며 여기에 맥주를 따라 마시면 맛뿐만 아니라 눈도 시원하다.

특히 맥주는 거품층(Head)이 맥주의 맛을 좌우한다. 거품은 맥주 속에 들어 있는 탄산가스가 밖으로 날아가는 것을 막고, 맥주가 공기에 접촉해 산화되는 것을 방지해 준다. 잔을 기울여 천천히 따르는 게 좋다. 약 2~3cm의 거품이 생기도록 맥주를 따를 때 잔을 살짝 기울였다가 7홉 정도 따른 뒤 다시 바로 들어주면 적당한 거품이 생기고 따른 후에는 거품과 함께 단숨에 마실 수 있도록 서비스하는 방법이다. 기내에서의 맥주 서비스 시 주문한 승객에게 맥주의 종류를 말씀드려 선택하실 수 있도록 한다. 맥주는 오픈하는 순간부터 탄산가스와 거품이 감소되어 맛과 향이 저하되므로 반드시 서비스 직전에 오픈한다.

맥주 스토리

맥주 100배 즐기기

1. 레몬은 맥주의 친구(O)

맥주에 레몬을 슬라이스해 넣거나 라임주스를 넣어서 마시면 레몬의
상큼한 향이 맥주의 맛을 높여준다.

2. 맥주를 따를 컵은 깨끗하게(O)

맥주잔에 이물질이나 기름 등이 묻어 깨끗하지 않으면 거품이 나지
않는다. 맥주잔은 깨끗해야 하고 냉동실에 넣어 시원하게 만들었다가
내놓으면 맥주 맛을 더욱 살릴 수 있다.

3. 첨잔은 하지 마세요!(O)

컵에 맥주를 따르고 나면 탄산가스가 빠지게 된다. 여기에 새 맥주를 따르면 신선한 맛이 없어지고 맥주 맛
이 달라지기 때문에 다 마시고 빈 잔에 따르는 것이 좋다.

4. 맥주는 병으로 마시는 게 좋다.(X)

요즘 돌려 따는 맥주가 많이 출시되면서 병에 든 채로 마시는 사람
들이 늘고 있는데 진정한 맥주 맛을 즐기려면 잔에 따라 마셔야 한다.
부드럽게 잔을 돌려주면 맥주가 움직이면서 표면적이 넓어져 아로마
성분이 많이 기화한다. 이때 맥주잔을 가능한 코에 가깝게 갖다 대면
식욕을 자극하는 아로마를 즐길 수 있다.

✖ 단원문제

Q1. Beer의 정의를 설명하시오.

Q2. Beer의 제조원료 4가지를 나열하시오.

Q3. 담색맥주와 농색맥주의 차이점을 나열하시오.

Q4. Barely Malt란 무엇인지와 특징을 제시하시오.

Q5. Hope의 특징에 대해 설명하시오.

Q6. Top Fermentation란 무엇인지 서술하시오.

Q7. Bottom Fermentation란 무엇인지 자세히 설명하시오.

Q8. 맥주의 저장하는 데에 중요한 3가지를 나열하시오.

Q9. Super Dry Beer란 무엇인지 설명하시오.

Q10. 독일 맥주 특징과 종류 2가지를 나열하시오.

Q11. 영국 맥주의 특징을 설명하시오.

Q12. 네덜란드 맥주 2가지를 나열하시오.

항공기 기내식 식음료 서비스실습

과목명	항공기식음료론	수행 내용	
실습 1. 실습 2. 실습 3.			

승무원역할 팀	실습 No.	실습생 명단(명)	승객역할 팀
1팀	1		2팀
	2		
	3		
2팀	1		3팀
	2		
	3		
3팀	1		4팀
	2		
	3		
4팀	1		1팀
	2		
	3		

*팀장은 사전에 실습 준비용품을 준비바랍니다.

실습평가표

과목명		평가 일자	
학습 내용명		교수자 확인	
교수자		평가 유형	과정 평가
실습학생	학번	학과	
	학년/반	성명	

평가 관점	주요내용	교수자의 평가		
		A	B	C
실습 도구 준비 및 정리	• 수업에 쓰이는 실습 도구의 준비			
	• 수업에 사용한 실습 도구의 정리			
실습 과정	• 실습 과정의 주요 내용을 노트에 주의 깊게 기록			
	• 실습 과정에서 새로운 아이디어 제안			
	• 실습에 적극적으로 참여(주체적으로 수행)			
태도	• 주어진 과제(또는 프로젝트)에 성실한 자세			
	• 문제 발생 시 적극적인 해결 자세			
	• 인내심을 갖고 과제를 끝까지 완수			
행동	• 수업 시간의 효율적 활용			
	• 제한 시간 내에 과제 완수			
협동	• 조별 과제 수행 시 조원과의 적극적 협력 및 소통			
	• 조별 과제 수행 시 발생 갈등 해결			

종합의견

와인(Wine)

Ⅰ. 와인의 이해

1. 와인의 정의

원래 와인은 모든 과실의 열매를 원료로 발효과정을 거친 후 추출된 알코올 음료를 포괄적 의미로 사용하는 것이 맞지만 지금은 일반적으로 포도열매를 발효한 포도주만을 와인이라 칭한다. 오늘날 와인(wine)이라는 용어는 영어의 구어 win[win]에서 유래되었고 라틴어 비눔(vinum)에서 파생되었는데, '포도나무로 만든 술'이라는 의미이다. 와인은 각 나라마다 다르게 표기하고 있는데 프랑스에서는 뱅(vin), 이탈리아에서는 비노(vino), 독일에서는 바인 (wein), 영국과 미국은 와인(wine)이라고 말한다.

2. 와인의 역사

다소간의 알코올과 독특한 맛과 향으로 오래도록 인류의 사랑을 받아온 음료 와인. 한 병의 와인 속에는 포도가 자란 지방의 '멋진 조화'가 함께 실려 있다. 이런 와인이 언제 인류에게 생겨난 것일까? 오랜 역사를 지니고 있는 와인이지만 인류 역사상 누가 최초로 와인을 만들어 마셨는지에 대한 기록은 아직 없다. 다만 야생 포도가 자연스럽게 익어 땅에 떨어졌고 이 포도에 묻어 있던 효모와 포도알 속의 당분이 만나 발효가 이루어져 최초의 자연 와인이 탄생되었을 것이라는 추측이 있을 뿐이다.

와인을 처음 만들기 시작한 시기에 대한 추측 또한 매우 다양하다. 크로마뇽인들의 동굴벽화에 그려진 포도 그림을 보고 3~4만 년 전으로 추정하는 사람들과 기원전 9000년경에 인류가 최초로 와인을 마셨을 것이라고 추측하는 고고학자 등 다양한 의견이 있다. 와인에 대한 기록 중 최초는 기원전 4500년경 메소포타미아 수메르인의 유물로 와인을 담은 항아리와 와인을 마시는 모습 그리고 포도를 재배하는 모습을 그린 벽화이다. 기원전 2000년경에는 고대 바빌로니아의 함무라비 법전에 와인의 보관법과 상거래에 대한 기록이 남아 있다. 이렇게 메소포타미아 지역으로부터 발달한 와인은 이집트로 전파되었다. 이집트에서는 와인의 생산과 소비, 제조법, 세금부과, 산업형태 등과 관련된 기록이 남아 있다. 1912년 발견된 고대 이집트의 벽화에 "나에게 열여덟 잔의 와인을 주시오, 취해야 되겠소. 나의 속은 짚과 같이 말라 있소"라는 글과 함께 포도를 발로 으깨어 포도즙을 항아리에 담는 그림들이 이것을 뒷받침한다.

그리고 이집트인들은 신에게 감사의 뜻으로 와인을 바쳤으며 파라오들은 사후세계를 위해 와인을 준비했다고 한다. 고대 그리스를 거쳐 와인의 신비로운 맛이 절정에 이른 것은 BC 27년에 시작되어 AD 476년에 멸망한 로마제국에서였다. 전쟁터에서의 사기진작과 낯선 땅에서의 물갈이로 인한 식중독을 예방하기 위해 마시기 시작했다는 기록을 통해 이러한 사실을 알 수 있다. 로마 제국의 멸망 후에는 중세 수도원을 중심으로 와인이 널리 보급되었고 기독교의 전파와 함께 종교용과 의료용으로 와인이 공급되었다. "와인이 없는 생활이란 무엇일까, 와인은 인간의 기쁨을 위해 만들어진 것이니라". 이러한 와인에 대한 언급이 성경에는 무려 521번이나 나와 있다. 이러한 역사적 배경 속에서 영국과 프랑스의 평탄치 못한 관계로 백년전쟁이 일어났고, 이로 인해 스페인과 포르투갈 와인이 발달하는 계기가 되었다. 17세기 유리병의 개발로 와인산업이 발전하면서 유명와인에 라벨을 사용하기 시작했고, 1679년 동 페리뇽(Dom Pérignon) 수도사가 샴페인과 코르크 마개를 개발하여 와인의 제조와 보관에 획기적 전기를 마련하였다. 유럽인의 사랑을 한 몸에 받던 와인은 유럽 사람들의 신대륙 이민을 계기로 미국, 호주, 칠레 등의 신세계 와인 생산국에서 와인을 생산하며 와인의 세계화 시대가 열리게 된 현재까지 와인은 인류의 문명과 함께 발전되어 왔다.

3. 와인의 분류

1) 식사에 따른 분류

(1) 아페리티프 와인(Aperitif Wine)

본격적인 식사를 시작하기 전에 식욕을 돋우기 위해 마시는 와인이다. 수프를 먹을 때 한 두 잔 정도 가볍게 마실 수 있는 와인으로 산뜻한 맛이 나는 드라이 와인이나 섬세한 기포가 편안히 위를 자극하는 샴페인, 강화주(Fortified Wine)인 스페인의 셰리(Sherry)나 포르투갈의 포트(Port) 와인, 와인을 베이스로 한 칵테일을 주로 마신다.

(2) 테이블 와인(Table Wine)

식사 중에 마시는 와인으로 식사 분위기를 돋우고 입안을 헹구어주며 코스별로 나오는 요리에서 다음 코스 음식의 음식 맛을 더 잘 느낄 수 있도록 먼저 먹은 코스의 음식의 뒷맛을 정리해 주는 역할을 한다. 주요리(Main Dish) 중 와인을 한 병 더 마실 때는 같은 것을 마시거나 더 강한 것을 주문하는 것이 좋다.

(3) 디저트 와인(Dessert Wine)

식후에 단맛은 입안을 개운하게 하고 포만감을 없애주며 소화를 촉진시킨다. 포르투갈의 스위트 포트(Sweet Port), 헝가리의 토카이(Tokay), 독일과 캐나다의 얼린 포도 등으로 만든 아이스 와인(Ice Wine) 등의 단맛이 강한 와인이 적합하다.

2) 알코올 도수에 따른 분류

(1) 비강화주(Unfortified Wine)

다른 주정(브랜디 등)을 첨가하지 않고 순수하게 포도만을 발효시켜서 만든 와인으로 보통 알코올 도수는 8~12%이다.

(2) 강화주(Fortified Wine)

발효 후나 발효 중에 알코올 농도가 높은 증류주를 넣어 알코올 도수를 높인 와인으로 스페인의 셰리(Sherry), 포르투갈의 포트(Port), 마데이라(Madeira) 등이 있다.

3) 당분 함유량에 따른 분류

(1) 드라이 와인(Dry Wine)

와인의 제조과정에서 당분이 완전히 분해되도록 발효시켜 당분이 거의 없는 와인으로 씁쓸하고 달지 않은 느낌이다. 잔류당이 0.2% 이내로 식욕촉진을 도와주는 역할을 한다. 스페인의 피노 셰리(Fino Sherry), 이탈리아의 발폴리첼라(Valpolicella) 등이 있다.

(2) 스위트 와인(Sweet Wine)

단맛이 많이 느껴지는 와인이다. 당분이 완전히 분해되기 전에 발효를 중지시켜 당분이 남아 있는 상태인 것과 인위적으로 당분을 가미한 것이 있다. 당도는 와인의 농도를 짙고 풍부하게 만든다. 프랑스의 소테른(Sauternes), 포르투갈의 포트(Port), 이탈리아의 아스티(Asti) 등이 있다.

4) 맛의 농도에 따른 분류

(1) 풀 바디 와인(Full Body Wine)

바디란 와인을 마셨을 때 입안에서 감지되는 느낌이다. 오래 숙성시킨 와인으로 농축된 무거운 느낌을 내며 입안을 꼭 채우는 듯한 느낌의 맛이 나는 와인을 말한다. 잘 익은 포도를 사용하거나 오크통을 숙성했을 때 얻어진다. 호주의 쉬라즈(Shiraz) 품종으로 만든 와인이 이에 해당된다.

(2) 라이트 바디 와인(Light Body Wine)

일반적으로 가볍고 상큼하며 마시기 좋은 와인을 말한다. 화이트와인으로는 이탈리아의 피노 그리지오(Pinot Grigio)와 레드와인으로는 프랑스의 보졸레(Beaujolais)가 해당된다.

5) 숙성기간에 따른 분류

(1) 영 와인(Young Wine)

숙성기간이 오래되지 않은 와인을 말한다. 보통 1~2년, 5년 이내에 마신다.

(2) 올드 와인(Old Wine)

숙성기간이 오래된 와인을 말한다. 5~10년 혹은 15년 이내에 마신다.

6) 향의 첨가 유무에 따른 분류

(1) 가향와인(Aromatized Wine or Flavored Wine)

와인의 발효 전후에 과일즙이나 천연향을 첨가해 향을 나게 한 와인으로 이탈리아의 버무스(Vermouth)가 유명하다. 적게는 한 가지 향에서 많게는 50가지의 향이 첨가되고 향을 첨가하기 위해 사용되는 허브, 과일, 꽃 외에 딸기, 오렌지 껍질, 다북쑥, 송홧가루 그리고 퀴닌(quinine) 등이 첨가된다.

(2) 일반와인(Still Wine)

향을 가미하지 않은 와인이다.

7) 거품 유무에 따른 분류

(1) 비발포성 와인(Still Wine)

제조과정에서 발생되는 탄산가스를 완전히 제거한 와인으로 보통 알코올 도수가 8~14%이며 단맛부터 쌉쌀한 맛까지 다양하게 있다.

(2) 발포성 와인(Sparkling Wine)

1차 발효가 끝나고 탄산가스가 없는 일반와인에 설탕 등 당분을 추가해서 인위적으로 다시 2차 발효과정을 거치게 하는데, 이때 탄산가스를 그대로 병에 머물게 한 와인을 말한다. 인위적으로 탄산가스를 주입한 것도 있다. 특히 프랑스의 샹파뉴 지방에서 생산된 것만을 샴페인(Champagne)이라고 부른다.

참고동영상 **탄산 유무의 와인(스틸와인과 스파클링 와인)** (https://www.youtube.com/watch?v=lMfcHd-Pwo)

8) 색깔에 따른 분류

(1) 레드와인(Red Wine)

붉은색이 나는 와인으로 적포도품종으로 만든다. 씨와 포도껍질, 일부 줄기를 넣어 발효한다. 껍질과 씨를 그대로 넣어 발효시키기 때문에 화이트와인과는 달리 떫은맛이 난다. 일반적인 알코올 농도는 12~14%이다.

(2) 화이트와인(White Wine)

잘 익은 청포도를 으깨고 압착한 주스를 발효시켜 만들기도 하고 적포도의 색이 우러나는 것을 막기 위해 껍질을 벗겨 만들기도 한다. 타닌(tannin) 성분이 적어 맛이 순하고 상큼하며 황금색을 띤다. 일반적으로 알코올 농도는 10~13%이다.

(3) 로제와인(Rose Wine)

핑크와인(pink wine) 혹은 장미와인(rose wine)이라고도 한다. 분위기 있는 색깔과 화이트와인처럼 가볍고 시원한 맛이 매력 포인트이다. 보존기간이 짧고 오래 숙성시키지 않고 마신다. 화이트와 레드와인의 중간색이라 핑크와인이지만 맛은 화이트와인에 가깝다. 차게 마시는 것이 좋기 때문에 냉장고 넣어 두었다 마신다. 유럽 사람들은 여름에 대부분 이 핑크빛 로제와인을 마시고, 여름철에 주로 소비되는 계절음료의 성격을 띤다. 하지만 충분히 숙성되지 않은 젊은 와인(young wine)으로 중요한 식사 테이블에서는 잘 마시지 않는다. 화이트와인과 레드와인을 섞어서 만들거나, 적포도를 으깨어 포도주스와 껍질의 접촉시간을 아주 짧게 하여 색소를 조금만 추출하는 방법으로 만든다. 외국의 경우 발렌타인데이나 화이트데이 때 이 로제와인이 선물로 인기 있다.

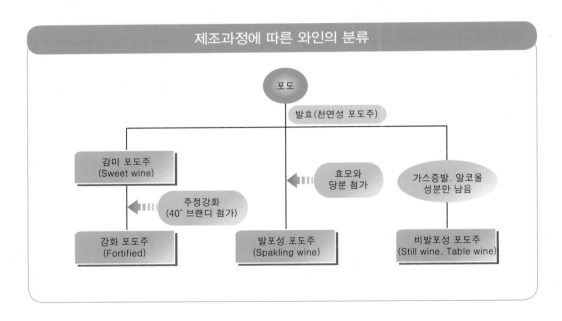

4. 와인 테이스팅(Tasting)

1) 시음법

(1) 색(Appearance)

와인 테이스팅의 첫 단계는 시각적인 관찰에서 시작된다. 와인 색상 자체의 밝기, 투명도, 선명도, 농도, 밀도 및 침전물을 평가하고, 와인 가장자리의 색상이 변했는지 여부를 파악한다. 와인의 색을 감상할 때, 투명한 와인 글라스에 1/4 정도로 와인을 따른 후 가급적 잔을 기울인 상태에서(45도) 백지나 흰색 냅킨 등을 불 빛에 비추어 본다. 와인은 시간이 지남에 따라 변화하기 때문에 색상은 와인의 나이를 읽을 수 있는 최고의 척도이다. 일반적으로 가운데가 짙고 가장자리로 갈수록 엷어지는 스펙트럼의 형태가 많을수록 잘 숙성된 와인이고 와인이 스펙트럼 없이 색상이 단조롭다면 영 와인(Young Wine)이다. 레드와인은 색이 붉고 빛나야 좋은 와인이며 갈색이거나 혼탁하면 변질된 와인, 화이트와인은 황금색 또는 초록

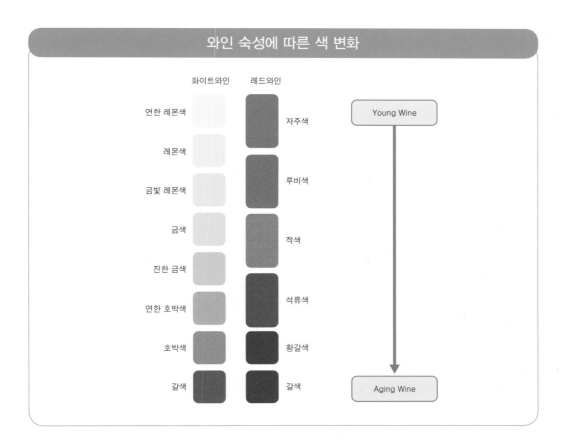

와인 숙성에 따른 색 변화

빛을 띠는 담황색으로 투명해야 하며 반짝반짝 빛이 나야 한다. 갈색이거나 투명하지 않으면 변질된 와인이다.

(2) 향(Aroma)

와인에서 발산되는 향의 종류는 1,000여 가지에 달하고 향을 구분하는 사람의 코는 2,000~4,000여 가지의 냄새를 구별할 수 있는 능력이 있다고 한다. 와인은 포도품종, 산지별 토양과 기후, 빈티지, 양조 방법이나 저장과 숙성 조건에 따라 그 개성이 다양하다. 와인의 향은 바로 와인 잔에 따랐을 때 포도 자체에서 올라오는 아로마(aroma) 즉, '기분 좋은 향기인 과일향, 꽃향, 약초향, 향신료향'과, 와인이 공기와 접촉함으로써 올라오게 되는 발효와 숙성 과정을 통해 화학적 변화로 형성된 2차 향인 부케(bouquet)로 구성된다. 일반적으로 발효 후에 정제와 여과, 저장과정을 거쳐 병입된 와인은 아로마가 강하지만 시간이 지날수록 부케가 와인의 향을 지배하게 된다.

(3) 맛(Taste)

사람이 느끼는 신맛, 단맛, 타닌 그리고 냄새에 반응하는 정도도 개개인이 다 다르다. 입 안에서 와인을 굴리듯이 혀 위에서 천천히 단맛, 쓴맛, 신맛 등을 느껴 본다. 와인의 맛은 타닌과 신맛, 단맛이 균형과 조화를 이루며 기분 좋게 느껴질 때 '균형이 잘 잡혔다'고 할 수 있다. 화이트와인의 경우 단맛과 신맛이 균형을 이뤄야 하고, 레드와인의 경우 단맛, 신맛 외에 타닌의 떫은맛이 함께 조화를 이뤄야 한다. 와인을 한 모금 마신 후 혀로 굴려 맛을 볼 때 각각의 성분이 하나의 느낌으로 어우러져 전체적으로 우아하고 부드러운 느낌을 주어야 한다. 와인의 첫 맛은 어택(Attack), 중간 맛은 미들(Middle), 맛의 여운은 피니쉬(Finish)라고 한다. 피니쉬가 오래가고 복합적인 와인이 좋은 와인이다.

맛은 일반적으로 당도(Sweetness), 산도(Acidity), 타닌(Tannin), 알코올(Alcohol), 밀도(Body), 여운(Length), 균형(Balance) 등을 고려해 평가한다.

- 당도(Sweetness) : 와인이 얼마나 당분을 많이 함유하는가의 정도를 말하며 당분이 없을 때는 드라이(Dry), 당분이 많을 때는 스위트(Sweet)하다라고 한다.
- 산도(Acidity) : 와인에는 과일처럼 신맛이 있는데 적당량의 산도는 신선함과 활력을 주지만 너무 높으면 공격적인 맛으로 불쾌감을 줄 수 있다. 대체로 추운 지방의 와인이 산도가 높다.
- 타닌(Tannin) : 포도껍질, 줄기, 씨에 있는 성분으로서 적당량이 함유되면 향과 식감을

높인다. 와인에서 타닌과 신맛은 방부제의 역할까지 하므로 타닌과 신맛이 높으면 병입 상태로 오래 보관할 수 있다.

- 알코올(Alcohol): 와인에 포함된 알코올은 기분을 좋게 할 뿐만 아니라 강한 신맛을 완화시켜 다른 맛과 조화를 이루게 해준다.
- 밀도(Body) : 입안의 느낌. 와인의 풍부함, 점성, 무게감으로 타닌과 당분, 포도껍질의 풍미가 합쳐져 생기는 것이다.
- 여운(Length) : 피니쉬(Finsh)라고 불리며, 와인을 삼키거나 뱉은 후 입안에 남는 풍미의 정도를 말한다.
- 균형(Balance) : 위의 맛을 평가하는 여러 가지 요소들이 적절하게 조화된 상태를 의미한다. 이 중 하나라도 조화와 균형을 깨뜨린다면 그 와인은 좋은 와인이 아니다.

1단계 : 와인글라스를 코에 살짝 대고 신중하게 냄새를 맡아 향이 깨끗한가의 여부를 확인한다.

2단계 : 와인글라스 안의 와인을 내부 공간 전체에 향이 꽉 차도록 두세 번 돌린 후(스월링: swirling) 코에 가까이 대고 깊게 향을 맡으며 결함 유무를 확인한다.(지속적으로 코를 대고 있는 것보다 여러 번 반복해서 맡는다.)

3단계 : 와인의 향 속에 결함이 있는지 유무를 확인한다.

- 오염된 코르크에서는 겨자냄새가 난다.
- 탄 냄새는 와인이 산화되면서 나는 냄새이다.
- 초산 냄새는 양조시 부주의로 발생한 냄새다.

와인 시음법

참고동영상 **와인 테이스팅** (https://www.youtube.com/watch?v=wJwwO7nH6nk)

2) 디캔팅(Decanting)과 브리딩(Breathing)

디캔팅(Decanting)이란 와인 병 안의 불순물을 가라앉혀 침전물을 걸러내고 깨끗한 와인을 분리하는 과정으로 별도의 투명한 유리병에 와인을 옮기는 것을 말한다. 즉 침전물이 없는 와인은 디캔팅을 하지 않아도 된다. 일반적으로 디캔팅을 필요로 하는 와인은 빈티지 포트와인이거나 수년간 병 속에서 숙성된 레드와인으로 색상이 짙고 타닌성분이 높은 포도로 만들어진 와인이다. 그러나 디캔팅 과정을 통해서 얻을 수 있는 효과 중 하나는 와인의 브리딩(Wine Breathing)이다. 와인 브리딩(Wine Breathing)은 오랜 숙성 기간을 거치면서 거친 맛이 나는 와인을 30분 내지 1시간 정도 공기와 미리 접촉시켜 와인의 풍미를 부드럽게 하는 것이다.

Wine Decanting

와인 브리딩을 하게 되면 맛이 훨씬 부드러워지고 마시기 편한 상태로 된다. 카베르네 소비뇽(Cabernet Sauvignon)처럼 타닌(떫고 쓴맛이 나는 성분)이 풍부한 와인은 산소와 결합하면서 입안을 실크 같은 감촉으로 감싸준다. 항공 기내에서는 디캔터를 사용하지 않으므로 미리 와인을 열어서 공기와 접촉을 할 수 있도록 한다. 화이트와인은 10~30분 전에, 레드와인은 최소 30분에서 2시간 전에 오픈하여 브리딩(Breathing)시킨다.

5. 와인의 보관

와인은 비록 병 속에 들어있지만 살아 숨쉬고 계속적으로 숙성이 진행되고 있다. 그래서 와인을 어떻게 보관하느냐에 따라 향과 맛이 개선될 수도 있고 잘못 보관하여 와인의 깊은 맛을 잃을 수도 있다. 심한 경우 상할 수도 있는 것이다. 따라서 다음의 원칙에 따라 와인을 보관하도록 하여야 한다.

참고동영상 **와인 보관법** (https://www.youtube.com/watch?v=7AYiUEiHtEU)

1) 온도(Temperature)

와인을 장기간 보관할 때는 온도를 서늘하고 일정하게 유지해야 한다. 7~13℃로 일정 온도를 유지하는 것이 좋다. 와인을 보관할 때 온도가 너무 높은 경우에는 조기 숙성하게 되고, 와인 특유의 부케(Bouquet)가 형성되지 않는 문제가 생길 수 있으며 반대로 온도가 너무 낮은 경우에는 숙성이 이루어지지 않는다. 온도변화가 심한 장소는 와인저장에 적합하지 않다.

2) 진동(Vibration)

와인 속의 찌꺼기가 떠오르거나 코르크(cork)가 풀어지는 것을 막기 위해서는 진동이 없는 평평한 곳에 보관해서 와인이 안정된 상태를 유지할 수 있도록 하여야 한다. 또한 코르크 마개가 건조해져 쉽게 부패되는 것을 방지하기 위하여 눕혀서 보관해야 한다.

3) 음지(Darkness)

강한 빛을 피해서 보관한다. 햇빛에 노출시키면 와인 병의 온도가 올라가고 자연광이든 인공광이든 빛은, 와인을 데우고 와인이 정점에 이르기도 전에 신선한 맛을 잃게 한다. 일부 와인의 경우는 인공광에 의해 불쾌한 맛이 나기도 한다.

4) 습도(Humidity)

너무 건조하면 코르크 마개가 말라 수축하게 되고, 반대로 습도가 너무 높으면 코르크 마개에 곰팡이가 번식하게 되어 그 냄새가 와인에 전달될 수 있다. 와인의 맛과 향을 제대로 즐기려면 7~13℃ 정도의 온도와 55~75% 내외의 습도를 유지해 주고, 냄새가 없는 어두운 장소에서 코르크가 와인과 접촉할 수 있도록 뉘어서 보관하면 코르크가 와인과 항상 접촉해서 촉촉한 상태를 유지할 수 있다. 코르크가 건조해지면 공기가 들어가 와인이 산화된다.

> **오픈한 와인 보관방법** : 가급적 즉시 마시는 것이 좋고, 부득이한 경우, 1주일 안에 진공마개 (Vacuum Saver)로 막아 서늘한 곳에 보관하거나 냉장고나 전용 냉장고(Cellar)에 보관하는 것이 좋다.

 와인 스토리

샤토 딸보(Château Talbot)

백년전쟁 말기, 혜성처럼 나타난 잔 다르크는 이교도의 손에서 프랑스를 구해 내자며 진군한다. 비록 적이지만 희생을 원치 않았던 잔 다르크는 단신으로 적진에 달려가 이렇게 명령한다. "나는 피를 보고 싶지 않다. 그러니 그냥 물러가라." 이때 이 말을 듣고 고뇌하며 퇴각했던 영국 장군이 바로 톨벗, 프랑스어로 발음하면 딸보이다. 그는 카스티옹(Castillon) 전투에 참여해 1453년 7월 17일 끝내 장렬하게 전사하게 되는데, 샤토 딸보는 이 영국군 장군 톨벗을 기려서 와인에 이름을 붙인 것이다. 프랑스의 상징인 와인에, 그것도 백년씩이나 철천지원수로 싸운 적장의 이름을 붙인 '샤토 딸보'는 생 줄리앙 지방의 한 마을에 위치하고 있으며, 자갈이 많은 토양과 뛰어난 미기후로 최고품질의 포도를 재배하기에 최적의 조건을 갖추고 있다. 특히 카베르네 소비뇽(Cabernet Sauvignon), 메를로(Merlot) 품종의 포도가 최상의 상태로 자라는데 아주 적합한 조건을 갖추고 있다. 샤토 딸보는 뚜  렷한 진홍빛의 컬러에 그을린 오크향이 훌륭하며 타닌 맛이 잘 살아 있고 그윽하면서 풍부한 맛을 낸다. 전체적으로 균형이 잘 잡힌 맛이 일품이며 복합적이면서도 미묘한 맛이 잘 살아 있는 최고품질의 레드와인이다.

6. 와인과 음식의 조화

와인은 식사와 밀접한 관련이 있는 술이다. 요리의 맛과 와인의 맛이 조화를 이루어야만 서로 상승 작용과 보완 작용을 하여 입맛의 즐거움이 커진다. 레드와인의 경우는 타닌이 많고 적음과 품질에 중점을 두고, 화이트와인의 경우는 신맛, 단맛의 강약과 비율에 중점을 두어 요리와 와인이 서로의 맛을 압도하지 않도록 조화시킨다.

승무원에게 있어 음식에 어울리는 와인의 추천은 매우 어려운 일이다. 예를 들어 생선살이 연하고 담백한 생선 요리에 타닌이 강한 레드와인을 추천한다면 타닌으로 인하여 승객이 생선 요리의 맛을 제대로 느끼지 못할 것이다. 그러나 맛이 진한 소스의 스테이크에 타닌이 풍부한 레드와인을 추천한다면 승객은 더욱더 요리의 진한 맛을 느낄 수 있을 것이다. 이처럼 음식에 맞는 와인의 선택은 매우 중요하다. 따라서 승무원은 와인의 특징을 살피고 요리의 재료와 방법을 고려하여 승객에게 와인을 추천할 수 있도록 노력하여야 한다.

> **와인과 음식의 조화의 규칙**
> 1. 그 지역 음식과 와인을 조화시켜야 제맛을 느낄 수 있다.
> 2. 음식 본연의 색과 조화를 이루어야 한다.
> 3. 음식에 뿌려진 주요 소스와 조화를 이루어야 한다.

1) 요리에 어울리는 와인을 고르는 방법

- 일반적으로 붉은 고기에는 레드와인이 흰 고기류에는 화이트와인이 어울린다.
- 신맛이 나는 음식(레몬, 사과, 식초)은 산도가 높은 와인과 함께 한다.
- 단맛이 나는 음식은 비슷한 당도를 지닌 와인과 조화시킨다.
- 기름진 생선은 불쾌한 금속 맛, 짠 음식은 쓴맛이 나기 때문에 타닌이 많은 와인과 조화시키지 않는다.
- 짠 음식은 약간의 단맛 나는 와인, 약간의 신맛 나는 와인과 만날 때 맛이 더 좋아진다.
- 기름진 음식은 산도가 높은 와인과 잘 어울린다.
- 훈제한 음식은 비교적 강한 특성을 지닌 와인이 어울린다.
- 과일향/꽃향기가 나는 와인은 과일 샐러드와 함께 마시면 좋다.
- 그 지역 요리는 그 지역 와인과 조화시킨다.(프랑스 요리-프랑스 와인)

- 요리의 주재료보다 소스에 맞추어 와인을 조화시킨다.
- 주요리에 초점을 맞추어 와인을 선정한다.

음식의 종류	음식에 어울리는 와인의 종류
생선류	White Wine
돼지고기, 송아지고기	White Wine, Rose Wine, Light-bodies Red Wine
닭고기	White Wine, Light-bodies Red Wine
쇠고기, 양고기	Red Wine
야생고기	Full-bodies Red Wine
치즈	White Wine, Red Wine
디저트	White Wine, Sparkling Wine

2) 와인을 마실 때 규칙

와인뿐만 아니라 모든 알코올 음료는 여러 가지 바꾸어가면서 마실 경우 먼저 마시는 것부터 나중에 마시는 것까지 일정한 순서에 따라 마시는 것이 좋다. 이것은 술의 당도, 향, 맛, 제조방법, 알코올 도수 등에 따라서 구분되어진다. 특히 승무원은 승객에게 알코올 음료 제공시 다음의 기준에 의해서 서비스될 수 있도록 주의하여야 한다.

> **와인의 스타일에 따른 마시는 순서**
> 가벼운 맛(Light Wine) → 무거운 맛(Heavy Wine)
> 영 와인(Young Wine) → 올드 와인(Old Wine)
> 드라이 와인(Dry Wine) → 스위트 와인(Sweet Wine)
> 화이트와인(White Wine) → 레드와인(Red Wine)
> 저 알코올(Low Alcohol) → 고 알코올(High Alcohol)

7. 와인의 스타일과 품질에 영향을 미치는 요인

1) 와인 양조법(Oenologie)

같은 해, 같은 토양에서도 와인의 맛과 개성이 양조자의 스타일에 따라 달라진다. 가능한 포도를 많이 수확해서 많은 양의 질이 낮은 와인을 만들 것인가 아니면 적은 양의 포도를 수확해서 고급와인을 만들 것인가가 모두 와인 양조자에게 달려 있다. 와인은 자연과 문화의 산물이기도 하지만 이러한 포도의 재배방법이나 양조기술에 따라 다양한 결과가 나오기 때문에 양조방법에 대해 알아야 할 필요가 있다. 앞에서 살펴본 것과 같은 과정 중에서도 발효와 숙성이 가장 큰 영향을 미친다.

(1) 발효(Fermentation)

와인 양조에서 가장 중요한 부분은 발효이다. 와인에서의 발효란 포도즙에 함유된 당분(포도당과 과당 등)이 효모에 의해 알코올과 탄산가스로 바뀌는 과정이다. 화이트와인은 적포도나 청포도 열매를 으깨고 이를 압착해 포도의 즙과 껍질을 분리한 후 효모를 첨가하게 된다. 그다음은 발효통으로 옮겨져서 5~20℃의 낮은 온도에서 2~4주 동안 발효시킨다.

레드와인은 적포도를 으깨 즙을 추출해 내고 이때 나온 포도즙과 껍질을 함께 발효통에 넣고 25~30℃에서 2주 정도, 보졸레처럼 풍미가 가벼운 것은 5일 정도 발효시킨다.

로제와인은 레드와인과 마찬가지로 적포도로 만들어지지만 레드와인보다 낮은 온도, 15~20℃에서 12~36시간 정도 짧게 발효시킨다.

(2) 숙성(Maturation)

와인의 좋은 맛을 위해 오크통이나 스테인리스 스틸 통에 넣어 숙성시킨다. 물론 바로 병입 후 숙성될 수도 있다. 숙성을 통해 얻을 수 있는 가장 큰 변화는 와인에 복합적 풍미가 생기는 것이다.

① 산소 숙성(Maturation with Oxygen)

오크통에 숙성시킨 와인은 나무의 결 사이로 들어온 산소와 결합하여 타닌이 부드러워질 뿐만 아니라 오크의 향과 성분이 스며들어 나무, 바닐라, 구운 토스트 등의 향기가 나게 한다.

② 무산소 숙성(Maturation without Oxygen)

유리병과 스테인리스 스틸 통은 진공상태이기 때문에 오크통의 숙성과는 다르다. 무산소 상태의 병 속 와인은 나뭇잎, 버섯의 식물성 향과 가죽 등의 동물성 향이 나며 스테인리스 스틸 통에서는 와인의 맛이 거의 변화하지 않는다.

레드와인 양조과정

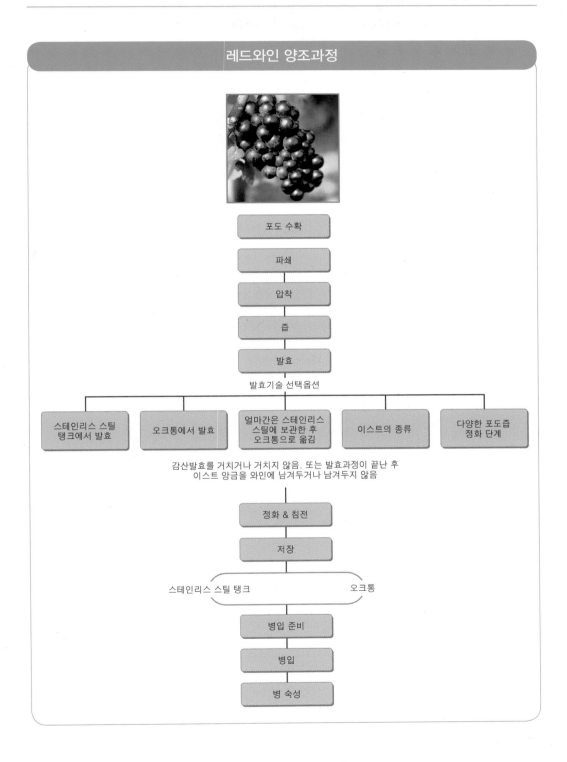

포도 수확

파쇄

압착

즙

발효

발효기술 선택옵션

| 스테인리스 스틸 탱크에서 발효 | 오크통에서 발효 | 얼마간은 스테인리스 스틸에 보관한 후 오크통으로 옮김 | 이스트의 종류 | 다양한 포도즙 정화 단계 |

감산발효를 거치거나 거치지 않음. 또는 발효과정이 끝난 후
이스트 앙금을 와인에 남겨두거나 남겨두지 않음

정화 & 침전

저장

스테인리스 스틸 탱크   오크통

병입 준비

병입

병 숙성

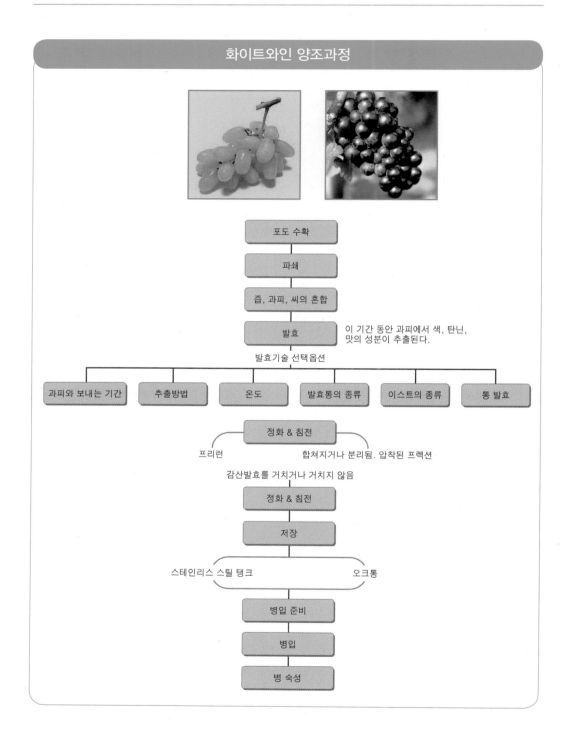

화이트와인 양조과정

포도 수확

파쇄

즙, 과피, 씨의 혼합

발효 — 이 기간 동안 과피에서 색, 탄닌, 맛의 성분이 추출된다.

발효기술 선택옵션

| 과피와 보내는 기간 | 추출방법 | 온도 | 발효통의 종류 | 이스트의 종류 | 통 발효 |

정화 & 침전

프리런 / 합쳐지거나 분리됨. 압착된 프렉션

감산발효를 거치거나 거치지 않음

정화 & 침전

저장

스테인리스 스틸 탱크 / 오크통

병입 준비

병입

병 숙성

로제와인 양조과정

흑포도 수확

1차 발효

← 적당한 색이 우러나면 발효
중간에 껍질과 씨를 제거

껍질 제거/압착

2차 발효

앙금분리/오크숙성

정제/여과

병입/병 숙성

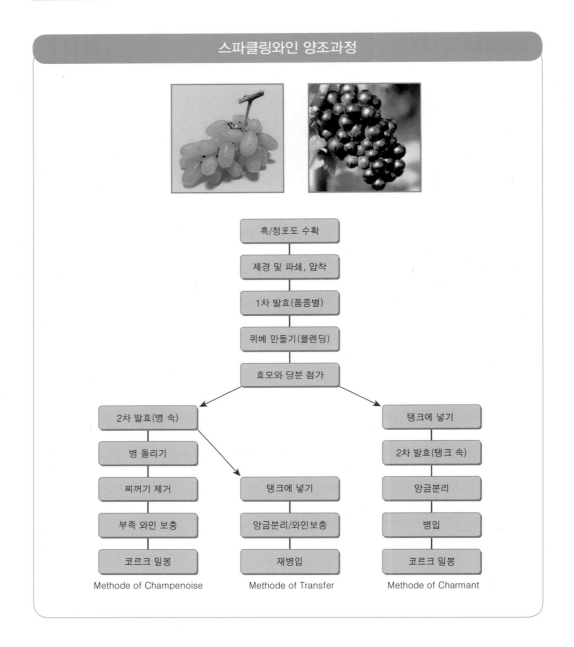

스파클링와인 양조과정

흑/청포도 수확

제경 및 파쇄, 압착

1차 발효(품종별)

퀴베 만들기(블렌딩)

효모와 당분 첨가

Methode of Champenoise

2차 발효(병 속)

병 돌리기

찌꺼기 제거

부족 와인 보충

코르크 밀봉

Methode of Transfer

탱크에 넣기

앙금분리/와인보충

재병입

Methode of Charmant

탱크에 넣기

2차 발효(탱크 속)

앙금분리

병입

코르크 밀봉

2) 테루아(Terroire)

원래 테루아는 토양(Soil)을 뜻하는 프랑스어이다. 와인에 있어서 테루아는 토양의 성질이나 구조, 포도밭의 경사도나 방향, 일조량, 온도, 강수량 등 좋은 와인의 품질을 결정하는 포괄적 요소들을 말한다. 다양한 자연조건으로 같은 포도품종이라도 색다른 와인을 만들 수 있다.

(1) 토양

척박한 토양의 포도가 좋은 와인을 만든다. 와인을 만드는 포도나무가 영양분을 섭취하기 위해 뿌리를 깊이 뻗어 내리게 되는 과정에서 지층으로부터 다양한 영양분을 섭취하여 복잡하고 미묘한 맛을 내는 포도의 숙성을 돕게 되는 것이다. 이때 토양의 구조 또한 중요하다. 자갈이 많은 토양은 축축한 진흙 땅보다 따뜻해서 포도나무의 뿌리가 수 미터까지 깊게 뻗어나갈 수 있고 자갈들이 간직한 낮 동안의 열을 밤에 다시 발산하여 포도의 성숙과 지열 조정에도 적합하다.

고도는 어떨까? 고도가 100m 높아질 때마다 기온은 0.5~1℃ 내려간다. 당연히 고지대에 있는지 그렇지 않은지는 와인을 만드는 포도에 중요한 영향을 미친다. 포도가 잘 자라는 데 가장 중요한 것은 역시 태양이다. 그래서 대부분의 와인 산지는 위도 30~50도 사이에 위치한다. 특히 위도가 높은 독일에서는 급경사면에 밭을 일구는 경우가 많고 경사면에 밭을 일구는 경우에는 높은 위치에 있는 것이 배수도 잘 되고 포도 재배에도 좋지만 지나치게 고도가 높으면 기온이 너무 많이 내려갈 수도 있다.

(2) 기후

기후란 한 해 동안에 기대할 수 있는 날씨 상태(온도, 일조량)를 말한다. 온도와 일조량은 포도가 익은 후의 풍미에 큰 영향을 준다. 포도의 생육기간 동안에는 낮 기온이 20~25℃가 유지되어야만 한다. 특히 수확하기 1개월 정도는 맑고 건조한 날씨가 계속되어야 한다. 태양 열은 당분을 만들어내는 에너지의 근원으로 포도 안에 당분이 없다면 와인은 만들어질 수 없다. 적도에서 멀리 떨어진 지역에서 포도나무를 태양을 향해 경사진 땅에 심어서 일조량을 높이기도 하는데 물론 일조량이 풍부한 지역에서는 불필요한 일이다. 더운 기후에서는 알코올 도수가 높고 바디(body)가 강하며 타닌 함량이 높은 와인이 주로 생산되고, 서늘한 기후에서는 알코올 도수가 낮고 바디가 약하며 타닌 함량이 낮은 와인이 주로 생산된다.

(3) 강수량

포도에 수분이 지나치게 많을 경우에는 포도가 많이 부풀어오르게 되고 이 경우 풍미와 당분이 희석되어 와인의 알코올 함량과 바디, 향이 줄어들게 된다. 강 가까운 곳에 위치한 포도밭은 급격한 기온 변화에 큰 영향을 받지 않고 유럽 대부분의 강우량이 많은 지역의 가장 뛰어난 포도원들은 경사면이나 자갈밭, 석회질처럼 배수가 잘 되는 땅에 있다. 와인생산에 있어서 적절한 수분은 반드시 필요하지만 너무 많아 축축한 환경은 열매를 썩게 하고 비와 우박은 포도나무의 열매에 손상을 입힐 수 있다.

(4) 영양분

포도가 잘 자라려면 영양소의 적절한 균형이 매우 중요하다. 꼭 필요한 영양분만 공급되어야 한다.

〈테루아의 요건〉
1. 토양 2. 기후 3. 강수량 4. 영양분

---

3) 빈티지(Vintage)

빈티지란 포도의 수확연도를 말한다. '포도가 양조된 해'를 말하는 빈티지는 '2003'이라고 쓰여 있으면 2003년도에 재배해 수확한 포도로 바로 그해에 양조한 것을 말한다. 좋은 와인을 만드는 요소 중 하나, 즉 기후와 관련된 요소가 곧 빈티지이다. 좋은 와인을 만들 수 있는 포도는 당도가 높고, 각종 유기산을 충분히 함유하고 있어야 한다. 이러한 포도를 생산하기 위해서는 일조량이 풍부해야 하고 강우량은 비교적 적어야 한다. 포도의 생육기간에는 온화한 날씨여야 하며, 수확기 무렵에는 비가 오지 말아야 한다. 이러한 자연의 혜택이 해마다 다르기 때문에 빈티지가 중요하다. 이렇듯 기후는 와인의 품질에 결정적인 영향을 미치게 되고 토양과 포도의 품종이 아무리 좋다고 해도 기상조건, 즉 기후가 나쁘게 되면 그해의 와인은 좋은 맛과 향기를 낼 수가 없다. 좋은 빈티지란 포도가 자라고 익을 무렵 비와 바람은 알맞고 일조량은 풍부했음을 말한다. 또한 언제 양조되었고, 언제까지 마시면 좋은지도 알 수 있다.

4) 포도품종(Varietal)

세계적으로 널리 알려진 품종은 40여 종이지만 품질 좋은 와인을 생산하는 품종은 10여 개에 불과하다. 모든 포도품종은 각각 선호하는 토양과 기후를 가지고 있고 포도나무를 둘러싼 요소, 즉 배수, 토질, 채광, 고도, 포도밭 방향, 일조량, 강우량, 바람세기 등을 고려해 포도의 품종을 선택해야 한다.

(1) 화이트와인을 만드는 주요 포도품종

상급 화이트와인의 90% 이상은 리즐링(Riesling), 소비뇽 블랑(Sauvignon Blanc), 샤르도네(Chardonnay) 품종으로 만들어진다.

참고동영상 **화이트 와인의 대표 품종** (https://www.youtube.com/watch?v=uCGNGwHN6sw)

① 리즐링(Riesling) : 과일 맛이 풍부한 귀여운 요정

독일의 대표적인 포도품종 리즐링은 향이 강한 청포도품종으로 그 향은 과일과 꽃향기에 가깝다. 보통 사과, 복숭아, 벌꿀 향이 은은하게 느껴지며, 가볍고 부드러운 느낌을 주는 와인이 나온다. 주로 독일의 라인강 유역에서 재배되는데 독일의 모젤(Mosel) 지방과 프랑스의 알자스(Alsace) 지방이 유명하다. 토양에 따라 변화가 심한 리즐링 품종은 껍질이 얇아 보트리티스(botrytis) 곰팡이에 의해 당도와 산도를 농축시켜 특유의 풍미를 더할 수 있는 노블 롯(noble rot)에 적합한 품종이다. 달콤한 디저트 와인을 만들기에 적당하고 산뜻하고 가벼운 향으로 인해 거의 모든 음식에 잘 어울린다.

② 소비뇽 블랑(Sauvingnon Blanc) : 상쾌한 아침의 향

향이 풍부한 청포도로 새콤하고 쌉쌀한 개성 있는 향기를 보여준다. 미국에서는 퓌메 블랑(Fumé Blanc)이라고 불리는 소비뇽 블랑은 녹색과일, 식물성 향이 나며 산도가 높은 미디엄 바디(Medium Body)로 언제나 새콤하고 쌉쌀한 맛이다. 고유한 특성으로 인해 서늘한 기후에서 주로 재배되며, 프랑스 루아르 지방의 상세르(Sancerre)와 푸이 퓌메(Pouilly Fume) 지역에서 최고급 소비뇽 블랑이 만들어진다. 여름날의 가벼운 식사, 담백한 생선요리와 잘 어울린다.

③ 샤르도네(Chardonnay) : 화이트와인의 왕

샤르도네는 청포도의 한 품종으로 서늘한 지역부터 더운 지역까지 다양한 기후에서 매력적인 와인을 만들 수 있는 독특한 품종이다. 다만, 포도 열매의 풍미는 자란 지역에 따라 차이가 있다. 샤블리(Chablis) 같은 서늘한 기후에서는 감귤류, 사과, 배와 같은 녹색과일의 풍미가 나며, 부르고뉴(Bourgogne)와 같은 온화한 기후 지역에서는 감귤류와 멜론 향이 도는 복숭아 같은 향이, 더운 지역에서는 망고와 무화과 같은 열대과일 향이 풍부하다. 샤르도네 맛은 대부분 와인의 양조과정에서 생긴다. 강한 소스향의 요리나 고기류를 제외하고는 거의 모든 음식과 조화를 이룬다. 특히 크림소스의 생선요리, 가재, 굴 등과 잘 어울린다. 부드러운 샤르도네의 맛은 주로 풀바디(full body)에 무게감이 있으며 거의 단맛이 없는 부드러운 질감이 특징이다.

리즐링   소비뇽 블랑   샤르도네

(2) 레드와인을 만드는 주요 포도품종

① 카베르네 소비뇽(Cabernet Sauvignon) : 레드와인의 황제

타닌과 산도가 높고 향이 풍부하며 진한 색의 와인을 만드는 적포도품종으로, 포도알이 작고, 껍질은 두꺼우며, 씨가 큰 것이 특징이다. 숙성되지 않은 상태에서는 맛이 거칠고 특히 타닌이 강한 떫은맛을 내며 야채냄새가 강하다. 하지만 시간이 숙성될수록 신맛과 타닌이 조화를 이뤄 복합적이고 훌륭한 맛을 내게 된다. 세계에서 가장 널리 재배되는 품종으로 프랑스의 보르도나 미국의 캘리포니아처럼 따뜻하고 건조한 기후와 공기소통이 잘 되는 자갈밭에서 잘 자란다. 쇠고기나 양고기와 잘 어울린다.

② 메를로(Merlot) : 부드러운 신사

타닌과 산도는 낮은 대신 바디가 풍부하며 알코올 도수가 높은, 마시기에 편한 와인이다. 포도 알이 크고 껍질이 얇으며 색과 향이 뛰어남과 동시에 맛이 유순하고 부드러워 처음 와인을 접하는 사람들이 좋아한다. 프랑스의 보르도 지방에서는 부드러운 맛의 메를로를 강한 풍미의 카베르네 소비뇽과 섞어서 와인을 만든다. 메를로로 만든 와인은 특히 단맛을 풍기는 부드러운 고기요리와 잘 어울린다.

③ 피노누아(Pinot Nior) : 레드와인의 여왕

껍질이 얇은 적포도로 만든 피노누아는 연한 색상에 담백한 맛, 약간의 산도, 중간 내지는 낮은 타닌을 지녔다. 카베르네 소비뇽보다는 부드럽고, 메를로보다는 타닌 맛이 강한 피노누아는 재배하기가 무척 까다로운 만큼 그 맛도 복잡 미묘하다. 프랑스 부르고뉴의 피노누아 100% 단일 품종인 '로마네 꽁티'는 그래서 세계에서 가장 비싼 와인이다. 부르고뉴를 벗어나서는 좋은 품질을 생산하지 못하는 까다로운 피노누아는 딸기향이나 체리향과 같은 붉은 과일향이 강하고 모든 고기요리뿐 아니라 참치, 연어와 같은 생선요리와도 잘 어울린다.

④ 시라(Syrah)와 쉬라즈(Shiraz) : 부담 없이 씩씩한 터프가이

프랑스에서는 시라, 호주에서는 쉬라즈라고 알려져 있다. 카베르네 소비뇽처럼 포도알이 작고 껍질이 두꺼우며 색깔이 진하다. 타닌과 산도는 중간 정도이거나 높으며 풀바디(full body)에 검은 과일과 다크 초콜릿의 풍미가 난다. 알코올 도수는 높고 처음 맛은 다소 거칠지만 입에 착 달라붙는 느낌으로 검은빛을 띨 정도로 색이 진하다. 후추와 같이 매콤한 향과 가죽냄새가 나기도 한다. 프랑스의 꼬트 뒤 론(Côte du Rhône)의 북부지방에서 많이 생산되며, 호주에서는 쉬라즈(Shiraz)라고 불린다. 현재는 이 쉬라즈가 호주 레드와인의 대표 품종이 되었다.

카베르네 소비뇽   메를로   피노누아   시라

참고동영상 레드 와인의 대표 품종 (https://www.youtube.com/watch?v=1VVqLU8ZLdM)

 와인 스토리

샤토 마고(Chateau Margaux)

「와인은 세상에서 가장 발달한 문명(文明)의 산물(産物) 중 하나다. 세상에서 가장 완벽한 자연물 중 하나이며, 다른 어떤 순수한 감각보다 더 큰 기쁨과 감상을 제공해 준다」

−헤밍웨이

우아하고 섬세한 여성적 와인 샤토 마고. 샤토 마고는 마고 여왕의 이름처럼 '최고급 와인의 여왕'이란 별명을 갖고 있다. 특히 이 와인의 향이 어떤 와인도 쫓아갈 수 없는 꽃처럼 화려하다. 화사한 꽃잎만 으깨어 만든 향수를 살짝 뿌린 듯한 여왕 같은 우아함이 코끝을 스치는 향을 지닌 와인 샤토 마고.

어니스트 헤밍웨이는 와인을 매우 사랑했고, 그가 가장 좋아했던 와인이 바로 샤토 마고였다. 헤밍웨이는 프랑스 여행 중에도 마고 성에 머무르면서 매일같이 와인에 취하곤 했는데 그런 헤밍웨이에게는 두 명의 손녀딸이 있었다. 둘 다 모델과 영화배우로도 활약했던 미모의 여성들이다. 두 손녀 중 한 명은 41세의 나이에 약물중독으로 요절했는데, 그녀의 이름이 바로 마고 헤밍웨이이다. 샤토 마고를 너무나 사랑했던 어니스트 헤밍웨이가 귀여운 손녀에게 이름으로 선사했던 것이다.

현재 샤토 마고의 포도원은 약 75헥타르의 면적에서 카베르네 소비뇽(Cabernet Sauvignon) 75%, 카베르네 프랑(Cabernet Franc) 2~3%, 메를로(Merlot) 20%, 그리고 프티 베르도(Petit Verdot) 2~3%가 재배되고 있고 매년 2만 상자 정도의 와인이 생산된다. 보르도의 유명 와인들 가운데 유일하게 지역명의 이름을 사용하고 있는 샤토 마고는 '프랑스 최고의 와인'이라고 극찬한 토머스 제퍼슨의 말처럼 신비로운 맛으로 세계인의 입맛을 사로잡고 있다.

8. 와인의 라벨과 등급

1) 와인 라벨(Wine Label)

와인의 라벨은 와인의 정확한 정보를 제공해 주는 와인의 주민등록증이자 이력서라고 할 수 있다. 라벨에는 와인의 이름과 생산지, 포도 재배연도, 등급 등 여러 가지 정보를 담고 있다. 와인 라벨을 읽을 줄 알면 자신에게 맞는 와인을 선택하는 데 많은 도움을 받을 수 있다.

프랑스 와인 라벨 읽는 법

1. **와인의 등급** : 그랑 크뤼 클라세(Grand Cru Classé) 보르도의 최고등급 와인이다.
2. **브랜드명(Brand Name)** : 이 상품의 이름을 나타내며 이 상품의 이름은 샤토 딸보(Chateau Talbot)이다.
3. **원산지 명칭** : 와인에 사용된 포도가 재배된 지역을 의미한다. 라벨처럼 SAINT JULIEN이라고 표시할 수 있다(생산지역).
4. **빈티지(Vintage)** : 포도를 재배하고 수확한 연도. 이 와인은 2002년산 포도로 만들었다.
5. **제조업체** : 소유주의 주소. 딸보사의 주소
6. **AOC급 와인품질 표기** : 프랑스는 원산지를 통제하기 때문에 와인품질 등급을 정해 놓았는데, 이 와인은 그중에서 가장 높은 등급인 SAINT-JULIEN AOC 등급이다.
7. **용기 내의 와인 용량** : 용량 와인 한 병에 담긴 양이 표시되어 있다. 이 와인의 용량은 75cl(750ml)이다.
8. **알코올 도수 / 9. 포도원에서 병입 / 10. 심벌마크**

참고동영상 **와인 라벨 읽는 방법** (https://www.youtube.com/watch?v=K3Rz25r4cEY)

와인 라벨의 구분
- 주 라벨 : 빈티지(vintage), 와인등급, 포도품종, 생산지 및 생산자명
- 병목 라벨 : 생산연도, 생산회사
- 후면 라벨 : 포도품종, 양조법, 빈티지 특성, 당도와 와인 서비스 방법, 와인의 서비스 온도, 음식과의 조화, 음주에 대한 주의사항

2) 와인의 등급

(1) 프랑스 와인의 등급

와인 구입 시 등급구분을 염두에 두어야 한다. 등급에 따라 와인의 질과 가격도 차이가 난다. 프랑스 와인은 엄격한 품질관리체제를 확립하고 와인을 생산해 왔다. 1935년부터 프랑스의 고급와인은 이러한 품질 관리의 규제를 받고 있고 전통적으로 유명한 고급와인의 명성을 보호하고 품질을 유지하기 위한 엄격한 생산조건을 충족시켜야만 한다.

프랑스 와인의 품질검사 규정

① AOC(Appellation d'Origine Contrôlée : 아펠라시옹 도리진 콩트롤레) : 35%
'원산지 통제 명칭 와인' 원산지 표시를 말하며 엄격한 심사 끝에 고급와인으로 판정된 최상급 와인이다. 라벨에 APPELLATION 지역명 CONTROLEE로 기재된다. 수확량, 포도나무를 심을 때의 밀도, 알코올 도수, 시음을 통한 통제까지 모든 사항을 지켜야만 한다. (예 : Appellation Médoc Contrôlée : 원산지가 메독(Médoc)이다. 메독 지방의 와인제조 규정에 따라 만들어졌다.)
AOC명칭은 원산지에 따라 다시 세분화되고, 지역의 크기가 작아질수록 와인의 품질은 우수하다.

② VDQS(Vins Délimités Qualité Supérieureé : 뱅 뗄리미떼 칼리테 슈페리외) : 2%
'우수한 품질 제한 와인'이라는 표시로서 일등급 와인을 의미한다. 양은 전체의 2% 정도로 미미한데 1949년에 새로 설정된 것으로, AOC보다는 덜 유명한 산지에서 생산되는 와인이다.

③ VDP(Vins de Pays : 뱅 드 페이) : 15%
지역와인으로 엄격한 규제(AOC)는 받지 않지만 원산지 표시가 의무화된 보급와인을 의미한다. 중급 정도의 와인으로 한정된 산지에서 생산되고 혼합을 하지 않는다. 재배지역, 품종 등의 제한에 대해 융통성이 크다. 1979년에 이 등급을 신설하면서 특정지역 포도품종이 아닌 포도품종의 사용을 허용했다. 식당이나 호텔 등에서 하우스 와인으로 많이 이용된다.

④ VDT(Vin de Table : 뱅 드 타블) : 38%
일반적인 프랑스식 테이블 와인으로 매일 마실 수 있는 일상적인 와인이다. 비싸지도 않고 오래 저장하지도 않은 일상주 스타일의 와인으로 대중적인 와인이다. VDT는 원산지와 수확연도를 표기하지 않고 주로 상표명으로 판매된다.

(2) 이탈리아 와인의 등급

이탈리아는 1963년 원산지에 따라 이름을 부여하는 품질관리 기준을 정하고, 1992년에 개정하여 이 법이 정한 품질등급에 따라 와인을 관리하고 있다. 상대적으로 프랑스 와인의 35%, 독일 와인의 98%가 법적 규제를 받는 것에 비해 이탈리아 전체 와인 중 13%만이 DOC의 적용을 받는다.

이탈리아 와인의 품질검사 규정

① DOCG(Denominazione di Origine Controllata Garantita : 데노미나치오네 디 오리지네 콘트롤라타 가란티타)

'생산통제법에 따라 관리되고 보장되는 원산지 와인'으로 일정한 기준에 적합한 최고급 와인을 말한다. 전체 와인 생산량 중 8~10퍼센트만이 이 등급으로 분류되고 있다. D.O.C와 같이 수확되는 포도 산지의 지역이 생산통제법에 정해져 있고, 수확이 이루어지기 전에 정부기관의 품질 보증을 받아야 한다.

② DOC(Denominazione di Origine Controllata : 데노미나치오네 디 오리지네 콘트롤라타)

'생산통제법에 의해 관리받는 원산지 표기 와인'으로 우수와인을 말한다. 동일한 품질의 와인 생산을 위해 포도의 산지, 양조 및 저장 장소, 품종, 혼합비율, 알코올 도수, 용기 및 용량, 화학분석, 테이스팅 등이 상세한 기준에 의해 제시되어 있다. 전체 와인 생산량 중 10~12퍼센트만이 이 등급으로 분류된다.

③ IGT(Indicazione Geografica Tipica : 인디카치오네 지오그라피카 티피카)

'생산지 표기 와인'으로 1992년에 신설된 등급분류로서 중요한 와인 산지의 테이블 와인을 의미한다. 매우 넓은 와인 생산지역 이름을 표시하고, DOCG나 DOC에서 사용되는 지방이나 지역이름을 사용할 수 없다.

④ VdT(Vino da Tavola : 비노 다 타볼라)

해당 지역에서 전통적으로 사용된 것도 있고, 품종이 시작된 지역에서 전통적이지 않은 방식으로 자유롭게 포도를 섞어 양조하는 와인이다. '테이블 와인'으로 이탈리아 와인의 90%가 바로 비노 다 타볼라 등급이다. 라벨에 와인의 색만 표시하고 원산지명은 표기하지 않는다. 저렴해서 일상적으로 소비하는 와인이다. 이 등급의 와인들은 품질이 좋아지면 새로이 등급심사를 거쳐 DOC와 DOCG 범주에 속할 수 있거나 IGT등급의 와인으로 등록할 수 있다.

(3) 독일 와인의 등급

독일 와인의 등급은 1971년 7월 19일에 제정되었고, 1982년에 개정되었다. 2000년 9월부터 라인가우 지역에서 등급을 표시하는 제도가 도입되었다. 1999년 빈티지부터 이를 적용하고 있다. 독일 와인의 품질 등급은 프랑스 와인과는 달리 단위면적당 수확량과 수확시기, 그리고 포도의 당도 함유량을 등급기준으로 정한다.

독일 와인의 품질검사 규정

① 쿠엠페(QmP : Qualitätswein mit Prädikat ; 크발리태츠바인 미트 프래디카트)
당도가 높은 포도로 만든 고급와인. 특별히 구별되는 품질 등급표가 있는 독일의 최고급 포도주를 포함하는 등급이다. 완숙된 포도나 보트리티스 곰팡이(Botrytis Cinerea)가 생긴 노블 롯(Noble Rot) 포도로 만들며, 설탕을 일체 첨가하지 않은 최고 품질의 와인이다. 9.5%의 천연 알코올을 함유하며 특정 포도원에서만 생산된다. 이 포도주들은 라벨 위에 포도의 완숙도와 품질에 따라 6개의 특이한 품질 등급표(Pradikat) 중 하나를 붙이게 된다. 독일 와인의 32%가 여기에 해당된다.

〈QmP의 당도에 따른 세부분류〉
- 카비네트(Kabinett) : 잘 익은 포도로 만든 가볍고 경쾌하며 부드러운 와인(당도 67~85도)
- 슈패트레제(Spätlese) : 늦게 수확한 포도로 만든 만큼 균형 있고, 잘 성숙된 와인(당도 76~92도)
- 아우스레제(Auslese) : 완숙한 포도만을 사용하여 별도로 즙을 낸 기품 있고 아름다운 향기가 풍부한 와인(당도 83~105도)
- 베렌아우스레제(Beerenauslese) : 초과 숙성해 상하기 직전의 쭈글쭈글한 포도 알맹이만 선택적으로 수확하여 양조. 보트리티스(botrytis) 곰팡이균의 작용에 의해 생산되는 고급와인(귀부와인)(당도 110~150도)
- 아이스바인(Eiswein) : 베렌아우스레제급 언 포도(건강한 포도의 농축된 즙을 수확하지 않고 얼려 놓았다가 바로 압착해 얼음결정 상태에서 수분을 제거한 달콤한 포도의 즙 상태)를 수확하여 만든 와인. 최고급 와인(당도 110~150도)
- 트로켄베렌아우스레제(Trockenbeerenauslese, TBA) : 건포도와 같이 열매를 건조시킨 다음에 만든 와인. 스위트 와인. 100% 보트리티스 곰팡이로 포도의 껍질이 약해져 포도 안의 당분과 산도가 농축된 형태의 포도로 만들었기에 아이스바인보다 최고급으로 여겨진다. (노블 롯(Noble Rot) 현상. 당도 150~154도)

② 쿠베아(QbA : Qualitätswein bestimmter Anbaugebiete ; 크발리태츠바인 베슈팀터 안바우게비테)

생산량이 많은 등급의 우수와인으로 포도의 품종, 재배지역, 알코올 도수 등이 검사되어 라벨에 표시된다. 13개의 지정된 독일 지역에서 생산된다. 독일 와인의 가장 많은 양이 QbA의 범주에 포함된다. 와인이 그 지역의 특성과 전통적인 맛을 갖도록 보증할 수 있기에 충분히 인정된 포도로 만들어진다. 가볍고 상쾌하며 풍미 있는 이 와인들은 미숙(未熟) 시에도 매일 식사와 곁들여 즐길 수 있는 포도주이다. 독일 와인의 65~69%가 여기 해당되고 비교적 성숙시간이 짧은 시기에 마실 수 있는 특정 지역에서 산출되는 중급 품질 와인이다.

③ 란트바인(Landwein)

테이블 와인 중 원료의 품종과 산지를 나타낸 '지방와인'을 말한다. 20개 특정 지역에서 생산된다.

④ 도이처 타펠바인(Deutscher Tafelwein)

독일산 포도만을 사용한 테이블 와인으로 한 지역의 포도만을 사용한 경우는 이를 표시할 수 있다. 혼합한 경우 한 지역의 것이 85% 이상일 때는 품종이나 생산지, 수확연도를 표시할 수 있다.

⑤ 타펠바인(Tafelwein)

가장 낮은 등급의 테이블 와인. 발효과정 중 설탕이나 과즙을 첨가한 와인이다.

와인 스토리

'최초의 늦수확 와인' 슈패트레제의 기원

요하니스베르크 성의 포도원 수사들은 대수도원장의 허가가 있기 전에는 포도를 딸 수 없었다. 1775년 수확기에 대수도원장이 회의 참석차 자리를 비웠고 특히 그해에는 포도가 빨리 익어 나무에 달린 채 썩기 시작했다. 걱정이 된 수사들은 대수도원장의 허가를 받기 위해 전령을 보냈고 전령이 돌아올 무렵, 드디어 수확이 진행됐다. 하지만 놀랍게도 그렇게 만든 와인이 지금까지 마셔본 와인 중에 최고였다.

① 보트리티스 시네레아(Botrytis Cinerea) : '노블 롯(귀부병)'이라고 불리며, 포도의 껍질에 구멍을 뚫어 수분을 증발시킴으로써 보통의 포도보다 당도와 산도가 더 농축되게 해주는 특별한 곰팡이균이다.

② 클라식(Classic) : 좋은 품질의 드라이 와인. 13개 지정된 지역 중 하나에서 생산된 와인으로 각 주에서 정한 지명을 표기하지만 마을 명칭과 포도밭 명칭은 상표에 쓰지 않는다. 중가 와인. 알코올 도수 최저 12도.

③ 셀렉치온(Selection) : 아우스레제와 동급인 독자적인 이름의 포도원에서 자란 좀 더 숙성한 포도로 만든 드라이 와인. 지정된 13개 지역과 단일 포도밭에서 생산된 최상의 수확연도 및 재배지에서 생산된 최고품질의 드라이 와인을 말한다. 개별 포도원 표시 허용. 고급와인.

노블 롯 포도

(4) 스페인

스페인에서는 옛날부터 와인의 원산지를 명확히 하는 개념이 있어서 법적인 규제의 역사도 오래 되었다. 등급 기준은 1970년에야 시작되었지만 1988년에 개정되어 현재는 아래와 같은 체계를 갖추게 되었다.

스페인 와인의 품질검사 규정

① DOCa(Denominaciónes de Origen Calificada)
'원산지 통제명칭 와인'으로 스페인의 리오하만이 최상등급의 기준을 만족시키고 있다.

② DO(Denominaciónes de Origen)
지정된 와인 산지, '원산지 명칭 와인'이다. 일정 지역에서 인가된 품종을 사용해 각종 규정을 충족시킨 와인이다. 프랑스 A.O.C급 와인에 해당하는 산지로서 현재 69개의 D.O가 있으며 다음과 같이 숙성조건에 따라 다르게 표기된다.

- 비노 호벤(Vino Joven) : 오크 숙성을 거치지 않고 당해 수확한 포도로 만든 와인을 그 이듬해에 판매한다. 호벤은 그래서 '젊다(young)'는 의미이다.
- 비노 데 크리안싸(Vino De Crianza) : 레드와인의 경우 오크통 숙성기간 1년을 포함하여 총 2년의 숙성을 거친 와인이다. 1년간 숙성한 화이트와인
- 레제르바(Reserva) : 3년간 숙성한 레드와인, 2년간 숙성한 화이트와인
- 그랑 레제르바(Gran Reserva) : 5~7년간 숙성한 레드와인, 4년간 숙성한 화이트와인

③ Vino de la Tierra
스페인의 '우수품질 제한 와인' D.O급 와인보다 한 단계 낮은 와인. 프랑스의 VDQS와 동일한 수준이라고 말할 수 있다.

④ Vino Comarcal
산지명을 표시할 수 있고 승인된 지역 내에서 생산되는 포도를 60% 이상 사용한 와인으로 '지역와인'이라 할 수 있다. 프랑스의 뱅 드 페이(Vin de Pays)와 동일한 수준이다.

⑤ Vino de Mesa
테이블 와인으로 스페인 와인 생산량의 75%를 차지한다. 프랑스의 뱅 드 타블(Vin de Table). 와인에 대한 기준이 거의 없는 수준의 와인이다.

(5) 포르투갈 와인의 등급

포르투갈 와인의 품질검사 규정

① DOC(Denominãcao de Origem Controlada)
'원산지 통제명칭 와인' 프랑스의 AOC에 해당되는 최상급 와인. 옛날부터 와인 특산지로 지정되어 역사와 전통을 자랑하는 지역으로 포르토(Porto), 도우로(Douro), 마데이라(Madeira), 비뉴 베르데(Vinho Verde), 다웅(Dao), 베이라다(Bairrada) 등 24개 지역이 와인의 라벨에 표기할 수 있다.

② IPR(Indicãcao de Proveniencia Regulamentada)
'우수품질제한 와인' 와인 특산지로 지정된 4개 지방과 9개 지역에서 생산된 우수와인 등급. 프랑스의 VDQS에 해당된다.

③ Vinho Regional
'지역명칭 와인' 프랑스의 뱅 드 페이(Vins de Pays)급에 해당하는 지방명칭 와인. DOC 지역도 IPR 지역도 아닌 지방에서 품종이나 규정에 얽매이지 않고 생산된 와인. 테이블 와인 중에서도 산지명의 표시가 인정되고 있는 와인이다.

④ Vinho de Mesa
'테이블 와인'으로 프랑스의 뱅 드 타블(Vins de Table)에 해당하는 대중적인 와인. 원산지명을 표시할 수 없는 테이블 와인. 생산량에서는 가장 많다.

9. 와인 서비스 매너와 시음 매너

1) 와인 서비스 매너

대형 항공사는 기내 환경 및 음식과의 조화를 고려한 와인을 전문가들이 선정하여 기내에 탑재하고 있다. 승무원은 미리 서비스할 와인에 대해 숙지한 후 항공기에 탑승하여야 한다. 항공기에 탑승한 후에는 먼저 와인 리스트의 수량과 청결상태를 확인한 후 와인리스트의 와인과 탑재된 와인이 동일한지 확인한다. 기내에서는 디켄터 사용이 어려우므로, 서비스 시간을 고려하여 충분히 와인이 숨을 쉴 수 있도록 미리 와인을 오픈하여야 한다. 화이트 와인과 샴페인, 로제 와인은 차갑게 보관하며 지속적으로 와인의 온도를 확인한다.

(1) 이코노미 클라스 와인 서비스

① 린넨으로 감싼 와인을 승객에게 보여 드린다.

② 주문하신 와인이 맞는지 확인한 후 와인 잔에 닿지 않도록 주의하며 따라 드린다. 병을 멈춘 후 병목을 돌려 와인 방울이 떨어지지 않도록 한다. 그리고 다시 승객에게 라벨을 보여 드린다. 시간적 여유가 있는 경우에는 시음할 수 있도록 적은 양을 따라 드린 후 서비스해도 좋다는 사인이 나오면 나머지 와인을 서비스한다.

③ 마지막 한 방울까지 따르지 않고, 한 잔이 나오지 않을 경우에는 새 와인으로 교체하여 서비스한다.

④ 와인을 더 원하시는 경우에는 드시고 계시는 와인을 확인한 후 서비스한다. 다른 종류의 와인을 원하시는 경우에는 잔을 바꾸어 드린다.

⑤ 소용량 와인인 경우에는 병을 오픈한 후 따라 드리고 한 병 모두 드린다.

소용량 와인

(2) 상위 클라스 와인 서비스

① 와인의 종류별로 서비스 적정 온도가 유지되도록 자주 확인하고, 와인 브리딩이 충분히 이루어질 수 있도록 서비스 시점을 고려하여 미리 오픈한다.

② 서비스되는 와인의 종류별로 와인 바스켓에 라벨이 보여지도록 담고, 와인 서비스용 린넨도 바스켓 위에 4절로 접어 준비한다.

③ 왼손으로 와인 바스켓의 손잡이를 잡고 다른 한 손으로 받쳐 이동한다.

④ 와인 바스켓 속의 와인 라벨을 승객이 잘 볼 수 있도록 조금씩 와인 병을 들어 주며 승객에게 각 와인을 설명한다.

⑤ 승객에게 상세하게 와인을 소개한 후 주문을 받고, 승객이 선택하신 와인의 테스팅을 권유한 후 소량을 따라 드린다. 승객의 의향을 여쭈어 본 후 잔의 3분의 2까지 따른다.

⑥ 서비스 시 라벨을 먼저 보여 드린 후, 와인을 따른 후 멈추고 병목을 약간 돌린다. 이는 테이블 보에 혹시라도 와인 방울이 떨어지지 않게 하기 위함이다. 따른 후에는 다시 한 번 라벨을 승객에게 보여 드린 후 퇴장한다.

⑦ 승객이 선택한 와인은 함께 근무하는 승무원들이 모두 알 수 있도록 갤리 브리핑지에 적어 놓아 리필 시 혼동이 없도록 한다.

✂ 와인의 적정 보관 및 서비스 온도

서비스 온도	보관 온도	와인의 종류
7~9℃	5~6℃	* 샴페인과 발포성 와인 * 스파클링 와인
9~11℃	7~8℃	* 화이트와인 * 꼬트 드 프로방스, 부르고뉴의 화이트와인
10~12℃	8~9℃	* 가벼운 맛의 레드와인과 로제와인 * 샤블리, 알자스 리즐링, 로제와인
13~15℃	11~12℃	* 중간 정도의 무겁고 중후한 맛이 나는 레드와인 * 론 와인, 보졸레, 알자스, 키안티 와인
18~20℃	16~17℃	* 무겁고 중후한 맛이 나는 레드와인 * 보르도, 부르고뉴, 바롤로 지역 와인

와인 액세서리

✱ 와인 잔 이야기

좋은 와인과 즐거운 만남을 갖기 위해서는 와인 잔도 중요하다. 와인 잔에 따라 먹는 것이 중요한 이유는 맛과 향을 동시에 즐기기 위해서이다. 와인이 가지고 있는 각각의 특성에 따라 각기 다른 와인 잔에 마셔야 본연의 맛을 제대로 느낄 수 있다. 와인 잔은 베이스(Base : 받침)와 스템(Stem : 손잡이), 볼(Bowl : 와인이 담기는 몸통), 림(Rim : 입술이 닿는 부분)으로 구분한다. 와인 잔은 사용하기 전에 다시 한 번 씻어야 하고, 이때 세제를 이용하기보다는 흐르는 뜨거운 물에 씻어서 말리는 것이 좋다. 세제를 이용하면 화학세제의 냄새 등이 와인 잔에 남을 수 있어 와인의 맛을 떨어뜨릴 수 있기 때문이다. 와인을 잘 보이게 하고, 볼 부분을 쥐게 되면 와인의 온도가 올라가거나 지문이 묻기 때문에 와인을 마실 때는 스템을 잡는 것이 원칙이다. 특히 시원하게 즐기는 화이트와인이

〈종류별 와인 잔〉

| 보르도 | 부르고뉴 | 화이트 | 로제 | 스파클링 |

나 스파클링 와인의 경우는 특히 스템을 잡는 것이 일반적이다.

✽ 코르크 마개 이야기

와인 병의 마개는 보통 코르크로 만든다. 코르크는 우리가 흔히 부르는 떡갈나무(참나무) 껍질로 만들고, 와인 병의 마개를 코르크로 쓰는 이유는 조직이 부드럽고 탄력적이며 신축성이 크기 때문이다. 병에 넣기 쉽고 또 들어간 후 곧바로 병과 밀착돼 공기의 다량 유입을 막아 와인이 쉽게 산화되는 것을 방지해 준다. 쉽게 부서지고 쪼개지며 금세 말라버리는 성질이 있어서 와인의 이상 유무를 판단하기에도 좋다. 레스토랑에서 웨이터가 와인을 딴 후 코르크를 보여주는 이유는 코르크의 상태가 너무 마르거나 부서져 있을 경우 또는 곰팡이가 슬어 있으면 와인이 상했음을 나타내므로 그렇지 않다는 것을 확인하라는 것이다. 이처럼 중요한 코르크는 17세기 이전에는 와인을 병이나 가죽부대 등에 보관했고 그때는 헝겊으로 입구를 막아 촛농으로 밀봉하거나 올리브기름 등을 묻혀 보관했던 것이 샴페인을 발명한 동 페리뇽(Dom Perignon) 신부가 코르크 마개를 쓰면서부터 대중화됐다.

"코르크 마개를 보면 그 와인의 가격, 품질, 상태를 가늠할 수 있다"

코르크 밑부분에 와인이 적절히 묻어 있으면 와인이 장기 운송과 수입과정을 거쳤지만, 열화되지 않고 보관과 유통이 잘 되었음을 뜻한다. 코르크의 품질 또한 좋다. 코르크 마개에 와인이 얼룩덜룩 묻어 있다면, 이는 운송이나 수입과정에서 주위 온도가 높아져 병 속 와인이 끓어 넘친 상태이다. 구입처에서 교환이나 환불을 요구해야 한다. 그 이유는 원래 갖고 있던 맛과 향이 달아나버렸을 가능성이 높기 때문이다. 일반 와인보다 긴 코르크 마개는 주로 명품 와인들에 사용하는 것으로 최상의 품질을 자랑한다. 수십 년간 병 속에 있는 와인을 외부 위험 요소로부터 보호하려고 이렇게 만들었다. 그렇다고 영구적으로 사용할 수는 없고 장기 숙성용 명품 와인들의 코르크라도 25년마다 새것으로 교체해야 한다. 버섯모양의 코르크 마개로 샹파뉴와 스파클링 와인에 이용한다. 스파클링 와인은 기포가 생기는데, 병목에서 압력을 견뎌야 하기 때문에 이런 특별한 코르크가 필요하다.

• 코르크의 기능 : 방수 및 보호, 극소량의 공기와의 접촉을 통한 맛 개선, 보향(아로마)

✽ 와인 병

와인을 담거나 운반하는 와인 병은 외부로부터 유입되는 공기를 차단해서 와인이 산화·변질되는 것을 막아준다. 유리병 용기의 와인 병은 19세기 이후에 나오기 시작했는데 보르도형, 부르고뉴형, 모젤·알자스형, 샴페인형이 대표적이다.

• 보르도형 : 길쭉한 어깨에 어깨가 높고 둥근 각이 진 목이 좁은 형
• 부르고뉴형 : 나지막한 어깨에 완만한 곡선, 무겁고 뚱뚱한 모양
• 모젤·알자스형 : 목이 가늘고 길쭉하며 어깨 부분이 날씬하다. '플루트병'이라고도 한다.
• 샴페인형 : 탄산을 견디기 위한 두꺼운 두께와 넓은 어깨가 특징이다.

✱ **코르크스크루** : 와인 오프너

✱ **아이스 버킷** : 와인을 냉각시키는 도구

| 코르크스크루 | 코르크 | 아이스 버킷 |

WINE LIST

일종의 메뉴로서 수많은 와인을 일정한 규칙에
의해 정리해 놓은 것이다. 고객이 와인을 선택하
기 쉽게 정리한 도구이며 와인을 효율적으로 관
리하기 위해 정리해 놓은 음료 메뉴이다. 고객과
의 커뮤니케이션에 활용되는 도구로서 항공사
에서 서비스하는 다양한 와인의 종류를 알리고
와인을 효율적으로 관리하는 기능을 가진다.

2) 와인 시음 매너

① 와인의 이름과 빈티지, 코르크 상태를 확인한다.

② 잔에 한 모금 정도(4분의 1)의 와인을 채워 테이스팅(tasting)한다.

③ 테이스팅 후 별다른 이상이 없으면 "맛있네요"라고 승낙의 표시를 보낸다.

와인 스토리

이런 와인 매너는 No~

누군가 와인을 따라줄 때는 글라스를 들어 올린다.(X)

서양에서 잔을 들어 올리는 것은 더럽다는 항의의 표시이다. 테이블 위의 잔을 미소만 지으며 지그시 바라보자.

잔 돌리기(X)

마시던 잔을 돌리는 것. 서양 사람들은 비위생적이고 혐오스러워한다.

~술잔을 들어 한 번에 남김없이 마시자. 원샷(X)

와인은 색→향→맛을 천천히 감상 후 음미하며 마시는 술이다. 서너 번에 걸쳐 나누어 마신다.

술잔 뒤집기(X)

그만 마시고 싶을 때는 글라스의 가장자리에 가볍게 손을 얹어 '그만하겠습니다'라고 표시하고 간단한 사양의 말을 곁들인다.

술잔에 정을 한가득 채우자.(X)

'반잔의 원칙' 잔의 나머지 공간에 향기를 머물게 한다. 프랑스인들은 코를 넣을 여유를 남겨 놓는다. 남성은 특히 자신의 오른쪽에 앉은 여성의 잔을 꼭 챙겨야만 한다. 여성은 가급적 자작하지 않는 것이 원칙

BYO(Bring Your Own : 자신이 마실 와인을 가져가는 것)은 반드시 코키지(Cockage)를 확인한다.(O)

레스토랑에서 특정음식을 와인과 함께 먹고 싶을 때 미리 레스토랑에서 책정해 놓은 금액을 확인한다.

비싼 와인은 한 방울도 남김없이!(X)

소믈리에라고 늘 고가의 와인을 마시는 것은 아니다. 손님이 남겨 놓고 간 와인의 맛을 확인하게 도와줄 수 있는 작은 배려가 필요하다.

10. 기내 와인

1) 와인의 선정

항공 기내에서 서비스되는 와인은 좌석 등급에 따라 품질의 차등이 있다. 기내식과 마찬가지로 좌석 등급에 따라 적정한 비용을 고려하여 와인을 선정하기 때문이다. 와인 선정 방법으로는 사내의 와인 담당자가 주관이 되어 선정하거나 전문 소믈리에로 구성된 위원회가 블라인드테스트와 같은 품평회를 열어 기내 와인을 채택한다.

와인 선정시 고려해야 할 사항은 다음과 같다.

① 항공기는 승객이 지불하는 운임의 차이에 따라 클래스별로 서비스할 적합한 와인의 품질 차이를 정한다.

	일등석	비즈니스 클래스	이코노미 클래스
레드와인 (프랑스산)	메독 그랑 크뤼 클래스(A.O.C Grand Cru Classes) 수준의 와인	메독 크뤼 브루주아(A.O.C Crus Bourgeois) 수준의 와인	A.O.C급 중 저급와인
화이트와인 (독일산)	Q.m.P급의 슈패트레제(Spatlese) 이상 수준의 와인	Q.m.P급의 카비네트(Kabinett) 수준의 와인	Q.b.A급 수준의 와인

② 비행시간을 고려하여 와인을 선정한다. 단거리 노선의 경우에는 작은 병으로 생산된 미니 와인을 서비스하기도 한다.

③ 구간별 와인을 선정한다. 자국에서 생산되어지는 와인이 있는 경우에는 자국산 와인을 서비스하기도 하지만 노선별로 차이를 두어 선정한다. K항공사의 경우 미주 노선에서는 캘리포니아 와인 및 칠레 와인, 캐나다 노선에서는 아이스 와인, 로마 노선에서는 이탈리아산 레드와인을 선정하여 서비스하고 있다. 이처럼 기내 와인 선정시 노선의 특성을 고려하는 것이 일반적이다.

④ 기내식과의 조화를 고려하여 선정한다. 각 노선별 메뉴의 구성에 맞는 와인의 선정으로 음식과 와인이 서로 조화를 이루어 승객의 기내식 만족도를 높이는 것이 필요하다.

⑤ 승객의 탑승 분포를 고려하여 선호하는 와인을 선정한다.

2) 기내 와인의 특징

항공기라는 특수한 공간에서 이루어지는 와인 서비스는 일반 레스토랑이나 호텔식당과 비교할 때 몇 가지 특징이 있다.

(1) 와인의 소비량이 많다.

항공사는 그 규모에 따라 다소 차이는 있지만 레스토랑과 비교할 때 와인을 사용하는 양이 매우 많아 월평균 소모량은 품목당 수천 케이스(12병 기준)가 된다.

아시아나 항공의 경우 2012년 기준 연간 약 38만 병의 와인이 기내에서 제공되고 캐세이 패시픽 항공의 경우 연간 약 130만 병이 기내에서 소비된다.

(2) 일반 레스토랑보다 와인의 종류가 제한적으로 서비스된다.

일반 레스토랑에서 판매되는 와인은 평균 100여 종류이지만 항공사에서는 제한된 시간과 장소 그리고 서비스 인원이 적은 관계로 그 종류가 다양하지 않다.

캐세이패시픽의 경우 일등석 6종, 비즈니스석 5종, 일반석 3종의 와인이 제공되고 있다.

(3) 향이 풍부하고 당도가 높은 편이다.

항공기 내부는 지상보다 기압이 낮고 건조하며 공기 순환도 빠르다. 이는 와인의 풍미를 느끼기에 적절하지 않은 환경이다. 와인의 향이 코에 전달되기 전에 상당 부분 날아가기 때문이다. 또 혀의 미각세포가 제 기능을 발휘하기 어렵기 때문에 떫은맛과 신맛이 더욱 강하게 느껴지기도 한다. 따라서 항공사들은 이를 감안하여 향이 풍부하고 당도가 높은 와인을 선정하여 서비스한다.

II. 세계의 유명 와인산지

1. 유럽 와인

1) 프랑스(France)

1인당 소비량 세계 최대의 와인국가, 프랑스. 와인의 전통 기술유통 식문화에 대해서도 최대의 선진국으로 세계 와인의 기준이 되고 있고, 세계적으로 유명한 와인 산지가 갖가지 타입과 개성을 가진 와인을 만들고 있다. 전 국토에 걸쳐 와인을 생산하고 있으며 기후와 토양의 다양한 특성 때문에 각 지역마다 특성이 다른 와인

들을 생산하고 있다.

참고동영상 **프랑스의 주요 와인 생산지** (https://www.youtube.com/watch?v=qVNnzSyCf7I)

(1) 보르도(Bordeaux) 와인

보르도는 프랑스 남서부 전 지역에 위치한다. 세계에서 가장 큰 규모로 좋은 포도주를 생산하는 보르도는 프랑스에서 가장 오래된 포도 재배 지역 중 하나로서 프랑스 남서부 지역에 위치하고 있다. 특히 적포도품종 중 카베르네 소비뇽(Cabernet Sauvignon)과 메를로(Merlot), 카베르네 소비뇽과 비슷하지만 타닌이 좀 더 부드럽고 식물성 풍미가 강한 카베르네 프랑(Carbernet Franc)으로 와인을 만들고 있으며, 2개 이상의 품종들을 블렌딩(blending)하여 질과 품질이 좋은 고급 와인을 생산하고 있다. 보르도의 주요 지역으로는 메독(Medoc), 포므롤(Pomerol), 생테밀리옹(Saint-Emilion), 그라브(Graves) 소테른(Sauterns) 등이 있고 프랑스 남서부 대서양의 연안에 위치하며 북극과 적도의 정 중앙에 놓여진 이 보르도 포도원은 오른쪽으로는 도르도뉴(La Dordogne)강과 왼쪽으로는 가롱(Garonne)강을 끼고 이 두 강이 합류하는 지롱드(Gironde)강 전반에 걸쳐 있다. 지롱드강을 흘러드는 가롱(Lagaronne)강과 도르도뉴(La Dordogne)강 그리고 수많은 지류들이 이 포도원을 지나가고 있어 자연적으로 풍부한 수자원의 혜택을 받고 있다. 아울러 자갈 많은 토양(굵은 자갈, 조약돌, 모래)은 매우 배수가 뛰어나며 열기를 품고 있을 수 있어 포도알이 익는 데 매우 좋다. 보르도의 뛰어난 빈티지산 샤토 와인은 최소 10년 이상의 숙성기간이 필요하다. 보르도 와인의 특징은 여러 품종을 다양하게 섞는 블렌딩(혼합)이다. 레드와인은 타닌이 많아 장기보관을 가능케 하는 카베르네 소비뇽과 순한 맛의 메를로가 부드러운 느낌을 주기 위해 사용된다. 화이트와인은 소비뇽 블랑으로 신선한 맛을, 그리고 여기에 세미용을 섞어 맛을 보충한다.

① 메독(Medoc)

'중간에 위치한 땅'이라는 뜻의 메독(Medoc)은 지롱드와 가롱강 사이에 130km가 넘는 좁은 띠 모양으로 형성되어 있다. 이 지역의 특징은 자갈, 모래, 조약돌 성분의 토양과 조그마한 언덕들이 형성되어 있는 것이다. 레드와인만을 생산하며 토양 자체는 척박하지만 배수가 뛰어나고 온기가 있어 이 지역의 주품종인 카베르네 소비뇽(Carbernet Sauvignon)에 특히 알맞다. 메독(Medoc) 레드와인은 골격과 짜임새가 있어 오래 보존할 수 있다. 바다 쪽에 가까운 곳이 바-메독(Bas-Medoc), 남쪽은 오-메독(Haut-Medoc)이다. 오-메독 지방에서는 최고의 포도가 생산되며 원산지 명칭을 쓸 수 있는 마을이 6개이다. 생-테스테프(Saint-

Esthephe), 포이약(Pauillac), 생-쥘리앵(Saint-Julien), 리스트락(Listrac), 물리(Moulis), 마고 (Margaux)의 6개 마을은 오-메독 지역에서도 토양이나 기후 제반 여건이 가장 좋아서 그만큼 좋은 와인을 생산한다. 마고 21개, 포이약 18개, 생-테스테프의 5개 샤토가 그랑 크뤼 등급을 받았다.

② 그라브(Graves)

이 지역은 그라브(Graves) 즉, '자갈'이라는 이름에 걸맞게 토질은 자갈 등 퇴적물층이 모래 섞인 토양이나 점토성 토양에 섞여 구성되어 독특한 맛의 와인이 만들어진다. 기본 등급의 그라브 와인은 대부분 '그라브'라 불리며 최고급 와인은 페삭 레오냥(Pessac-Léognan) 지방에서 생산된다. '그라브'라고 적힌 와인의 산지는 그라브 남부지방으로 소테른 외곽이고 페삭 레오냥은 그라브 북부, 보르도 옆에 있다. 최상급 와인들은 특정 샤토(Château)의 이름, 즉 최상급 포도를 생산해 내는 특별한 포도원 이름이 와인 이름으로 쓰인다. 남쪽의 그라브는 '자갈'이라는 뜻 그대로 토질에 모래 성분이 많이 첨가되어 드라이한 화이트와인을 많이 생산하고 북부의 페삭 레오냥에서는 짜임새 있는 레드와인을 생산하고 있다.

③ 소테른과 바르삭(Sauternes-Barsac)

씨롱(Ciron)이라는 작은 강줄기에 의한 특이한 기후로 인해 세계적으로 유명한 스위트 화이트와인이 생산되는 곳이다. 따뜻한 가롱강에 시롱강이 흘러들어 온도 차이에 의해 안개가 생기기 쉽다. 아침에는 안개가 끼고 낮에는 활짝 개는 특수한 미기후(Micro Climate)가 형성되어 '보트리티스 시네레아균(Botrytis Cinerea)'이 왕성하게 번식한다. 이 주류는 수확기에 다다른 포도에 번식하여 수분을 증발시킴으로써 당도를 높일 뿐만 아니라 신맛을 없애며, 익은 과실(살구, 복숭아)향, 아카시아, 오렌지 껍질 향을 내는 특수 방향물질을 생성시킨다. 특히 포도 알갱이만을 골라 손으로 수확하다 보니 생산량이 적어 값이 비싸다. 소테른의 주요 포도품종은 세미용과 소비뇽 블랑이다.

④ 생테밀리옹(Saint-Emilion)

도르도뉴강 왼쪽의 언덕에 위치하며 리부른느(Libourne) 도시 주변지역에 퍼져 있다. 메를로(Merlot)가 이 지역의 주요품종이다. 석회질 고원, 석회성분과 모래 진흙의 언덕들, 아래쪽은 진흙 섞인 모래가 주성분인 토양 등 성분이 다양하지만 대체적으로 진흙을 함유한 백악토로 구성되어 있다. 이런 토양은 메를로 품종에는 최적의 조건이기 때문에 메를로의 잠재력을 마음껏 발휘하는 레드와인을 생산한다. 메를로와 카베르네 프랑을 주품종으로 하여 맛이 온화하고 부드러우며 향이 풍부한 것이 특징이다. 와인은 주로 장기 숙성용이 많아 힘차면서 섬세하고 복합적이다.

⑤ 포므롤(Pomerol)

포므롤의 지하 토양은 철분이 함유된 충적층의 특성을 지니고 있어 '쇠 찌꺼기'라는 별명이 있다. 자갈이 많은 점토질 토양이다 보니 카베르네 소비뇽(Carbernet Sauvignon)은 잘 자라지 못한다. 메를로(Merlot)를 주품종으로 하며 카베르네 프랑(Carbernet Franc)도 재배한다. 타닌이 적고 향기가 풍부하며 부드러운 레드와인이 만들어지는 곳이다. 포므롤 지역은 공식적으로 그랑 크뤼급 분류가 적용되지 않지만 생산량이 수요량에 못미처 희소가치가 있기 때문에 와인 값이 비싼 지역이다. 이 지역 와인은 타닌이 적고, 향기가 풍부하며 실크처럼 부드러운 레드와인이 만들어진다.

 와인 스토리

샤토(Château)

샤토는 소유지에 와인 양조시설과 저장시설까지 갖춘 포도원에 딸린 집이다. 이러한 기준이 충족되지 못하면 그곳의 와인은 샤토 와인으로 불리지 못한다. 샤토 대신 도메인(Domaine), 클로(Clos), 크뤼(Cru)라는 용어로도 쓰인다. 샤토 와인은 보통 보르도의 최상급 와인으로 여겨진다. 가격도 가장 비싸서 그랑 크뤼 클라세급 중 몇몇 유명한 와인들은 세계 최고의 가격을 호가하기도 한다.

(2) 부르고뉴(Bourgogne) 와인

프랑스 보르도와 같이 대표적인 프랑스 와인 산지로서 영어로는 버건디(Burgundy)라고 한다. 부르고뉴의 대표 와인 산지는 남북으로 250km 정도 길게 펼쳐져 있고, 샤블리(Chablis), 꼬뜨 도르(Cote d'Or)(꼬뜨 드 뉘(Côte de Nuites)와 꼬뜨 드 본(Côte de Beaune)으로 나뉜다), 꼬뜨 샬로네즈(Cote Chalonnaise), 마코네(Mâconnais), 보졸레(Beaujolais) 지역으로 이어진다. 보르도의 지역보다는 작은 규모의 포도밭이 많지만, 그 대신 희소성과 가치가 올라가고 있다. 이 지방은 프랑스 동부지역에 길게 퍼져 있어서 지명과 위치를 파악하는 데 보르도(Bordeaux) 지방보다 훨씬 더 복잡하고, 지명 또한 발음이 어렵고 길어서 기억하기 힘들지만, 이곳의 와인은 항상 공급보다는 수요가 많기 때문에 구하기 힘들 뿐 아니라 값이 비싸기로 유명하다. 보르도 와인과는 달리 한 가지 와인에 단일 품종의 포도만으로 만들어 맛이 단순하고 강건하여 '남성적인 와인'이라 불린다. 레드와인에는 '피노누아'가 화이트와인에는 '샤르도네'가 가장 많이 사용되는 품종이다.

① 샤블리(Chablis)

디종(Dijon) 북서쪽에 위치한 샤블리는 세계 최고의 드라이 화이트와인 생산지이다. 이곳에서 재배되는 포도품종 샤르도네는 섬세한 향과 산뜻한 맛이 일품이다. 토양은 석회를 50% 정도 함유하고 있는 백악질로 샤르도네 재배에 적합하지만, 비교적 북쪽에 위치하고 있어 기후의 영향을 많이 받기 때문에 해마다 품질이 달라지는 특성이 있다. 와인은 드라이하고 옅은 황금색으로 신선하며 깨끗한 뒷맛이 특징이라고 할 수 있다. 전통적으로 화이트와인을 오크통에서 숙성시켰으나, 요즈음 신선한 맛을 강조하기 위해 오크통 숙성기간을 점차 줄이는 경향이 있지만 고급와인은 여전히 오크통에서 숙성하여 중후한 맛을 풍기고 있다. 샤블리의 품질등급은 최고 등급의 샤블리 그랑 크뤼(Chablis Grand Cru), 우수 품질인 샤블리 프리미에 크뤼(Chablis Premier Cru), 샤블리 지역에서 재배된 포도로 만든 와인 샤블리(Chablis), 가장 평범한 프티 샤블리(Petit Chablis)로 나뉜다.

② 꼬트 도르(Cote d'Or)

'황금 언덕'이라는 뜻의 꼬트 도르는 메독 지역과 함께 프랑스 와인의 명성을 가져다주는 곳이다. 언덕길을 따라 길게 뻗어 있는 포도밭에서 세계적인 와인의 표본이라 할 수 있는 완벽한 품질의 와인을 생산하고 있으며, 생동력과 원숙함이 잘 조화되는 것이 이 지역 와인의 특징이다. 이곳은 북쪽의 꼬트 드 뉘(Cote de Nuit)와 남쪽의 꼬트 드 본(Cote de Beaune) 두 지역으로 나뉜다. 꼬트 드 뉘는 보르도의 메독과 함께 세계 레드와인의 양대산맥을 형성하는 고급와인을 생산하는 곳으로, 샹베르탱(Chambertin), 로마네 꽁티(Romanee Conti) 등이 나오는 곳이다. 꼬트 드 본은 석회석 및 철분을 포함한 점토질의 석회암이 섞여 있어서 변화가 아주 많은 토양이다. 재배면적은 꼬트 드 뉘의 2배 정도로, 생산량의 75%가 피노누아로 만든 레드와인이고 그 나머지가 100% 샤르도네로 만든 화이트와인으로 전 세계 드라이 화이트와인 중 최상의 표본으로 손꼽힌다. 코르통-샤를마뉴(Corton-Charlemagne), 몽라셰(Montrachet), 뫼르소(Meursault) 등이 나오는 곳이다.

와인 스토리

로마네 꽁티(Romanee Conti)

와인에 별로 관심이 없는 사람들과 와인 애호가를 막론하고 누구나 관심을 갖는 것 중의 하나가 과연 세상에서 제일 비싼 와인은 어떤 것이고 가격은 얼마나 하는가일 것이다. 현재 구입할 수 있는 와인들을 대상으로 가장 비싼 와인을 꼽으라면 아마도 로마네 꽁티를 꼽을 수 있을 것이다. 로마네 꽁티는 로마네 꽁티(Domain de la Romanee Conti)사의 소유이며, 이 회사는 이니셜인 DRC로 불리운다. 다른 와인과 달리 로마네 꽁티는 케이스로 구입할 수 없고, DRC가 소유한 다른 와이너리의 레드와인과 섞어서 로마네 꽁티 한 병을 포함한 케이스로 판매되고 있다. 로마네 꽁티는 이 지역의 적포도주가 모두 그러하듯이 100% 피노누아(Pinot Noir) 품종으로 빚어진 와인이다. 피노누아는 여러 포도품종 중에서도 가장 재배하기가 까다로운 품종으로 꼽히는데, 바로 이 피노누아로 빚어진 와인 중 세상에서 가장 훌륭하다는 평을 듣는 와인이 로마네 꽁티이다. 로마네 꽁티는 피노누아의 우아함과 깊이를 최대한 살리면서, 풍만하고 강한 면과 부드러운 면을 함께 갖추고 있고 마셨을 때 달콤하게 느껴지며 오랜 시간 동안 숙성시키기에 알맞은 풍부한 타닌을 함유한 것이 특징이다. 로마네 꽁티를 처음 맛본 사람조차도 '벨벳과 우단이 병 안에 들어 있다'고 표현할 만큼 그 풍만함과 부드러움에 각종 과일과 매콤한 향이 더해져 더할 수 없이 신비로운 맛을 자아내고 있다. 로마네 꽁티가 이같이 모든 이의 찬사를 받는 와인을 만들어낼 수 있는 가장 큰 이유는 훌륭한 포도를 수확하기 때문이고, 훌륭한 포도를 수확하기 위한 자연조건을 갖추고 있기 때문이기도 하다. 품질과 성격을 구분지을 수 있도록 영향을 미치는 테루아가 로마네 꽁티의 특성을 살려주는 결정적 역할을 한다.

참고동영상 **세계의 와인** (https://www.youtube.com/watch?v=eRYpc6BuHMw)

③ 꼬트 샬로네즈(Côte Chalonnaise)

가장 잘 알려지지 않았지만 저렴한 가격에 비해 그만큼 가치 있는 와인을 생산하는 부르고뉴의 와인 생산지이다. 몽타니(Montagny)와 륄뤼(Rully)와 같은 가격은 저렴하지만 지역 최상의 좋은 화이트와인을 생산한다. 레드와인으로는 피노누아로 만든 메르퀴레(Mercurey), 지브리(Givey)를 생산한다.

④ 마코네(Mâconnais)

부르고뉴의 화이트와인 생산지 중 가장 남단지인 마코네는 꼬트 도르(Côte D'or)나 샤블리(Chablis)보다 따뜻한 지역이다. 화이트와인 명산지로 샤르도네 한 품종으로만 생산된다. 꽃향기와 과일향이 입안에 어우러지는 화이트와인은 가볍고 신선하게 마시는 것이 좋다. 모든 마코네 와인을 통틀어 가장 인기 있는 푸이 퓌세(Pouilly Fuisse)는 최상급의 와인이다.

✖ 보르도 와인과 부르고뉴 와인의 비교

구분	보르도 와인	부르고뉴 와인
특징	여러 종류의 품종을 블렌딩하여 파워 있고 묵직하다. (여성적)	단일 품종으로 만들고 밝고 화사하며 타닌이 적다. (남성적)
이름	'샤토(Chateau)'와 같이 양조자의 이름이 많다.	마을, 포도밭 등 토지의 이름이 와인 이름으로 된 것이 많다.
잔 모양	향이 강하게 직선으로 올라올 수 있도록 폭이 좁고 아래위로 긴 잔을 사용한다.	향이 널리 퍼지며 위로 올라올 수 있도록 폭이 넓으며, 풍만한 느낌을 주는 잔을 사용한다.
포도의 품종	2가지 이상을 블렌딩하여 만든다.	단일 품종으로만 만든다. (예 : 100% 피노누아, 보졸레는 100% 갸메)
지형과 토양	평탄한 지형	변화가 심한 지형과 토양

참고동영상 **보르도 와인잔과 부르고뉴 와인잔의 비교** (https://www.youtube.com/watch?v=KY8AEHDq_7w)

(3) 보졸레(Beaujolais) 와인

프랑스 부르고뉴 지방 가장 남쪽에 자리 잡고 있는 보졸레는 포도밭이 남북으로 55㎞, 동서로 25㎞에 걸쳐 펼쳐져 있는 대규모 와인 생산지이다. 보졸레 지역 총 유통량의 40%는 150개 국가에 수출되는데, 전체 AOC 와인 중 세계 2위의 인지도(1위는 샹파뉴 지방)를 보이고 있다. 보졸레 누보는 보졸레 와인 전체 유통의 35%를 차지한다. 또한 보졸레 지방은 AOC와인만 생산하며 모든 와인을 손으로 수확하고 있다. 보졸레 지역의 토양은 북쪽의 화강암, 편암지대와 남쪽의 석회지대의 둘로 나뉘는데, 남쪽의 석회지대는 대략 10,000헥타르 정도로 빛깔과 바디감에서 비교적 가벼운 와인을 만들어내며, 이곳에서 대부분의 보졸레 누보(Beaujolais Nouveau)가 생산된다.

보졸레 와인은 갸메(gamay) 즉 '못난이'라고 하는 단일 품종으로 만들어진다. 갸메는 화강암 토양에서 자라며, 이 품종의 가장 큰 특징은 레드와인의 경우 다른 지방의 것과는 달리 매우 선명하고 화사한 빛깔을 띠며 과일향이 풍부하고 맛이 신선하다는 것이다. 일반적으로 레드와인의 포도품종은 보졸레 지방과 같은 화강암 토양에 잘 적응하지 못하지만 갸메 품종은 오히려 그 반대이다. 갸메(Gamay)로 만든 보졸레 누보는 신선하고 생기가 넘치며 원기 왕성하고 과일향이 강하다.

 와인 스토리

보졸레 누보(Beaujolais Nouveau)

보졸레 누보는 제2차 세계대전 뒤 포도주에 목말라 하던 보졸레(Beaujolaisu) 지방 사람들이 그해에 생산된 포도로 즉석에서 만들어 마셨던 데에서 시작되었다고 한다. 보졸레 누보(Beaujolais Nouveau)는 포도를 알갱이 그대로 통에 담아 1주일 정도 발효시킨 뒤 4~6주 동안 숙성시키기 때문에 오래 저장한 포도주에서 맛볼 수 있는 깊은 맛은 없지만 떫은맛이 없고 과일 향이 풍부해 와인을 처음 접하는 사람들에게 거부감 없이 받아들여진다. 1985년부터 보졸레 지방의 생산업자들이 매년 11월 셋째주 목요일 자정을 기해 일제히 출하하도록 정해 출시하는 독특한 마케팅 방식에 힘입어 전 세계에서 사랑받는 와인이 되었다. 보졸레 누보의 맛을 제대로 즐기려면 출시된 이후 그해 크리스마스까지 마시는 것이 좋다. 1985년부터는 보졸레 지방의 생산업자들이 매년 11월 셋째주 목요일 자정을 기해 일제히 출하하도록 정해 출시한다는 독특한 마케팅 방식에 힘입어 프랑스뿐 아니라 전 세계에서 그해에 생산된 포도로 만든 포도주를 동시에 마시는 연례행사로 발전했다.

(4) 꼬트 뒤 론(Côte du Rhône) 와인

부르고뉴와 보졸레 지역 아래에 있는 이 지역은 론(Rhône)강을 따라 남북방향으로 포도밭이 펼쳐져 있다. 일조량이 풍부한데다가 포도밭에 돌이 많아 밤에도 쉽게 기온이 내려가지 않아 포도에 당분이 많다. 그래서 론의 와인을 '태양의 와인'이라고 한다. 이 지역의 와인은 알코올 함유량이 높고 꼬트 뒤 론의 남부와 북부가 각기 뚜렷한 지역의 특성을 가지고 있다. 산악지역인 북부 론 지역에서는 비오니에(Viognier) 품종으로 만든 화이트와인과 시라(Syrah) 단일 품종으로 만든 적포도주가 유명하고, 해안지대인 남부 론 지역은 한 품종부터 13가지 이상의 포도품종을 섞어서 적포도주를 만든다. 이 지역의 와인 중 교황의 와인 '샤토 뇌프 뒤 파프(Chateauneuf du Pape)'가 유명하다. 1309년 로마 법왕청의 분열로 인하여 로마로 부임하지 못하고 아비뇽(Avignon)에 유배되었을 때 샤토 뇌프 뒤 파프(Chateauneuf-du-pape : 법왕의 새로운 집) 지역에 피서용의 별장을 지어놓고 지낸 데서 이 이름이 붙여졌다. 보르도 지방에 이어 AOC를 가장 많이 생산하고 있으며, 향기가 강하고 섬세하며 깊은 맛이 있다.

(5) 랑그독루시용(Langued'oc-Roussillon)

'빛의 포도원'이라 불리는 랑그독루시용은 지중해 지역으로 검은 편암, 붉은 석회질 토양, 자갈과 규토 등 지역별로 다양한 토질과 기후의 특성을 보이며 고온 건조하다. 포도의 재배 지역이 넓어 프랑스 와인의 1/3이 이 지역에서 생산된다. 특히 와인 등급이 낮은 뱅 드 페이 (Vins de Pay) 와인을 70% 이상 생산하고 있고 프랑스 내 와인 생산의 96%를 차지하는 등 다양한 시도를 통해 최근 몇 년 사이에 가장 큰 와인 품질의 발전을 이룬 지역이다. 또한 저렴한 가격에 품질 좋은 와인을 찾을 수 있는 곳이 바로 랑그독루시용이다.

(6) 알자스(Alsace)

프랑스의 북쪽지방에 자리 잡고 있는 지역으로 독일과 국경을 이루고 있다. 알자스 지방 곳곳에는 독일어를 사용하는 곳이 꽤 있고, 와인에도 독일 와인의 특성이 나타나 있다. 프랑스에서 가장 건조하고 늦가을에 일조량이 풍부해서 섬세한 화이트와인의 생산에 최적의 기후조건을 가지고 있다. 특히 리즐링(Rieseling)으로 빚은 와인은 화이트와인 중 최상품으로 손꼽힌다. 그중 게뷔르츠트라미너(Gewürztraminer) 품종으로 특색 있는 화이트와인을 만들기도 한다. 알자스 포도주는 원칙적으로 품종의 이름을 따라 명명되며, 생산지역에서 플뤼트 달자스(Flutes d'Alsace : 플루트 모양의 목이 길고 얇은 녹색병에 병입)하도록 의무화되어 있다. 다른 포도주병과 구별되는 날씬한 모양의 와인 병으로 눈에 즐거움을 주고, 고유한 과일향이 짙게 배어 있는 아로마는 코를 즐겁게 하며, 마지막으로 복합적이고 섬세한 맛은 미각을 황홀하게 하여 알자스 품종은 포도주를 마시면서 느낄 수 있는 온갖 즐거움을 와인 애호가들에게 선사하여 행복감에 젖어들게 한다. 이처럼 탁월한 품질의 알자스 포도주는 매우 드라이하고 산뜻한 것부터 바디가 있고, 풍미가 깊은 와인까지 그 종류가 다양하다.

(7) 루아르(Loire)

루아르 지방은 대서양 연안에 위치한 낭트(Nantes)에서 루아르강을 따라 긴 계곡으로 연결되는 와인산지에 조성되어 있다. '프랑스의 정원'이라고 할 정도로 경관이 빼어난 이 지역은 포도 재배 환경이 썩 좋은 편은 아니라 레드와인이나 화이트와인 모두 신맛이 강한 편이다. 이 지방은 강의 상류, 중류, 하류에 따라 기후와 토양이 각기 달라 다양한 품종이 재배되지만 개성이 그리 강하지는 않다. 하지만 어느 요리에나 어울린다는 장점이 있고 가격도 적당해서 일상적으로 마시기에 적합하다. 보통 숙성을 오래 시키지 않고 시원하게 마셔야 좋기 때문에 프랑스에서는 '섬머 와인(Summer Wine)' 또는 '피크닉 와인(Picnic Wine)'이라 부르며 인기가 좋다. 소비뇽 블랑(Sauvignon Blanc)과 슈냉 블랑(Chenin Blanc)이 주로 재배된다. 가장 높은 바디와 농도를 지닌 드라이 와인으로 100% 소비뇽 블랑으로 만들어지는 루아르강 상류에서 만들어지는 푸이 퓌메(Pouilly-Fumé)나 라이트한 드라이 와인 뮈스카데(Muscadet), 풀 바디의 푸이 퓌메와 뮈스카데의 중간인 상세르(Sancerre), '슈냉 블랑으로 만든 '카멜레온'처럼 드라이하거나 달콤한 부브레(Vouvray) 등이 루아르의 주요 와인이다.

> **'푸이 퓌메(Pouilly-Fumé)'와 '푸이 퓌세((Pouilly-Fuissé)'를 구별하세요!**
> 푸이 퓌메는 100% 소비뇽 블랑으로 만들어진 루와르 와인이며, 푸이 퓌세는 100% 샤르도네로 만들어진 부르고뉴 마코네의 와인이다.

(8) 샹파뉴(Champagne) 와인

샹파뉴는 영어로 샴페인이라고 발음하는 흔히 알고 있는 샴페인의 본고장이다. 원래 이 지역에서 생산된 발포성 와인만을 샴페인이라 부를 수 있고 다른 지역에서 생산된 발포성 와인은 '스파클링 와인'이라 부른다. 샴페인의 고장 샹파뉴는 연간 평균기온이 10℃라는 좋지 않은 기후조건에 이 지역 포도는 신맛이 강한 편이다. 하지만 바로 이것이 이 지방에서 만드는 와인의 특징으로 예리한 맛에 기여하고 있다. 샴페인을 만드는 포도품종으로는 피노누아(Pinot Noir), 피노 뫼니에(Pinot Meunier), 샤르도네(Chardonnay)가 있다. 일반적으로 두 가지 이상의 품종을 섞어서 만들지만, 때로는 100% 샤르도네만으로 만드는 경우도 있다. 이 청포도만을 사용한 섬세한 맛의 샴페인은 특별히 '블랑 드 블랑(Blanc de Blanc)'이라 부른다. 반대로 적포도로만 만든 샴페인은 '블랑 드 누아(Blanc de Noir)'라고 한다. 샴페인 이름에 사용되는 '퀴베(Cuvee)'라는 단어의 의미는 첫 번째 압착에서 얻어진 포도즙으로만 만들었다는 것이다. 즉 최고급 샴페인이라는 뜻이다. 샴페인은 일반 와인에 비해 제조방법이 굉장히 복잡하고 까다로우며 숙성기간도 다른 와인에 비해 길다. 그래서 샴페인이 일반 와인에 비해 비싼 편이다. 샹파뉴에서 생산되는 샴페인은 생산지에 따른 특색은 거의 찾아볼 수 없지만 혼합기술이 필요한 샴페인은 어느 정도 규모를 가진 생산자가 그 특징을 살릴 수 있고 동 페리뇽을 만든 모에 샹동(Moet & Chandon)사는 그중 최대 규모를 자랑한다.

① 샴페인의 제조방법

샴페인을 만들기 위해서는 먼저 일반와인(Still Wine)을 담근다. 샴페인을 만들기 위해 필요한 와인의 종류는 적어도 30종류에서 60종류에 달한다. 즉, 모든 샴페인은 30종류 내지 60종류의 와인을 배합하여 양조하는 것이다. 이러한 배합방법과 비율에 따라 각 샴페인 고유의 맛과 특징이 결정되고 이 배합기술은 최고의 노하우로 취급된다. 물론 그해에 수확한 포도의 품질이 아주 뛰어난 경우에는 단일 연도의 포도만으로 빈티지 샴페인이나 퀴베 (cuvee)라고 불리는 최고급 샴페인을 만들기도 한다. 하지만 이 경우라도 일정 분량은 항상 다음해에 사용할 수 있도록 남겨 놓는다. 실제로 샹파뉴 지방은 법으로 최소한 20%의 수확량을 다음해를 위해 반드시 저장하도록 명시하고 있다. 배합된 복합 와인은 큰 통에 넣어져 일차 발효공정을 거친다. 그다음 와인과 설탕, 이스트를 혼합한 액체를 섞은 후 병에 넣어 마개를 봉하고 마개 부분이 밑으로 오도록 하여 일정 기간 동안 거꾸로 세워둔다. 그러면 자연스럽게 병 속에 함유된 이스트는 함께 추가된 설탕의 당분을 먹고 이를 알코올로 바꾸는 두 번째 발효가 시작되면서 이 과정에서 이산화탄소가 발생하게 된다. 하지만 병에 뚜껑이 막혀 있으므로 이 이산화탄소는 도망갈 곳이 없어 병 속에 남게 되고 따라서 병 속의 와인에는 상당량의 이산화탄소가 녹아 있는 상태가 된다. 이 과정이 적어도 1년 이상 계속된다. 그러나 발효가 끝난 병 속에는 이스트의 찌꺼기가 남아 있어 와인이 탁한 색깔을 띠게 되므로 이 이스트 찌꺼기를 제거할 필요가 생긴다. 이스트 찌꺼기를 제거하는 방법으로 A자형으로 된 나무 틀에 45도 각도로 거꾸로 꽂혀 있는 샴페인들을 매일 조금씩 흔들어 주는 일이 필요하다(르뮈아쥐 Remuage). 그러면 이스트 찌꺼기들은 와인 병 벽에 부딪친 후 점차 거꾸로 세워 놓은 와인의 병목 입구 부분에 응집되면 나머지 샴페인은 깨끗한 색깔로 바뀐다. 거의 찌꺼기의 응집이 끝날 무렵 와인 병들을 특수한 액체에 거꾸로 담가 병목 부분을 살짝 얼린 후 갑자기 뚜껑을 열어버리면 펑 하면서 이스트 찌꺼기(침전물)가 밀집되어 있는 부분이 병 밖으로 튀어나가게 된다(데고르주망 Dégorgement). 병 밖으로 이스트 찌꺼기가 포함된 부분이 날아가면서 약간의 샴페인이 함께 달아나므로 병 윗부분에 조금 공간이 생기게 된다. 이 비어 있는 공간에 바로 와인과 설탕이 혼합된 액체를 채워 넣는데 이때 혼합되는 설탕의 당분 함량에 따라 샴페인의 당도와 스타일이 결정된다(도자쥐 Dosage).

> **샴페인 제조과정**
>
> 포도 수확→압착→1차 발효(당분+효모=알코올+이산화탄소(CO_2))→혼합(블렌딩)→병입(규정 압력 : 6기압을 견딜 수 있도록 병이 두껍고 아래 부분이 움푹 들어간 펀트(punt)가 있다)→2차 발효(15℃의 서늘한 온도에서 6~12주 : 발효 후 탄산가스 발생, 효모 찌꺼기는 가라앉는다)→숙성(10℃ 이하의 저장고에서 숙성. 12개월 이상. 빈티지 샴페인은 3년 이상)→병 돌리기(르뮈아쥐 : 병목으로 효모 찌꺼기 모으기)→찌꺼기 제거(데고르주망 : 영하 20℃의 소금물이나 염화칼슘용액에 병을 거꾸로 세워 병목을 냉각 후 제거)→설탕액 보충(도자쥐 : 얼음 제거 후 병목을 세운 뒤 빈 부분에 샴페인 채우기)→밀봉

② 당도에 따른 샴페인의 분류

- 브뤼(Brut) : 1리터당 잔류당분농도 0.6~1.5% 이하의 매우 드라이한 샴페인(식전주 용도)
- 엑스트라 드라이(Extra Dry) : 1리터당 잔류당분농도 1.2~2% 정도의 거의 단맛이 없는 샴페인(식중주 용도)
- 섹(Sec) : 1리터당 잔류당분농도 1.7~3.5% 정도의 거의 단맛이 없는 샴페인(식중주 용도)
- 드미섹(Demi-Sec) : 1리터당 잔류당분농도 3.3% 내지 5% 정도로 달콤한 맛의 샴페인(디저트와 함께)
- 두(Doux) : 1리터당 잔류당분농도 5% 이상(디저트와 함께)

③ 샴페인 시음방법

- 샴페인은 일반 와인처럼 잔을 돌리면서 먹는 스월링(Swirling)을 하지 않고 빠르게 비틀어 돌리는 트월링(Twirling)을 한다. 이는 기포가 부서지지 않게 하며 향을 음미하기 위함이다. 진정한 스파클링 와인의 외형적 면모는 작은 기포들과 기포들이 올라오는 지속성 그리고 그 뒤에 생성되는 거품이나 무스(Mousse) 등으로 평가한다.
- 샴페인은 6~8℃에서 즐긴다.

④ 샴페인 서비스 방법

- 샴페인을 서비스할 때엔 플루트(Flute) 모양이나 튤립 모양의 유리잔이 이상적인데 이것은 샴페인 거품을 잘 유지하게 도와주고 샴페인의 맛이 더욱 좋아지게 한다.

샴페인 오픈 방법

병 입구 주변에 있는 호일을 제거→엄지 손가락으로 코르크 마개를 누르고 그 코르크가 밖으로 나올 때까지 기다린다. (코르크 마개를 아무데나 쏘아버리는 것은 위험하다)→철사를 풀고 병을 들고 있는 엄지 손가락은 계속 코르크 마개를 누르고 있는다.→미끄럼 방지를 위해 병을 서비스 타월 (serving cloth)로 두른다.→천천히 그리고 부드럽게 한 방향으로 병을 흔들면서 코르크 마개에서 손을 뗀다.

- 샴페인을 글라스에 따를 때 반이나 2/3잔까지만 채우는 것이 샴페인의 향기를 가장 많이 느낄 수 있어 좋다.
- 병이 두껍기 때문에 서비스 20~30분 전에 물과 얼음이 든 Backet에 넣어두고 적정온도에서 서비스한다.

⑤ 샴페인과 스파클링 와인의 차이점

- 샴페인은 샹파뉴 지방에서 생산되는 와인이고, 스파클링 와인은 여러 지역에서 생산되며 품질은 저마다 다르다.
- 스페인의 스파클링 와인으로는 카바(Cavas), 독일의 스파클링 와인은 젝트(Sekt), 이탈리아의 스파클링 와인은 스푼만테(Spunmante)가 있다.
- 양조방법에 있어서도 샴페인은 전통적으로 병 발효방식을 통해 효모의 찌꺼기를 제거하는 방법으로 만들고, 스파클링 와인은 주로 2차 발효를 탱크 속에서 하는 방법으로 만든다.

와인 스토리

샴페인의 유래

'귀족의 와인 샴페인'. 프랑스 샹파뉴 지방의 오빌레 베네딕트 수도원의 수사, '샴페인의 아버지 동 페리뇽(Dom Pérignon)'은 17세기 중반 어느 날 이유 없이 와인 창고에서 '펑펑' 터지는 소리를 듣게 된다. 샹파뉴(Champagne)는 파리에서 북쪽으로 약 90마일 정도 떨어져 있는 그다지 크지 않은 지방이다. 이 지역의 기후는 상당히 추워서 늦가을에 담그기 시작한 와인의 발효가 미처 끝나기도 전에 겨울이 시작되고 추위로 인해 와인 속의 이스트가 발효작용을 멈추는 경우가 많았다고 한다. 다시 따뜻한 봄이 오면 이스트가 되살아나 발효를 계속 하게 되는데 이러한 2중 발효과정에서 자연스럽게 이산화탄소가 발생하면서 기포가 생긴 것이 병마개를 날려버렸고, 처음 샴페인을 맛본 동 페리뇽은 "나는 지금 하늘의 별을 마시고 있어요!"라고

말한 것으로도 유명하다. 이것이 오늘날 샴페인이라는 와인이 탄생하게 된 배경이다. 실제로 지금도 샴페인은 이러한 원리를 이용하여 2중 발효(또는 과발효)공정을 거쳐 이산화탄소를 발생시켜 이를 병 속에 가두어두는 방식으로 양조한다.

마담 퐁파두르(Pompadour)는 "여자가 마시고 취해도 추하지 않은 술은 샹파뉴뿐"이라고 했고, 유명 영화배우 마릴린 먼로는 1953년 동 페리뇽 마니아로 350병을 모두 쏟아부어 목욕을 했다는 일화 등으로 볼 때 역시 샴페인은 즐거움과 축하 및 찬사의 대명사이자 사랑받는 술이다.

샴페인의 거품 이야기 : 샴페인 1병에서 나오는 거품(bubble)은 도대체 몇 개나 될까? 대략 5,600만개 정도라고 한다. 물론 이 거품은 샴페인 마개를 열었을 때만 나타난다. 샴페인의 거품은 그 종류에 있어서 콜라와 같은 탄산음료의 거품과는 차이가 있다. 탄산음료는 강제로 이산화탄소를 액체 속에 주입하여 만들어내므로 거품의 크기가 큰 반면, 샴페인의 거품은 발효과정에서 자연적으로 생기면서 와인 속에 녹아드는 것이므로 거품의 입자가 매우 작고 섬세하다. 거품의 크기가 작고 섬세할수록 좋은 샴페인으로 간주된다. 거품의 크기를 결정하는 변수는 크게 두 가지로서 첫째는 숙성기간(숙성기간이 길수록 거품은 작아진다)이고 둘째는 셀러 속에서 숙성시킬 때의 온도(온도가 낮을수록 거품이 작아진다)이다.

2) 독일(Germany)

독일은 유럽의 와인 생산국들 중에서 가장 북쪽에 위치해 있다. 프랑스에 비해 날씨가 춥고 일조량이 많지 않기 때문에 남부 일부 몇몇 지역을 제외하고는 레드와인용 포도 재배에 적합하지 않다. 따라서 포도 재배자들은 조금의 일조량이라도 확보하기 위해 햇볕의 반사를 받을 수 있는 강이나 호수 쪽에 포도밭을 만들었고, 강가에 위치한 포도밭도 빛을 직각으로 받을 수 있도록 하기 위해 밭을 경사지게(약 45°) 만들었다. 독일은 이렇게 날씨가 춥고 일조량이 부족한 기후 때문에 포도의 당분 함량이 낮고 산도가 높으며 기후적인 영향으로 인해 독일 와인 생산량의 약 85%를 화이트와인이 차지하고 있다. 대표적인 화이트와인의 포도품종으로 리즐링(Riesling)이 유명하고 특히 라인과 모젤 와인은 세계적으로 유명하다. 독일의 화이트와인은 알코올 함량이 비교적 낮은 편이며, 신선하고 균형 잡힌 맛으로 값도 비싸지 않아 가장 마시

경사지의 포도밭

기 좋은 와인이라고 할 수 있다. 프랑스산 와인이 식사와 함께 즐길 수 있는 식중주라면, 세계적으로 2~3%에 불과한 독일산 와인은 대개 와인 그 자체의 맛을 즐기기 위한 것으로 평가된다.

(1) 모젤-자르-루버(Mosel-Saar-Ruwer)

100% 화이트와인 산지인 모젤강(Moselle River) 유역과 그 지류인 자르(Saar), 루버(Ruwer) 지역은 고대 로마시절부터 독일에서도 가장 로맨틱한 와인 재배지로 전해져 내려온다. 마치 양탄자처럼 슬레이트성 급경사를 덮어주는 포도밭과 숲은 모젤강이 코블렌츠(Koblenz)에서 라인강으로 합류하는 지점까지 가장자리를 장식한다. 이곳은 그야말로 리즐링 품종을 위한 최적의 지역이라고 볼 수 있다. 전체적으로 꽃향기가 나는 가볍고 섬세한 와인 생산지

로 알코올 함유량은 낮고 과일향기가 그윽하다. 숙성이 덜된 상태에서도 음식의 맛을 더해 준다.

(2) 라인가우(Rheingau) 와인

품격과 전통의 고급 화이트와인 생산지가 바로 라인가우(Rheingau)이다. 독일 와인 산지 중에서 가장 작은 지역으로 라인강을 남쪽으로 바라보며 동서로 돌아가는 아름다운 라인가우 지역은 포도원이 햇빛을 잘 받을 수 있도록 남향의 언덕지형에 위치해 있다. 화이트와인을 만드는 리즐링의 고향이 바로 라인가우이다. 라인강의 피어오르는 안개가 귀부병이라 불리는 노블 롯(Noble Rot)의 발생을 촉진시켜 당도 높은 포도를 만들 수 있다. 특히 라인가우 지역은 모젤 지역이 녹색의 긴 와인 병을 사용하는 데 반해서, 갈색병을 사용하고 있다. 강한 힘과 우아함을 겸비한 여러 가지 고급 화이트와인을 만들고 있다.

(3) 라인헤센(Rheinhessen) 와인

라인강이 보름스(Worms)에서 마인츠(Mainz)로, 다시 빙겐(Bingen)으로 흐르면서 크게 꺾어지는 'ㄱ자형' 지대를 가리켜 '1,000개의 언덕이 있는 강기슭'이라 부른다. 크기가 넓은 만큼, 독일 최대의 와인 재배 지역으로 그 어느 지역보다 다양한 와인을 생산한다. 독일 와인 수출의 반을 차지하며 부드럽고 달콤한 화이트와인 '립프라우밀히(Liebfraumilch-Milk of Our Lady : 성스러운 어머니의 젖)'가 나오는 곳이기도 하다.

립프라우밀히

(4) 팔츠(Pfalz) 와인

북쪽으로는 라인헤센(Rheinhessen), 남쪽과 서쪽으로는 프랑스 국경과 인접한 지역으로 매일 마시는 와인부터 최상급의 트로켄베렌아우스레제(TBA)에 이르기까지 다양한 와인이 생산되는 지역이다. 리즐링이 가장 많이 재배되고 있다.

3) 이탈리아(Italy)

고대 그리스인들이 이탈리아를 외노트리아(Oenotria : 와인의 땅)라고 불렀다. 지리적인 특성상 이탈리아는, 구릉과 태양과 온화한 기후 등 포도 재배에 필요한 모든 요건을 갖추고 있기 때문에 양질의 와인을 다량으로 생산할 수 있다. 알프스에서 거의 아프리카에 이르기까지 길다란 산맥형태의 특수한 지형은 고도나 평지, 바람과 태양의 노출 등 최적의

조화를 이룬다. 때문에 생산되는 와인의 종류도
매우 다양하다. 기질 또한 대부분의 경우 화산토
와 석회질, 때로는 자갈이 많은 점토질로 되어 있
어 포도 재배에 적합하다. 이탈리아는 연간 평균
약 55억 리터의 와인을 생산하는데 이로써 이탈
리아는 프랑스와 함께 세계 와인생산에 있어서
절대적인 위치를 차지하고 있다. 현재 이탈리아인
들은 과거보다 양적으로는 적지만 질적으로는 훨
씬 더 고품질의 와인을 생산·소비한다. 이탈리아
의 와인산업은 3000년 이상의 전통을 가지고 있
으며 로마시대에 유럽으로 와인을 전파시킨 국가

이기도 하다. 이탈리아는 우리가 상상할 수 있는 모든 맛과 스타일, 거의 모든 색깔로 나뉜
다양한 와인을 공급하고 있다. 다른 어떤 나라들보다 다양한 와인을 생산함으로써 점점 더
그 명성을 더해가고 있다.

(1) 토스카나(Toscana) 와인

토스카나는 피렌체 근처에 있는 지역으로 이탈리아 레드와인 중 병목의 라벨에 수탉문양
이 그려져 있는 가장 유명한 키안티(Chianti)가 생산되는 지방이다. 키안티는 레드와인, 특히

토스카나 지방의 레드와인을 상징하는 명칭
으로 사용되며 이탈리아의 대표품종인 산지
오베제(Sangiovese) 품종으로 만든다. 토스
카나 지방의 와인은 키안티와 키안티 클라
시코로 나눌 수 있는데 키안티 지역 안에 클
라시코 지역이 있다. 이탈리아 와인법은 두
지역의 와인 생산기준을 엄격하게 통제하고 있다.

Chianti

- Chianti(키안티) : 가장 기본적인 첫 등급으로 1헥타르당 포도를 9,000kg 이상 수확할
  수 없고 최저 알코올 함량이 11.5% 이상이어야 한다.
- Chianti Classico(키안티 클라시코) : 키안티 안에 있는 지역의 것으로 가장 역사가 길다.
  고급 와인으로 1헥타르당 7,500kg 이상 수확할 수 없고 알코올 함량이 12% 이상이어야
  한다.

● Chianti Classico Riserva(키안티 클라시코 리제르바) : 최소 2년 3개월 이상 숙성시킨 클라시코 지역의 최고급 와인을 칭한다.

(2) 피에몬테(Piemonte) 와인

이탈리아 스위스 국경 알프스산맥 밑에 위치하고 있고 북서부 지방의 와인을 대표하는 곳이 피에몬테이다. 피에몬테는 어원(Pie-Monte : 산의 발)에서 보듯이 스위스·프랑스와 국경을 이루고 있는 알프스와 리구리아와 경계를 이루고 있는 남쪽의 아펜니노(Appennino) 산자락에 둘러싸여 있다. 이 지역은 최상급 레드와인 두 가지가 유명한데 바로 레드와인 바롤로(Barolo)와 바르바레스코(Barbaresco)이다. 단맛의 스파클링 와인 아스티 스푸만테(Asti Spumante)는 토착품종 뮈스카(Muscat)로 만들어져 포도의 당도와 신선함이 잘 살아 있다.

'이탈리아의 샤블리'로 불리는 신선하면서도 드라이한 맛의 화이트와인 '가비(Gavi)'도 피에몬테산 와인이다.

(3) 베네토(Veneto) 와인

이탈리아 최대 와인 생산지인 베네토는 이탈리아의 북동쪽에 위치한 베니스와 인접해 있는 곳으로 화이트와인 소아베(Soave)와 레드와인 발폴리첼라(Valpolicella) 및 바르돌리노(Bardolino)라는 와인으로 유명하다. 모두 가볍고 신선한 느낌으로 값이 싸서 대중적 인기를 누리고 있다. 수확한 포도를 3~4개월 동안 시원한 실내에서 말려 당분함유량을 높인 레드와인 아마로네(Amarone)와 아마로네보다 더 늦게 수확하여 높은 당도를 지닌 레치오토(Recioto)도 드라이한 레드와인으로 유명하다.

 와인 스토리

소아베(Soave)

산도가 높고 상큼한 화이트와인인 소아베가 미국이나 영국시장에 알려지면서 이탈리아 와인에 대한 소비자들의 생각이 바뀌었으며, 최고의 식전주로 알려지면서 이탈리아 와인을 세계에 알리는 선봉장이 되었다.

소아베라는 이름이 왜 지역명이나 품종이 아닌 '부드러움'이란 뜻의 단어가 와인의 이름이 되었는지에 대한 전설 같은 두 개의 이야기가 있다. 13세기의 위대한 시인이자 유럽인들의 최고의 사랑을 받고 있는 '단테(Dante)'가 '부드럽다'라고 말했다는 예화와, 로미오가 줄리엣과 함께 있다가 그녀와의 입맞춤을 위해 시종이 준비한 와인을 마시고 "Soave!"라고 외쳤다는 전설이 있다. 왕족과 귀족에 의해 찬양받던 소아베 와인은 이 와인의 애호가인 시인 가브리엘레 단눈치오(Gabrielle d'Annunzio)에 의해 아름다운 칭송을 듣게 된다. "이 와인은 젊음과 사랑의 와인이다. 오랜 세월 동안 점차 신중해지고 사려 깊어진 나에게 더 이상 어울리는 와인은 아니다. 이 와인이 나에게 다시 젊음을 돌려주지는 못하지만, 그것을 다시 일깨워주기 때문이다."

소아베는 가르가네가(Garganega)와 트레비아노 디 소아베(Trebbiano di Soave)라는 품종으로 만들어진 화이트와인이다. 원래 '부드럽게, 사랑스럽게, 상냥하게'라는 뜻인 소아베는 강한 산도 때문에 조금 날카롭기는 하지만, 입맛을 돋우기에는 가히 최고의 식전주이다.

Soave

4) 스페인(Spain)

스페인은 무더운 기후와 건조한 산악지대 국가로, 세계의 어떤 나라보다도 포도농장이 많은 나라이다. 세계에서 가장 넓은 지역에서 포도를 생산하고 있지만 주로 고산지대에서 생산되며, 포도나무의 수령이 오래되고 포도밭에 포도와 다른 작물을 혼합하여 재배하기 때문에 단위면적당 포도주 생산량은 적다. 실제 와인 생산량은 이탈리아와 프랑스의 절반 정도로 세계 3위를 차지하고 있다. 1950년대 후반 스페인의 가장 유명한 테이블 와인 산지인 리오하(Rioja)를 중심으로 품질을 향상시키려는 노력이 시작되

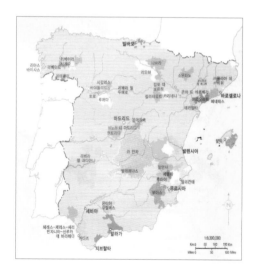

어 72년부터는 정부에서 지정한 자체적인 와인등급기준을 가지게 되었고 그 결과 스페인 와인은 이제 세계 어디에 내놓아도 손색 없는 와인을 선보이고 있다. 레드와인 포도품종으로는 최고 품종인 템프라니요(Tempranillo) 외에 프랑스의 그르나슈(Grenache)와 같은 품종인 가르나차 틴타(Garnacha Tinta) 등이 있고, 화이트와인용 품종으로는 가장 수확량이 많은 아이렌(Airen) 외에 스페인의 스파클링 와인 카바의 주원료가 되는 파레야다(Parellada),

세리를 만드는 팔로미노(Palomino)의 고유 품종이 있다. 흔히 스페인의 카베르네 소비뇽이라고 하는 템프라니요로 리오하(Riojo) 지방의 와인을 만드는데 부르고뉴 와인처럼 섬세한 맛의 와인이 만들어진다.

(1) 리오하(Rioja)

스페인에서 훌륭한 적포도주를 생산하는 최고 산지는 리오하(Rioja)이다. 프리미엄급 레드와인 산지인 리오하의 레드와인은 스페인의 보르도 와인이라 불릴 만큼 명성이 높다. 기후는 해양성으로 포도 재배에 이상적이다. 리오하 지역의 대표적인 포도종은 템프라니요(Tempranillo)이지만 항상 가르나차(Garnacha) 포도 등과 섞어 포도주를 빚는다.

리오하 와인은 지역에 따라 특성이 전혀 다르다. 리오하 DOCa 지역은 3개의 지역으로 나뉜다. 그중 리오하 바하(Rioja Baja) 지역은 알코올 함량이 높고 맛이 밋밋하고, 리오하 알라베사(Rioja Alavesa) 지역의 와인은 숙성이 짧아 금방 마실 수 있고 과일맛이 풍부하며, 리오하 알타(Rioja Alta) 지역은 고급와인 생산의 중심이다. 리오하에서 생산되는 와인의 75% 정도가 레드와인이고 15%가 '로사도(Rosado)'라 부르는 로제와인이며 약 10% 정도는 화이트와인이다. 1992년 이후 리오하의 모든 와인들은 반드시 병입되어 유통하도록 규제되고, 벌크의 판매는 금지되어 있다.

(2) 페네데스(Penedés)

카탈로니아(Catalonia) 지방의 중심지이자 바르셀로나에서 멀지 않으며 북으로 피레네산맥이 둘러싸고 있고 동남쪽으로는 지중해 쪽에 면한 페네데스 지역은 스파클링 와인 카바(Cava)로 유명하다. 카바의 주원료가 되는 포도품종은 파레야다(Parellade)이며, 85%의 카바가 바로 이 지역에서 나오고 있다. 가격이 적당하고 품질이 높아 전 세계적으로 많은 사랑을 받고 있다. 그러나 국제적으로 명성을 얻게 된 것은 이곳에서 나오는 레드와인으로, 그 가운데서도 와인 생산자인 미구엘 토레스(Miguel Torres)의 그랑 코로나스(Gran Coronas)가 이 지역을 리오하 지역과 동등하게 유명한 지역으로 만들었다.

(3) 헤레즈(Jerez)

헤레즈는 스페인의 가장 남쪽 안달루시아(Andalucia) 지방에 위치하고 있는 백암토 토질로 포도주 생산에 좋은 조건을 가지고 있다.

무엇보다도 스페인을 대표하는 주정강화와인인 세리(Sherry)의 고장으로 유명하다. 이곳이 셰리의 고장으로 자리 잡게 된 것은 이웃의 카디스 항, 훌륭한 기후조건, 그리고 대를 이어 내려오는 전통적 양조방식 덕분이다. '셰리(Sherry)'는 사실 헤레즈의 영어식 발음이다. 영어식 발음이 알려진 것은, 이곳에서는 400여 년 전부터 영국에 그들의 와인을 수출하였고 그로 인해 술통에 상표를 붙였는데 스페인어를 할 줄 모르는 영국 사람들은 그들이 붙인 상표인 '비노 데 헤레즈(Vino de Jerez)'를 영어식으로 발음하기 시작했기 때문이다. 에르-레즈(Her-rehz), 헤리에즈(Jerres), 쉬리에스(Sherries)를 거쳐 마침내 '셰리(Sherry)'라는 이름이 탄생하게 된 것이다. 그러므로 이 이름에는 '스페인 헤레스 지역에서 생산된 와인'이라는 의미가 담겨 있다. 헤레즈(Jerez) 지방에서 만들어지는 셰리는 와인을 증류하여 만든 브랜디를 첨가하여 알코올 도수를 18~20% 정도로 높이고 산화시켜서 만든 강화와인이다. 이렇게 만들어진 셰리는 주로 식전주와 디저트 와인으로 음용되며, 포르투갈의 포트와인(Port Wine)과 함께 디저트 와인으로 세계적인 명성을 가지고 있다.

(4) 리베라 델 두에로(Rivera del Duero)

리오하와 마드리드의 중간에 위치한 리베라 델 두에로 지역도 프리미엄급 레드와인 생산지로 스페인에서 가장 빠르게 와인산업이 발달하고 있는 곳이다. 특히 스페인의 '로마네 꽁티'라 불리우는 신화적인 와인 생산자인 베가 시실리아(Vega Sicilia)가 만든 우니코(Unico)가 유명하다. 명가의 철칙으로 만든 명품 중의 명품, 우니코는 주로 템프라니요 포도와 20%의 카베르네 소비뇽 포도로 만드는데, 농도가 진하고 수명이 오래가므로 오크통 속에서만 10년 이상 숙성하는 등 오랜 기간 숙성해야 하는 아주 값비싼 와인이다.

5) 포르투갈(Portugal)

포르투갈은 알코올 도수가 높은 주정강화 포트와 전설의 식전주 마데이라(Madeira), 신선하고 새콤한 비뉴베르데 그리고 로제와인으로 유명하다.

포트와인은 레드와인을 발효시키는 도중에 브랜디를 첨가하여 달콤하면서도 알코올 도수가 높은 대표적인 식후주이다. 포르투갈령의 마데이라 섬에서도 이와 비슷한 주정강화와인이 생산되는데 마데이라(Madeira)는 스페인의 셰리와 함께 세계 3대 강화와인이다.

포르투갈 와인 중에서 가장 맛이 좋고 깔끔한 와인

중 하나가 '비뉴 베르데'(Vinho Verde)이다. 비뉴 베르데는 포르투갈에서만 생산되는 와인으로 그린(Green)와인이라는 뜻이지만 실제로는 "영(Young)와인"이라는 뜻이다. 이 와인은 그린색 와인이 아니고 다른 와인들처럼 화이트, 레드, 로제가 있는데 조금 덜 익은 상태에서 숙성되어 약간의 신맛이 나는 이유로 붙여진 이름이다. 가볍고 약간 신맛에 신선하고, 거품이 나기도 하며 좋은 향기에 알코올 함유량이 9~11.5%이다. 가볍고 맛이 좋으며 또 갈증 억제의 효과도 있어서 음료수 대용으로 많이 마시기도 한다. 2년 정도 지나면 산화되기 시작하기 때문에 신선한 상태에서 마시는 것이 좋다.

포트와인과 비뉴 베르데가 포르투갈을 대표하는 와인이긴 하지만 가장 많이 수출되는 것은 바로 로제와인이다. 포르투갈의 로제와인은 약간의 탄산가스를 함유한 핑크와인으로 저렴한 가격으로 전 세계인의 사랑을 받고 있다.

셰리(Sherry)와 포트(Port)

포트와인과 셰리와인은 강화와인으로 공통점도 많지만 최종 스타일엔 분명 차이가 있다. 중성 포도 브랜디를 첨가해서 알코올 함유량을 높인 것이 강화와인인데 포트와인은 이 중성 브랜디가 발효 중에 첨가되고 (이때 첨가된 알코올 성분이 효모를 죽여 발효를 중단) 반면 셰리는 발효 후에 브랜디를 첨가한다.

구분	셰리	포트
특징	식사 전에 식욕을 촉진시키기 위해 마시는 식전주(aperitif)이며 95%가량이 팔로미노(Palomino)라는 청포도로 만든 화이트와인이다. 즉 화이트와인에 브랜디를 첨가한 강화와인으로 은은한 황금색을 띤다.	발효 중 중성 포도 브랜디가 첨가되고, 발효를 멈추면 잔당이 9~11%까지 남아 매우 스위트하다. 포트는 발효가 진행되는 동안 알코올 함량이 75% 정도인 브랜디를 첨가해 만든다. 발효가 덜 끝난 상태에서 중단되기 때문에 당분이 남는다. 포트에서 단맛이 느껴지는 것은 이 때문이다. 포트는 일반 와인보다 발효기간이 짧기 때문에 색소와 타닌 등 포도껍질과 씨에 함유되어 있는 각종 성분을 빨리 추출하는 것이 중요하다.

2. 신세계 와인

현재 세계와인의 생산은 북반구의 전통적인 와인 생산국가인 구세계 와인(Old World Wine)과 남반구의 신흥생산국가 즉 신세계 와인(New World Wine)으로 양분할 수 있다. 신세계에 해당하는 대표적인 와인생산 국가로는 호주, 남아프리카공화국, 칠레, 아르헨티나, 뉴질랜드 등이 있다. 세계와인 시장에서 신세계 와인생산업체들이 차지하는 비중은 아직 미미하지만 공통적으로 포도 재배에 이상적인 기후와 토양으로 구세계의 전통적인 와인 생산국가들에 비해 품질 면에서 결코 뒤지지 않으며 상대적으로 저렴한 와인이 인기를 끌고 있다.

1) 미국(USA)

세계 포도 산지 가운데 이탈리아, 프랑스, 스페인에 이어 세계 네 번째의 와인 생산국가로 부상한 미국은, 와인수출량도 세계 5위이다. 전통이나 명성은 유럽산 와인에 뒤지지만 가격이 싸면서도 상대적으로 품질 좋은 와인들로 명성을 얻어가고 있다. 미국의 와인산지는 캘리포니아주가 대표 산지이다. 미국 와인의 90%가 이 지역에서 생산되고, 그중에서도 카베르네 소비뇽과 메를로를 이용한 프리미엄급 와인 생산지인 나파 밸리(Napa Valley)와 소노마 카운티(Sonoma County)가 캘리포니아 와인의 메카이다. 그 외에도 카네로스(Carneros), 워싱턴 스테이트(Washington State) 등의 산지들이 있고 미국에서는 주로 프랑스 포도품종이 재배되지만, 진판델(Zinfandel)과 같은 캘리포니아 고유의 적포도품종으로 개성을 나타내기도 한다. 미국은 까다롭게 규제하는 유럽과 달리 단위면적당 포도수확량의 제한이나 품종에 제한을 두지 않아 새로운 미국만의 스타일을 만들어 급성장할 수 있었다.

또한 나파 밸리 지역은 생산량이 적지만 품질이 뛰어난 고급 와인을 생산하는 소규모 와이너리들이 많다. '숭배'라는 의미의 라틴어 'cultus'에서 유래된 컬트와인은, 1990년대 이곳의 와인들이 세계적인 와인 평론가 로버트 파커(Robert Parekr)에게 100점을 받아 최고급 품질을 인정받으면서부터 생긴 용어이다. 캘리포니아주에서 소량 생산하는 고급 와인을 칭하는 것으로 가격도 만만치 않은데 수백만 원에서 천만 원을 호가하기도 한다.

미국의 캘리포니아 와인은 유럽의 와인에 견주어도 부족함이 없는 훌륭한 와인을 생산하는 곳이다.

캘리포니아 나파 밸리

🍷 와인 스토리

보르도 최고 와인 샤토 오브리옹(Chateau Haut-Brion) VS 캘리포니아 고급와인 오퍼스 원(Opus One)

그라브 지역 최고의 와인인 샤토 오브리옹은 황홀한 풍미와 미끈한 피니시(finish)가 특징이다. 오브리옹의 1784년 빈티지를 맛본 토머스 제퍼슨은 "최고의 명품 와인으로 미국인의 입맛에 맞는다"면서 100여 병을 구매했다. 샤토 오브리옹 와인은 그 후 미국 백악관의 매디슨, 먼로 대통령 재임기간에도 사용되었다. 숙성되면서 그라브 지역의 특징인 흙냄새가 나고, 가격은 2000년산이 100만 원대다. 와인 전문가 클라이브 코츠(Clive Coates)는 그의 저서 『그랑 뱅(Grands Vins)』에서 샤토 오브리옹을 "이런 훌륭한 와인이 라피트 로칠드나 페트뤼스와 같이 인기가 없다든가 그처럼 높은 가격에 팔리지 않는다면 그것은 '소비자의 죄'"라며 "이런 무지는 오히려 '우리의 행운'"이라고 밝혔다.

오퍼스 원 　　　　샤토 오브리옹

하지만 애호가가 가격에 상관없이 열광하는 와인의 카테고리를 '컬트 와인(Cult Wine)'이라고 하는데, 오퍼스 원은 이런 컬트 와인 탄생에 공헌했다고 볼 수 있다. 오퍼스 원에서는 미국의 힘과 프랑스의 우아함이 느껴진다. 데뷔한 이후 미국 와인으로는 처음 50달러대에 거래되는 신기록을 세웠고, 이후 출시가격과 유통가격이 계속 상승해 미국산 와인 가격에 새로운 이정표를 세웠다. 언론에서는 당시 최고가 와인들이 15~20달러에 거래된 사실과 오퍼스 원의 출시가격을 비교하면서 "오퍼스가 이겼다(Opus won!)"며 오퍼스 원의 탄생을 축하했다. 캘리포니아 나파 밸리에 고급와인 시대를 연 오퍼스 원은 보르도 와인을 벤치마킹했고, 그 결과 보르도 와인 중 가장 오랜 역사를 자랑하는 샤토 오브리옹과 많은 유사점을 갖는다. 미국 땅에서도 고급와인 생산이 가능하다는 것을 만방에 증명해 보이기 위해 로버트 몬다비에 의해 탄생된 오퍼스 원과 프랑스의 우아함이 담긴 오브리옹의 닮은 듯 다른 점을 살펴보자.

먼저 샤토 오브리옹과 오퍼스 원의 공통점과 차이점을 살펴보자. 우선 둘 다 지역을 대표하는 최고급 와인으로, 샤토 오브리옹은 1855년 나폴레옹 3세가 부여한 최상위 등급 1등급에 선정됐다. 그전까지 나폴레옹 3세는 메독 지역의 샤토들로만 품평회를 했는데, 메독의 남부에 있는 샤토 오브리옹의 품평회 참가를 막기 어려웠다. 워낙 유명한 와인이었기 때문이다. 오브리옹은 1959년에 실시된 지역등급심사에서도 1등급으로 선정됐다. 해당 지역뿐 아니라 타 지역에서도 1등급으로 선정된 샤토는 오브리옹이 유일하다. 오퍼스 원은 오브리옹과 좀 다르다. 등급심사가 아예 없다. 오퍼스 원은 오브리옹 같은 영예의 등급을 받지는 않았지만, 첫 출시 당시 가격이나 현재의 유통가격 그리고 미국인들의 인식 등을 종합적으로 감안해 볼 때 명실상부 미국 최고급 와인의 선구자이다.

양조방식에서도 오브리옹과 오퍼스 원은 공통점이 많다. 두 양조장 모두 발효를 위해 스테인리스 스틸 통을 사용한다. 온도조절이나 위생관리에 최적이기 때문이다. 빈티지별로 품종마다 완숙상태가 다르고, 밭마다 품질이 달라서 각기 따로 발효시킨다.

오퍼스 원은 오브리옹처럼 프랑스산 새 오크통을 쓴다. 수확한 포도의 품질이 완벽하고 타닌이 많으므로 새 오크통에서 숙성하면 오크의 기운이 더해져 훌륭한 와인으로 거듭난다.

오브리옹과 오퍼스 원의 다른 점은 우선 샤토 오브리옹은 동일한 이름으로 화이트와인도 만들지만, 샤토 오브리옹이 위치한 페삭-레오냥 마을은 화이트나 레드 어느 것이나 다 만들 수 있도록 허용하고 있기 때문에 양조장이 원하면 레드와 화이트 둘 다 양조할 수 있다. 반면 오퍼스 원은 화이트를 전혀 만들지 않는다.

두 와인은 같은 보르도 포도로 양조했지만 맛에 차이가 있다. 이른바 스타일의 차이다. 하지만 풍성하고 화려한 아로마는 비슷하지만, 오브리옹은 보르도 1등급 와인 중에서 메를로를 가장 많이 혼합한다. 즉 메를로가 절반 정도를 차지한다. 거칠고 단단한 카베르네 소비뇽의 날카로움을 메를로의 진하고 풍성한 느낌으로 감싸는 덕분에 샤토 오브리옹은 1등급 와인 중에 가장 부드러운 질감을 지닌다. 오퍼스 원은 9할 정도를 카베르네 소비뇽으로 채우는데, 이상하게도 오브리옹의 느낌과 유사한 데가 있다. 이는 나파 밸리의 뜨거운 태양 아래 농익은 카베르네 소비뇽의 농축미에서 흘러나오는 것이다. 캘리포니아의 카베르네 소비뇽은 보르도의 메를로와 유사한 특징을 지니고 있는 것 같다. 풍부한 일조량 속에서 자란 카베르네 소비뇽이 완숙되면서 특유의 거칠고 날카로운 특질이 메를로처럼 부드러워지니 오퍼스 원에서 오브리옹의 화려함이 느껴지는 게 무리는 아니다.

두 와인 모두 화려한 바닐라와 초콜릿 아로마 아래로 블루베리와 블랙커런트 향이 배어나지만 오브리옹은 미네랄 향이 강하다. 흙먼지 같은 냄새다. 뿌리가 땅속 깊이 박혀 있어 자갈 토양에서 배어나오는 광물 향취가 와인에 이식된다. 오퍼스 원의 나무들은 길어야 30년 정도 됐으니 오브리옹의 깊은 맛을 따라가기엔 힘들다.

샤토 오브리옹은 이미 484주년을 맞았을 정도로 유구한 역사를 자랑하며 보르도, 아니 프랑스를 대표하는 와인이다. 한편 오퍼스 원은 이제 30주년을 맞이하는 캘리포니아 포도원이지만, 보르도를 벤치마킹함으로써 보르도 같은 최고급 와인 대열을 향해 나아가고 있다.

2) 호주(Australia)

호주는 세계에서 7번째의 와인 생산국가이자, 4번째로 큰 규모의 와인 수출국이다. 호주의 와인은 유럽풍이 강하고 포도품종 고유의 향기가 살아 있는 신선하면서도 부드러운 와인의 향, 맛의 감각이 돋보이며 병입한 상태 그대로 마셔도 지장이 없는 부담 없는 와인이다.

호주의 대표적인 와인산지는 주로 남동부 지역으로 전체 생산량의 50%가 이 지역에서 나온다. 제임스 버스비(James Busby)는 '오스트레일리아 포도 재배의 아버지'라고 불린다. 1824년 스코틀랜드에서 이주하여 주민들에게 포도의 재배와 와인 만드는 법을 전파하였으며 프랑스, 스페인 등 유럽에서 678종의 다양한 포도나무를 들여와 심었다. 1800년대 유럽에서 온 정착민들은 남부 호주 전역에 걸쳐 영역을 넓혀가면서 포도를 재배했다. 1800년대부터 1960년대까지 생산된 대부분의 호주 와인은 가정에서 마시거나 영국에 수출하기 위해 만든 포트와 같은 알코올 강화와인이었다. 1970년 이후 유럽 국가에서 온 전후 이주민들이 테이블와인의 맛을 전파시키면서 호주 와인산업은 본격적인 성장을 시작하였다.

헌터 밸리(Hunter Valley)는 호주 남부 뉴사우스웨일스에 자리 잡고 있으며 역사적으로 매우 유서 깊은 와인 산지이다. 남위 32도 선상에 놓여 있는 이곳 토양은 부분적으로 화산토이며 기후가 무덥고 습도가 높은 편이다. 포도품종으로는 레드와인은 쉬라즈(Shiraz), 카베르네 소비뇽(Cabernet Sauvignon) 및 메를로(Merlot)의 순이고, 화이트와인으로는 샤르도네(Chardonnay)가 가장 많다.

아들레이드 힐(Adelaide Hill)은 호주 남부의 애들레이드시 가까이 있으며 프리미엄급 스파클링 와인생산지역으로 많이 알려져 있다.

그 외에 바로사 밸리(Barossa Valley)는 호주 와인 산지 가운데 가장 유명한 곳으로 지형과 기후가 프랑스의 보르도나 캘리포니아의 나파 밸리(Napa Valley)와 비슷하다. 덥고 강우량은 적은 바로사 밸리는 전통적으로 레드와인이 우세하고 특히 쉬라즈는 수세기간 이어져 온 품종이다.

맥레런 베일(McLaren Vale)은 호주에서 가장 다양하고 풍부한 레드와인과 힘찬 화이트와인을 생산하고, 야라 밸리(Yara Valley)는 멜버른시 가까이 위치해 있으며 날씨가 서늘하고 토양은 사토와 화산토로 되어 화이트와인 품종으로 샤르도네, 소비뇽 블랑, 리즐링, 세미용 등을 재배한다. 레드와인 품종에는 카베르네 소비뇽, 쉬라즈, 메를로, 카베르네 프랑이 있다. 호주 포도품종은 유럽 포도품종을 주로 써서 토속 품종은 찾아보기 힘들지만 쉬라즈(Shiraz)로 만든 레드와인은 아주 진한 적갈색으로 냄새도 독하고 자극적이다.

3) 뉴질랜드(New Zealand)

뉴질랜드의 와인과 포도원들은 지난 20년 사이에 비약적인 발전을 이루었고 현재 뉴질랜드의 소비뇽 블랑과 피노누아 와인은 세계적 수준으로 인정받고 있다. 화이트와인이 전체 생산 중에 80%를 차지하고 레드와인은 20%가 생산된다.

뉴질랜드의 화이트와인 중 세계적인 소비뇽 블랑은 열대과일향이 코를 자극하며 달콤한 과일 맛과 향기로운 꿀맛이 나고 전체 품종 중 42%를 차지한다. 그 외에 피노누아(17%), 샤르도네(14%)가 나머지를 차지한다.

4) 남아프리카공화국(South Africa)

남아프리카공화국 와인의 역사는 300년이 넘고, 세계에서 7번째로 많은 양의 와인을 생산하고 있다. 남아프리카공화국은 와인 주조용 포도 재배지로는 세계적으로 가장 오래된 지질에 속하는 곳으로 이 지역은 더운 기후지만, 대서양에서 불어오는 차가운 바람의 영향 덕분에 서늘함을 유지할 수 있다. 남아프리카공화국의 와인은 우리에게 잘 알려지지 않았지만 1973년에 제정된 와인 원산지 제도(Wo : Wine of Orgine Schme)에 의해 4개의 단위로 나뉜다. 가장 큰 규모로써 지방(Region), 그다음이 지역(District), 그리고 구역(World)과 경작지(Estate)의 순이다. 이 가운데서 가장 이름난 곳이 해안지방에 속해 있는 코스탈(Costal)과 스텔렌보쉬(Stellenbosch) 그리고 콘스탄티아(Constantia) 등이다. 남아프리카공화국 와인의 품질 규제로 와인의 최소 75%가 상표에 표시된 포도품종으로 생산되었는지 여부를 병에 부착하고 있다. 전통적으로 화이트와인이 우세하고, 거의 모든 포도의 품종이 유럽종이지만, 피노타지(Pinotage)는 더운 남아프리카공화국 기후에 맞도록 에르미타주 생소(Hermitage-Cinsaut)와 피노누아(Pinot Noir)를 교배시켜 특별히 개발된 적포도품종이다. 다양한 스타일이 만들어지지만 전형적인 스타일은 풀바디에 중간 정도의 타닌과 붉은 과일 풍미, 가죽 같은 동물성 향을 내기도 한다.

5) 칠레(Chile)

칠레는 태평양을 따라 약 4,023km가 넘는 해안선이 뻗어 있고 폭은 평균적으로 185km에 불과해 극명하게 대비된 다양한 기후를 갖고 있다. 수도 산티아고(Santiago)에서 241km 거리 내의 중부지역에서는 훌륭한 와인 주조용 포도를 재배하기에 완벽한 지중해성 기후가 나타난다. 칠레는 1551년 처음 포도가 재배된 이후로 계속 와인을 양조하며 1555년 처음으로 와인을 생산했다. 1800년대에는 카베르네 소비뇽, 메를로 같은 프랑스 품종을 들여왔고 1980년대 초에는 스테인리스 스틸 발효통의 신기술, 프랑스산 오크통의 구기술, 향상된 포도원 관리 등이 결합되어 더욱 높은 품질의 와인을 생산하게 되었다. 칠레 와인의 장점은 넉넉한 맛과 마시기 수월하다는 이점, 강건함과 묵직함, 타닌이 짜임새 있게 잘 어우러져 훌륭한 조화를 이뤄내는 풀 바디한 보르도 스타일에 부담 없는 가격이다.

칠레의 주요 와인 생산지는 카사블랑카 밸리(Casablanca Valley : 소비뇽 블랑, 샤르도네, 피노누아), 마이포 밸리(Maipo Valley : 카베르네 소비뇽), 라펠 밸리(Rapel Valley : 카베르네 소비뇽, 메를로, 카르메네레)이다.

칠레의 포도품종에는 토종이 없다. 일찍부터 보르도 스타일의 와인을 받아들여 유럽 포도품종으로 와인을 만들었기 때문이다. 하지만 칠레의 매우 중요한 포도품종이 있는데 바로 카르메네레(Carmenere)이다. 껍질이 두꺼운 카르메네레 포도는 단맛이 도는 부드러운 타닌과 산도를 지니고 있고 본래 보르도 품종이었던 것이 카베르네 소비뇽, 메를로와 함께 칠레에 전해지며 높은 타닌에 블랙베리와 같은 진한 색상의 과일과 후추 같은 스파이스 향이 나지만 덜 익은 포도로 만들면 피망이나 녹색 콩의 풍미가 나는 토착 품종으로 바뀌었다.

6) 아르헨티나(Argentina)

아르헨티나는 북미대륙에서 두 번째로 큰 나라로 위도상 남위 22~42도 사이에 위치해 1년 중 300일 이상 일조량이 풍부하고, 평균 강수량이 200ml 미만으로 포도 재배에 적합하다. 아르헨티나는 남미에서 가장 큰 규모의 포도주 생산국이며, 세계에서 다섯 번째의 생산국이다. 칠레 다음으로 세상에 알려진 신생국이지만 와인 역사와 포도생산량은 칠레보다 앞서고 있다. 하지만 수출량에 있어서는 칠레를 따라가지 못하고 있다. 아르헨티나 포도 재배의 역사는 1556년 이곳으로 온 예수회가 쿠요(Cuyo)지방에서 처음으로 포도 묘목을 심은 데서 시작된다. 아르헨티나 와인은 해발 900미터 이상의 고지대에서 높고 깨끗한 안데스산의 눈이 녹아 흐르는 땅속의 물을 마시면서 자란 포도를 사용하기에 가장 깨끗하고 자연적인 환경에서 제조된다고 할 수 있다. 아르헨티나는 크리올라, 세레자를 비롯하여 약 20개 정도 포도품종의 본고장이다. 화이트로는 초록빛이 감도는 금빛와인인 토론테스종이 유명하다. 무엇보다는 아르헨티나의 대표 품종은 말벡으로 메를로처럼 부드러운 타닌을 지녔으며, 전반적으로 구조의 짜임이 탄탄하고 조화롭다.

주요 와인산지로는 칠레와 국경을 이루는 안데스산맥 동쪽에 자리 잡은 대표적 와인 산지 멘도사(Mendoza), 이 나라의 와인 70%가 여기에서 난다. 포도원들은 대부분 고지대에 위치하며 360,000에이커 이상의 넓은 지역에 포도를 재배하고 있다. 이 지역의 토양은 점토질, 석회암과 모래로 이루어져 있으며 표면은 자갈로 덮여 있다. 이 모든 것이 안데스산

맥으로부터 유입된 것이며 미네랄성분이 풍부하고, 전형적인 알칼리성 토양으로 유기농법의 출발이 되는 중요한 포인트가 되기도 한다. 이곳의 포도경작은 투나얀(Tunayan)과 멘도사(Mendoza) 두 강이 공급하는 물에 의해 이루어지고 있다. 가장 남쪽에 위치한 화이트와인의 명산지 리오 네그로(Rio Negro), 멘도사의 바로 위쪽에 위치한 산후안(San Juan)은 식전주 와인으로 버무스, 뮈스카텔, 셰리 등의 와인을 생산하고 있다. 멘도사의 북쪽에 위치하고 있으며 아르헨티나에서 두 번째로 와인 생산량이 많은 곳이다. 기후는 멘도사보다 무덥다.

아르헨티나의 주요 청포도품종은 토론테스 리오하노(Torrontes Riojano), 샤르도네(Chardonnay)가 있고 주요 적포도품종에는 말벡(Malbec), 시라(Syrah), 메를로, 카베르네 소비뇽, 템프라니요(Tempranillo)가 있다. 따스하면서도 건조한 기후와 안데스산의 눈이 녹아 흐른 물을 마시면서 자란 포도나무들이 와인을 만드는 최상의 컨디션을 지니고 있다.

아르헨티나의 와인은 거의 대부분 블렌딩하는 것이 특징이다. 이 가운데 얇고 섬세한 껍질을 가진 품종으로 영(young)하고 마시기 편한 미디엄 바디 와인을 만드는 말벡(Malbec)은 좋은 레드와인을 만드는 대표적인 품종이다. 아르헨티나에서는 특히 이 말벡이 블렌딩의 중심을 이룬다. 아르헨티나의 와인은 더운 날씨로 알코올이 높고 산도는 부족하다. 이외에 토론테스(Torrontes)는 이 지역의 독특한 화이트와인 품종으로 중간 정도의 산도, 높은 알코올 도수, 드라이한 미디엄 바디 화이트와인으로 카파야테(Cafayate) 지역에서 최고급 와인이 생산된다.

 와인 스토리

하늘 위의 와인 서비스 전쟁

항공사의 경우 20여 종도 채 되지 않는 와인을 선택하기 위해 무려 1,000종이 넘는 와인을 테이스팅을 목적으로 세계적인 와인 전문가를 초빙한다.

먼저 대한항공은 '스카이숍 와인클럽'을 운영하면서 '숨겨진 보석 같은 와인을 찾아서'란 기획하에 고객에게 널리 알려지는 않았지만 뛰어난 품질을 가진 숨은 와인을 찾아 제공하기 위해 현재 퍼스트클래스에만 11종을 포함 36종의 와인을 서비스하고 있으며, 노선별로 특화된 총 9개국의 와인을 소비량에 따라 탄력적으로 구매하는 등 기내 와인서비스의 품질 유지와 개선에 힘을 쏟고 있다. 그런가 하면 아시아나항공은 세계 유수의 소믈리에들을 초청해 '아시아나항공 와인 선정회'를 개최하고 세계 최고 수준의 소믈리에들을 초청해 엄격한 와인 심사로 최고의 와인을 선정한다. 국내외 와인업체가 참여한 가운데 블라인드 테스트가 실시되고, 기내 와인의 경우 기내식과의 조화가 중요한 만큼 사전에 심사위원들을 대상으로 아시아나 기내식에 대한 시식과 프리젠테이션 과정을 진행하고 있다.

독일의 루프트한자 항공은 세계 각국의 고품질 와인을 엄선해 제공하는 '비노텍 디스커버리스(Vinothek Discoveries) 기내 와인 프로그램'을 운영하고 있다. 기내 와인 선정은 독일 출신의 세계적인 소믈리에인 마커스 델 모네고(Markus Del Monego)를 비롯한 항공사 내·외부 와인 전문가로 구성된 위원회가 담당하고 매년 10~12회 블라인드 테이스팅을 걸쳐 기내에서 제공할 와인을 선정한다. 독일을 대표하는 항공사답게 독일산 화이트와인도 항상 마련해 놓고 있다. 최근 독일 와인연구소(German Wine Institute)와 협력하에 독일 와인 퀸(German Wine Queen)의 기내 시음회를 개최하기도 했다. 현재 장거리 노선 승객에게 포도품종, 재배지역, 생산연도를 비롯해 와인에 대한 상세한 설명이 기재된 와인 리스트를 제공하며 연평균 약 400만 병의 와인이 기내에서 소비되고 있다.

싱가포르항공은 세계적인 명성의 샴페인과 뉴질랜드 말보로에서 생산된 프리미엄 와인으로 서비스를 하고 있고 싱가포르항공은 1989년부터 와인 자문단을 구성해 1천여 종의 와인을 시음, 품질 및 기내 적합성을 기준으로 기내 제공 와인을 선정해 오고 있다.

카타르항공은 스카이트랙스가 선정한 5성급(5-Star) 항공사답게 엄선된 주류 서비스를 통한 차별화를 꾀하고 있다. 와인의 선정은 세계적인 명성의 와인 컨설턴트들이 담당한다. 2008년 주류 전문지 〈와인 & 스피릿(Wine & Spirit)〉과 영국 〈비즈니스 트래블러(Business Traveller)〉가 공동 주최한 '셀러 인 더 스카이(Cellars in the SKY)'에선 일등석 레드와인, 비즈니스석 화이트와인 부문에서 각각 1위에 오르기도 했다.

항공기 내부의 습도와 공기 흐름은 지상과 다르고 지상보다 기압이 낮으며 건조하고 공기 순환도 빨라 와인의 풍미를 느끼기에 적절하지 않다. 와인의 향이 코에 전달되기 전 상당부분 공기 중으로 날아가 버린다. 또한 혀의 미각세포도 기내에선 기능을 제대로 발휘하지 못해 타닌의 떫은맛과 신맛이 더 강하게 느껴진다. 항공사들은 이를 감안해 대부분 향이 풍부하고 당도가 높은 와인을 기내 와인으로 제공하고 있다.

✖ 와인 용어해설

Acid(산도)	와인의 네 가지 성분 중 하나인 신맛. 혀와 입의 가장자리에서 느낄 수 있다.
After Taste (뒷맛)	술이나 음료를 마신 뒤, 입 속에 남아 있는 과정
AOC	'아펠라시옹 도리진 콩트롤레(Appellation d'Orgine Contrôlée(원산지명칭통제법))'의 약칭. 와인 생산을 규제하는 프랑스 정부기관을 일컫기도 함
Aperitif Wine (아페리티프 와인)	식전에 먹는 와인
Aroma (아로마)	와인에서 나는 포도향
Aromatized Wine (아로마타이즈드 와인)	방향성 와인으로 약초 등의 방향성 물질을 첨가하여 향기를 좋게 한 것 이탈리아의 버무스(Vermouth)
Aging(에이징)	시간이 경과함에 따라 가벼운 공기 접촉이나 오크통 성분이 용출되어 맛과 향이 부드럽고 원숙하게 되는 과정

Auslese (아우스레제)	완숙한 포도만을 사용하여 별도로 즙을 낸 기품 있고 아름다운 향기가 풍부한 와인(83~105도)
Blend(블렌드)	풍미, 균형, 복잡함을 더 좋게 하기 위해 두 가지 이상의 와인이나 포도를 혼합하는 것
Beerenauslese (베렌아우스레제)	초과 숙성해 상하기 직전의 쭈글쭈글한 포도 알맹이만 선택적으로 수확하여 양조. 보트리티스(botrytis) 곰팡이균의 작용에 의해 생산되는 고급와인(귀부와인)(110~150도)
Blending (블렌딩)	'섞는다'의 의미로 일정기간 저장한 술끼리 혼합하여 새로운 술을 만드는 것
Body(바디)	입안에서 느껴지는 와인의 무게감. 알코올 도수가 높은 와인이 알코올 도수가 낮은 와인보다 더 묵직하게 느껴진다. 타닌과 당분, 포도껍질의 풍미가 합쳐져 생김
Botrytis Cinerea (보트리티스 시네레아)	'노블 롯(Noble Rot)(귀부병)'이라고도 불리며, 포도의 껍질에 구멍을 뚫어 수분을 증발시킴으로써 보통의 포도보다 당도와 산도가 더 농축되게 해주는 특별한 곰팡이균이다. 소테른 또는 베렌아우스레제나 트로켄베렌아우스레제 같은, 맛이 진한 독일 와인을 만들기 위해서는 이 보트리티스 시네레아가 꼭 필요하다.
Bouquet(부케)	와인에서 나는 냄새. 양조과정과 통 속 숙성방식에 따라 다르게 나타난다.
Breathing (브리딩)	공기와의 접촉을 통해 오랜 기간 숙성된 와인의 향미가 되살아나는 과정
Brut(브뤼)	가장 드라이한 스타일의 샴페인 혹은 스파클링 와인을 지칭하는 프랑스 용어
Celler(셀러)	와인을 제조 • 저장하는 곳
Chateau(샤토)	성곽이나 대저택을 의미하지만, 와인과 관련해서는 특정한 포도원을 의미함
Classic(클라식)	좋은 품질의 드라이 와인. 13개 지정된 지역 중 하나에서 생산된 와인으로 각 주에서 정한 지명을 표기하지만 마을 명칭과 포도밭 명칭은 상표에 쓰지 않는다.
Cuvee(퀴베)	샴페인 주조 시 2차 발효시키기 전 Blending해 놓은 와인
Cork(코르크)	전체 부피의 85%가 공기로 이루어진 참나무 계통의 나무로 포르투갈이 최대 생산국임. 와인 주조 시 빼놓을 수 없는 재료
Cru(크뤼)	품질의 등급을 나타내주는 그랑 크뤼(grand cru)나 프리미에 크뤼(premier cru)급으로 지정된 프랑스의 특정 포도원들
Crust(크러스트)	침전물. 특히 빈티지 포트의 병 속 침전물을 지칭함
Cuvée(퀴베)	프랑스어 cuve(큰 통)에서 유래된 용어. 특별히 혼합된 포도 원액을 가리키는가 하면, 샴페인의 경우엔 압착된 포도즙 중에서 특별히 정선한 좋은 포도즙을 일컫기도 함
Decanting (디캔팅)	와인에서 침전물을 제거하기 위해 와인을 병에서 유리병으로 따르는 과정
Dégorgement (데고르주망)	샴페인 양조(메토드 샹프누아즈)과정 중 하나로, 병 속의 침전물을 제거하기 위해 가용되는 방법이다.
Dessert Wine (디저트 와인)	식사 후에 먹는 와인

Domaine (도메인)	프랑스어로 '소유' '영지'의 뜻. 주로 부르고뉴 지방의 와인 제조업체를 가리키는 용어
Distillation (증류)	알코올이 섞인 원액을 끓여 알코올과 물의 비등점의 차이를 이용하여, 고농도의 알코올을 추출해 내는 과정
Dosage (도자쥐)	샴페인이나 스파클링 와인의 양조에서 가장 마지막 단계로, 당분을 첨가하는 작업. 이때 와인이나 브랜디에 섞어 첨가하는 경우도 있다.
Dry Wine (드라이 와인)	와인의 제조과정에서 당분이 완전히 분해되도록 발효시켜 당분이 거의 없는 와인으로 씁쓸하고 달지 않은 느낌이다. Sweet 와인의 반대
Eiswein (아이스바인)	베렌아우스레제급 언 포도(건강한 포도의 농축된 즙을 수확하지 않고 얼려 놓았다가 바로 압착해 얼음결정 상태에서 수분을 제거한 달콤한 포도의 즙 상태)를 수확하여 만든 와인. 최고급 와인(110~150도)
Fermentation (발효)	효모에 의해 당분이 알코올로 변하면서 포도즙이 와인이 되어가는 과정
Finish(여운)	와인을 삼키고 난 후 입안에 퍼지는 맛과 느낌. 이 여운은 와인에 따라 삼키자마자 사라지기도 하고 한동안 가시지 않고 남아 있기도 한다.
Fortified Wine (강화와인)	포트와인이나 셰리주처럼 알코올 도수를 높이기 위해(브랜디 같은) 포도 증류주를 첨가하는 와인
Grand Cru (그랑 크뤼)	부르고뉴에서 최고 등급으로 분류되는 와인
Grand Cru Classé (그랑 크뤼 클라세)	보르도의 최고 등급
Kabinett (카비네트)	잘 익은 포도로 만든 가볍고 경쾌하며 부드러운 와인(당도 67~85도)
Premier Cru (프리미에 크뤼)	프랑스 부르고뉴에서 특별히 지정된 포도원의 포도로 만든 특별한 와인. 그러한 포도원 여러 곳의 포도를 블렌딩하여 빚기도 한다.
Punt(펀트)	병 바닥의 움푹 들어간 곳을 부르는 말로 샴페인의 경우 압력을 분산시켜 주는 역할을 함
Port(포트)	포르투갈의 유명한 강화와인으로 Dessert용
Rose Wine (로제와인)	Pink Wine으로 Table Wine
Remuage (르뮈아쥐)	이스트 찌꺼기를 제거하는 방법으로 A자 형으로 된 나무틀에 45도 각도로 거꾸로 꽂혀 있는 샴페인들을 매일 조금씩 흔들어주는 방법
Still Wine (스틸 와인)	비발포성 와인
Selection (셀렉치온)	아우스레제와 동급의 독자적인 이름의 포도원에서 자란 좀 더 숙성한 포도로 만든 드라이 와인. 지정된 13개 지역과 단일 포도밭에서 생산

Solera System (솔레라 시스템)	여러 빈티지의 셰리주를 연속적으로 블렌딩함으로써 행해지는 숙성과정
Spätlese (슈패트레제)	늦게 수확한 포도로 만든 만큼 균형있고 잘 성숙된 와인(당도 76~92도)
Sparkling Wine (스파클링 와인)	발포성 와인으로 샴페인이 대표적임
Sweet Wine (스위트 와인)	단맛이 많이 느껴지는 와인이다.
Table Wine (테이블 와인)	식사 중에 먹는 와인
Tannin(타닌)	와인의 성분 중 하나로 천연합성물 및 천연방부제이며, 포도의 껍질·줄기·씨뿐만 아니라 와인이 숙성되는 나무통에서도 추출됨
Terrior(테루아)	특정 포도원 특유의 특징들에 기여하는 모든 요소를 통틀어 이르는 프랑스 용어. 즉, 포도원의 토양, 하층토, 경사, 배수, 고도를 비롯하여 일조량, 기온, 강수량 같은 기후를 총망라하는 말
Trockenbe-erenauslese, TBA (트로켄베렌아우스레제)	건포도와 같이 열매를 건조시킨 후에 만든 와인. 스위트 와인. 100% 보트리티스 곰팡이로 포도의 껍질이 약해져 포도 안의 당분과 산도가 농축된 형태의 포도로 만들었기에 아이스바인보다 더 최고급으로 여겨진다(150~154도).
Vintage(빈티지)	포도가 수확된 해
Yeast(효모)	살아 있는 미생물의 하나로 당분을 분해하여 알코올과 탄산가스로 변화시키는 역할을 함

✈ 단원문제

Q1. 기내와인의 특징을 서술하시오.

Q2. 와인 병의 종류와 특징을 설명하시오.

Q3. 와인 서비스 매너 순서를 서술하시오.

Q4. Dry Wine과 Sweet Wine의 정의와 종류를 서술하시오.

Q5. 코르크의 기능을 설명하시오.

Q6. 와인 분류 시 식사에 따른 분류 3가지의 종류와 특징을 순서대로 적으시오.

Q7. Sparkling Wine에 대해 서술하시오.

Q8. 와인 보관 시 중요한 요소 4가지를 나열하고 이유를 설명하시오.

Q9. 항공사의 와인이 향이 풍부하고 당도가 높은 이유를 설명하시오.

Q10. 프랑스 Bordeaux지방의 와인의 특징을 설명하시오.

Q11. 프랑스 Bourgogne 지역의 지리적 특징을 설명하시오.

Q12. Pouilly-Fume(푸이퓌메)와 Pouilly-Fuisse(푸이퓌세)의 차이점을 설명하시오.

Q13. 샴페인 당도에 따른 분류를 설명하시오.

Q14. 샴페인의 오픈방법에 대해 서술하시오.

Q15. Sherry와 Port의 차이점을 설명하시오.

항공기 기내식 식음료 서비스실습

과목명	항공기식음료론	수행 내용

실습 1.
실습 2.
실습 3.

승무원역할 팀	실습 No.	실습생 명단(명)	승객역할 팀
1팀	1		2팀
	2		
	3		
2팀	1		3팀
	2		
	3		
3팀	1		4팀
	2		
	3		
4팀	1		1팀
	2		
	3		

＊팀장은 사전에 실습 준비용품을 준비바랍니다.

실습평가표

과목명		평가 일자	
학습 내용명		교수자 확인	
교수자		평가 유형	과정 평가
실습학생	학번	학과	
	학년/반	성명	

평가 관점	주요내용	교수자의 평가		
		A	B	C
실습 도구 준비 및 정리	• 수업에 쓰이는 실습 도구의 준비			
	• 수업에 사용한 실습 도구의 정리			
실습 과정	• 실습 과정의 주요 내용을 노트에 주의 깊게 기록			
	• 실습 과정에서 새로운 아이디어 제안			
	• 실습에 적극적으로 참여(주체적으로 수행)			
태도	• 주어진 과제(또는 프로젝트)에 성실한 자세			
	• 문제 발생 시 적극적인 해결 자세			
	• 인내심을 갖고 과제를 끝까지 완수			
행동	• 수업 시간의 효율적 활용			
	• 제한 시간 내에 과제 완수			
협동	• 조별 과제 수행 시 조원과의 적극적 협력 및 소통			
	• 조별 과제 수행 시 발생 갈등 해결			

종합의견

증류주(Distilled Liquor)

1. 증류주의 정의

증류주(蒸溜酒)는 곡물이나 과일 또는 당분을 포함한 원료를 발효시켜서 약한 주정분(양조주)을 만들고 증류기를 이용해 증발하는 알코올 증기를 이슬로 받아낸 술이다. 1차 발효된 양조주를 다시 증류시켜 알코올 도수를 높이는데, 증류방법은 알코올과 물의 끓는점의 차이를 이용해서 고농도 알코올을 얻어내는 과정이다. 양조주는 열을 가해 서서히 끓이면 끓는점이 낮은 알코올이 먼저 증발하게 된다. 이때 증발하는 기체를 모아서 냉각시키면 고농도의 알코올(20~98도) 액체를 얻어낼 수 있다. 이와 같은 증류주에는 위스키(Whisky), 브랜디(Brandy), 럼(Rum), 진(Gin), 보드카(Vodka), 데킬라(Tequila) 등이 있다.

2. 증류기의 종류

증류기는 다양한 형태가 있지만 다음과 같이 크게 두 가지로 나눌 수 있다.

1) 단식 증류(Pot Stills)

단식 증류는 역사가 가장 오래되고 가장 단순한 형태의 증류기이다. 보통 구리로 만들어진 용기 안에 증류할 베이스 알코올을 담아 열을 가한다. 알코올이 끓게 되면 알코올 증기가 빠져나와 용기 목부분에 길게 위를 향해 연결된 곳으로 모이게 된다. 그다음 모여 있던 증기는 찬물이 들어 있는 응축기를 통과하며 액화되어 도수가 높은 알코올이 만들어진다. 가장 휘발성이 강한 성분은 헤드(Head) 혹은 포어샷(Foreshot)이라 불리며 가장 먼저 끓게 된다. 이 성분에는 메탄올을 포함한 농축된 독성물질이 들어 있다. 그다음으로 증발하는 성분은 하트(Heart), 혹은 스피리츠(Spirit)인데 여기에는 불순물이 적고 순도 높은 에탄올의 함량이 가장 높다. 마지막에는 테일(Tail) 혹은 페인트(Feint)라 불리는 휘발성이 가장 약한 성분이 나온다. 최종적으로 완성된 스피리츠에는 헤드와 테일이 사용되지 않지만 이 두 부분에는 사용 가능한 에탄올이 약간 남아 재증류 시 다시 사용한다. 단식 증류는 재래식 증류기로 비교적 구조가 간단하고 2~3번 증류해야 순도 높은 알코올을 얻을 수 있다.

단식 증류기

2) 연속식 증류(Column Stills)

연속식 증류는 단식 증류의 단점을 보완하기 위해 만들어졌다. 한 번의 증류과정으로 순도가 매우 높은 에탄올을 얻을 수 있고, 연속적이고 효율적인 증류가 가능하다. 대량생산으로 원가절감의 장점이 있으나 향이 거의 없다는 단점이 있다.

3. 증류주의 종류

1) 위스키(Whisky)

위스키는 일반적으로 곡물을 엿기름으로 당화, 발효, 증류, 저장 숙성하여 만든 증류주이다. 위스키의 역사는 '증류기술'에서 시작되었다.

위스키의 어원은 라틴어의 아쿠아 비테(Aqua Vitae=생명의 물)가 게르만어 우스게 베이하(Uisge-Beatha)로 변하고 마침내 우스키(Uisky)에서 위스키(Whisky)로 변화되었다.

위스키는 보리(Barley), 호밀(Rye), 밀(Wheat), 옥수수(Corn), 귀리(Oats) 등 곡물을 원료로

하여 발효 양조하고 이것을 증류하여 알코올을 만들어낸다. 이때 만들어진 무색투명한 알코올을 참나무(Oak)와 같은 양질의 목제통 속에 넣어 수년 혹은 수십 년 동안 저장하여 성숙시킨 다음 희석·혼합하게 된다. 위스키가 찬란한 호박색과 향미 등 그 자신의 특성을 가지게 되는 것은 이 저장기간에 검게 그을린 술통으로 인해서 이루어지게 된다.

위스키의 주요 생산국은 스코틀랜드(Scotland), 아일랜드(Ireland), 미국(America), 캐나다(Canada) 등이며, 각국 위스키의 특이한 성질은 사용하는 곡물의 종류, 처방, 증류방법, 저장·성숙과정 등에서 결정된다.

(1) 위스키의 제조과정

① 몰팅(Malting)

보리를 맥아로 만들기 위해 발아를 관리하는 과정. 물을 가득 채운 통에 보리를 2~3일 동안 담가 놓고 일정하게 공기를 주입한다. 침맥한 보리는 발아실에서 1주일 정도 발아시킨다. 발아가 진행되면서 자연스럽게 천연효소와 당분이 생성되면 덜 마른 보리를 건조시켜야 한다. 석탄과 이탄(peat)을 사용해 건조시키게 되고 이때 맥아에 스모키한 향이 배게 된다. 건조과정은 2~3일간 진행되며, 건조가 끝나면 보리의 습도는 3%로 내려간다. 맥아의 당분이 물과 더 쉽게 반응하여 발효가 촉진될 수 있도록 적당한 크기로 분쇄하게 되고 이렇게 분쇄된 맥아를 엿기름(Grist)이라고 한다.

② 매싱(Mashing)

분쇄된 맥아의 내용물이 가능한 최대로 용해될 수 있도록 당화조(Mash Tun)에서 당분 용해액을 만드는 과정이 바로 매싱이다. 이 당분 용해액을 맥아즙(Wort)이라고 한다. 분쇄한 맥아가루에는 63~68도의 뜨거운 물을 붓는다. 맥아가루 1/4에 물 3/4으로 구성된 이 혼

Mash Tun

Mashing

참고동영상 **위스키 제조 과정** (https://www.youtube.com/watch?v=YtDWQXmgYNc)

합물은 당화조에서 맥아당으로 변한다. 이 과정에서 당분이 생긴 맥아즙을 큰 통으로 보내고 뜨거운 물을 두 번 더 첨가해 남아 있는 당분을 충분히 추출한다. 새로운 맥아즙은 먼저의 맥아즙과 혼합한 뒤 2, 3도로 냉각된 통 속에서 곧바로 식힌다.

③ 발효(Fermentation)

맥아즙의 당분 속에서 효모가 화학적 변화를 일으켜 알코올과 이산화탄소 등을 생성하는 과정을 발효라고 한다. 매싱과정에서 생성된 맥아즙을 소나무나 삼나무로 만들어진 커다란 통(Wash Back)에 넣고 효모를 첨가한다. 2~3일이 지나면 알코올 7~8%의 액체가 된다. 이것이 바로 맥아로 만들어진 워시(Wash)로 증류를 거치기 전에 저장 양조통으로 보낸다.

④ 증류(Distillation)

워시(Wash)에 열을 가해 효모의 활동을 멈추게 하고 물과 알코올의 끓는점 차이를 이용해 높은 도수의 알코올을 추출하기 위한 과정이 증류이다. 순수 몰트 위스키는 이 과정에서 구리로 만든 단식 증류기로 증류한다. 스코틀랜드에서는 일반적으로 증류를 두 번 하지만 아이리시 위스키와 같이 세 번의 증류과정을 거치는 증류소도 있다.

⑤ 숙성(Maturation)

새로 증류한 스피릿은 오크통에 넣어 숙성과정을 거친다. 이 통들은 철저한 관리가 이루어지는 창고로 옮겨지게 된다. 스카치 위스키는 법적으로 적어도 3년 이상은 창고에서 숙성되어야 하고 보통 이보다 더 오랜 시간 숙성창고에 넣어둔다. 숙성 시 사용하는 오크통의 종류와 기후는 위스키 제조의 마지막 단계에서 중요한 역할을 한다. 숙성과정은 위스키의 최종 풍미에 최대 60%까지 영향을 미칠 수 있다. 즉 증류주는 통 안에서 맛과 향이 산화되면서 부드러워진다. 위스키의 숙성은 건조한 기후보다는 습한 기후에서 보다 천천히 진행되고 이러한 온도의 변화가 숙성을 가속화시키는 중요 요소가 된다. 건조한 기후에서는 물보다 알코올이 증발되고 습한 기후에서는 알코올보다 물이 증발된다. 오크통의 선택은 위스키의 최종 특징을 구분 짓는 데 가장 중요한 역할을 한다. 버번통은 위스키에 바닐라 풍미를, 셰리 와인통은 위스키에 셰리의 풍미를 더하고 나아가 묵직한 맛과 깊은 호박색, 붉은빛까지 선사한다. 오크통에서 오랜 시간을

오크 숙성

보낼수록 위스키는 더욱 변화하고 알코올의 휘발성 때문에 매년 증발하는 내용물의 양을 일컬어 천사의 몫(Angel's Share)이라고 한다.

⑥ 병 주입(Bottling)

숙성된 위스키를 병에 담는 과정을 병 주입이라고 한다. 싱글 몰트 위스키는 오직 한 증류소에서 만들어진 몰트 위스키만을 담아야 하고, 만약 한 곳 이상의 증류소에서 만들어진 몰트 위스키들이 섞여 있다면 이는 블렌디드 몰트 위스키라고 한다. 만약 몰트 위스키가 그레인 위스키와 섞이면 이는 블렌디드 위스키라고 한다. 위스키는 냉각여과하는 과정을 거치기도 하는데 이는 위스키 내부에서 발생하는 지방성 아미노산을 차갑게 해서 하나로 모은 뒤 걸러내는 방법이다.

병 주입

(2) 산지에 따른 위스키의 종류

> **위스키 제조과정**
> **몰트 스카치 위스키(Malt Scotch Wisky)**
> 보리→침맥→발아→건조(이탄)→분쇄→당화(워트)→발효→증류(단식 증류 2회)→숙성(오크통)→병 주입
> **그레인 스카치 위스키(Grain Scotch Whisky)**
> 곡물→분쇄→당화→발효→증류(연속식 증류)→숙성(오크통)→병 주입
> **블렌디드 스카치 위스키(Blended Scotch Whisky)**
> 몰트 스카치 위스키+그레인 스카치 위스키=블렌디드 스카치 위스키

① 스카치 위스키(Scotch Whisky)

스카치 위스키는 영국 북부의 스코틀랜드에서 만들어진 위스키를 말한다. 중세에 아일랜드의 위스키 제조법이 전해지면서 탄생하게 되었고, 당시의 위스키는 증류 직후 바로 마신 것으로 투명한 색이었다. 현재와 같이 호박색이 등장하게 된 것은 18세기 말부터이다. 맥아(Malt)를 건조시킬 때 이탄(Peat)을 사용하므로 마실 때 진흙냄새와 같은 향기, 즉 스모키 플레이버(Smokey Flavor)라고 하는 특유의 훈향이 생겨나게 되었고, 화강암 등의 암반에서

솟아나는 연수를 사용하는 것도 스카치 위스키의 풍미에 큰 역할을 하고 있다. 셰리통을 사용했기에 액체의 향기와 형언할 수 없이 감미롭고 아름다운 호박색으로의 변신은 세계를 지배하는 술 빛이 되었고 그 후부터 스카치 위스키는 이탄 향과 나무통의 숙성으로 제품화하는 것이 기본조건이 되었다.

스카치 위스키는 만드는 방법에 따라 다음과 같이 세 가지 종류로 나눌 수 있다.

- 몰트 위스키(Malt Whisky) : 이탄의 그을림을 배게 한 대맥(몰트)만을 원료로 사용해 만든 위스키이다. 단식 증류기(Pot Still)를 사용하여 2번 증류하여 오크통에서 장시간 숙성시켜 풍미가 살아 있다.

- 그레인 위스키(Grain Whisky) : 일반 곡물, 주로 옥수수 등을 주원료로 사용하고(80% 이상) 소량의 맥아(10~25%)를 가해서 당화·발효시킨 후 연속식 증류기(Patent Still)로 고농도의 알코올을 증류하는 위스키를 말한다. 피트향이 없는 부드럽고 순한 맛이 특징으로 몰트 위스키와 같이 그레인 위스키도 통 속에서 3~5년간 숙성시킨다. 보통 그레인 위스키로만 판매하는 경우는 드물고 대부분 몰트 위스키와 혼합해 블렌디드 위스키를 만드는 데 사용된다.

- 블렌디드 위스키(Blended Whisky) : 몰트 위스키와 그레인 위스키를 적당한 비율로 혼합한 것인데 대부분의 스카치 위스키는 블렌디드 위스키이다. 블렌디드 위스키를 만들 때 몇 종류에서 수십여 종의 몰트 위스키를 먼저 혼합해서 풍미의 성격을 결정한 후 한 종류 또는 그 이상의 그레인 위스키를 블렌드한다. 블렌디드 위스키는 몰트 위스키의 배합비율이 많을수록 고급 위스키라고 할 수 있다. 몰트 위스키의 제조 원가가 비싼 만큼 몰트 위스키가 많이 함유되어 있을수록 향이 독특하고 강렬한 만큼 거부감이나 부담감을 주는 경우도 있으니 풍미가 순하고 부드러운 그레인 위스키와 혼합하면 훨씬 편하게 받아들여질 수 있다.

유명 상표 :
블렌디드 스카치 위스키

Ballantine's	Bell's	Black&White
Cutty Sark	Dewars White Label	Dimple
Famouse Grouse	J&B	Johnnie Walker
Legacy	Long John	Mackinlay
Old Parr	Royal Salute	Spey Royal

Teacher's	Vat 69	White Horse
몰트 스카치 위스키		
Aberlour	Glenfiddich	Glenlivet
Highland Park	Knockando	Macallan

② 아이리시 위스키(Irish Whiskey)

아이리시 위스키는 영국의 북아일랜드주와 아일랜드 섬에서 만든 것이다. 아이리시 위스키는 E자를 한 자 더 붙인 Whisk(e)y로 표기하는 것이 상례이다. 원료는 대맥 맥아(Malt)인데, 그 밖에 귀리, 라이(Rye)보리, 밀, 옥수수 등도 쓰인다. 아이리시 위스키는 스카치 위스키와 제조방법이 비슷한 것 같지만 제조과정이 다르다. 스카치 위스키는 맥아를 건조시킬 때 이탄을 태운 연기에 건조시키는데 아이리시 위스키는 바닥에 건조시킨다. 스카치 위스키는 몰트 위스키와 그레인 위스키를 따로 증류해서 숙성기간을 거쳐 블렌딩해서 병입하는데 아이리시 위스키는 건조시킨 맥아를 갈아서 물을 넣고 열을 가하고 맥아즙을 만들 때 밀과 호밀을 함께 넣고 즙을 만든다. 이때 한번에 끝내는 것이 아니라 4번을 반복하여 끓여서 냉각시킨 다음 발효시켜 단식 증류기로 3번 반복하여 증류한다. 이것을 화이트(White) 오크(Oak)통에 넣어 숙성시키는데, 법률에는 숙성기간을 3년 이상으로 정하고 있으나 실제로는 5~7년 이상 익히는 것이 보통이다. 아이리시 위스키의 큰 특징은 이탄(Peat)향 대신에 보리 맥아의 향이 강하다는 점이다. 맛이 복잡하지 않으면서도 개성 있는 위스키라고 할 수 있다.

유명 상표 : John Jameson, Tullamore Dew, Old Bushmills

③ 아메리칸 위스키(American Whisky)

아메리칸 위스키는 미국에서 생산되는 모든 위스키를 말한다. 옥수수를 이용하여 엘리자 크레이그라는 목사가 위스키를 처음 만든 것은 1789년인데 이것이 버번(Bourbon) 위스키의 시조이다 보니 적지 않은 사람들이 아메리칸 위스키는 버번뿐이라 생각하고 있다. 물론 버번 위스키가 미국 위스키를 대표하지만 아메리칸 위스키는 일반적으로 스트레이트 위스키(Straight Whisky)와 블렌디드(Blended) 위스키 그리고 테네시 위스키(Tennessee Whiskey)로 분류할 수 있다. 스트레이트 위스키는 단일 곡물을 51% 이상 사용해서 만든 위스키이고 블렌디드 위스키는 두 가지 이상을 섞어서 만든 것으로 스트레이트 위스키를 섞어서 만든 것이 있는가 하면 일반 주정을 섞어서 만든 것도 있다. 테네시 위스키는 테네시주에서 생산되는 위스키이다.

가. 스트레이트 위스키(Straight Whisky)

옥수수, 호밀, 대맥, 밀 등의 원료를 사용하여 만든 주정을 다른 중성 곡물 주정 (Newtral grain spirits)이나 혹은 다른 위스키와 섞지 않고 그을린 참나무통에 최소한 2년 이상 숙성(aging)시킨 것으로 다음의 4가지 형태로 구분된다.

㉠ 버번 위스키(Bourbon Whisky)

'버번'이라는 명칭은 미국의 독립운동을 도와준 프랑스 왕 루이 16세에게 고마워하는 마음의 표시로 그 왕가의 이름인 부르봉에서 술 이름을 따 버번이라고 붙였다. 버번의 원료는 옥수수가 51% 이상 포함되어 있는 곡물로 만들어진 알코올을 그을린 새 참나무통에 넣어 4년간 숙성(Aging)하는 것이 정상적이다. 색깔은 호박색이며 향기가 짙은 것이 특징이다. 증류한 위스키의 알코올 도수가 80%를 초과할 수 없으며, 숙성시킨 위스키의 알코올 도수가 62.5%를 초과할 수 없다. 병에 넣을 때는 최소 40% 이상의 알코올 도수를 유지해야 하고, 버번의 원산지는 켄터키이며 이곳에서 증류되는 것을 'Kentucky straight bourbon whisky'라고 한다. 그 외에 일리노이, 오하이오, 펜실베이니아, 테네시, 미주리 등지에서도 생산된다.

유명 상표 : Jim Beam, I. W. Harper, Old Grand Dad, Wild Turkey, Early Time

㉡ 라이 위스키(Rye Whisky)

버번 위스키와 같은 방법으로 생산하는데, 주원료를 51% 이상 호밀(Rye)로 하며 술을 연속 증류기로 증류하여 통 속을 불로 그을린 아메리칸 뉴 오크통 속에서 최소 2년 이상 숙성시킨다. 증류한 위스키의 알코올 도수가 80%를 초과할 수 없으며, 숙성시킨 위스키의 알코올 도수가 62.5%를 초과할 수 없다. 병에 넣을 때는 최소 40% 이상의 알코올 도수를 유지해야 한다. 위스키의 향과 색깔을 바꾸기 위해 어떤 첨가물도 넣을 수 없다. 색깔은 버번과 대단히 흡사하나 맛이 약간 다르고 맛이 더 짙은 편이다.

유명 상표 : Imperial, Golden Wedding, Four Rose

㉢ 콘 위스키(Corn Whisky)

80% 이상의 옥수수를 원료로 만들어지며, 이 위스키는 보통 재사용되는 그을린 참나무통에 저장·숙성시킨다. 증류한 위스키의 알코올 도수가 80%를 초과할 수 없으며, 숙성시킨 위스키의 알코올 도수가 62.5%를 초과할 수 없다. 병에 넣을 때는 최소 40% 이상의 알코올 도수를 유지해야 하며 위스키의 향과 색깔을 바꾸기 위해서

어떤 첨가물도 넣을 수 없다.

ⓔ 보틀드 인 본드 위스키(Bottled in Bond Whisky)

보통 미합중국 정부의 감독하에 생산된 버번이나 라이 위스키를 말하는 것으로 이 술은 미국 정부가 그 질을 보증하는 것은 아닐지라도 정부의 엄격한 통제하에 보세창고에서 분류하고 병에 담겨 수출된다. 이런 종류의 위스키는 적어도 4년 이상의 숙성과 50%의 알코올을 규제한다.

나. 블렌디드 위스키(Blended Whisky)

한 가지 이상의 스트레이트 위스키와 중성 곡류 주정을 혼합한 위스키를 말하며 최소한 20% 이상의 스트레이트 위스키와 80% 미만의 중성 곡류 주정을 함유하여야 한다.

다. 테네시 위스키(Tennessee Whisky)

버번과 테네시 위스키는 서로 밀접한 관계가 있으며 거의 유사한 것같이 보이지만 다르다. 근본적으로 다른 것은 제조과정에서 테네시 위스키는 버번보다 한 과정이 더 있다. 옥수수(Corn)를 51% 이상 포함한 곡물을 발효시켜 만든 술을 연속식 증류기로 증류하여 통 속을 불로 그을린 아메리칸 뉴 오크통 속에서 최소 2년 이상 숙성시킨다. 증류한 위스키의 알코올 도수가 80%를 초과할 수 없으며, 숙성시킨 위스키의 알코올 도수가 62.5%를 초과할 수 없다. 병에 넣을 때는 최소 40% 이상의 알코올 도수를 유지해야 하고, 위스키의 향과 색깔을 바꾸기 위해서 어떤 첨가물도 넣을 수 없다. 여기까지의 제조과정이 버번 위스키(Bourbon Whiskey)와 같고 병입하기 전에 사탕 단풍나무 숯으로 여과시키는데(Charcoal-Filtering) 이 방법을 Lincoln County Process라고 한다. 이 특별한 과정에서 알코올이 증류기에서 나오면 그것을 숯이 채워져 있는 통 속에서 유도되어 천천히 걸러지게 된다. 여기에 사용되는 숯은 테네시 고산지대에서 산출되는 단단한 단풍나무로부터 만들어지는 특수한 것이다. 이 여과과정은 숙성과정을 제외한 어떤 과정보다 오래 걸리며 이로 인하여 대단히 부드러운 위스키(Mellow whisky)가 만들어진다.

유명 상표 : Jack Daniels, George Dickel

④ 캐나디언 위스키(Canadian Whisky)

캐나디언 위스키는 1933년부터 미국의 금주법이 폐지되자 곧이어 양질의 위스키를 미국에 공급하면서 비약적인 성공을 거두었다. 호밀, 옥수수, 대맥 등을 원료로 사용하여 만들어지는 블렌디드(Blended) 위스키이며 이것들을 보리 맥아로 당화하는데, 증류는 연속식 증류기를 사용한다. 저장·숙성은 미국과 같이 3년 이상이고 수출품은 대개 6년을 숙성시킨다. 스카치 위스키는 대맥을 주원료로 사용하지만 캐나디언 위스키는 호밀(Rye)을 주로 많이 사용하기 때문에 간혹 Rye whisky라고도 불리어진다. 라이트한 풍미가 현대인의 입맛에 맞아 많은 인기를 얻고 있다.

유명 상표 : Canadian Club(C.C), Seagram's V.O., Seagram's Crown Royal, Black Velet

(3) 위스키를 서비스하는 7가지 방법

객실승무원은 위스키 서비스 시 승객에게 서비스 방법에 대하여 문의한 후 다음 방법에 맞추어 서비스하도록 한다.

① 스트레이트(Straight) : 상온의 위스키를 그대로 브랜디 글라스나 위스키 전용 글라스에 따르면 색과 향을 더 풍부하게 느낄 수 있고 맛도 더욱 깊게 느낄 수 있다.

② 온더록스(On the Rocks) : 스모키한 위스키의 향과 강한 알코올을 싫어하는 사람들에게 적합한 방법. 얼음이 녹으며 위스키와 희석되어 알코올 도수도 떨어진다. 손잡이가 있는 글라스보다는 전통적인 위스키 텀블러를 사용한다.

③ 믹스 드링크(Mixed Drinks) : 다른 술이나 탄산음료를 섞어 칵테일을 만들어 마시면 더욱 풍미를 느낄 수 있다. 버번 위스키의 경우 콜라와 섞어 마시면 청량감을 느낄 수 있다.

④ 애디드 워터(Added Water) : 위스키를 물에 타서 마시는 방법이다.

⑤ 위스키 앤 체이서(Whisky & Chaser) : 독한 술을 마시고 나서 입가심으로 마시는 술. 소량의 위스키를 마신 후 물을 한 모금 마시는 방법으로 위스키의 뒷맛을 오래 느낄 수 있다.

⑥ 위스키 앤 티(Whisky & Tea) : 중국에서 유래된 방법으로 위스키에 홍차, 혹은 녹차를 섞어 마시거나 '체이서'로 물 대신 녹차를 마시도록 하는 방법을 말한다.

⑦ 여러 종류의 위스키를 함께 마실 때 : 알코올 농도가 낮은 위스키를 먼저 마시고 다른 위스키를 마시기 전에 물이나 가염되지 않은 빵, 크래커 등으로 입안을 깔끔히 정리하도록 한다.

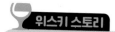 **위스키 스토리**

산지 대표 위스키

스카치 위스키(Scotch Whisky)
시바스 리갈(Chivas Regal) : 우리나라에서 가장 많이 알려진 스카치 위스키로서, 세계의 고급(premium)위스키 시장에서 최대의 판매량을 자랑하는 위스키이다. 시바스 리갈이란 이름은 1843년 스코틀랜드에 많은 애정을 쏟은 빅토리아 여왕을 위해 최고급 제품을 왕실에 진상하면서 국왕의 시바스라고 명명한 데서 비롯된 것이다. 시바스 리갈의 상표에는 두 개의 칼과 방패가 그려져 있는데, 이는 위스키의 왕자라는 위엄과 자부심을 나타내주는 것이다. 시바스사는 장인 정신과 정성을 사훈으로 삼고 있으며 제품의 품질에 대해 최고의 자부심을 가지고 있다. 시바스 리갈이 자랑거리로 내세우는 것은 원액 공장인데 그것은 현존하는 위스키공장 가운데서 가장 오래된 아일랜드 지방의 스트라스아일라 증류소이다. 이 증류소는 '아일라'라는 조그만 개울을 끼고 있고 거기에는 유서 깊은 물레방앗간도 있다. 지붕이 두 개의 탑으로 이루어진 이 공장은 스코틀랜드 정부에 의해 위스키 관광코스 제1호로도 지정되어 있다.

아이리시 위스키(Irish Whisky)
존 제임슨(John Jameson) : 맥아를 건조시킬 때 밀폐된 가마에서 작업을 행함으로써 부드러운 맛과 연료에서 나오는 향을 그대로 간직하고 있는 것이 존 제임슨의 특징이다. 스카치 등의 다른 위스키는 두 번 증류하는데 비해, 아이리시 위스키 제임슨은 단식 증류기를 이용하는 전통적이며 고전적인 방법으로 3회 증류해 불순물을 제거하는 것이 이채롭다. 스모키 향이 느껴지지 않는 부드러운 향과 셰리 오크통의 숙성에서만 만들어질 수 있는 금빛 색조가 돋보이는 위스키이다.

아메리칸 위스키(American Whisky)
잭 다니엘스(Jack Daniel's) : 미국 남북전쟁의 와중에서 북군에게 공급하여 유명해진 위스키가 바로 테네시 위스키를 대표하는 잭 다니엘스이다. 소년시절 친척집에서 양조기술을 익힌 잭 다니엘은 1846년 테네시주의 링컨 카운티에 잭 다니엘사(Jack Daniel Distillery)를 창업한다. 우연한 기회에 사탕단풍나무로 만든 목탄으로 여과한 위스키의 맛이 매우 뛰어나다는 사실을 발견하였고, 이에 따라 사탕단풍나무숯(차콜 필터)으로 위스키를 여과하는 공정을 도입한다. 위스키의 품질에 자신감을 갖게 된 그는 동업자 친구와 함께 자신들이 제조한 위스키에 벨 오브 링컨이라는 상표를 붙여서 80여 킬로미터나 떨어진 북군 주둔지에 일주일에 한 번씩 목숨을 걸다시피 하며 위스키를 판매했다. 남북전쟁이 끝난 후 귀향한 병사들의 입을 통해 그 이름이 널리 알려지게 되었고 이에 자신을 얻어 아예 자신의 이름을 상표로 사용하게 되었다. 1890년 세인트 루이스에서 열린 위스키 경연대회에서 '잭 다니엘 올드 넘버 7'이 최우수상을 획득한 이래 잭 다니엘스는 우수한 품질을 바탕으로 명실공히 미국의 대표적인 위스키로 군림하고 있다.

캐나디언 위스키(Canadian Whisky)
캐나디언 클럽(Canadian Club) : 캐나디언 클럽은 하이램워커앤선사(Hiram Walker & Son Ltd.)의 제품으로 1858년 창립한 이래 하이램워커앤선사의 가장 대표적인 제품이다. 1898년 빅토리아 여왕시절부터 영국왕실에 납품하여 상표에 왕실 문장이 들어가 있다. 처음에는 술을 노상에서 순회하면서 판매하는 전략을 사용하여 많은 사람들이 마시게 되었고 인기를 얻게 되자 많은 클럽 안에서도 판매가 이뤄졌다. 이렇게 해서 캐나디언 클럽이라고 하면서 C.C라는 애칭으로 불리게 되었다.

| 스카치 위스키 | 아이리시 위스키 | 아메리칸 위스키 | 캐나디언 위스키 |

2) 브랜디(Brandy)

브랜디는 태운 와인(빈 브룰레 : Vin Brule)이라고 한 것에서 유래되었다. 이를 네덜란드 상인들이 네덜란드어로 브란데베인(Brandewijn)이라 불렀고 이것을 다시 영국인들이 줄여서 부른 것이 '브랜디'가 된 것이다. 증류한 와인 브랜디는 과실의 당물(Fruit Sugar)로부터 만들어진 양조주를 증류하여 만들어진 알코올 도수가 높고 향기가 강한 증류주로서 단순히 브랜디라고 호칭할 때는 포도로 만든 브랜디(Grape Brandy)를 말한다. 즉 포도주를 증류하여 만든 브랜디를 뜻하며, 다른 재료의 과당물로부터 증류되었을 경우에는 그 앞에 그 재료의 명칭이나 특별한 상품명을 기재하고 있다. 포도나 사과 외에 브랜디용 과실로는 버찌, 체리, 딸기류 등이 대표적인 원료라고 할 수 있다(예 : Apple Brandy). 브랜디의 증류는 보통 2단계로 나누어 실시하며 평균 8통의 포도주에서 1통 정도의 브랜디가 증류된다. 증류 직후 무색투명한 액체이나 질 좋은 참나무(Oak)통에 저장하여 숙성시키면 호박색의 브랜디가 탄생된다. 향미가 강한 브랜디는 식후주로 적합하며 두 손으로 글라스를 감싸고 충분히 향을 음미하면서 마신다. 브랜디는 보통 잘 숙성된 상품의 와인은 사용하지 않으며 막 발효되어 나온 묵지 않은 백포도주를 사용한다. 일반적으로 산도가 높은(high acid) 와인에서 가장 좋은 브랜디가 산출된다.

(1) 브랜디의 제조방법

① 와인제조

브랜디의 원료로 사용되는 포도품종은 생산지에 따라 다양하지만 주로 프랑스에서는 폴 블랑슈(Folle Blanche), 생테밀리옹(Saint-Eillion), 코롬바(Colomber)를 주로 사용한다. 9월 에서 10월 하순에 걸쳐 수확하여 브랜디의 원료가 되는 와인을 만드는데, 이때 신맛이 강해 서 와인으로서의 맛은 아주 나쁘지만 이 신맛이 바로 고급 브랜디를 만들게 된다.

② 증류

2~3회 단식 증류로 증류한다. 첫 번째 증류에서 25%의 초류액을 얻고(브루이 : Brouillis) 이것을 다시 증류하면 알코올 성분 약 70%가 얻어지는데(라본느 쇼프 : La Bonne Chauffe) 이렇게 2단계로 나누어 증류하면 평균 8통의 화이트와인에서 1통의 브랜디가 증류된다. 더 좋은 품질의 브랜디를 위해 다시 한번 10~15시간에 걸쳐 3번째 증류를 한다.

③ 저장

증류한 브랜디는 화이트 오크통에 넣어 저장한다. 새것보다는 오래된 것에 넣고 새 술통 은 반드시 열탕 소독 후 화이트와인을 채워 넣어야만 유해색소나 이물질을 제거할 수 있다. 최저 5~20년, 오래된 것은 50~70년 된 브랜디도 있다. 저장 중 브랜디의 양이 알코올의 증발 에 의해 줄어들기 때문에 2~3년마다 술통을 바꿔준다.

④ 블렌드

블렌드(Blend)된 브랜디는 어느 정도 숙성시킨 후 병입하여 판매한다.

(2) 브랜디의 종류

① 꼬냑(Cognac)

꼬냑은 와인의 명산지인 보르도의 북쪽에 위치한 도시로, 이 지역에서 생산된 브랜디만 을 꼬냑이라 부른다. 따라서 꼬냑은 브랜디이지만 모든 브랜디가 꼬냑은 아닌 것이다. 1909 년에 지역적 명칭으로 꼬냑이 보호되었고, 1938년에는 프랑스 정부가 제품을 보증하는 원 산지통제명칭이 되었다. 이 보호조례에는 꼬냑의 포도 원료, 와인의 양조, 증류과정 및 방 법까지 엄격히 통제되어 있다. 그랑드 샹파뉴(Grand Champagne), 프티드 샹파뉴(Petited Champagne), 보르드리(Borderies), 팽 브아(Fins Bois), 봉 브아(Bons Bois), 브아 조르디네르 (Bois Ordinaires)의 6개 지역에서 만드는 브랜디만을 꼬냑이라고 표시하도록 하고 있다.

꼬냑은 양파형의 단식 증류기로 2번 증류시키고 단식 증류기(Pot Still)를 사용한다. 꼬냑산 브랜디는 리무진 참나무통(New Limousin oak cask)에서 만들어진다.

꼬냑지방이 원래부터 브랜디의 유명산지는 아니었다. 17세기 후반, 꼬냑지방에서는 와인이 생산되었고 네덜란드의 무역상에 의해 영국과 거래되고 있었다. 그러나 보르도(Bordeaux)산 와인의 인기에 미치지 못하자 와인업자들이 저장고 안에 쌓이는 재고품 처분을 위해 증류해서 만든 술이 브랜디인 것이다. 만약 꼬냑지방 와인이 초일류였다면 오늘날의 화려하고 격조 높은 호박색의 브랜디는 탄생되지 않았을 것이다.

유명 상표 : Hennessy, Martell, Otard, Camus, Courvoisier, Bisquit, Remy Martin

② 아르마냑(Armagnac)

아르마냑은 보르도 지방의 남서쪽에 위치하고 있으며 이 지방에서 생산하는 브랜디만을 아르마냑이라고 한다. 아르마냑은 원료와 토양, 기후에 있어서 꼬냑지방과 별 차이가 없지만 증류방법에 있어서 꼬냑은 단식 증류기로 2번 증류하는 데 반해 아르마냑은 반연속식 증류기에서 한 번만 증류하기 때문에 향이 짙다. 또한 아르마냑은 숙성시킬 때 향이 강한 가스코뉴의 검은 오크(Gascon Black Oak)를 사용하기 때문에 화이트 리무진 오크통을 사용하는 꼬냑보다 숙성이 빠르다. 보통 10년 정도면 완전히 숙성한 아르마냑이 된다. 바 아르마냑(Bas Armagnac), 테나레즈(Tenareze), 오 아르마냑(Haut Armagnac) 등지에서 생산된다.

유명 상표 : Chabot, Janneau, Malliac, Montesquiou

(3) 브랜디의 서비스 방법(Brandy Service)

올드 브랜디(Old Brandy)나 꼬냑과 같이 잘 숙성된 브랜디를 즐기기 위해서는 스니프터 글라스(Snifter Glass : 윗부분이 좁은 튤립꽃 모양의 손잡이가 있는 대형 글라스)를 사용하는 것이 좋다. 브랜디를 마시는 방법은 향기를 충분히 즐기기 위해 스니프터에 술을 1~2온스 따르고 양손바닥으로 글라스를 어루만지듯 감싸쥐며, 향취를 음미한 다음 스트레이트(Straight)로 마시도록 한다. 보통 브랜디(young brandy)는 칵테일 베이스(Base Liquor)로 많이 사용되며 요리(Cooking) 시에도 많이 사용되는 증류주이다.

브랜디의 숙성기간

프랑스에서 브랜디의 저장연수는 메이커에서 그 제품의 저장연수를 그대로 표시하는 경우가 많지만 특별한 협정이 없어서 각양각색이다. 그러나 일반적으로 숙성기간이 길수록 품질이 향상된다고 한다. 꼬냑 브랜디의 등급표시는 각 제조회사마다 공통된 부호를 사용하는 것은 아니고 여러 가지 다른 등급표시가 있다. 특히 엑스트라급 이상은 각 회사의 별칭을 붙이기도 하는데 이러한 등급표시는 법적으로 규정된 것은 아니고 회사의 관습일 뿐이다.

❋ 브랜디 숙성기간 표시방법

표시	숙성기간	비고
☆	2~5년	
☆☆	5~6년	V=Very
☆☆☆	7~10년	S=Superior
☆☆☆☆☆	10년 이상	O=Old
V.O(Very Old)	12~15년	
V.S.O(Very Special Old)	15~25년	P=Pale
V.S.O.P(Very Special Old Pale)	25~30년	P=Pale
Napoleon	30~40년	〈 Remy Martine 〉
X.O(Extra Old)	50년 이상	Extra Old = Aged Unknown
Extra Napoleon	70년 이상	V.S.O.P=메다이용(Medaillon)

꼬냑 스토리

꼬냑 이야기

마르텔(Martel) : 마르텔꼬냑은 1715년 영불해협에 있는 작은 섬, 자아지 섬 출신의 장 마르텔이 꼬냑으로 와서 창업했다. 꼬르동 블루는 30년 이상을 숙성한 것으로 중후한 풍미와 기품을 갖춘 고급 꼬냑이다. 엑스트라는 60년 숙성한 것으로 연간 400병의 한정 생산품으로 최고급이다. 풍요로운 향기는 숙성의 극치를 보여준다.

까뮈(Camus) : 1863년 까뮈가 주도해 결성한 협동조합으로 시작됐다. 상호가 처음엔 조합이름인 '라 그랑드 마르크'였으나 1934년 카뮈의 손자인 미셸 까뮈가 사장이 되면서 '까뮈'로 바뀌었다. 설립 100주년을 기념해 '까뮈 나폴레옹'이란 고급 꼬냑을 출시했는데, 이 제품이 1969년 나폴레옹 탄생 200주년을 계기로 큰 인기를 끌면서 시장에서의 위치도 탄탄해졌다. 까뮈 꼬냑은 현재 꼬냑 메이커로는 세계 5위로 부드러우면서도 감칠맛 나는 것이 특징이다.

레미 마르탱(Remy Martin) : 1724년 창설돼 세계시장 점유율이 높은 상표 중 하나이다. 오래전부터 핀 샹파뉴 지역에서 나오는 원주만을 사용해 오고 있다. 세계적으로 이름난 '루이 13세'가 레미 마르탱의 제품이다. '루이 13세'는 진품보증서가 따라다닐 만큼 고가인 초특급 꼬냑이다. 크리스털 병마다 일련번호가 붙어 있다.

마르텔 　　　 카뮈 　　　 래미 마르탱

3) 럼(Rum)

서인도제도가 원산지인 럼은 푸에르토리코(Puerto Rico)의 원주민의 언어인 럼블리온 (Rumbullion : 흥분)이란 단어에서 생겨났다. 17세기 초 바베이도스(Barbados)섬에 이주한 영국인들이 섬에 무성한 사탕수수를 증류해서 이 지역의 원주민들이 마시고 모두 취해 흥분해서 바로 흥분이라는 '럼블리온'의 어두로 럼이 되었다는 설과 사탕수수의 라틴어 사카 럼(Saccharum)의 어미가 남아서 럼이 되었다는 설이 있다. 이 술은 17세기 초 푸에르토리코에서 생산되기 시작하여 주로 서인도제도의 여러 나라에서 제조·판매되는 증류주였다. 원래 럼주의 원료는 서인도제도산의 사탕수수에서 만들어지는 당밀이나 줄기의 즙을 사용했으나 근대에 와서는 오히려 사탕공업의 제조과정에서 생기는 부산물을 사용하여 발효·증류하여 만드는 증류주이다. 부산물이라는 이미지가 좋지 않아 서민용이나 하급주로 취급되어 오다가 1930년대에 미국에서 럼주를 기주로 한 칵테일이 개발되면서 세계적인 술로 인정받게 되었다. 이러한 럼주는 풍미와 색을 기준하여 크게 세 가지로 구분한다.

(1) 럼의 제조원료와 제조방법

럼의 원료인 사탕수수를 분쇄한 후 여과한 당액을 그대로 사용하는 경우와 부산물인 당밀(Molasses)을 사용하는 방법이 있다.

라이트 럼(Light Rum)의 발효는 2~4일, 헤비 럼(Heavy Rum)의 발효는 5~20일 정도에 걸쳐 이루어진다. (천연 이스트 버거스(Bagasse)를 첨가하기도 한다.) 이스트균의 영양분으로 덩

더(Dunder)를 첨가한다.

헤비 럼은 단식 증류, 라이트 럼은 연속 증류를 하고, 저장은 셰리와인의 빈통이나 화이트 오크 배럴(White Oak Barrel)의 안쪽을 그을려 사용한다. 양질의 것은 10년 정도 저장하기도 한다.

(2) 럼의 종류

① 라이트 럼(Light Rum)

일명 화이트 럼(White Rum)이라고 하며 이 럼주는 단기간(약 4일간) 발효하여 증류하고 단기간(약 6개월간) 저장하여 시판되는 것으로 헤비 럼보다 향취가 적고 단맛이 느껴지지 않도록 만들어지기 때문에 칵테일용 기주로 많이 사용되며 세계적으로 애음되는 럼 종류이다. 라이트 럼으로는 쿠바(Cuba)산이 유명하며 그 외에 푸에르토리코, 버진 아일랜드(Vergin Island), 아이티, 멕시코, 베네수엘라, 하와이, 필리핀 등지에서도 생산된다.

유명 상표 : Bacardi Light, Ronrico White

② 미디엄 럼(Medium Rum)

일명 골드 럼(Gold Rum)으로 라이트 럼과 헤비 럼의 중간 스타일의 럼주로서, 서민 소비품으로서 대량 생산된다. 기아나, 마르티니크, 도미니카 등지에서 생산된다. 헤비 럼과 같은 방법으로 발효·증류하여 만들거나 라이트 럼과 헤비 럼의 혼합 내지는 캐러멜 착색 등의 다양한 방법으로 만들어진다.

유명 상표 : Myers's, Buccaneer

럼

③ 헤비 럼(Heavy Rum)

발효·증류한 후 나무통 속에서 숙성시킨 것으로 풍미가 높고 색이 짙다. 발효기간은 약 20일간 장기간 저장하여 만든 풍미가 높고 색이 짙은 럼으로 일명 다크 럼(Dark Rum)이라고 한다. 자메이카(Jamaica)산이 유명하며 품질도 우수하다. 그 외에 데메라라(Demerara), 마르티니크(Martinique), 바베이도스(Barbados), 트리니다드(Trinidad), 뉴잉글랜드(New England) 등지에서도 양질의 헤비 럼이 생산된다.

유명 상표 : Bacardi Gold, Old Oak Gold

(3) 럼의 서비스 방법

① 스트레이트(Straight) ② 칵테일(Cocktail) ③ 온더록스(On the Rock)

4) 진(Gin)

진은 네덜란드 라이덴대학의 실비우스(Sylvius) 박사가 약용으로 개발한 것이 그 시초이다. 곡물을 발효시켜 증류한 주정에 주니퍼베리(Juniper Berry : 두송나무 열매)를 담가 약국에서 해열제로 판매하던 진은 17세기 말에는 런던에서 만들어져 주니에브르(Genievre)를 짧게 줄여서 Gin이라 부르게 되었다. 이후 영국 등지에서는 연속 증류를 통해 독자적 진이 개발되었지만 네덜란드에서는 전통적인 방법으로 풍미가 중후한 진을 생산하고 있다. 숙

성과정을 거치지 않기 때문에 무색 투명하고 주니퍼베리와 각종 향신료의 첨가 등으로 맛이 향긋하고 산뜻한 향기가 있는 것이 특징이다. 각종 향신 약초의 첨가로 진은 증류주인 동시에 혼성주이다. 술의 맛이 부드러워 다른 음료와 조화되기 쉬워 칵테일 베이스로 많이 사용된다. 대표적인 진의 종류에는 영국 진(England Gin)과 네덜란드 진(Netherland Gin)이 있다.

진

(1) 진의 제조 원료와 제조과정

주재료는 옥수수, 대맥, 맥아, 그 외에 호밀 등의 곡류이고, 부재료는 주니퍼베리, 레몬 및 각종 허브이다.

① 영국 진(England Gin)의 제조방법

곡류를 혼합하여 이를 당화·발효시킨 후 연속 증류기로 증류하여 95%의 주정을 얻는다. 여기에 주니퍼베리, 고수열매(Coriander), 안젤리카(Angerica), 캐러웨이(Caraway), 레몬껍질 등의 향료식물을 넣고 단식 증류로 두 번째 증류를 한다. 주니퍼베리는 2~3년 정도 건조시켜 사용한다. 증류수로 알코올 성분을 37~47.5%까지 낮춰 병입한다.

② 네덜란드 진(Netherland Gin)

곡류의 발효액 속에 주니퍼베리나 향료식물을 넣어 단식 증류로만 2~3번 증류하여 55%의 주정을 만든다. 채취한 주니퍼베리를 바로 넣어준다. 이렇게 증류한 주정을 술통에 담기

간 저장하고 45%까지 증류수로 묽게 만들어 병입한다.

(2) 진의 분류

① 영국 진(England Gin)

- 런던 드라이 진(London Dry Gin) : 영국에서 생산되는 진이었으나 현재는 드라이 진으로 가장 품질이 우수하다. 영국에서 생산된 것은 특히 다른 것들보다 약간 진한 느낌을 준다.
- 올드 탐 진(Old Tom Gin) : 드라이 진에 슈가 시럽(Sugar Syrup)으로 약간의 당분(2%)의 감미를 더한 것이다.
- 플리머스 진(Plymouth Gin) : 1830년 플리머스 수도원에서 만들어진 것으로 런던 드라이 진보다 향미가 강하다.

② 네덜란드 진(Holland Gin)

네덜란드의 암스테르담 쉬담 지방에서 생산된다. 짙은 향기와 감미가 특징이며 칵테일보다는 스트레이트(Straight)나 온더록스(On the Rocks)로 마시기 좋다.

③ 플레이버드 진(Flavored Gin)

주니퍼베리 대신 여러 가지 과일, 씨, 뿌리, 약초 등의 향을 낸 것이다. 이들은 리큐르(Liquor)이지만 유럽에서는 진의 일종으로 여겨진다. Sloe Gin, Damson Gin 등이 있다.

④ 드라이 진(Dry Gin)

감미가 없는 드라이 진 특유의 맛과 향미가 있다. 칵테일의 베이스로 많이 사용된다.

⑤ 골드 진(Gold Gin)

일종의 드라이 진으로 짧은 기간 동안 술통에 저장되는 엷은 황금색의 진이다.

유명 상표 : Tanqueray, Beefeater, Gilbey, Gordon's, Bombay, Schlichte Steinhaeger

5) 보드카(Vodka)

보드카는 소련 슬라브민족의 국민주라고 할 수 있을 정도로 애음하는 무색·무취·무향의 증류주이다. 보드카의 어원은 12세기경 즈에즈니즈보다(Zhiezenniz Voda : 생명의 물)라는 말로 기록된 데서 유래되었고 15세기경에는 보다(Voda)라는 이름으로 불렸고, 18세기경부터는 보드카로 불리었다.

보드카와 진(Gin)은 유사점이 많은데 첫째, 무색 투명한 중성주정(Neutral grain spirits)으로 진이 두송나무열매(Juniper Berry)로 착향하기 전까지는 비슷하다. 둘째, 저장숙성과정이 없기 때문에 생산비가 저렴해서 염가로 시판된다. 따라서 무색·무미·무취의 보드카는 저렴하고 향취가 없기 때문에 모든 칵테일의 베이스(Base liquor)로써 널리 사용된다. 또한 보드카의 원산지라고 할 수 있는 소련과 폴란드에서는 보통 축배용이나 식욕촉진용으로도 사용되며 특히 캐비아(Caviar)와 잘 어울리는 술로 널리 애음되고 있다. 이상의 전형적인 것들 외에 향초로 착향시킨 폴란드산 쯔브로우카(Zubrowka)나 숙성시킨 것도 생산된다.

(1) 보드카의 제조원료와 제조과정

보드카의 원료는 주로 보리, 밀, 호밀, 옥수수, 감자, 고구마 등을 사용한다. 이들 곡류나 감자류에 보리 몰트(Malted Barley)를 가해서 당화발효시켜 연속 증류기로 95%의 주정을 얻는다.

이것을 자작나무 활성탄이 들어 있는 여과조에서 20~30번 반복해서 여과하면 순도 높은 알코올이 생긴다. 마지막으로 모래를 여러 번 통과시켜 목탄의 냄새를 제거 후 증류수로 40~50%로 묽게 만들어 병입한다. 이 여과제법은 1794년 상트페테르부르크의 루이스 교수가 개발한 것으로 보드카는 여과에 의한 깨끗한 술이라는 개성을 확립하게 되었고 품질도 향상시키게 되었다.

Vodka

유명 상표 : Stolichnaya, Zubrowka, Smirnof, Abdoluy

(2) 보드카의 서비스 방법

① 전채요리(appetizer) 서비스 시 캐비아와 최상의 궁합을 이루는 보드카는 차게 해서 리큐르(Liqueur) 잔에 제공한다.

② 칵테일(Cocktail)의 베이스로 사용한다.

6) 데킬라(Tequila)

데킬라의 원산지는 멕시코 중앙 고원지대에 위치한 제2의 도시인 라다하라 교외의 데킬라라는 마을에서 멕시코 원주민인 인디언들이 창안하여 생산되기 시작하였다. 프랑스의 꼬냑처럼 데킬라라고 불리는 술의 산지가 정부에 의하여 규제되고 있다. 멕시코 시티 서북의 데킬라 촌을 중심으로 할리스코주 전역, 미초아칸, 나야리트주의 한 지역에서 제조된 아가베 데킬라를 원료로 한 것이 본래의 데킬라이다. 그 이외의 지역에서 만든 술은 메즈칼(Mezcal)이라 부른다. 데킬라는 특허법에 의해 상표를 보호하고 있으며, 생산과정에서도 상공부의 감독을 받는다. 40도에서 60도나 되는 높은 알코올 함유량을 나타내는 독한 술이지만 냄새가 없고 산뜻한 맛이 살아 있다.

데킬라와 메즈칼의 차이

기술적으로 데킬라는 메즈칼의 일종이지만 메즈칼이 데킬라는 아니다. 많은 점에서 이들은 동일하지만 스카치와 라이의 차이처럼 서로 다르다. 데킬라는 푸른 아가베(Agave Azul)로만 만들지만 메즈칼은 주가 되는 에스빠돈 선인장을 비롯하여 그 밖에 5종의 아가베로 제조할 수 있다.

데킬라는 보통 두 번 증류하고 고급주는 세 번까지 증류하기도 한다. 메즈칼의 경우 고급주는 두 번, 보통은 한 번의 증류로 끝난다. 메즈칼은 대부분 오아하까에서 생산되지만 데킬라는 주로 할리스코주에서 생산된다.

1994년에 통과된 멕시코 주류법에 따르면 승인된 아가베 선인장으로만 제조된 것만을 메즈칼이란 이름을 사용하도록 하고 오아하까 시 근처의 6개 도시에서만 메즈칼을 제조하도록 규정하고 있다.

Agave

(1) 데킬라의 제조원료와 제조과정

데킬라의 원료는 아가베(Agave : 용설란)인데 10년 정도 자란 용설란의 잎을 잘라내고 직경 50cm 정도의 줄기를 반으로 잘라 증기솥에 넣어 열을 가하면 줄기 속의 다당류가 당화되고 이 당화액을 발효하면 멕시코 원주민들이 즐겨 마시는 발효주인 풀케(Pulque)가 만들어진다.

이 발효주를 단식 증류기로 두 번 증류하고 증류가 끝난 원액을 화이트 오크통에 넣어 약한 달가량 숙성시킨 후 활성탄으로 정제하고 시판하는 것이 화이트 데킬라이다. 드물게는 장기간 저장하였다가 판매하는 것도 있으며 이런 것들을 골드 데킬라라고 한다.

(2) 데킬라의 종류

① 데킬라 블랑코(Tequila Blanco)

일반적으로 숙성하지 않은 무색투명한 화이트 데킬라를 말하며 차게 해서 스트레이트로도 마시지만 칵테일 주재료로 많이 사용된다. 칵테일에 잘 쓰이는 무색 투명한 화이트 데킬라는 통에서 숙성하지 않은 것으로 증류 후 스테인리스 탱크로 단기간 저장한 것만으로 병에 담아낸다. 본래의 날카로운 데킬라의 향기를 맛보려면 데킬라 블랑코를 즐기라고도 한다.

② 데킬라 레포사도(Tequila Reposado)

3개월에서 11개월 정도 숙성한 데킬라이다.

③ 데킬라 아네호(Tequila Anejo)

오크통에 넣어 1년 이상 숙성시킨 것으로 골드 빛이며 스트레이트로 마신다. 주로 스트레이트로 마신다. 색이 진하고 향이 풍부하며 10년 이상 저장 숙성하여 만든 고급품도 있다.

④ 데킬라 레알레스(Tequila Reales)

오크통에 2년에서 4년 정도 숙성시킨 것으로 맛이 부드럽고 향기롭다. 골드 데킬라로 부르기도 한다.

(3) 데킬라의 서비스 방법

① 스트레이트(Straight) : 데킬라를 마실 때는 레몬(Lemon)이나 라임(Lime)의 즙을 먹는다. 이것은 멕시코 지역이 열대지방이며 건조한 지역인 관계로 염분을 섭취하고 과즙 속의 비타민을 섭취하기 위한 것이다. 또한 이것들이 알코올을 중화시키는 역할을 하기도 한다. 소금을 혀로 핥은 다음 데킬라를 한 번에 들이켜고 바로 레몬을 잠시 이로 깨문다.

② 칵테일(Cocktail) : 마가리타(Margarita), 데킬라 선라이즈(Tequila Sunrise)

③ 슬래머(Slammer) : 잔에 술을 반 정도 따른 후 소다수(토닉워터)나 사이다를 채우고 냅킨 등으로 잔을 덮은 뒤 테이블에 내리쳐 기포가 일 때 한 번에 들이켠다. (기포가 잘 일어나게 하려면 잔을 한 바퀴 빠르게 휙 돌린 다음 내리치면 섞이면서 회오리처럼 도는 모습을 볼 수 있다.)

데킬라 스토리

호세 쿠엘보(Jose Cuervo)

데킬라라는 술을 최초로 만든 생산업자의 이름이자 데킬라 200년 역사와 낭만을 말해주는 세계 1위의 데킬라 브랜드, 호세 쿠엘보. 정열과 활기의 상징인 호세 쿠엘보 데킬라는 최근 많은 사람들로부터 각광받는 트렌디한 술로서 전 세계의 예술가와 시인, 영화 감독들이 즐기는 술로도 유명하다. 영화 속에서는 '라스베가스를 떠나며', '델마와 루이스', '터미네이터', '인디아나 존스', 패션에서는 디자이너 니콜 밀러가 그녀의 스카프와 넥타이를 호세 쿠엘보 데킬라의 술병으로 전체 라인을 장식할 정도로 모든 사람들과 친숙한 브랜드이다.

호세 쿠엘보는 블루 아가베로 만든 프리미엄 골드 데킬라로 부드러운 맛, 약간의 풍부함과 단맛, 오크통에서 잘 조화된 바닐라향, 독특한 호박색의 빛깔로 세계적인 데킬라로서 사랑받고 있다.

✈ 단원문제

Q1. Distilled Liquor의 정의를 서술하시오.

Q2. Pot Stills와 Column Stills의 차이점에 대해 설명하시오.

Q3. 산지에 따른 Whisky의 종류를 설명하시오.

Q4. Single Malt Whisky와 Blended Malt Whisky, Blended Whisky의 차이는 무엇인지 순서대로 적으시오.

Q5. Tennessee Whisky의 제조과정 중 Bourbon Whisky와의 차이점을 적으시오.

Q6. Bourbon Whisky에 대해 설명하시오.

Q7. Straight Whisky와 Tennessee Whisky의 제조과정의 공통점을 설명하시오.

Q8. Brandy의 제조과정을 순서대로 적으시오.

Q9. Cognac의 원산지통제명칭에 대해 설명하시오.

Q10. Armagnac과 Cognac의 증류 방법 차이점을 서술하시오.

Q11. Rum의 제조원료를 나열하시오.

Q12. 영국의 Gin 제조방법을 서술하시오.

Q13. Vodca의 특징 3개를 나열하시오.

Q14. Tequila와 메즈칼의 차이에 대해 서술하시오.

Q15. Vodca 제조과정에서 여과제법을 설명하시오.

항공기 기내식 식음료 서비스실습

과목명	항공기식음료론	수행 내용	
실습 1. 실습 2. 실습 3.			

승무원역할 팀	실습 No.	실습생 명단(명)	승객역할 팀
1팀	1		2팀
	2		
	3		
2팀	1		3팀
	2		
	3		
3팀	1		4팀
	2		
	3		
4팀	1		1팀
	2		
	3		

*팀장은 사전에 실습 준비용품을 준비바랍니다.

실습평가표

과목명		평가 일자	
학습 내용명		교수자 확인	
교수자		평가 유형	과정 평가
실습학생	학번	학과	
	학년/반	성명	

평가 관점	주요내용	교수자의 평가		
		A	B	C
실습 도구 준비 및 정리	• 수업에 쓰이는 실습 도구의 준비			
	• 수업에 사용한 실습 도구의 정리			
실습 과정	• 실습 과정의 주요 내용을 노트에 주의 깊게 기록			
	• 실습 과정에서 새로운 아이디어 제안			
	• 실습에 적극적으로 참여(주체적으로 수행)			
태도	• 주어진 과제(또는 프로젝트)에 성실한 자세			
	• 문제 발생 시 적극적인 해결 자세			
	• 인내심을 갖고 과제를 끝까지 완수			
행동	• 수업 시간의 효율적 활용			
	• 제한 시간 내에 과제 완수			
협동	• 조별 과제 수행 시 조원과의 적극적 협력 및 소통			
	• 조별 과제 수행 시 발생 갈등 해결			

종합의견

Chapter 07

혼성주

1. 혼성주의 정의와 역사

1) 혼성주의 정의

혼성주(Liqueur)란 주정(spirits)에 초·근·목·피(草·根·木·皮), 향미약초, 향료, 색소 등을 첨가하여 색, 맛, 향을 내고 설탕이나 벌꿀 등을 더해 단맛을 낸 술로 대부분 약초가 포함되어 약용의 효능도 가진다. 일반적으로 식물계의 향미성분이 가해지지만 동물의 젖, 알 등을 이용한 것들도 있다. 보통 혼성주는 식후 커피를 마시기 전에 마시며 작은 과자나 비스킷 등을 곁들이는 것이 좋다.

우리나라 주세법상 혼성주는 '전분이 함유된 물료(物料) 또는 당분이 함유된 물료를 주원료로 하여 발효시켜 증류한 주류에 인삼이나 과실을 담가서 우려내거나 그 발효·증류·제성 과정에 과실의 추출물을 첨가한 것'이라고 정의되어 있다.

2) 혼성주의 기원

혼성주는 고대 그리스의 의사인 히포크라테스(기원전 460~377)가 쇠약한 병자들에게 원기를 회복시켜 주기 위해 약초를 와인에 녹여 일종의 물약을 만든 것이 그 시초라고 알려져 있다. 오늘날과 같은 리큐어는 아르노드 빌누브(Arnaude de Villeneuve : 1235~1312)와 그의 제자 레이몽 륜드(Raymond Lulle : 1235~1315)가 브랜디를 발명한 것이 그 시초가 되었다고 전한다. 리큐어는 '녹아들게 하다'라는 뜻의 라틴어 리큐파세레(Liquefacere)가 프랑스식으로 변하여 리큐어(Liqueur)가 되었다. 독일에서는 리쾨르(Likör), 영국과 미국에서는 코디알(Cordial)이라 불리기도 한다.

3) 혼성주의 역사

고대 그리스의 히포크라테스 이후에 중세의 연금술사들이 증류주를 연구하는 과정에서 여러 가지 리큐어를 개발하였고 그 기술은 다시 수도원에 전해져 중세에는 수도원에서 독자적인 리큐어 제조를 연구하였으며 지금도 수도원에서 전통의 약초계 리큐어들이 다양하게 제조되고 있다. 이후 제조법이 프랑스로 전파되어 18세기부터 유럽의 식생활은 눈부시게 향상되어 미식학이 싹텄다. 이때부터 입에 부드러운 과일향이 남는 리큐어가 출연하게 된 것이다. 19세기에 이르러 고차원의 미각에 부합되는 근대적인 리큐어가 개발되었는데 그 예가 커피, 카카오 등과 바닐라향을 배합한 리큐어들이다.

4) 혼성주의 전래

혼성주는 이태리에서 프랑스로 건너가 발전하였는데 여기에는 앙리 2세의 왕비인 카트린 드 메디시스(Catherine de Medicis : 1519~1589)의 영향이 컸다. 이태리의 명문가 출신인 카트린이 1533년 프랑스의 앙리 2세와 결혼하면서 많은 조리사를 동반하였는데 그때 수행한 조리사가 포플로(Populo)라는 리큐어를 파리에 소개했다는 기록이 있다. 또한 각종 이태리의 식문화와 테이블 매너 등이 전해지면서 그때까지 보잘것없었던 프랑스의 음식문화를 변화시켰다.

2. 혼성주의 분류와 종류

1) 혼성주의 분류

혼성주는 감미가 없는 혼성주가 있고 감미가 있는 혼성주는 다시 재료에 따라 약초류와 감귤류, 체리, 베리 등으로 나뉜다.

2) 혼성주의 종류

(1) 감미가 없는 혼성주
① 비터스(Bitters) : 비터는 약간 쓴맛이 있어 주로 식전에 식욕증진주로 마신다.

가. 앙고스투라 비터스(Angostura Bitters)

남미 베네수엘라의 옛 도시이름으로 1824년 앙고스투라 육군병원의 시거트 박사가 주정에 키니네 껍질 등 여러 가지 약초를 넣어 말라리아 치료약으로 만든 것이 시초다. 알코올 농도 44.7%의 검붉은색으로 칵테일에 향기를 내기 위해 소량 사용한다.

나. 캄파리 비터스(Campari Bitters)

1860년 이태리에서 탄생한 것으로 오렌지 과피, 회향초 등을 주원료로 만들었다. 알코올 농도는 24%이며 붉은색을 띤다.

다. 오렌지 비터스(Orange Bitters)

건위, 강장, 식욕증진에 효과가 있다.

라. 아멜 피콤(Amer Picom)

프랑스산으로 건위, 강장, 해열에 효과가 있다.

② 버무스(Vermouth) : 와인을 바탕으로 각종 약초를 넣어 만들었으며 이태리와 프랑스산이 유명하고 많은 나라에서 만들고 있다. 포도주 종류의 하나로 분류하기도 하지만 약초류가 들어가므로 리큐어로 분류한다.

가. 스위트 버무스(Sweet Vermouth)

이태리에서 처음 만들어져 '이탈리안 버무스'라고도 하며 감미가 있는 적포도주를 바탕으로 하여 만든다.

나. 드라이 버무스(Dry Vermouth)

프랑스에서 처음 만들어 '프렌치 버무스'라고도 하며 드라이 화이트와인을 바탕으로 하여 만든다.

(2) 재료에 따른 혼성주

① 약초, 향초류(Herbs & Spices)

가. 압생트(Absinthe)

원산지는 프랑스로 주정에 아니스(anise), 안젤리카(angelica) 등의 향쑥을 넣어 만들며 물을 가하면 탁해지고 햇빛을 받으면 일곱 가지 색으로 변하여 '초록빛의 마주'라고도 불린다. 이 술은 중독성이 있어 정신장애와 허약체질의 원인이 되기 때문에 프랑스 정부는 1915년 제조와 판매를 금지하였다. 압생트 중독에 의한 화가 로트레크(Lautrec : 1901년 사망)의 비참한 최후는 널리 알려져 있다. 현재는 중독성이 강한 물질을 제외하고 만든 대용품이 판매되고 있다. 압생트는 프랑스혁명(1789년)을 피해 스위스로 망명한 프랑스의 의사가 발명한 것으로 1797년 페르노가 그 제조법을 인수하여 현재에 이르고 있다. 감초 비슷한 맛과 독특한 오팔색을 띤 압생트는 당시 알제리 주재 프랑스 병사들의 피로회복 활력제로 폭발적인 인기를 얻었으며 그 뒤 프랑스, 스위스, 이탈리아로 퍼져 일반인에게도 널리 애용되었다.

스트레이트로 마시기에는 알코올 농도가 너무 강하므로 보통 4~5배의 물을 섞어 묽게 해서 마시며 압생트로 유명한 칵테일로는 넉아웃(Knock-out)이 있다.

알코올 농도는 감미가 있는 45%와 감미가 없는 68%의 두 가지가 있다.

나. 베네딕틴(Benedictine)

1510년 프랑스 북부 페어칸에 있는 베네딕트 수도원에서 만들어졌으나 현재의 제품은 1863년 사기업에 의해 발매된 것이다. 27종의 약초류와 향초류를 사용하며 알코올 농도 43%이고 부드럽고 중후한 맛이 특징으로 피로회복에 좋다. 베네딕틴 B&B는 베네딕틴 60%와 브랜디 40%를 혼합한 것으로 알코올 농도 43%이다. 라벨에 쓰여 있는 D.O.M 은 라틴어 Deo, Optimo, Maximo의 머리글자로 '최선, 최대의 신에게'라는 뜻이다.

다. 샤르트뢰즈(Chartreuse)

리큐어의 여왕이라 불리며 18세기 중반 프랑스의 라 그랑드 샤르트뢰즈 수도원에서 처음 만들어졌으나 현재는 민간기업에 의해 제조되고 있다. 여러 가지 약초를 원료로 하여 강한 향초의 향이 스며 있다.

- 샤르트뢰즈 베르 : 알코올 농도 55%의 리큐어다.
- 샤르트뢰즈 베르 V·E·P : 알코올 농도 54%, 샤르트뢰즈 베르를 12년 동안 숙성한 고급품이다.
- 샤르트뢰즈 조느 : 알코올 농도 40%, 베르와 성분은 비슷하지만 향미는 보다 순하다. 칵테일 레시피에 특별한 지정이 없으면 대부분 샤르트뢰즈 조느를 사용한다.
- 샤르트뢰즈 조느 V.E.P : 알코올 농도 42%, 샤르트뢰즈 조느를 12년 동안 숙성한 고급품이다.

라. 드람브이(Drambuie)

원산지는 영국으로 상표명 드람브이는 게일어로 '만족할 만한 음료'라는 뜻이다. 드람브이의 기업화는 1906년부터인데 왕위 쟁탈전에서 패한 스튜어트 왕가의 찰스 에드워드가 신세를 진 매키넌 가문에 왕가의 비주 드람브이의 처방을 전해준 데서 비롯되었다. 스카치 위스키에 각종 식물의 향기와 벌꿀을 배합한 것으로 알코올 농도 40%이다.

마. 갈리아노(Galliano)

이태리산으로 미국에서 인기가 높으며 칵테일에 널리 사용된다. 에티오피아 전쟁의 명장 갈리아노 장군의 이름을 상표명으로 삼고 있으며 아니스, 바닐라, 약초 등의 향기가 조화를 이룬다. 알코올 농도는 35%이며 노란색을 띤다.

바. 아이리시 미스트(Irish Mist)

7년생의 아이리시 위스키에 오렌지 껍질, 향초 추출액, 벌꿀을 혼합하여 3개월 동안 숙성한 것으로 아일랜드 고대의 술 헤더와인을 모델로 만들어진 제품이다. 알코올 농도는 40%이다.

사. 페퍼민트(Peppermint)

상쾌한 향미가 캔디와 비슷한 느낌을 주는 박하술로 그린과 화이트 두 가지가 있다.

Creme de menthe와 상호 대용품으로 사용한다.

② 오렌지 & 레몬(Orange & Lemon)

가. 쿠앵트로(Cointreau)

1849년 프랑스의 루아르에서 탄생한 술로서 처음에는 쿠앵트로 트리플 섹이라 불렸으나 후에 쿠앵트로가 되었다. 화이트 큐라소 계열의 술로써 뛰어난 향기가 일품이다. 알코올 농도는 40%이다.

나. 큐라소(Curacao)

오렌지 리큐어의 총칭으로 큐라소라는 명칭을 쓰는 것이 일반적이다. 'White', 'Green', 'Blue', 'Orange', 'Red'가 있다. 알코올 농도는 30~40%이다.

다. 그랑 마니에르(Grand Marnier)

1827년에 탄생한 대표적인 오렌지 큐라소로 34년 숙성한 자가 꼬냑에 오렌지 과피를 배합하여 오크통에서 숙성했으며 알코올 농도는 40%이다.

라. 트리플 섹(Triple Sec)

트리플 섹은 '3배가 더 독하다'라는 뜻인데 현재의 트리플 섹은 알코올 농도 20~40%로 그다지 드라이한 타입은 아니다.

③ 체리(Cherry)

가. 체리 브랜디(Cherry Brandy)

칵테일 및 제과용으로 널리 이용되며 향기가 뛰어나다. 알코올 농도는 24~30%이다.

나. 키르시(Kirsh)

과실 브랜디를 리큐어화한 것으로 제과용으로 널리 쓰임. 병째로 차게 해서 마시면 풍미를 즐길 수 있으며 알코올 농도는 40~45%이다.

다. 마라스키노(Maraschino)

이태리와 유고의 국경지대에서 많이 재배되는 마라크사종의 체리를 으 깨어 발효하고 3회 증류한다. 3년간 숙성한 후 물과 시럽을 첨가하여 단기 간 재차 숙성한 뒤 무색으로 제품화한다. 알코올 농도는 30~32%이다.

라. 피터 히어링(Peter Heering)

네덜란드산으로 풍미가 상쾌한 라이트 타입의 명품으로 알코올 농도는 24%이다.

④ 베리(Berry)

가. 크렘 드 카시스(Creme de Cassis)

으깬 카시스를 알코올에 담갔다가 설탕을 첨가하여 여과한다. 농후하 면서도 신선한 향미를 지니는데 장기 보존이 어렵다. 알코올 농도는 15~25%이다.

⑤ 에프리코트(Apricot)

가. 에프리코트 브랜디(Apricot Brandy)
살구향을 가미한 리큐어로 알코올 농도는 23~30%이다.

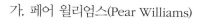

⑥ 배(Pear)

가. 페어 윌리엄스(Pear Williams)

프랑스 마리에 브리자드사 제품으로 알코올 농도가 30%이다.

나. 윌리엄스 페어(Williams Pear)

스위스를 대표하는 리큐어로 짙은 풍미가 특징이다. 알코올 농도는 40%이다.

⑦ 종자류(Beans & Kernels)

가. 아마레토(Amaretto)

이태리산의 아마레토는 향기 때문에 아몬드 리큐어라 불리지만 아몬드로 만드는 것은 아니다. 살구씨를 물과 함께 증류하여 몇 종 류의 향초 추출액, 스피리츠와 혼합하여 숙성시킨 후 시럽을 첨가하 여 만든다. 알코올 농도는 28%이다.

나. 크렘 드 카카오(Creme de Cacao)

초콜릿을 술로 만든 것 같은 느낌의 술이다.

'Brown'과 'White'가 있으며 알코올 농도는 25~30%이다.

다. 바닐라 리큐어(Vanilla Liqueur)

바닐라콩을 알코올과 함께 증류한 것으로 제과용으로 널리 쓰인다.

라. 칼루아(Kahlua)

멕시코 고원의 커피 풍미에 바닐라향을 절묘하게 배합하여 만든 커피 리큐어로 현재 덴마크에서 만들고 있다. 베이스가 되는 커피는 멕시코의 'Vera Cruz'라는 고지대에서 전통적 방법에 의한 수작업으로 재배되며 라벨에는 아랍풍의 거리가 묘사되어 있다. 알코올 농도는 26%이다.

마. 티아 마리아(Tia Maria)

'마리아 아줌마'라는 뜻의 자메이카산으로 블루마운틴 커피로 만든다. 알코올 농도는 31~32%이다.

⑧ 기타 종류

가. 아드보카트(Advocaat)

'변호사'라는 뜻의 네덜란드어로 평소 말이 없는 사람도 술을 마시면 청산유수가 되기 때문에 이 이름이 붙었다고 한다. 우유를 혼합하면 에그녹(egg-nog)의 맛을 즐길 수 있는 리큐어로 브랜디에 달걀노른자, 양념, 당분을 넣고 숙성한 리큐어다.

나. 베일리스 오리지널 아이리시 크림(Baileys Original Irish Cream)

아일랜드 더블린산으로 알코올 농도 17%이며 아이리시 위스키, 크림, 카카오를 배합하여 만든다. 1970년대 아이리시 위스키는 스카치 위스키에 밀려 숙성된 원액이 남아돌았고 아일랜드 농가에서는 우유가 과잉 생산되었다. 이러한 문제를 해결하기 위해 아일랜드의 유명한 주류기업인 길비사는 우유의 크림과 아이리시 위스키를 섞은 베일리스를 4년간의 연구 끝에 개발하여 1974년에 선보였다. 옅은 베이지색의 현탁액으로 베일리스를 마시면 먼저 단맛이 느껴지면서 위스키의 향이 짙게 퍼지고 목에서 미끄러지듯이 넘어간다. 입 속에는 고소한 맛이 한동안 여운을 남긴다. 식후 디저트로 많이 음용되며 지난 30년간 전 세계에서 개발된 술 중 가장 성공적인 브랜드로 평가된다.

3. 칵테일

1) 칵테일의 정의

맛, 향기, 색채 세 가지 요소의 조화를 살린 예술적 감각음료. 일반적으로 칵테일(Cocktail)은 알코올 음료에 또 다른 술을 섞거나 과일주스, 탄산음료, 또는 향료 등의 부재료를 혼합해서 만든다.

술을 제조된 그대로 마시는 것을 Straight Drink라 하고, 섞어서 마시는 것을 Mixed Drink라고 한다. 따라서 칵테일(Cocktail)은 Mixed Drink에 속한다. 칵테일은 여러 가지 양주류와 부재료로서 Syrup Fruit Juice, Milk, Egg, Carbonated Water 등을 적당량 혼합하여 색, 향, 맛을 조화 있게 만드는 것으로서, 서로 다른 주정분을 혼합하여 만드는 방법과 주정분에 기타 부재료를 섞어 만드는 방법 등이 있다. 이들 재료가 Shake나 Stir 등의 방법에 의해 혼합되고 냉각되어 맛의 하모니가 이루어지는 것이다.

술의 권위자인 미국의 David A. Embury는 *The Fine Art of Mixing Drinks*라는 저서에서 칵테일을 다음과 같이 정의하고 있다.

칵테일은 식욕을 증진시키는 윤활유이다. 따라서 칵테일은 식욕을 감퇴시켜서는 안된다. 즉 단맛이나 주스가 과잉 혼합된 것은 적당하지 않다는 것이다.

칵테일은 식욕과 동시에 마음을 자극하고 분위기를 만들어내는 것이 아니면 의미가 없다. 즉 칵테일은 가격을 마시는 것이 아니라 분위기와 예술적 가치를 마시는 것이다. 칵테일은 아주 맛이 있지 않으면 가치가 없다. 그러기 위해서는 혀의 맛, 감각을 자극할 만한 날카로움이 있어야 한다. 너무 달거나, 시거나, 쓰거나, 향이 너무 강한 것은 실격이다. 칵테일은 얼음에 잘 냉각되어 있어야만 가치가 있다. 손에서 체온이 전해지는 것조차 두려워 일부러 다리(Stem)가 달린 칵테일 글라스를 이용하고 있다.

Embury first outlines some basic principles for fashioning a quality cocktail :
It should be made from good-quality, high-proof liquors.
It should whet rather than dull the appetite. Thus, it should never be sweet or syrupy, or contain too much fruit juice, egg or cream.
It should be dry, with sufficient alcoholic flavor, yet smooth and pleasing to the palate.
It should be pleasing to the eye.
It should be well-iced.

2) 칵테일의 역사

술을 마실 때 여러 가지 재료를 섞어 마신다고 하는 생각은 아주 오래전부터 있어 왔다. 기원전부터 이집트에서는 맥주에 꿀이나 대추, 야자 열매를 넣어 마시는 습관이 있었고, 고대 로마시대에는 포도주에 해수나 수지를 섞어 마시기도 하였다.

AD 640년경 중국의 당나라에서는 포도주에 마유를 혼합한 유산균 음료를 즐겨 마셨다고 전해지고 있으며, 1180년대에는 이슬람교도들 사이에 꽃과 식물을 물과 약한 알코올에 섞어 마시는 음료를 제조하였다.

1658년경 중국의 당나라에서는 영국인이 Punch를 고안해 냈는데 이 Punch는 인도어로 다섯을 의미하며, 재료로는 술·설탕·과일·주스·물 등 다섯 가지를 사용하였으며, 이렇게 혼합한 음료를 칵테일이라 부르게 된 것은 18세기 중엽으로, 1748년 영국에서 발행한 *The Squire Recipes*에 칵테일이라는 단어가 나온다. 그리고 1870년대에 독일의 Karl Linde(1842~1934)에 의해 암모니아 압축법에 의한 인공 냉동기가 발명되면서 인조얼음을 사용한 칵테일이 만들어지기 시작하였다.

전 세계의 애주가들로부터 칵테일의 걸작이라는 찬사를 받게 된 마티니(Martini)나 맨해튼(Manhattan)도 이 시대에 만들어진 칵테일이며, 그 후 제1차 세계대전 때 미군부대에 의해 유럽에 전파되었다. 1933년 미국에서 금주법이 해제되자 칵테일의 전성기를 맞이하게 되었으며, 제2차 세계대전을 계기로 세계적인 음료가 되었다.

3) 칵테일 만드는 방법

칵테일 만드는 방법에는 여러 가지가 있겠으나 일반적으로 다음과 같은 다섯 가지로 구분된다.

(1) 빌딩(Building)

칵테일을 조주할 때 셰이커나 믹싱글라스 등의 조주 기구를 사용하지 않고 재료를 잔에 직접 부어 넣는 기법이다. 기내에서 일반적으로 제공되는 칵테일의 대부분은 이 기법을 활용한 것이다. 재료의 비중이 비교적 가벼워 잘 섞이는 두 가지 이상의 술이나 음료수를 혼합할 때 사용한다. 부재료로 탄산음료가 들어가는 경우에는 젓는 횟수를 적게 해야 한다.

(2) 셰이커(Shaker)에 의한 방법

칵테일을 만드는 작업 중 제일 세련된 동작과 매너를 필요로 하는 것이다. 잘 섞이지 않는 재료나 아주 차게 할 때 사용하는 기법으로 셰이커에 얼음과 재료를 넣고 혼합하여 만드는 기법이다. 주로 리큐어, 계란, 크림 등의 비교적 비중이 무거운 재료를 사용한 칵테일을 만들 때 사용한다.

(3) 스터링(Stirring)

스터링(Stirring)은 믹싱 글라스에 얼음을 넣고 내용물과 함께 바 스푼을 사용하여 잘 휘저은 뒤 내용물이 충분히 차지면 스트레이너를 사용하여 걸러서 서비스되는 글라스에 담아 서비스하는 방법이다. 스터링(Stirring)하는 경우 바 스푼을 얼음과 재료를 넣은 믹싱 글라스 속에서 빙글빙글 돌리게 되는데, 이때 얼음에 가능한 충격을 주지 않도록 해야 한다. 만일 얼음을 거칠게 다루면 깨져서 재료와 함께 녹기 때문에 기본 재료들의 강도나 특성이 없어지게 된다. 또한 탄산가스가 내포되어 있는 믹서류가 섞일 때는 너무 휘저어서 탄산가스가 다 빠져나가지 않도록 주의해야 한다.

(4) 블렌딩(Blending)에 의한 방법

믹서기를 이용한 기법으로 프로즌 스타일(Frozen Style)의 칵테일이나 딸기, 바나나 등 신선한 과일을 사용하여 정열적인 맛을 내는 트로피컬(Tropical)류의 칵테일 그리고 거품이 많이 필요한 펀치(Punch)류를 만들 때 사용하는 방법으로, 미국에서는 블렌더(Blender), 일본에서는 믹서(Mixer)라고 표현하는 기계를 사용한다.

여기에는 Frozen Daiquivi, Frozen Magarita, Mai-Tai, Chi-Chi 등이 있다.

(5) 플로팅(Floating)기법

술이나 재료의 비중을 이용하여 섞이지 않도록 띄우는 방법으로 바 스푼을 뒤집어 무거운 것부터 주의해서 가만히 순서대로 따른다. 푸즈카페, B-52, B&B와 같은 칵테일이 대표적이다.

4) 칵테일 주조용 기구

(1) 셰이커(Shaker)

혼성음료를 섞을 때 사용하는 가구이며, 잘 섞이지 않는 재료를 잘 혼합하게 하고, 동시에 내용물을 차게 하여주는 것이다.

셰이커는 캡(Cap : 뚜껑), 스트레이너(Strainer : 거르개), 보디(Body : 몸통)의 세 부분으로 되어 있다. 몸통에 얼음과 재료를 넣고 스트레이너를 통하여 글라스에 섞인 재료만 따라 붓는 것이다.

(2) 믹싱 글라스(Mixing Glass)

바 글라스(Bar Glass)라고도 한다. 셰이커와 같이 술을 섞어줄 때 사용하는 것이다. 셰이킹하면 거품이 일어나 손질하는 데 깨끗해 보이지 않는 칵테일을 할 때나, 셰이커를 사용한 것과는 다른 맛의 칵테일을 만들고자 할 때 사용한다. 따르는 홈이 달린 두툼한 유리로 만든 제품으로 되어있다. 최근에는 깨지지 않는 스테인리스 제품도 많이 사용하고 있다.

(3) 스트레이너(Strainer : 거르는 기구)

믹싱 글라스를 사용하여 만든 칵테일을 글라스에 따라 부어줄 경우, 안에 들어 있는 얼음이 나오지 않게 뚜껑의 역할을 하는 스테인리스 기구이다. 이것은 주걱형을 한 스테인리스판에다 나선형으로 된 철사줄을 붙여준 것이다.

(4) 바 스푼(Bar Spoon)

칵테일을 만들 때 재료를 혼합하기 위해 사용되는 긴 숟가락이다. 중간부분이 나사 모양으로 되어 있고, 또한 한쪽 끝이 포크모양으로 되어 있어, 레몬 슬라이스를 얹어 놓는 데도 편리하게 되어 있다.

(5) 스퀴저(Squeezer)

과일에서 주스를 짜낼 때 사용하는 기구이다. 유리나 질그릇 제품이 있으나, 대개 유리제품으로 되어 있다. 복판에 나선형 모양의 날카로운 것이 튀어나와 있으며, 반으로 잘라낸 레몬, 오렌지의 즙을 여기에 대고 비벼 즙만 짜내고 껍질의 오일이 튀어나오지 않게 되어 있다.

(6) 메저 컵(Measure Cup)

칵테일을 주조할 때 술이나 주스 등의 분량을 측정하기 위하여 사용되는 금속성의 컵이다. 대개 30ml와 45ml의 용기가 서로 등을 가운데로 대고 조립된 것이 보통이나, 30ml와 60ml로 조립된 것, 15ml와 30ml로 조립된 것도 있다. 이것을 지거 컵(jiger cup) 또는 지거(jiger)라고도 한다.

(7) 아이스 픽(Ice Pick)

얼음을 깰 때 사용하는 송곳(또는 꼬챙이)이다.

(8) 아이스 패일(Ice Pail)

아이스 버킷(ice bucket : 얼음통)이라고 한다. 얼음을 넣어두는 기구이며, 얼음이 녹은 물을 빠져나가게 하는 밑받침이 안에 들어 있다. 금속성 유리제품, 플라스틱 제품이 있다.

(9) 아이스 통스(Ice Tongs)

금속성의 얼음을 집는 집게이며, 얼음을 집을 때 떨어지지 않게 끝쪽이 톱니 이빨과 같은 집게로 되어 있다.

(10) 코르크스크루(Corkscrew)

코르크 마개를 벗길 때 사용하는 것이며, 끝에서부터 나선형 모양으로 되어 있고, 손잡이가 달려 있다. 잘 벗기는 요령은 코르크의 중심에 수직으로 스크루를 돌려서 끼우는 것이다.

(11) 머들러(Muddler)

칵테일을 주조하든가, 칵테일에 들어 있는 설탕이나 과일의 과육을 뭉개기 위한 막대기이다. 옛날에는 나무로 만들어졌으나 요즘에는 플라스틱, 유리, 금속성 등으로 만든 제품이 있다.

5) 칵테일의 종류

칵테일의 종류를 모두 말하기는 매우 어렵다. 왜냐하면 술과 술을, 술과 음료를 분위기에 맞게 섞어 만드는 것이므로 지금 이 순간도 새로운 칵테일이 탄생할 수 있기 때문이다. 또 습관적·지역적·민족적·국가적인 특성 여하에 따라서도 그 종류가 다양하고, 개인의 기호에 있어서도 천차만별이다. 따라서 칵테일의 종류를 모두 알기는 어렵고 본 교재에서는 전 세계적으로 널리 알려져 있고 애용되는 칵테일의 종류를 기주(base alcholic)의 순으로 알아보고자 한다. 또한 최근 항공기 기종에 고객의 즐거운 여행을 위한 Bar 설치가 증가하면서 승무원이 전문 바텐더 역할을 수행해야 하는 경우가 늘고 있다. 본 교재에서는 칵테일 조주기능사 실무 시험에 응시할 수 있도록 국가기술자격실기시험 표준 레시피에 준하여 수록하였으며 칵테일에 ✔ 표시를 하여 일반 칵테일과 구분하였다.

조주기능사 실기시험은 이렇게 봐요.

먼저 준비시간 2분과 시험시간 7분이 주어집니다. 시험시간에 감독위원이 제시하는 3가지 작품을 조주하면 됩니다. 이때 검정장에서 주어지는 도구와 재료만 사용해야 합니다. 실기시험이 끝난 후에는 3분 이내에 세척·정리하여 원위치에 놓고 퇴장하면 됩니다.

주어진 7분의 시간이 길지 않기에 먼저 사용될 주류를 빠르게 생각하고 위치를 파악해 두는 것이 필요합니다.

채점 기준

1) 알맞은 글라스와 주재료 부재료를 정확하게 선정하는가?

2) 주재료를 넣을 때 상표가 손님에게 보이게 술병을 잡고 흘리지 않는 숙련도가 있는가?

3) 오렌지, 레몬 등 장식물(Garnish)을 제대로 장식하는가?

4) 각종 재료의 주입량과 주입순서가 바른가? (만든 작품의 양은 해당 글라스의 ¾ 정도가 적당합니다.) 각종 기구의 취급 방법이 정확한가?

5) 각종 기구를 깨끗하게 유지하면서 사용하는가?

6) 외모는 청결한가?

7) 서비스 시 바 냅킨을 사용하고 글라스를 바르게 잡고 서비스하는가?

---

(1) 위스키베이스(Whisky Base)

위스키는 숙성연수가 오래되고, 개성이 강한 것을 고급으로 취급하고 있으나, 칵테일 베이스로는 개성이 그다지 강하지 않은 라이트 타입이 다루기 쉽다. 가격 면에서도 굳이 비싼 것을 사용할 필요가 없다.

① 맨해튼(Manhattan)   ✔기출문제 2번

- Bourbon Whisky : 1½oz
- Sweet Vermouth : ¾oz
- Angostura Bitters : 1 dash
- Garnish : Cherry

만드는 방법 : 칵테일 글라스에 얼음을 넣고 차갑게 해준다. 얼음 3~4개와 모든 재료를 믹싱글라스에 넣고 잘 섞어준 후 차갑게 해둔 칵테일 글라스에 스터(Stir Method)한다. 그리고 체리로 장식한다.

② 올드 패션드(Old Fashioned)   ✔기출문제 4번

- Angostura Bitter : 1 dash
- Sugar Syrup : 2tsp
- Soda Water : ½oz
- Bourbon Whisky : 1½oz
- Garnish : Cherry
           Orange Slice

만드는 방법 : 올드 패션드 글라스에 각설탕을 넣고 비터스와 소량의 물 또는 소다수를 넣어 용해한 후 얼음을 넣고 위스키를 붓고 젓는다. 오렌지 슬라이스와 체리 등으로 장식하고 머들러(Muddler)를 꽂아 제공한다.

③ 뉴욕(New York)   ✔기출문제 12번

- Bourbon Whisky : 1½oz
- Lime Juice : ½oz
- Grenadine Syrup: ½tsp
- Sugar Syrup : 1tsp
- Garnish : Twist of Lemon Peel

만드는 방법 : 칵테일 글라스를 얼음을 이용해 차갑게 만든다. Shaker에 얼음 3~4개를 넣고 재료를 넣어 잘 흔든다. 얼음을 걸러 칵테일 글라스에 따른다(Stir). 레몬 껍질로 장식한다.

④ 위스키 사워(Whisky Sour)　　　　　　　　　　　　✔기출문제 11번

위스키에 과즙을 넣어 새콤하게 만든 칵테일로 사워(Sour)란 '시다'는 뜻으로 설탕을 많이 넣지 않는 것이 좋다.

- Bourbon Whisky : 1½oz
- Lemon Juice : ½oz
- Sugar Syrup : 1tsp
- Soda Water : 적당량
- Garnish : Slice lemon and Cherry

만드는 방법 : 사워 글라스를 준비한다. 셰이커에 얼음 3~4개를 넣고 소다수를 제외한 재료를 넣고 잘 흔든다. 사워 글라스에 얼음을 걸러서 따른 후 소다수를 넣고 저어준다. 그리고 레몬 슬라이스와 체리로 장식한다.

참고동영상 **위스키 사워 만드는 법** (https://www.youtube.com/watch?v=OO4aPgwE0-c)

⑤ 러스티 네일(Rusty Nail)　　　　　　　　　　　　✔기출문제 10번

- Scotch Whisky : 1½oz
- Drambuie : ½oz

만드는 방법 : 올드패션드 글라스에 얼음 3~4개를 넣고 스카치 위스키와 드람뷔를 넣는다.

(2) 진베이스(Gin Base)

① 진토닉(Gin Tonic)

진토닉은 인도가 대영제국에 의해 지배될 때인 1800년대 말경 인도에서 시작되었다.

영국 군대는 말라리아를 퇴치하기 위해 키니네(quinine)라는 약을 매일 1회분씩 복용해야 했다. 그러나 약이 매우 써서 설탕과 토닉워터를 넣어 먹었는데 훗날 영국군들이 그들의 기호 술인 진의 쓴맛을 약하게 만드는 데 토닉을 사용하면서 탄생되었다고 한다.

기내에서 가장 많은 사랑을 받는 칵테일이다.

- Gin : 1½oz
- Tonic Water : 3oz
- Garnish : Lime Wedges

만드는 방법 : 컵에 얼음을 3~4개 넣고 진을 넣은 후 토닉 워터를 컵의 ⅔까지 부은 후 잘 젓는다. 그리고 라임을 띄운다.

② 마티니(Martini) ✔기출문제 7번

마티니는 '드라이 진'과 '드라이 버무스'로 만드는데 드라이 버무스를 생산하던 회사인 마티니의 이름이다. 맨해튼이 여성용으로 '칵테일의 여왕'이라면 마티니는 남성용으로 '칵테일의 왕'이라 부를 정도로 애주가들이 애음하는 칵테일이다. 마티니는 알코올 함유량이 높아 주로 독한 술을 좋아하는 남성들이 즐긴다. 일정한 방법이 정해져 있지 않으며 각자의 개성에 따라 즐기는 것이 최상이다. 드라이 버무스(Dry Vermouth)와 스위트 버무스(Sweet Vermouth)의 사용 여부에 따라 드라이 마티니, 스위트 마티니라고도 한다.

- Dry Gin : 1½oz
- Dry Vermouth : ½oz
- Garnish : Olive

만드는 방법 : 셰이커에 용량의 진과 드라이 버무스를 넣고 얼음을 넣는다. 차게 한 후 마티니 잔에 스트레인(Strain)하여 붓는다. 올리브를 넣어 장식한다.

③ 오렌지 블로섬(Orange Blossom)

- Gin : 2oz
- Orange Juice : 1oz
- Superfine Sugar(안 넣어도 무방) : 1tsp
- Garnish : Orange Slice

만드는 방법 : 셰이커에 용량의 진과 오렌지 주스에 얼음을 넣고 차게 한 뒤 칵테일 글라스에 스트레인(Strain)한다. 오렌지 슬라이스로 장식한다.

④ 톰 콜린스(Tom Collins)

- Dry Gin : 1½ oz
- Collins Mixer : 적당량
- Garnish : Lemon Slices, Cherry

만드는 방법 : 콜린스 잔에 얼음을 넣고 진을 넣는다. 그리고 콜린스 믹서로 채운다.
레몬 슬라이스와 체리로 장식한다.

⑤ 네그로니(Negroni)　　　　　　　　　　　　　　　✔ 기출문제 24번

- Dry Gin : ¾oz
- Sweet Vermouth : ¾oz
- Campari : ¾oz

만드는 방법 : 올드패션드 글라스에 얼음을 넣고 재료를 모두 넣고 레몬 껍질로 장식한다.

⑥ 싱가폴 슬링(Singapore Sling)　　　　　　　　　　✔ 기출문제 7번

- Dry Gin : 1½oz
- Cherry Brandy : ½oz
- Lemon Juice : ½oz
- Sugar Syrup : 1tsp
- Soda Water : 적당량

만드는 방법 : 셰이커에 소다수를 제외한 위의 재료를 넣고 흔들어 섞는다. 필스너 그라스에 얼음을 채운 후 셰이커의 내용물을 따르고 소다수로 채운다. 오렌지와 체리로 장식한다.

(3) 브랜디 베이스(Brandy Base)

① 비앤비(B&B)

단맛을 내며 식후 입가심에 적합한 칵테일로 유명하다.

- Benedictine : ½oz
- Brandy(Cognac is Best) : ½oz

만드는 방법 : 리큐어 글라스나 작은 브랜디 잔에 먼저 베네딕틴을 넣고 그 위에 브랜디를 천천히 플로팅(floating)한다.

② 브랜디 알렉산더(Brandy Alexander) ✔기출문제 5번

1863년 영국의 국왕 에드워드 7세와 덴마크 왕의 장녀 알렉산드리아의 결혼을 기념한 칵테일이다. 영국 황실의 축제 때 많이 애용되었다.

- Brandy : ¾oz
- Cacao Brown : ¾oz
- Milk : ¾oz
- Grated Nutmeg : ¼tsp

만드는 방법 : 셰이커에 위의 재료를 넣고 흔들어 칵테일 글라스나 샴페인 글라스에 따르고 너트메그(Nutmeg)를 뿌린다.

③ 사이드카(Side Car) ✔기출문제 26번

- Brandy : 1oz
- Cointreau : 1oz
- Lemon Juice : ¼oz

만드는 방법 : 칵테일 잔을 차갑게 만든다. 재료를 셰이커에 얼음과 함께 넣은 후 흔들어 섞는다. 얼음을 걸러서 칵테일 잔에 따른다.

④ 푸즈 카페(Pousse Cafe) ✔기출문제 1번

● Grenadine syrup : ⅓oz
● Creme de Menthe Green : ⅓oz
● Brandy : ⅓oz

만드는 방법 : 리큐르 잔에 그레나딘 시럽을 넣고 그 위에 바스푼을 뒤집어 대고 뒷면을 이용해 크렘 드 맘트 그린을 띄운다(Floating). 그리고 같은 방법으로 브랜디를 띄운다(Floating).

(4) 럼 베이스(Rum Base)

라이트 럼 중에서도 향기가 적고 그다지 쓰지 않은 화이트 럼이 칵테일 베이스로 널리 사용된다. 럼의 풍미는 어떤 과즙이나 리큐르와도 잘 조화되어 칵테일 베이스로써 많이 애용된다.

① 바카디(Bacardi) ✔기출문제 18번

생산자의 이름 또는 럼의 생산업체인 바카디사의 이름을 그대로 사용했다는 이야기가 있다. 반드시 바카디사의 럼을 사용한다.

● Bacardi Rum : 1¾oz
● Lime Juice : ¾oz
● Grenadine Syrup : 1tsp

만드는 방법 : 칵테일 잔을 차갑게 준비한다. 셰이커에 얼음을 3~4개 넣고 재료를 차례대로 넣은 후 흔들어 섞는다. 얼음을 걸러 칵테일 잔에 따른다.

② 피나 콜라다(Pina Colada) ✔기출문제 28번

스페인어로 '파인애플이 무성한 언덕'이라는 의미가 있으며 1970년대 카리브해에서 만들어졌다고 한다. 코코넛향이 진하며 매년 2월 중순 브라질에서 열리는 리오 카니발 때 많이 사용된다. 라이트 럼 대신 보드카를 넣으면 치치(Chi Chi) 칵테일이 된다. 요즘은 알코올이 들어가지 않은 것은 버진(Virgin) 피나 콜라다라고 한다.

- Bacardi Rum : 1¼oz
- Pineapple Juice : 2oz
- Pina colada Mixer : 2oz
- Garnish : cheery and pineapple

만드는 방법 : 필스너 글라스를 차갑게 준비한다. 세이커에 재료를 순서대로 넣고 잘 흔들어 섞는다. 얼음과 함께 필스너 글라스에 따르고 파인애플과 체리로 장식한다.

③ 다이키리(Daiquiri)　　　　　　　　✔기출문제 14번

다이키리는 쿠바의 산차고 교외에 있는 광산의 이름이다. 쿠바 독립 후 미국에서 많은 기술지원단이 파견되었을 때 노동자들이 더위를 식히기 위한 수단으로 주위에서 손쉽게 얻을 수 있는 재료를 가지고 믹스해 마시게 된 데서 유래되었다고 한다.

- Light Rum : 1¾oz
- Limes Juice : ¾oz
- Sugar Syrup : 1tsp

만드는 방법 : 칵테일 잔을 차갑게 준비한다. 세이커에 얼음을 3~4개 넣고 재료를 차례대로 넣고 잘 흔들어 섞는다. 얼음을 걸러서 칵테일 잔에 따른다.

④ 블루 하와이(Blue Hawaii)　　　　　✔기출문제 33번

여름의 하와이섬을 이미지로 한 트로피컬 칵테일에서 유래한 것이다.

- White Rum : 1oz
- Blue curacao Liqueur : 1oz
- Coconut Rum : 1oz
- Pineapple Juice : 2½oz
- Garnish : cheery and pineapple

만드는 방법 : 필스너 잔을 차갑게 준비한다. 세이커에 위의 재료를 순서대로 넣고 흔들어 섞는다. 얼음과 함께 필스너 잔에 따르고 파인애플과 체리로 장식한다. 코코넛 럼 대신에 말리부(Malibu 1oz)로 대체 가능하다.

⑤ 쿠바 리브레(Cuba libre)   ✔기출문제 20번

- Light Rum : 1½oz
- Lime Juice : ½oz
- Coke : 적당량
- Garnish : Lemon Wedge

만드는 방법 : 하이볼 잔에 얼음을 넣는다. 럼과 라임 주스를 넣고 콜라로 채운다. 레몬을 띄워서 장식한다.

⑥ 마이타이(Mai Tai)   ✔기출문제 27번

- Light Rum : 1½oz
- Triple Sec : ¾oz
- Orange Juice : 1oz
- Lime Juice : 1oz
- Pineapple Juice : 1oz
- Grenadine syrup : ¼oz
- Dark Rum : 1 dash
- Garnish : Pineapple, Cherry

만드는 방법 : 먼저 필스너 글라스를 차갑게 준비한다. 셰이커에 얼음을 3~4개 넣고 다크럼을 제외한 재료를 모두 넣고 흔들어 섞는다. 얼음을 채운 필스너 글라스에 셰이커한 내용물을 모두 부어준다. 다크럼을 띄우고 파인애플과 체리로 장식한다.

(5) 보드카 베이스(Vodca Base)

무색, 무미, 무취에 가까워 칵테일 기주로 많이 애용되고 있다.

① 블랙 러시안(Black Russian)   ✔기출문제 8번

블랙 러시안은 '어두운 러시아(인)'라는 뜻으로 러시아가 공산주의의 종주국이던 시절, 암흑의 세계, 장막의 나라로 불리던 시절의 러시아를 상징한다. 독하면서도 칼루아 특유의 향이 느껴지는 칵테일이다.

- Vodka : 1oz
- Coffee Liqueur(Kahlua) : ½oz

만드는 방법 : 올드 패션드 글라스에 얼음을 넣고 위의 재료를 부은 뒤 저어준다.

② 블러디 메리(Bloody Mary)　　　　　　　　　✔기출문제 6번

'피의 여왕 메리' 블러디 메리는 스코틀랜드 여왕 Mary Stuart(1542-87)의 별칭으로 가톨릭 부흥을 위해 신교도들을 잔인하게 학살한 인물로 알려져 있다. 맵고 짜고 신맛이 나서 한 잔만 마셔도 속이 화끈거리는 것이 잔인한 여왕 메리와 같다 하여 붙여진 이름이라 한다.

- Vodka : 1½oz
- Tomato Juice : 적당량
- Hot Sauce : 1 dash
- Worcestershire Sauce : 1 dash
- Lemon Juice : ½oz
- Salt : 약간
- Peppers : 약간

만드는 방법 : 많은 종류의 레시피(Recipe)로 복잡하나 기내에서는 블러디 메리 믹서가 있어 하이볼 글라스에 얼음을 넣고 보드카를 부은 뒤 믹서를 넣고 저어주면 된다.

③ 키스 오브 파이어(Kiss of Fire)　　　　　　　　✔기출문제 15번

이 칵테일은 1953년 제5회 일본 바텐더 경연대회에서 1위로 입상한 칵테일 이름으로 처음 만든 사람은 이시오가 켄지이다. 젊은 연인 간의 달콤한 사랑을 연상하게 하는 칵테일로 '불타는 키스' 정도로 직역할 수 있다.

- Vodka : 1oz
- Sloe Gin : ½oz
- Dry Vermouth : ½oz
- Lemon Juice : 1tsp
- Garnish : Rimming with Sugar

만드는 방법 : 먼저 차갑게 칵테일 잔을 만들고 잔의 가장 자리에 레몬을 바른 후 설탕을 묻힌다. 셰이커에 재료를 차례대로 넣고 잘 흔들어 섞어준다. 준비된 칵테일 잔에 얼음을 걸러서 따른다.

④ 스크루 드라이버(Screw Driver)

이란의 유전에서 일하는 미국인 노동자들이 오렌지 주스에 무색, 무취의 보드카를 몰래 탄 후 작업복에 차고 있던 드라이버로 저어서 만들어 먹어 금기를 깨던 것이 시초라고 한다.

- Vodka : 1½oz
- Orange Juice : 4oz
- Garnish : Maraschino Cherry

만드는 방법 : 얼음을 채운 잔에 용량의 보드카와 오렌지 주스를 넣고 체리와 오렌지 슬라이스로 장식한다. 기내에서 진토닉과 함께 가장 많이 애용되는 칵테일이다.

⑤ 하비 월뱅어(Harvey Wallbanger)　　　　　　✔ 기출문제 13번

- Vodka : 1½oz
- Orange Juice : 적당량
- Galliano : ½oz

만드는 방법 : 콜린스 잔에 얼음을 넣는다. 보드카를 넣고 오렌지 주스로 나머지 8부를 채운다. 그 위에 갈리아노를 띄운다.

⑥ 모스크바 뮬(Moscow Mule)   ✔ 기출문제 30번

- Vodka : 1½oz
- Lime Juice : ½oz
- Ginger Ale : 적당량
- Garnish : Lemon slice or Lime slice

만드는 방법 : 하이볼 잔에 얼음을 넣는다. 보드카와 라임 주스를 넣고 진저엘로 나머지를 채운다. 레몬으로 장식한다.

⑦ 코스모폴리탄(Cosmopolitan)   ✔ 기출문제 26번

- Vodka : 1oz
- Triple Sec : ½oz
- Lime Juice : ½oz
- Cranberry Juice : ½oz
- Garnish : Twist of Lemon or Lime peel

만드는 방법 : 칵테일 잔을 차갑게 만든다. 셰이커에 얼음 3~4개를 넣고 위의 재료를 순서대로 넣고 흔들어 섞어준다. 얼음을 걸러서 칵테일 잔에 따른다. 레몬 껍질을 벗겨 가장자리에 장식한다.

⑧ 애플 마티니(Apple Martini)   ✔ 기출문제 23번

- Vodka : 1oz
- Apple Purker : 1oz
- Lime Juice : ½oz

만드는 방법 : 칵테일 잔을 차갑게 준비한다. 셰이커에 얼음 3~4개를 넣고 모든 재료를 순서대로 넣고 흔들어 섞어준다. 얼음을 걸러서 칵테일 잔에 따른다.

⑨ 씨브리즈(Sea Breeze) ✔기출문제 22번

- Vodka : 1½oz
- Cranberry Juice : 3oz
- Grapefruit Juice : ½oz
- Garnish : Wedge of Lemon

만드는 방법 : 하이볼 잔에 얼음을 넣는다. 보드카와 크랜베리 주스 그리고 자몽 주스를 넣는다. 바 스푼을 이용해 잘 저어준 후 레몬 또는 라임 웨지로 장식한다.

⑩ 롱아일랜드 아이스티(Long Island Iced Tea) ✔기출문제 25번

- Vodka : ½oz
- Gin : ½oz
- Light Rum : ½oz
- Tequila : ½oz
- Triple Sec : ½oz
- Sweet & Sour Mix : 1½oz
- Coke : 적당량
- Garnish : Wedge of Lemon

만드는 방법 : 콜린스 잔에 얼음을 넣고 콜라를 제외한 모든 재료를 차례대로 넣는다. 마지막으로 콜라를 8부 정도까지 넣고 젓는다. 레몬 웨지를 잔에 넣어 제공한다.

(6) 리큐어 베이스(Liqueur Base)

원래는 식후주로서 스트레이트로 마셨으나, 향기와 감미의 특징으로 인해 칵테일의 베이스로서뿐 아니라, 칵테일의 개성을 좌우하는 매우 중요한 재료이다.

① 그라스 호퍼(Grass Hopper) ✔기출문제 21번

아름다운 녹색을 메뚜기에 비유하여 붙여진 이름이다. 페퍼민트가 들어가서 어찌 보면 '치약' 같은 민트 맛이 난다.

- Green Creme de Menthe : 1oz
- White Creme de Cacao : 1oz
- Light Milk : 1oz

만드는 방법 : 칵테일 잔을 차갑게 준비한다. 셰이커에 얼음을 넣고 위의 재료를 넣은 후 흔들어 섞는다. 칵테일 잔에 얼음을 거르고 내용물만 따른다.

② 비-52(B-52)　　　　　　　　　　　　　　　　✔ 기출문제 16번

- Kahlua : ⅓oz
- Bailey's Irish Cream : ⅓oz
- Grand Marnier : ⅓oz

만드는 방법 : 리큐르 잔에 칼루아를 넣고 베일리스 아이리쉬크림을 넣고 그랑 마니에르를 바 스푼을 뒤집어 술잔 벽을 타고 흘러내리도록 하여 플로핑(Floating)한다.

③ 칼루아 밀크

　칼루아의 깊은 향과 우유의 부드러움을 즐길 수 있는 칵테일이다. 그 맛과 향에 매료된 사람들은 칼루아 밀크만 찾기도 한다. 칼루아는 그 밖에 커피, 보드카와도 어울려 인기를 끌고 있다.

- Kahlua : 1½oz
- Sweet Cream : ¾oz

만드는 방법 : 얼음을 넣은 올드패션드 글라스에 칼루아와 스위트 크림 또는 우유를 넣고 가볍게 저어준다.

④ 슬로우진 피즈(Sloe Gin Fizz) ✔기출문제 19번

- Sloe Gin : 1½oz
- Lemon Juice : ½oz
- Sugar Syrup : 1tsp
- Soda Water : 적당량
- Garnish : Slice of Lemon

만드는 방법 : 셰이커에 소다수를 제외한 모든 재료를 넣고 흔들어 섞어준다. 하이볼 잔에 얼음을 넣고 셰이킹한 재료를 넣고 소다수로 채운 후 레몬으로 장식한다.

⑤ 애프리콧(Apricot) ✔기출문제 31번

- Apricot Brandy : 1½oz
- Dry Gin : 1tsp
- Lemon Juice : ½oz
- Orange Juice : ½oz

만드는 방법 : 칵테일 잔을 차갑게 만든다. 셰이커에 얼음을 3~4개 넣고 재료를 순서대로 넣고 흔들어 섞는다. 얼음을 걸러 칵테일 잔에 따른다.

⑥ 준 벅(June Bug) ✔기출문제 17번

- Midori : 1oz
- Banana Liqueur : ½oz
- Malibu : ½oz
- Sweet & Sour Mix : 2oz
- Pineapple Juice : 2oz
- Garnish : Pineapple and Cherry

만드는 방법 : 콜린스 잔을 차갑게 준비한다. 셰이커에 얼음을 3~4개 넣고 위의 재료를 순서대로 넣은 다음 흔들어 섞는다. 얼음과 함께 콜린스 잔에 따른다. 파인애플, 체리로 장식한다.

⑦ 허니문(Honey Moon)　　　　　　　　　　　　　✔기출문제 32번

- Apple Brandy : ¾oz
- Benedictine : ¾oz
- Triple Sec : ¼oz
- Lemon Juice : ½oz
- Garnish : Lemon peel

만드는 방법 : 칵테일 잔을 차갑게 준비한다. 셰이커에 얼음을 3~4개 넣고 위의 재료를 순서대로 넣고 흔들어 섞는다. 얼음을 걸러서 칵테일 잔에 따른다. 레몬 껍질로 장식한다.

(7) 데킬라 베이스(Tequila Base)

데킬라는 멕시코를 대표하는 증류주이다. 멕시코 올림픽 후 알려졌으며 칵테일 베이스로는 새로운 부류에 속하지만, 가능성을 간직한 스피리츠로 주목받고 있다.

① 마가리타(Margarita)　　　　　　　　　　　　　✔기출문제 9번

- Tequila : 1½oz
- Triple Sec : ½oz
- Lime Juice : ½oz

만드는 방법 : 먼저 글라스에 소금으로 프로스트(Salt Frost)한 뒤 셰이커에 위의 재료를 넣고 흔들어 섞은 후 칵테일 잔에 따르고 레몬으로 장식한다.

② 데킬라 선라이즈(Tequila Sunrise)　　　　　　　✔기출문제 18번

- Tequila : 1½oz
- Orange Juice : 적당량
- Grenadine Syrup : ½oz
- Garnish : Orange and Cherry

만드는 방법 : 필스너 잔에 얼음을 넣고 데킬라를 넣는다. 오렌지 주스로 나머지 8부를 채운 후 그레나딘 시럽 ½oz를 띄운다. 오렌지와 체리로 장식한다.

(8) 와인/맥주 베이스(Wine/Beer Base)

① 키르 로얄(Kir Royal)　　　　　　　　　　　✔ 기출문제 34번

대한항공의 환영음료(Welcome drink)로 사용되며 색이 아름답고 알코올 함량이 낮아 여성에게 인기가 좋다. 샴페인 대신 와인을 넣으면 키르(kir) 칵테일이 된다.

● Creme de Cassis : 10ml
● Champagne : 80ml

만드는 방법 : 먼저 크렘 드 카시스를 샴페인 잔에 붓고 샴페인으로 채운다. 크렘 드 카시스가 농축액인 경우 1 : 8의 비율로 넣는다.

② 벅스 피즈(Buck Fizz)

아시아나항공의 퍼스트클래스와 비즈니스클래스의 환영음료로 사용된다.

● Champagne : ½ glass
● Orange Juice : ½ glass

만드는 방법 : 긴 샴페인 글라스에 얼음을 넣고 오렌지 주스를 따른 후 샴페인으로 채운다.

(9) 민속주 베이스 칵테일

민속주란 그 지방에서 전해 내려오는 방법으로 빚은 술로 한국 고유의 술 또는 토속주라고 부른다. 최근 다양한 한국의 민속주가 한식과 더불어 서비스되며 고객의 관심도도 증가하고 있는 추세이다. 민속주로 만든 칵테일 또한 조주기능사 실기시험에 자주 출제되고 있는 추세이다.

① 힐링(Healing)   ✔기출문제 36번

- 감홍로 : 1½oz
- Benedictine : ⅓oz
- Creme de Cassis : ⅓oz

만드는 방법 : 칵테일 잔을 차갑게 준비한다. 셰이커에 얼음 3~4개를 넣고 위의 재료를 순서대로 넣은 다음 흔들어 섞어준다. 얼음을 거른 후 칵테일 잔에 따른다. 레몬 껍질로 장식한다.

② 진도(Jindo)   ✔기출문제 37번

- 진도 홍주 : 1oz
- White Creme de menthe : ½oz
- White Grape Juice : ¾oz

만드는 방법 : 칵테일 잔을 차갑게 준비한다. 셰이커에 얼음을 3~4개 넣고 재료를 모두 넣은 다음 흔들어 섞어준다. 얼음을 거르며 칵테일 잔에 따른다.

③ 풋사랑   ✔기출문제 38번

- 안동소주: 1oz
- Triple Sec : ⅓oz
- Apple Pucker : 1oz
- Lime Juice : ⅓oz

만드는 방법 : 칵테일 잔을 차갑게 준비한다. 셰이커에 얼음 3~4개를 넣고 재료를 순서대로 넣은 다음 흔들어 섞어준다. 얼음을 거른 후 칵테일 잔에 따른다. 사과 슬라이스로 장식한다.

④ 금산 ✔ 기출문제 37번

- 금산 인삼주 : 1½oz
- Apple Pucker : ½oz
- Lime Juice : 1tsp

만드는 방법 : 칵테일 잔을 차갑게 준비한다. 셰이커에 얼음 3~4개를 넣고 위의 재료를 모두 넣은 후 흔들어 섞어준다. 얼음을 거른 후 칵테일 잔에 따른다.

⑤ 고창 ✔ 기출문제 37번

- 선운산 복분자주: 2oz
- Triple Sec : ½oz
- Sprite : 2oz

만드는 방법 : 플루트 샴페인 잔을 준비한다. 믹싱 글라스에 얼음을 넣고 선운산 복분자주와 트리플 섹을 넣은 후 잘 저어준다. 얼음을 거른 후 샴페인 잔에 따르고 스프라이트로 채운다.

(×) 단원문제

Q1. Liqueur의 종류 2가지와 특징을 서술하시오.

Q2. Vermouth의 종류와 무슨 와인을 혼성하여 만드는지 설명하시오.

Q3. 샤르트뢰즈 조느와 샤르트뢰즈 조느 V.E.P의 차이점을 적으시오.

Q4. Benedictine의 라벨에 쓰여 있는 D.O.M을 풀어 적고, 의미를 설명하시오.

Q5. 그랑 마니에르는 무엇을 혼합에 만든 혼성주이며, 알코올 농도는 몇인지 적으시오.

Q6. 선호하는 칵테일을 2개 적고, 제조방법을 서술하시오.

Q7. Kahlua는 무엇을 혼합해 만든 혼성주인지 적으시오.

Q8. Liqueur의 역사를 서술하시오.

Q9. Cocktail의 중국 역사를 서술하시오.

Q10. Liqueur를 먹는 시간대와 먹을 때 무엇과 함께 먹는 것이 좋은지 설명하시오.

Q11. Cocktail 주조용 기구를 5가지 이상 서술하시오.

Q12. Whisky base로 만든 술을 나열하시오.

Q13. Cocktail의 base로 쓰이는 술을 3가지 이상 적으시오.

Q14. Cocktail을 만드는 기법을 모두 서술하시오.

Q15. Cocktail의 정의에 대해서 설명하시오.

항공기 기내식 식음료 서비스실습

과목명	항공기식음료론	수행 내용	

실습 1.
실습 2.
실습 3.

승무원역할 팀	실습 No.	실습생 명단(명)	승객역할 팀
1팀	1		2팀
	2		
	3		
2팀	1		3팀
	2		
	3		
3팀	1		4팀
	2		
	3		
4팀	1		1팀
	2		
	3		

*팀장은 사전에 실습 준비용품을 준비바랍니다.

실습평가표

과목명		평가 일자	
학습 내용명		교수자 확인	
교수자		평가 유형	과정 평가
실습학생	학번	학과	
	학년/반	성명	

평가 관점	주요내용	교수자의 평가		
		A	B	C
실습 도구 준비 및 정리	• 수업에 쓰이는 실습 도구의 준비			
	• 수업에 사용한 실습 도구의 정리			
실습 과정	• 실습 과정의 주요 내용을 노트에 주의 깊게 기록			
	• 실습 과정에서 새로운 아이디어 제안			
	• 실습에 적극적으로 참여(주체적으로 수행)			
태도	• 주어진 과제(또는 프로젝트)에 성실한 자세			
	• 문제 발생 시 적극적인 해결 자세			
	• 인내심을 갖고 과제를 끝까지 완수			
행동	• 수업 시간의 효율적 활용			
	• 제한 시간 내에 과제 완수			
협동	• 조별 과제 수행 시 조원과의 적극적 협력 및 소통			
	• 조별 과제 수행 시 발생 갈등 해결			

종합의견

항 공 기 내 식 음 료 론

식의 이해

3

SALAD

MEAT

BREAD

TEA

DESSERT

식품의 이해

1. 식품의 정의

미생물에서 인간에 이르기까지 모든 생명체는 성장, 운동, 번식 등의 생활현상을 유지하기 위하여 외부로부터 끊임없이 물질을 섭취하여 이를 분해하며 에너지를 얻고 섭취한 물질을 동화해서 체조직을 구성하고 생활기능을 조절한다. 이와 같이 체성분의 분해, 소모, 보충 같은 일련의 현상을 영양이라 하고 영양을 위해서 받아들이는 물질을 영양소라 한다. 영양소의 종류는 크게 단백질, 지질, 당질, 무기질, 비타민 등의 다섯 가지로 나누고 일반적으로 이들 영양소가 한 가지 이상 함유되어 있고 유해물질이 들어 있지 않은 천연물 또는 가공물을 식품이라 한다. 우리나라의 식품위생법에서 식품은 '모든 음식물을 말한다'라고 정의하고 있다. 또한 WHO(세계보건기구) 및 FAO(국제연합식량농업기구)에서는 식품을 '인간이 섭취할 수 있도록 가공, 반가공, 가공하지 않아도 먹을 수 있는 모든 것'이라 정의하고 있다.

2. 식품의 분류

식품에 있어 식품성분을 분류하면 식품을 구성하는 주성분에 의한 분류, 식품에 함유되어 있는 영양소를 근거로 한 기초식품군에 의한 분류, 식품의 생산양식에 의한 분류, 용도에 의한 분류를 할 수 있다.

1) 식품구성의 주성분에 의한 분류

- 탄수화물 식품 : 곡류, 서류, 두류, 채소류 등

- 유지식품 : 두류, 식육류 등
- 단백질 식품 : 육류, 난류, 어패류, 두류, 견과류 등
- 비타민 식품 : 과채류 등
- 무기질 식품 : 해조류, 우유 등

2) 영양소를 근거로 한 식품의 분류

영양소를 근거로 한 식품의 분류는 1군에 단백질, 2군에 칼슘 영양식품을 구성식품군으로 분류하며, 3군의 무기질 및 비타민 영양식품은 조절식품군으로서, 4군의 당질 영양식품과 5군의 지방 영양식품은 열량식품군으로 아래와 같이 분류할 수 있다.

- 단백질 영양식품 : 어육류, 난류, 두류 등
- 칼슘 영양식품 : 우유 및 유제품, 어류 등
- 무기질 및 비타민 영양식품 : 녹황색 채소류 및 과일류 등
- 당질 영양식품 : 곡류 및 서류 등
- 지방 영양식품 : 유지류 등

3) 식품의 생산양식에 의한 분류

- 농산식품 : 곡류, 두류, 서류, 과채류 등
- 축산식품 : 식육류, 우유, 난류 등
- 수산식품 : 어류, 갑각류, 조개류, 해조류 등
- 발효식품 : 장류, 주류 등
- 기타

4) 용도에 의한 분류

일상식품·휴대식품·비상식품·비황식량(備荒食糧)으로 분류된다. 휴대식품은 수분을 제거하여 경량화(輕量化)한 것과, 조리하지 않고 그냥 먹을 수 있는 것으로 나뉜다. 비상식량은 장기간 보존이 가능하도록 가공한 식품인데, 동결(凍結) 건조하여 질소가스를 충전한 통조림은 30년 이상도 보존이 가능하다. 비황식량이란 옛날에 기근이 들었을 때 먹던 식료로, 나무의 새싹·들풀·담수어 등이 포함되는데, 알칼로이드 등 유독물질을 포함하고 있는 것들이 많으므로 조리할 때 충분한 주의가 필요하다. 이외에 특별용도식품에는 저(低)나트륨

식품, 저칼로리 식품, 저단백 식품, 무유당(無乳糖) 식품, 알레르기질환용 식품, 당뇨병식 조정용(調整用) 합성식품, 간장별식 조정용 합성식품 등이 있다.

3. 식품의 성분

식품의 성분은 단일 영양소로만 구성되어 있지 않고 여러 가지 성분으로 이루어졌다. 이들 성분은 크게 일반성분과 특수성분으로 나뉘는데, 일반성분은 수분, 탄수화물, 지방, 단백질, 무기질, 비타민을 말하며, 특수성분은 색소, 향, 맛, 유독성분, 효소와 같은 성분들을 말한다.

1) 수분

인간은 수분을 매일 섭취함으로써 생명을 유지시키고 활동할 수 있는데 수분은 그 자체가 식품으로서 이용될 뿐만 아니라 식품 내에서 물, 수증기, 얼음 등의 3가지 형태로 존재하여 여러 가지 특성을 지닌 중요한 역할을 하고 있다. 수분은 많은 식품의 주요 성분으로 그 함량에 따라 맛, 외형, 식품구조 및 미생물의 번식에 영향을 주는 인자이다. 특히 신선한 식품일수록 많은 수분이 함유되어 있어 이를 조절함으로써 저장성을 향상시킬 수도 있다.

2) 탄수화물

세포의 생활에 필요한 에너지의 공급원이 되는 물질로 탄수화물이라고 하며 당류·당질이라고도 한다. C, H, O로 구성되었으며, 체내에서 일부는 세포 구성성분으로 사용되고 나머지는 글리코겐이나 지방으로 전환한다.

탄수화물 1g당 4kcal의 열량을 내며 경제적인 공급원으로 곡류, 감자류, 당류 등이 있다.

탄수화물은 단백질처럼 일정한 종류의 탄수화물이 반드시 필요한 것은 아니고, 단백질과 지방질에 의해 대체될 수도 있다. 탄수화물의 섭취 부족은 총열량을 부족하게 만들어 여러 가지 장애를 일으킨다. 또 탄수화물이 부족하고 지방이 풍부할 때 에너지를 보충하기 위하여 지방이 산화되는데, 이때 불완전 산화로 인해서 케톤체가 혈액에 축적되며 이것은 혈액의 산성화를 일으켜 혼수상태라는 위험한 상황을 불러올 수 있다.

탄수화물을 과잉섭취하면 다른 영양소의 부족을 초래한다. 탄수화물의 과잉섭취로 인하여 필요한 단백질이 부족하게 되면 단백질 결핍증을 초래하게 된다. 탄수화물의 대사과정에는 비타민 B복합체가 필요하며, 탄수화물 섭취 증가에 따라서 비타민 B복합체도 증가해야 하므로 이러한 원리에 어긋나면 영양장애가 나타난다. 또한 탄수화물을 과잉섭취하면 비만을 초래한다.

3) 지방

지방(脂肪)은 지질의 한 종류로 세 개의 지방산이 글리세롤 하나와 결합한 에스테르이며 대표적인 유기물이기도 하다. 같은 양으로 가장 많은 에너지를 내는 영양소로서 1g당 9kcal가 발생한다. 또 지방은 우리 몸을 이루는 기본 단위인 세포 각각을 얇은 층으로 싸주는 세포막의 성분이고, 지용성 비타민의 운반과 흡수를 돕는다. 그 밖에도 필수지방산의 공급원으로서, 필수지방산은 성장과 피부 건강에 관여하는 중요한 영양소이다.

지방은 농축된 에너지원이므로 고지방 식품을 많이 섭취하면 비만증을 일으키기 쉽다. 에너지 섭취량의 20%를 지방으로 섭취하도록 권장하는데, 동물성 지방보다 식물성 기름을 사용하는 것이 좋으며, 기름을 많이 쓰는 조리법은 피하는 것이 바람직하다. 되도록 고등어나 꽁치 등 등푸른 생선을 섭취하고, 육류를 먹을 때에는 눈에 보이는 지방은 제거하고 먹도록 한다. 한편, 동물성 식품에만 들어 있는 콜레스테롤은 뇌와 신경조직을 구성하는 성분이며, 담즙산이나 호르몬 등을 합성하는 중요한 역할을 한다. 콜레스테롤은 체내에서 합성되기도 하고, 혈액 내의 콜레스테롤 함량이 높으면 동맥경화증, 심장병 등을 일으키기 쉽다.

4) 단백질

단백질이란 말은 그리스어로 proteios로 '가장 중요한'이란 뜻을 가지고 있다. 탄수화물, 지질과 함께 에너지의 발생(1g당 4kcal)뿐 아니라 인체 구조, 기능 및 생명 등에 관한 많은 역할을 한다. 또한 물질 대사의 촉매역할을 하는 효소, 병원체의 침입에 방어하는 항체, 유전자, 비타민 및 조절기능을 하는 호르몬 등의 주성분을 이루는 매우 중요한 화합물이다.

단백질은 20여 종의 아미노산들이 peptide결합으로 구성된 고분자 화합물로 탄소, 수소, 산소 이외에 질소를 포함하고 있어 식품 중에 질소함량을 Kjeldahl법을 이용하여 측정하여 질소의 평균함량인 16%로 나누어(6.25 : 단백질의 질소계수) 조단백질 함량을 계산할 수 있으나 식품에 따라 다소 차이가 있다.

대체로 성인(20~49세)은 체중 1kg당 0.9g의 단백질이 필요하고 이 양은 성장기의 어린이나 임산부, 수유부 또는 질병과 수술 후에는 증가된다. 한국인의 단백질 하루 권장량은 남자 70g, 여자 55g으로 규정하고 있으며 전체 섭취 단백질 중 ⅓은 동물성 단백질로 섭취하는 것이 바람직하다.

5) 칼슘

칼슘(Ca)은 뼈와 이의 주성분으로 근육의 수축, 호르몬의 분비, 혈액 응고 등에 관여하며 인체에 1.5~2.2% 존재하고 뼈와 치아에 99% 존재한다. 무기질 중 가장 함량이 많다.

성인을 기준으로 칼슘의 1일 권장량은 600~700mg이나 우리나라 대도시 성인의 1일 칼슘 섭취량은 530mg 정도로 권장량의 80% 정도이다.

칼슘이 부족하면 신경이 예민해지고 성격이 급해진다. 나이 먹은 사람은 신경조직의 이완 작용이 느슨해져 일할 때 쉽게 피로를 느끼며 불면증을 초래하기도 한다. 최근 국내외 연구

결과에 따르면, 모든 뼈 질환과 순환기계 질환·고혈압·동맥경화·고지혈증 같은 성인병도 칼슘과 어느 정도 관련이 있다.

칼슘이 부족하면 근육이 발작하거나 경련이 일어나기도 한다. 전문가들이 발이나 다리에 경련이 자주 일어나는 사람에게 칼슘 부족을 의심해 보라고 하는 것은 그 때문이다. 여성들이 생리가 시작되기 일주일 전쯤 신경이 긴장되고 우울해지는 것도 칼슘 부족이 한 원인이다.

영양학자들은 부족한 칼슘을 보충하려면 칼슘이 많이 들어 있는 식품을 꾸준히, 골고루 먹어야 한다고 충고한다. 하지만 칼슘 섭취와 관련해 두 가지 알아둘 것이 있다. 하나는 지나치게 많이 섭취하지 말라는 것이다. 칼슘이 지나치면 변비나 속쓰림이 생길 수 있고, 아연·철 같은 필수 무기질 흡수가 방해받는다. 다른 하나는 칼슘이 많이 든 식품을 먹는다고 그 칼슘이 모두 몸 안으로 흡수되는 것이 아니라는 점이다. 칼슘 흡수는 신체의 생리상태, 체내요구도, 소장의 상태에 따라 촉진되거나 떨어지기 때문이다. 특히 칼슘의 흡수를 높이려면 비타민 D와 함께 먹어야 한다. 비타민 D는 소장에서 칼슘 흡수를 촉진시키고 골밀도를 강화시키는 역할을 한다.

두류, 유제품, 등푸른 생선, 멸치, 깨소금, 고춧잎, 시금치 등과 같이 칼슘이 듬뿍 함유되어 있는 음식을 섭취하고 싱겁게 먹는 식습관이 필요하다.

6) 비타민

비타민(vitamin)은 동물의 정상적인 성장 및 대사 작용에 반드시 필요한 유기영양물질이다.

비타민 중 어느 한 가지라도 부족하게 되면 그것과 관계되는 작용이 원활히 이루어지지 않아 '비타민 결핍증'이 유발된다.

비타민은 비타민 D와 K를 제외하고 인체 내에서 합성될 수 없으므로 반드시 외부에서 공급되어야 한다.

비타민은 크게 지용성(脂溶性)과 수용성(水溶性)으로 분류된다.

지용성 비타민은 지방이나 지방을 녹이는 유기용매에 녹는 비타민으로서 비타민 A, D, E, F, K가 여기에 속하고 이들은 수용성 비타민보다 열에 더 강하여 식품의 조리가공 중에 비교적 덜 손실되며, 장(腸) 속에서 지방과 함께 흡수되므로 지방의 흡수율이 떨어지면 이들의 흡수도 지장을 받게 된다. 또한 체내에 저장되고, 모두 탄소·수소·산소로만 구성되어 있다.

수용성 비타민은 물에 녹는 비타민으로서 비타민 B복합체, 비타민 C, 비오틴, 엽산, 콜린, 이노시톨 등이 알려져 있다.

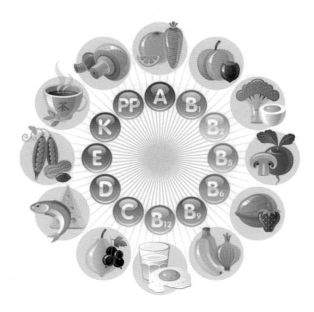

(1) 비타민 A

효능 : 망막혈관에 도움, 면역증진, 골격성장, 시력유지, 적혈구 생산에 도움을 준다.

음식 : 동물의 간, 달걀, 당근, 장어, 시금치, 녹황색 야채, 대구, 김, 늙은호박, 버터, 치즈

(2) 비타민 B

① 비타민 B_1(티아민)

효능 : 신경조절, 식욕증진, 탄수화물의 대사과정에 필수적인 조효소로 작용한다.

음식 : 보리, 돼지고기, 현미, 밀, 버섯, 말린 장어, 곡류, 견과류

② 비타민 B_2(리보플라빈)

효능 : 산화-환원반응 및 항산화 작용, 피부유지, 손톱·모발 유지

음식 : 우유, 치즈, 요구르트, 계란, 육류, 버섯, 엽채류, 어패류

③ 비타민 B_6(피리독신)

효능 : 신장기능에 관계없이 얼굴, 손, 발 붓는 것 예방

음식 : 현미, 대두, 귀리, 콩, 바나나

④ 비타민 B_{12}(코발라민)

효능 : 우울증 개선, 집중력·기억력 강화, 적혈구 생성과 악성빈혈의 조절

음식 : 간, 굴, 육류, 어패류, 치즈, 분유

(3) 비타민 C

효능 : 피부미백, 기미, 주근깨 억제, 피로회복 및 예방, 항산화 감기예방, 콜라겐 합성

음식 : 감귤류, 오렌지, 딸기, 레몬, 토마토, 아세로라, 체리, 각종 과일, 풋고추, 시금치, 채소

(4) 비타민 D

효능 : 뼈의 성장과 석회화 촉진, 칼슘과 인의 흡수 촉진

음식 : 식품에서 찾기 어렵고 일광 자외선 노출 시 몸에서 합성이 가능하다.

(5) 비타민 E

효능 : 항산화제가 포함

음식 : 식물성 기름에 포함

(6) 비타민 K

효능 : 뼈의 무기질 침착, 세포증식, 혈액 응고, 간기능 개선

음식 : 우유 및 유제품, 녹황색 채소

4. 식품의 가치와 선택 조건

식품의 가치는 한두 가지 기능으로 판단하기 어렵고 여러 가지 기능을 종합적으로 고려하여 균형이 맞아야 한다. 이때 일반적으로 고려해야 할 사항은 다음과 같다.

1) 영양적 가치

식품섭취의 주목적은 영양섭취이므로 영양가를 고려하지 않을 수 없다.

한 가지 식품으로 완전한 영양을 유지하기 어려우므로 모든 영양소를 고르게 함유하고 동시에 소화 흡수 및 동화가 잘 되어야 한다.

2) 기호적 가치

식품의 외관, 맛, 향, 질감 등이 영양분 못지않게 중요하다. 이들의 적절한 조화는 식욕을 돋우고 소화액 분비를 도와 소화율을 높일 뿐 아니라 심리적 효과도 크다.

3) 위생적 가치

식품에 중금속, 농약, 안정성, 유해성, 첨가물, 독물, 기생충, 유해균이 함유되어서는 안된다. 그러나 소득증대에 따른 식품의 다양한 요구와 공해로 인한 첨가물, 기타 유해물질의 섭취증가로 인하여 건강을 해칠 우려가 커지고 있다.

4) 경제적 가치

식품은 가공, 저장, 조리, 운반이 편리하여 경제적 가치와 실용성이 있어야 한다.

5. 식품위생 관리

1) 식품위생의 정의

우리나라 식품위생법에는 "식품위생이란 식품, 첨가물, 기구 및 용기와 포장을 대상으로 하는 음식물에 관한 위생을 말한다."고 규정하고 있으며, 제1조에서 "이 법은 식품으로 인한 위생상의 위해 방지와 식품영양의 질적 향상을 도모함으로써 국민보건의 증진에 이바지함을 목적으로 한다."고 하고 있다.

식품위생은 식품으로부터 오는 유해 미생물의 존재를 확인하고 이들의 혼입을 막거나 증식을 억제하는 방법을 제시하면서 여러 천연 혹은 인공 유해물질을 밝히고 오염되지 않도록 함으로써 이들에 의한 식중독 사고를 막을 수 있으며 식품 기인성 질병 발병률을 크게 낮출 수 있다. 식품 기인성 식중독 사고가 계속적으로 발생하고 있는 상황에서, 식품위생을 통하여 이들 손실을 막을 수 있으며 발생한 병의 치료와는 다르게 예방의 효과가 있으므로 철저한 식품위생 관리가 필요하다.

2) 식품위생의 목적

① 식품으로 인한 위생상의 위해를 방지한다. (안정성)
② 식품영양상의 질적 향상을 도모한다. (영양성)
③ 국민 보건의 향상과 증진에 기여한다. (가장 궁극적 목적)

3) 식중독(Food Poisoning)의 원인 및 예방

음식물 섭취로 인한 급성 또는 만성적인 질병을 가리킨다. 발병의 원인물질에 따라 세균성 식중독, 자연독 식중독, 화학적 식중독 등이 있다.

세균의 증식에 알맞은 온도는 25~37℃이므로 겨울철보다 여름철에 잘 발생한다.

(1) 세균성 식중독

세균성 식중독은 살모넬라균, 비브리오균, 병원성 대장균 등에 감염된 어패류나 육류, 야채 및 우유 등의 식품을 섭취하거나, 포도상구균 등의 세균에 감염된 음식물에서 발생하는 독소를 섭취하게 되면 감염될 수 있다. 이를 예방하기 위해서는 케이터링센터에서의 음식물 취급 시뿐만 아니라 기내에서도 제반 설비를 항상 깨끗이 유지하고, 조리되어 탑재되는 음식물 취급 시 각각의 특성에 맞도록 보존하고 불가피하게 오래 보존해야 하는 경우에는 각각의 보관방법과 온도를 준수해야 한다. 또한 서비스 시에 사용한 기물의 관리를 철저하게 해야 한다.

부패되었거나 부패과정에 있는 식품을 섭취했을 때 발생하는 식중독을 예방하기 위해서는 부패된 식자재를 사용하는 일이 없도록 사용 전에 필히 재검수를 실시하고 보관되었던 음식물의 재사용 시에는 변질 여부를 반드시 확인해야 한다.

(2) 자연독 식중독

자연독 식중독이란 체내에 자연적으로 생성된 독소를 가지고 있는 동식물을 섭취하였을 때 발생하는 것으로 사람이 먹는 식품에 자연독이 섞여 들어가거나 식품으로 오인되어 섭취되면 경우에 따라 심각한 질환을 일으키며 구토, 설사, 경련, 마비 증세와 같은 급성식중독 증세가 나타나 심할 경우에는 사망할 수도 있다.

자연독 식중독의 발생건수는 세균성(細菌性) 식중독이나 화학성(化學性) 식중독 등에 비하면 가장 적은 식중독이지만 독성이 더 강해 사망자수가 가장 많다.

대표적인 자연독 함유식품에는 버섯, 복어독, 감자, 조개류 등이 있다.

식중독 발생의 원인으로는 독버섯과 같은 유독한 동·식물을 식용해도 되는 것으로 잘못 아는 경우와 복어와 감자 등에서 유독 부위가 제대로 제거되지 않은 경우 조개와 매실과 같이 특이한 환경조건이나 특정한 시기에 유독화된 것을 모르고 섭취한 경우 등이 있다. 이러한 식중독을 예방하기 위해서는 복어요리와 같은 위험한 식품을 섭취할 때에는 반드시 경험이 풍부한 전문가가 요리하였을 경우에 한하여 섭취하여야 하고, 버섯과 같이 감별이 어려운 경우에는 섭취하지 않는다.

(3) 화학적 식중독

화학적 식중독은 여러 가지 유독·유해한 물질의 오용, 남용, 혼입, 잔류 등에 의해 오염된 음식물을 섭취함으로써 발생하는 식중독이다. 원인물질로는 식품 첨가물, 유해금속, 유해농약 등이 있다. 또한 공장폐수, 식품의 포장재나 용기에서 용출되는 중금속, 내분비교란물질인 환경호르몬 등이 식품에 이행되어 심각한 중독증상을 일으키기도 한다.

화학성 식중독은 세균성 식중독 등에 비해 발생건수는 적지만 계절에 관계없이 발생하며 때로는 집단적으로 발생하기도 한다. 대개, 화학물질에 의한 식중독은 독성물질의 체내흡수가 빠르고 체내분포가 빨라서 중독량에 달하면 특이한 작용에 의한 급성증상이 나타나며 치사량을 초과하면 사망한다. 그러나 원인물질의 흡수가 소량이고 연속적으로 섭취되어 체내에 축적되는 경우에는 만성중독이 될 수 있다. 화학적 식중독을 예방하기 위해서는 먼저 식품제조·가공업자가 올바른 위생지식을 가지고 위생관리를 철저하게 하며 식품위생법을 준수하여 식품을 제조·가공해야 한다. 또한 소비자도 위생적으로 안전한 식품을 선택하는 데 유의하여야 하고 일반가정에서는 부주의로 인한 유해물질의 혼입으로 중독되는 사례가 많으므로 유해물질의 보관장소를 일정한 곳으로 정하고, 유해물질의 용기 등에는 내용물의 이름을 명기하여 오용되지 않도록 노력하여야 한다. 또한 채소류나 과일류는 깨끗이 세척하여 사용하고 식품첨가물은 지정된 품목을 기준에 맞게 사용해야 한다.

4) 승무원의 개인 위생

식품을 취급하는 승무원도 일반적인 조리업무에 종사하는 사람들과 마찬가지로 위생 수칙을 철저히 준수하여 각종 식중독 및 변질된 식품의 섭취로부터 발생하는 위해를 차단하여야 한다.

- 신체를 청결히 유지하고 유니폼은 항상 깨끗하게 유지하여야 한다.
- 손은 항상 깨끗이 씻고 손톱은 청결하게 유지한다.
- 화장실에 다녀왔거나 휴식을 취한 후에는 반드시 손을 깨끗이 씻는다.
- 손에 상처가 있는 경우에는 즉시 치료하고 직접적으로 음식에 손이 닿지 않도록 주의한다.
- 정기적인 신체검사와 예방접종을 한다.
- 음식 앞에서는 기침이나 재채기를 하지 않는다.
- 승무원은 항상 자신의 건강을 중요하게 생각하고 과로, 수면 부족 등을 피한다.

✖ 단원문제

Q1. 식품의 정의를 서술하시오.

Q2. 식품구성의 주성분에 의한 분류 4가지를 나열하시오.

Q3. 식품의 성분 6가지를 나열하시오.

Q4. 탄수화물의 특징을 서술하시오.

Q5. Vitamin의 종류 5가지 이상을 나열하시오.

Q6. 식품의 가치 중 영양적 가치에 대해 설명하시오.

Q7. 식품위생의 목적은 무엇인지 설명하시오.

Q8. HACCP의 역사와 구성요소를 간단히 서술하시오.

Q9. Food Poisoning의 원인 및 예방을 서술하시오.

Q10. 승무원의 개인위생에 대한 특징 3가지 이상을 서술하시오.

서양식의 이해

1. 서양식의 개요

일반적으로 우리가 일컫는 서양요리는 아시아지역을 제외한 유럽과 미국에서 발달한 요리를 뜻한다.

서양요리는 프랑스를 비롯하여 이탈리아, 스페인 등 라틴계열의 요리와 영국, 미국, 북유럽의 앵글로 색슨계 요리 등 수많은 나라의 요리를 편의적으로 표현하는 것이며 나라마다 각기 내용을 달리하는 특징적인 식생활을 구축하고 있다. 이것은 요리가 그 지방의 자연환경과 오랜 역사와 문화의 영향을 많이 받기 때문이다. 프랑스 요리가 서양요리의 대표로 인식되어 있는 것도 바로 이러한 이유이다.

프랑스는 역사적으로 정치·문화의 중심지였으며, 지형적으로는 이탈리아, 독일, 스페인, 스위스 등과 인접하고 있어 쉽게 문화적 교류가 이루어졌다. 그리고 기후가 온화하고, 전 국토가 평야로 이루어져 있어 요리에 필요한 농산물, 축산물, 수산물뿐만 아니라 버터, 유제품 등 조리에 필요한 재료가 풍부하여 일찍이 요리가 발달할 수 있는 여건이 조성되어 있었다. 또한 프랑스 국민들의 요리에 대한 긍지와 애착 등의 요소가 결합하여 프랑스 요리를 세계적 요리로 만들었다.

이탈리아 요리는 우리나라에 많이 알려진 스파게티와 피자 등을 중심으로 밀가루 음식과 특산품인 올리브오일, 토마토를 이용한 음식이 주종을 이루고 있다. 영국은 목축이 발달한 나라답게 육류를 독자적인 방법으로 조리한 로스트, 스테이크, 스튜, 파이 등이 유명하며 홍차를 즐겨 마신다. 독일은 숙성 가공한 햄, 소시지와 감자 음식이 발달하였고 이러한 특징은 맥주에서 그 완성도를 나타낸다. 미국은 여러 민족들이 이민 와서 구성된 식문화로 여러 나라의 음식문화를 받아들여 조리법은 대단한 특징이 없지만 샐러드 음식이 많고, 식품가공이 발달하여 냉동식품, 반조리식품, 인스턴트식품의 종류가 다양하다.

이렇게 서양식은 여러 나라들이 그 나라마다의 독특한 특징을 가지고 있기 때문에 각 나라별로 이해하는 데는 매우 어려움이 크다. 따라서 본 교재에서는 서양식을 대표하는 프랑스 요리를 중심으로 소개하고자 한다.

2. 서양요리의 특징

1) 일반적인 특징

서양요리는 목축문화에 그 뿌리를 두고 있어 농경문화에 바탕을 둔 동양요리와는 다르다. 동양요리가 단순한 가공을 거쳐 섬세하게 만들어진다면, 서양요리는 '육류'를 바탕으로 하기 때문에 부패를 방지할 수 있는 치밀한 가공단계를 거쳐 만들어진다. 이러한 이유로, 서양요리는 식품의 맛을 그대로 유지시킬 수 있도록 주로 소금을 사용하고 여러 가지 향신료와 주류를 사용하여 음식의 향미를 좋게 하며 재료와 조리법에 어울리는 많은 소스의 종류가 발달되었다. 또한 서양요리는 식품 재료의 선택이 비교적 광범위하고 재료의 분량과 배합이 체계적이고 합리적이다. 조리방법으로는 간접열을 이용한 오븐 구이요리가 많은 편이어서 식품의 맛과 색뿐만 아니라 향미도 충분히 살릴 수 있는 특징이 있다.

서양요리는 한식과 달리 세 끼의 식단이 다르며 주식과 부식의 한계가 구분되지 않는다. 식사 때는 일정한 절차가 있으며 식사시간 또한 우리보다 오래 걸린다.

> ① 서양요리에는 우리나라에서 흔히 쓰이는 재료 외에 특히 향미를 즐길 수 있는 여러 가지 풀, 나뭇잎, 열매 등이 많이 이용된다.
> ② 식품을 취급하는 방법, 조리하는 방법, 사용하는 조미료와 식사 형식, 식탁을 차리는 방법, 식사 예법 등이 우리나라와는 다른 점이 많다.
> ③ 요리는 세 끼의 아침, 점심, 저녁, 그리고 식사시간과 식사시간 사이에 갖는 차 마시는 시간(tea time), 경우에 따라서 특별히 준비하는 상차림 등 때에 따라 차리는 음식과 방법이 다르다.

2) 조리방법의 특징

서양요리는 조리하는 방법에 있어 우리와 다른 여러 가지 특징을 가지고 있다.

첫째, 재료의 분량과 배합이 체계적이며 과학적이다. 즉, 식품을 큰 덩어리로 조리하여 식탁에서 잘게 썰어 먹는다. 이렇게 하면 조리과정에서 발생되는 영양소의 손실도 줄일 수 있고, 식품 원래의 맛을 살리는 데도 효과적이다.

둘째, 식품의 사용이 광범위하고, 배합이 용이하며, 식품 배합에 따른 음식의 빛깔, 맛의 변화, 그릇에 담기까지가 합리적으로 연구되어 있다.

셋째, 오븐을 사용하는 건열조리방법을 많이 이용하며 식품의 맛과 향미를 그대로 살려서 조리한다.

넷째, 조미료는 요리를 만든 후 개인의 기호에 따라 간단하게 조절할 수 있도록 식탁에서 사용되며, 주로 소금, 후춧가루, 버터가 기본 조미료로 쓰인다.

다섯째, 맛과 영양을 보충하기 위해 음식 위에 소스를 끼얹으며, 향신료나 술 등도 많이 사용된다.

3) 식사와 상차림의 특징

서양식은 한식과는 달리 아침·점심·저녁 등의 식단이 다르며, 주식과 부식의 한계가 뚜렷하지 않다. 또한 식사를 할 때는 일정한 절차가 있어 식욕을 돋우는 전채요리, 입안을 부드럽게 적셔주는 수프요리, 주가 되는 주식요리, 후식요리 등으로 구분된다.

서양식에서는 각 음식에 따라 개인이 사용하는 그릇, 스푼, 포크, 나이프가 다르다. 또 요리접시 왼쪽에 포크, 오른쪽에 나이프와 스푼을 놓아 두 손을 사용하여 식사를 하며, 음식에 따라 나이프와 스푼을 한 번씩만 사용하므로 음식의 맛이 혼합됨이 없이 본래의 향미를 그대로 즐길 수 있다.

한식과 같이 상 위에 음식을 한꺼번에 놓는 것이 아니라, 한 가지 음식을 먹고 난 다음 다른 음식을 내는 시간전개형(時間展開形)의 상차림이다.

3. 서양식 메뉴의 종류

1) 정식메뉴(Table d' Hote)

요리의 종류와 순서가 미리 결정되어 있는 차림표를 정식메뉴(Table d'Hote)라 하고 전채요리(appetizer)부터 후식(dessert)까지의 내용으로 구성된다. 또한 풀코스(full course)라고도 한다. 한 끼 분량으로 구성되어 있으며, 일정한 순서대로 미리 짜여 있어 모든 코스는 본인의 선호 여부와 관계없이 차례대로 제공된다.

정식메뉴는 아래와 같은 순서로 제공된다. 그러나 최근에는 많이 간소화되고 있는 추세이다.

① 찬 전채(Cold Appetizer ; Hors d'oeuvre froid)

② 수프(Soup ; Potage)

③ 온 전채(Warm Appetizer ; Hors d'oeuvre chaud)

④ 생선(Fish ; Poisson)

⑤ 주요리(Main Dish ; Releve)

⑥ 더운 주요리(Warm Main Dish ; Entree chaud)

⑦ 찬 주요리(Cold Main Dish ; Entree froid)

⑧ 가금류 요리(Roast ; Rotis)

⑨ 더운 야채요리(Warm Vegetables ; Legume)

⑩ 찬 야채(Salad ; Salade)

⑪ 더운 후식(Warm Dessert ; Entremets de Douceur chaud)

⑫ 찬 후식(Cold Dessert ; Entremets de Douceur froid)

⑬ 생 및 조림과일(Fresh or Stewed Fruit ; Fruit ou Compote)

⑭ 치즈(Cheese ; Fromage)

⑮ 식후 음료(Beverage ; Boisson)

⑯ 식후 생과자(Pralines ; Friandises)

2) 일품요리 메뉴(Á La Carte)

일품요리 메뉴란 식성대로 한 가지씩 자유로이 선택하여 먹을 수 있는 요리의 차림표를 말하는데 이것을 표준차림표(Standard Menu)라고도 한다.

일품요리 메뉴는 식당에서 주가 되는 차림표로서 그 구성은 가장 전통적인 정식(Classical Formal Dinner)식사의 순서에 따라 각 순서마다 몇 가지씩 요리품목을 명시한 것으로 각 요리마다 가격의 차이가 있으며 고객은 본인이 선택한 품목의 가격만큼만 지불하면 된다. 현재 식당에서 사용하는 메뉴는 일반적으로 거의 다 일품요리 메뉴이다.

3) 뷔페메뉴(Buffet Menu)

뷔페메뉴란 각 순서마다 메뉴가 다양하게 구성된 메뉴로서 어느 일정액을 지불하면 여러 가지 요리를 양껏 먹을 수 있는 장점이 있다. Sandwich류나 Salad류 등으로 뷔페를 하는 경우가 있는 반면 한식·양식·중식·일식 등 다 함께하는 뷔페메뉴도 있다.

(1) 뷔페의 형태

① Open Buffet

일정한 인원이 정해져 있지 않은 불특정 다수를 위한 것으로서 일정액의 요금을 지불하면 마음껏 먹을 수 있는 것으로서 호텔의 뷔페가 그 한 예이다.

② Close Buffet

정해진 금액과 정해진 인원에 맞추어 제공되는 것으로서 연회장에서 연회 시에 사용하는 뷔페가 그 예이다.

4) Special Menu

특별요리 메뉴는 고기요리를 중심으로 미리 짜여진 것으로 Daily Menu라고도 부른다. 매일 주방장이 준비하는 추천메뉴로 고객의 기호에 맞추어 양질의 재료, 저렴한 가격, 때와 장소, 계절에 맞도록 고객에게 매일 변화 있는 메뉴를 제공하는 것이다.

4. 서양식 조리의 기본적 이해

1) 기본 조리방법

(1) Blanching ; Blanchir

블랜칭(Blanching)이란 데치기를 뜻하며, 식물의 엽록소를 파괴하지 않으면서 예쁜 색깔이 나도록 짧은 시간 끓는 물에 담갔다 건지는 것을 말한다. 100℃에서 짧은 시간에 조리하는 것이 무엇보다도 중요하다. 또한 식재료를 끓는 물에 담갔을 때 물의 온도가 내려가는 것을 방지하기 위해 '물 : 재료 = 10 : 1'의 비율을 지키는 것이 좋다. 데친 후에는 찬물이나 얼음물에 헹군다. 블랜칭(Blanching)할 재료에 따라 뚜껑을 열거나 덮어서 데치고, 소금을 넣는 등 방법이 약간씩 달라진다.

(2) Poaching ; Pocher

포칭(Poaching)이란 단백질식품(달걀, 생선 등)을 조리할 때, 섭씨 70~80℃의 끓는점 이하의 물이나 육수에서 삶는 방법을 말한다. 이 조리법은 너무 높은 온도에서 조리했을 때 단백질 식품의 영양소 파괴(알부민 파괴)를 막기 위해 사용되는 조리법이다. 이때 음식이 건조하고 딱딱해지는 것을 방지하기 위하여, 천천히 조리하는 것이 중요하다.

(3) Boiling ; Bouillir

물이나 스톡(stock)을 100℃까지 끓여서 가열하는 조리방법으로 파스타(Pasta), 라이스(rice), 말린 야채(Dry vegetable) 조리에 주로 사용한다. 감자 등은 찬물로 끓이며, 파스타는 끓는 물에 소금과 기름을 몇 방울 떨어뜨린 다음 삶아 낸다.

(4) Steaming ; cuire a vapeur

증기압을 이용하거나 순수한 증기만을 이용하여 조리하는 방법으로 생선, 갑각류, 육류, 야채, 후식요리에 많이 사용하며 식품 고유의 맛을 유지할 수 있는 장점이 있다. 사용온도는 200~250℃ 정도이다.

스티밍(Steaming)은 물에 조리하는 것보다 풍미나 영양적으로 더 좋다고 한다.

(5) Deep Fat Frying ; frire

기름을 이용하여 140~190℃에서 튀기는 방법이다. 주로 육류, 가금류, 야채, 생선 조리에 이용하며 기름 온도가 일정하게 유지되도록 식품을 적당량씩 조절하여 튀긴다. 기름 온도가 너무 낮으면 재료에 기름이 흡수되어 버린다.

(6) Sauteing ; Sauter

적은 양의 기름을 이용하여 빠른 시간에 순간적으로 볶거나 튀기는 것을 말한다. 160~240℃의 온도에서 조리하며 pan frying이나 shallow frying이라고도 한다.

잘게 썬 고기나 야채는 팬을 흔들어주면서 조리하고, 작은 고기나 생선조각은 팬을 흔들지 말고 한쪽 면에 색깔이 나면 뒤집어주면 된다.

(7) Broiling, Grilling ; Griller

석쇠, 금속판을 이용해 고기류를 얹어 직접 굽는 방법이다. 220~250℃로 가열하여 예열한 다음 150~200℃에서 조리한다. 열이 발생하고, 열이 닿는 조리부위에 따라 Under Heat(Broiler, Griller), Over Heat(Salamander), Between Heat(Toaster)의 방법으로 나누어진다.

(8) Gratinating ; Gratiner

크림(cream), 치즈(cheese), 달걀(egg), 버터(butter) 등을 요리의 표면에 뿌려서 250~300℃의 오븐(oven)이나 샐러맨더(salamander)를 이용하여 표면을 갈색으로 굽는 조리방법이다. 수프(soup), 피시 그라탱(fish gratine), 파스타(pasta) 요리에 많이 이용된다.

(9) Baking ; Cuire au Four

주로 제과에서 사용하는 방법이며 오븐을 이용해서 건조열로 굽는 방법을 말한다. 재료의 특성에 따라 140~250℃에서 조리한다. Baking의 가장 큰 특징은 '완전히 익혀서 먹는 조리방법'이라는 것이다.

(10) Roasting ; Rotir

육류나 가금류, 생선, 야채 등을 통째로 구워내는 방법이다. 하나로 된 큰 고기를 모양이 흐트러지지 않도록 실로 묶어 야채와 향신료를 뿌려서 오븐을 이용해 굽는다. Roasting할 때는 뚜껑을 덮지 않고 굽도록 한다. 덩어리 고기는 150~180℃, 생선류는 110℃, 가금류는 180~200℃의 온도에서 조리하는 것이 적당하다.

(11) Braising ; Braiser

적은 양의 육수를 사용해서 고기를 연하게 조리하는 방법이다. 야채는 140℃, 생선은 160℃, 육류는 180~200℃에서 조리한다.

뚜껑을 덮어 오븐에서 적은 양의 고기를 구우면서 즙을 끼얹어주거나, 낮은 냄비에 고기나 야채를 넣고 볶으면서 즙을 뿌리는 방법이다. 고기를 연하게 해야 하므로, 낮은 온도의 열을 이용하게 된다.

(12) Glazing ; Glacer

야채를 조리할 경우 설탕, 버터, 물 또는 스톡을 첨가한 다음 뚜껑을 덮고 약한 불(150~200℃)에서 서서히 졸인다. 물기가 거의 증발한 다음 뚜껑을 열고 계속적으로 흔들어준다. 당근, 무 등에 적합하다.

고기를 조리할 경우 기본적으로는 브레이징과 같으나 좀 더 약한 불로 조리한다. 화이트 화인을 넣고 졸이다가 브라운 스톡(Brown stock)을 넣고 약한 불로 계속 졸인다. 뚜껑을 열고 고기를 꺼낸 다음 소금, 후추로 가미한다. 육즙을 고운체로 걸러 몬테(monte)한 다음 소스로 사용한다.

(13) Stewing/Simmering ; Etaver

뚜껑이 달린 스튜잉 포트를 이용하여 브레이징보다 낮은 온도로 서서히 조리는 방법으로 육류, 야채, 과일 찜에 사용하는 조리방법이다. 녹인 버터를 포트에 두르고 내용물을 넣은 다음 110~140℃의 온도로 서서히 조린다.

(14) Shallow Frying, Sauter

팬 프라잉(Pan frying)이라 부르기도 하며, 깊이가 얕은 팬에 소량의 기름을 넣고 160~240℃에서 살짝 볶아내는 방법이다. 잘게 썬 고기류나 야채 등은 팬을 자주 돌리면서 조리해야 하며, 스테이크(steak), 커틀릿(cutlet), 생선(fish) 등은 팬을 흔들지 않고 색깔이 날 수 있도록 조리해야 한다.

2) 조미료와 향신료

(1) 조미료

조미료는 아주 적은 양으로도 식품 본래의 맛을 강하게 하거나 바람직하지 않은 맛을 만들 수 있다. 또, 식품의 재료가 지닌 맛과 어우러져 음식의 맛을 더욱 좋게 해주거나 새로운 맛을 내기도 한다. 맛 뿐만 아니라 윤기, 점성, 경도, 부패 방지 등의 역할을 한다.

① Salt : 짠맛을 내는 기본적인 조미료로서 서양요리에서는 소금으로 간을 맞춘다.

식사 서비스 시에도 기본적으로 항상 놓이게 되며 각자 간을 맞추는 데 쓰인다.

② Sugar : 음식에 단맛을 낼 뿐만 아니라 보습, 방부, 광택을 내는 역할을 해 디저트, 음료 등에 많이 사용된다.

③ Vinegar : 식초는 음식에 신맛과 동시에 상쾌한 맛을 주며 식욕을 촉진하고 방부작용을 한다. 과실이나 포도주를 주원료로 한 양조식초는 신맛 이외에 풍미가 있어 주로 샐러드용 소스에 사용된다. 식초는 조미료뿐 아니라 pickle, marinade, sauce 만들 때 이용된다.

- 포도주 발효식초(wine vinegar)
- 사과즙 발효식초(cider vinegar)
- 곡류 발효식초(malt vinegar)

④ Wine : 와인은 기호품으로 마시는 외에도 생선이나 조개요리, 육류요리에 넣어 냄새를 없애고 맛을 더해주는 조미료의 역할도 한다.

- White Wine : 생선, 조개류, 새우요리

- Sherry : 적색의 고기요리
- Red Wine : 쇠고기와 같은 붉은색의 고기요리
- Brandy : 닭고기류, 고기류에 다른 술과 같이 쓰임

⑤ Tomato 가공품 : 토마토 소스는 돼지고기 또는 생선 및 가금류 요리에 주요 사용되며, 특히 이태리의 파스타 요리와 피자 소스의 기본 재료로 많이 이용된다.

- Tomato Puree : 잘 익은 토마토를 끓여서 으깨어 걸러 만든 것
- Tomato Paste : 토마토 퓌레를 1/3로 농축시킨 것
- Tomato Ketchup : 토마토 퓌레에 향신료, 소금, 식초, 설탕 등을 첨가하여 졸인 것으로 토마토 가공품 중 가장 많이 생산되고 사용된다.
- Tomato Sauce : 퓌레와 페이스트를 섞어 버터, 육수, 소금, 후추, 양파, 마늘 등을 넣어 되직하게 만든 것

⑥ Salad Oil : 식물성 식품의 열매나 종자에서 짜낸 정제한 기름으로 상온에서 액체상태의 기름이다. 소스나 조리용으로 사용된다. 올리브기름, 면실유, 콩기름, 낙화생기름, 옥수수기름 등이 여기에 포함된다.

⑦ Butter : 버터는 신선하거나 발효된 크림이나 우유를 교유해서 만든 낙농제품으로, 스프레드나 조미료로 쓰이기도 하고 굽기, 양념 만들기, 볶기 등의 요리에 응용하여 쓰이기도 한다. 버터는 유지방, 수분, 단백질로 이루어져 있다.

버터의 품질은 신선한 것에는 크림 특유의 방향이 있고 표면과 내부 모두 균일한 빛과 윤기를 내며 단면은 매끄러우며 물방울이 나오지 않는다. 보존상태가 나쁘면 표면이 노랗게 변하거나 자극적인 낙산(부티르산) 냄새를 풍긴다. 이 때문에 항상 10℃ 이하에서 보관해야 하며, 오랜 기간 보존해야 할 때는 -15℃ 이하에서 동결 보존해야 한다. 버터는 녹으면 다시 그 모양을 회복할 수 없다. 따라서 기내에 탑재된 버터도 반드시 보관온도를 준수해야 한다.

⑧ Margarine : 우유에 여러 가지 동·식물성 유지를 넣어 식힌 후 식염, 색소, 비타민류를 넣고 반죽하여 굳혀서 만든 것으로 용도는 버터와 같다. 마가린은 프랑스의 화학자인 H. 메주 무리에(Hippolyte Mège-Mouriès)가 1860년대 후반에 처음 개발하여 유럽에서 승인을 받았고 미국에서 1873년 특허를 받았다.

⑨ Shortening : 식물성 지방에 수소이온을 첨가해서 경화유로 만든 것이다. 무색, 무취, 무미한 것이 특징이다. 버터와 같은 용도로 쓰이나 주로 제과용에 많이 이용된다.

⑩ Lard : 돼지의 지방층에서 지방을 분리한 기름이다. 버터, 쇼트닝, 마가린보다 부드럽다. 요리에 사용할 때 분량은 20% 적게 사용한다.

⑪ Cheese : 순수한 우유 단백질을 응고시켜 만든 것으로 그 공정과 경도에 따라 800여 종이 있으며 조미용, 식사용으로 광범위하게 사용되고 있다. 특히, 가루치즈는 음식 맛을 내는 데 많이 쓰인다.

(2) 향신료

향신료는 여러 종류의 방향성 식물의 뿌리, 열매, 꽃, 종자, 잎, 껍질 등에서 얻어지며 독특한 향기와 맛을 가지고 있어 음식의 맛과 향을 증진시키는 작용과 수조육류, 생선류 등의 냄새 제거에 사용되며 방부제의 역할도 한다.

	명칭	사진	설명
1	Anise (아니스)		스페인, 시리아, 중국 등지에서 자라는 일년생 식물인 파슬리과 식물의 열매이다. 감초 맛이 나며 쿠키, 캔디, 피클, 케이크, 롤 등을 만들 때 사용한다. 술의 향료로도 쓰인다.
2	Basil (바질)		박하과의 1년생 식물로, 어린 잎과 줄기를 생으로 혹은 말려서 사용한다. 원산지는 인도이고, 이란과 지중해 연안에서 많이 재배된다. 이탈리아나 프랑스에서 많이 사용하고, 토마토가 들어가는 음식의 중요한 조미료이며, 스튜, 수프, 달걀요리, 각종 소스 등에도 이용되고, 특히 lamb chop에는 반드시 사용한다.
3	Bay Leaves (월계수잎)		동쪽 지중해 연안, 특히 터키, 그리스 등에서 자라는 월계수의 잎으로, 방향이 좋다. 고대 올림픽에서 승자에게 월계수잎이 달린 가지로 만든 관을 주어 명예의 표지로 삼았는데 이것을 월계관이라 하였다. 피클, 로스트, 스튜, 소스, 수프, 생선, 차우더(chowder) 등에 사용되며, 이태리풍의 요리에 많이 사용된다. 음식이 끓으면 건져낸다.
4	Borage (보리지)		보리지는 지중해 연안이 원산지이며 지치과에 속하며 비교적 재배가 쉬운 일·이년초이다. 다섯 개의 별모양 꽃잎은 약간 고개를 숙인 듯이 청초하게 피어난다. 보리지는 야채와 함께 이용하면 좋은데 잎이 부드러울 때 샐러드에 섞거나 설탕 절임으로 과자의 장식에 쓰이며 닭이나 생선 요리에 첨가하기도 한다.

5	Caraway (캐러웨이)		소아시아가 원산지이며 유럽, 북페르시아, 시베리아, 히말라야 등에서 재배되고 있다. 독특한 향기가 있으며 파라솔처럼 생긴 꽃으로 2년초이다. 가지가 많고 60cm 이상 자랐을 때 흰꽃을 피운다. 씨는 3mm 정도로 상추와 비슷하다. 호밀빵, 비프스튜, 캔디, 리큐르, 케이크, 간요리 등에 사용한다.
6	Chervil (처빌)		미나리과 식물의 잎으로, 파슬리 비슷한 강한 향기를 가지고 있다. 가금류나 해산물 혹은 다른 채소와 함께 맛을 내는 재료로 많이 쓴다. 프랑스에서 가장 많이 쓰며 감초의 맛과 흡사하다. 특히 생선 · 샐러드 · 수프 · 달걀 · 고기 및 가금과 생선의 내장 등 음식의 맛을 내는 데 쓴다.
7	Cinnamon (시나몬)		중국, 인도네시아, 인도차이나가 원산지인 계피과 상록수로 건조시킨 나무껍질이다. 이 외피를 문질러 제거하고 안의 엷은 갈색 줄무늬가 있는 것을 서서히 말리면 되는데, 얇은 것이 우수 품종이다. 패스트리, 빵, 푸딩, 케이크, 쿠키 그리고 커피에 사용된다.
8	Coriander (코리앤더)		지중해 연안, 모로코 남부, 불란서, 동양 등이 원산지인 코리앤더는 미나리과에 속하는 60cm 정도의 크기로 후추알만한 씨를 가지고 있다. 피클, 과자류, 조류의 stuffing, 채소, 소시지, 마리네이드 등에 사용한다.
9	Clove (정향)		인도, 인도네시아, Madagascar(아프리카 동해의 섬), Zanzibar(아프리카 동해의 섬) 등에서 생산되는 열대식물의 덜 익은 꽃봉오리를 건조시킨 흑갈색의 못같이 생긴 것으로 짙은 향을 가지고 있으며 모든 양념 중에서 가장 얼얼한 맛을 갖는다. 그 꽃봉오리를 훈연가공품, 과자류, 푸딩, 수프, 스튜, 과일 피클 등에 이용한다. 건조시키면 다갈색의 T자 모양이다.
10	Curry (카레)		커리의 맛은 생강과 고추의 함량에 따라 순한 맛, 중간 맛, 매운맛으로 나눌 수 있는데 남인도지방에서 생산되는 커리가 맵기로 유명하다. 커리가 노란색을 띠는 것은 터메릭(Turmeric)의 함량에 따라 차이가 나는데 터메릭의 양이 적을수록 노란색이 약해진다
11	Dill (딜)		유럽이 원산지이며 미국과 서인도제도에서 자라는 독일의 정원풀이다. 캐러웨이(caraway)와 형태나 맛이 비슷하며 씨나 가지를 다발로 사용할 수 있다. 피클, 샐러드, 사워크라우트, 소스, 푸딩, 감자 샐러드 등에 주로 사용된다.

12	Garlic (마늘)		마늘은 중앙아시아, 지중해, 동양에서 자란다. 이는 구근이 성장한 것으로, 구근은 6~12쪽의 조각으로 갈라져 있고 각 조각에는 껍질이 있으며 톡 쏘는 매운맛과 향을 가지고 있다. 마늘잎은 별로 이용되지 않고 주로 마늘 알맹이를 사용한다. 맛과 냄새가 아주 강하여 샐러드, 수프, 스튜 등에 곱게 다져 넣어서 독특한 맛을 낸다.
13	Ginger (생강)		생강은 아시아가 원산지이고 중국, 일본, 자메이카, 아프리카 등지에서 자란다. 생강은 갈대와 비슷한 잎을 가진 초본이며, 그 뿌리를 사용하는데, 풍미가 얼얼하고 향기로우며 10달 정도 키운 것이 품질이 가장 좋다. 피클, 스튜, 감자수프, 콩요리 등에 다양하게 사용된다.
14	Horseradish (겨자무)		미국과 유럽이 주산지이며 뿌리를 다져서 크림이나 화이트 소스, 로스트 비프용 소스를 만들 때 사용한다. 우리나라에서는 병조림한 제품을 많이 이용하고 있다. 맛은 겨자와 같이 개운하고 매운맛을 가지고 있다.
15	Marjoram (마조람)		프랑스, 북아프리카, 독일, 칠레 등에서 생산되는 박하과의 향료로, 건조시킨 잎과 꽃봉오리는 달콤하고 박하와 같은 맛을 내는 데 사용된다. 육류, 어류, 조류, 달걀, 치즈, 채소, 소시지, 모든 종류의 양고기 요리 등에 사용된다. 잎사귀는 밀봉된 용기에 저장하여야 한다.
16	Mint (민트)		많은 종류가 있지만, 스피아민트(spearmint)와 페퍼민트(peppermint)를 가장 많이 쓴다. 페퍼민트는 전 유럽과 미국에서 재배된다. 유럽이 원산지인 스피아민트는 영국과 미국에서 재배된다. 과자, 음료, 아이스크림, 수프, 스튜, 육류, 생선 소스, 양고기 요리 등에 사용된다.
17	Nutmeg (육두구)		인도네시아 몰루카(Molucca)섬이 원산지로 서인도제도의 섬에서 재배된다. 높이 9~12cm인 열대 상록수의 복숭아 비슷한 열매의 핵이나 씨를 사용하는데, 달콤하고 향이 독특하며 알맹이로 된 육두구는 강판에 갈아 사용한다. 커스터드(custard), 에그녹(eggnog), 크림 푸딩(cream pudding), 스파게티(spaghetti) 등에 사용한다.
18	Onion (양파)		양파는 자극적인 냄새와 매운맛이 강한데, 이것이 육류나 생선의 냄새를 없앤다. 삶으면 매운맛이 없어지고 단맛과 향기가 난다. 수프를 비롯하여 육류나 채소에 섞어 끓이는 요리에 사용되고, 카레라이스의 재료로도 긴요하게 사용된다. 샐러드나 요리에 곁들이는 외에 피클의 재료도 된다. 샐러드로서 생식할 때에는 매운맛이 적고 색깔이 아름다운 적색계통의 양파를 주로 쓴다.

19	Oregano (꽃박하)		박하과의 다년생 식물로, 잎사귀를 그대로 사용하거나 가루로 만들어 사용한다. 지중해 연안이나, 칠레, 멕시코, 이탈리아, 그리스, 프랑스 등에서 생산된다. marjoram과 맛이 유사하나, 좀 더 강하며, 몇 십 년 전에는 이탈리아 음식이나 멕시코 음식에만 사용하였으나, 지금은 미국인들이 여러 음식에 많이 사용한다. 피자, 토마토요리, 멕시코와 이탈리아 요리, 스튜, 채소나 달걀요리에 첨가한다. chili powder의 원료이기도 하다.
20	Paprika (파프리카)		헝가리와 에스파냐가 주산지인 맵지 않은 고추. 익은 것은 산뜻한 주황빛이나 붉은색이고 달콤한 신 향기와 씁쓰레한 맛이 난다. 이를 말려서 가루로 내어 착색향신료로 시판하고 있다. 파프리카는 향기가 약하고 맵지 않으므로 색깔에 맞추어 양을 조정하면 된다.
21	Parsley (파슬리)		전 세계에서 널리 재배되고 있으며 추위에 강하고 토질(土質)을 가리지 않아 재배가 쉬워 텃밭이나 실내 원예에도 적합하다. 고대 그리스·로마시대에 이미 향미료나 해독제로 이용되었다. 독특한 향기가 있어 잎을 수프·소스·샐러드·튀김에 쓰며 서양요리에서는 장식용으로 놓기도 한다. 비타민 A·C가 많고 철분과 칼슘도 많다. 원산지는 지중해 연안이며 세계 각지에 야생한다.
22	Pepper (후추)		모든 양념 중에서 가장 일반적인 것이다. 작은 넝쿨식물의 열매로, 동인도가 원산지이나 현재는 인도네시아, 보르네오, 서인도 등에서 생산된다. 통후추(Whole pepper) : 통후추는 햇볕에 말려서 열매 껍질이 검고 쭈글쭈글하게 된 것을 향신료로 이용하는데, 주로 피클이나 수프에 이용된다. 통후추를 넣어 수프를 만들 때에는 반드시 수프가 끓은 후 건져내도록 한다. 흰 통후추(Pepper corn white) : 붉게 익은 통후추를 물에 담갔다가 문질러 껍질을 벗긴 후 말린 것으로, 검은 통후추보다 맛이 순하다. 흰 후춧가루(White pepper) : 흰 통후추를 가루로 낸 것이다. 검은 후춧가루(Black pepper) : 검은 통후추를 가루로 낸 것이다.
23	Poppy Seed (양귀비)		터키 원산인 poppy나무의 열매로, 작고 어두운 회색이며 동부 유럽에서 조미료로 많이 이용한다. 패스트리, 쿠키, 케이크, 롤 등에 넣기도 하고, 샐러드기름, noodle 등에도 이용된다.
24	Rosemary (로즈메리)		박하과에 속하는 방향성 식물로, 소나무잎과 비슷하게 생겼다. 지중해 연안이 원산지이고, 프랑스, 스페인, 포르투갈 등에서 많이 생산된다. 감미롭고 향기로운 맛을 가진다. 생잎을 그대로 채취하여 양고기, 닭고기, 돼지고기, 쇠고기, 수프나 스튜 등에 사용한다.

25	Sage (세이지)		쑥냄새가 나는 박하과의 방향성 식물로, 유고슬라비아에서 주로 생산되며, 미국인들이 즐겨 사용한다. 돼지고기나 조류 등을 조미하는 데 아주 적합하며, pork chop의 내용물, 가금류의 내용물, 드레싱 조미, 소시지 조미, 생선, 달걀 요리 등에 사용된다.
26	Tarragon (타라곤)		유럽이 원산지이고 프랑스, 스페인에서 나는 국과(菊科)식물의 잎이며, anise와 맛이 비슷하다. 식초나 머스터드 제품에 방향제로 이용하고, 육류, 달걀, 토마토음식, 소스, 샐러드 등에도 사용한다. 사용할 때는 조금씩만 넣는다.
27	Thyme (타임)		유럽이 원산지이고 프랑스, 스페인, 이탈리아 등지에서 생산된다. 꽃순이나 잎사귀를 말려서 이용하는데, 신선하고 약간 자극적인 방향을 가지고 있다. 가금류의 조미료로 주로 사용되며, 생선 수프나 chowder, 생선 소스, 크로켓, 토마토를 넣은 음식 등에 이용되며 common thyme과 lemon thyme의 두 종류가 있다.
28	Vanilla (바닐라)		열매(바닐라콩)를 익기 전에 따서 발효시키고, 향을 낸 다음 추출시킨 액을 알코올로 묽게 만든 바닐라에센스가 시판되며, 아이스크림 · 푸딩 · 과자 · 케이크 · 캔디 등에 향미가 나도록 넣는다. 발효시킨 뒤의 바닐라콩은 분말로 만들어서 양과자류의 향미료로 사용하며, 이것을 설탕과 섞은 바닐라슈가는 스위트초콜릿을 만드는 데 이용된다.
29	Savory (세이보리)		박하과에 속하는 식물로, 잎이 작고 약간 녹갈색이 난다. 잎과 꽃 순을 이용하는데, 여름에 맛이 더욱 좋으며, 프랑스, 스페인에서 흔히 사용한다. 수프, 육류, 닭, 소스, 생선, 달걀, 그레이비, 샐러드 드레싱, 스튜 등에 이용된다.
30	Saffron (사프란)		원산지는 아시아이고 색은 노란색에서 빨간색에 이르기까지 매우 다양하다. 사프란 나무 꽃의 암술을 채취한 것으로 미지근한 물에 우려내어 음식에 사용했을 때 강한 노란색을 띠며 맛은 순하고 씁쓸하면서 단맛이 난다. 1g의 건조 사프란을 위해서는 100~170개의 꽃이 필요하므로 가격이 매우 비싸다. 빨간색의 사프란은 물에 넣으면 점점 노란색으로 변한다.

263

3) 소스

소스에 대한 어원은 고대 라틴어 'Salus'에서 유래되었는데, 'Sails'는 소금을 첨가한다는 'Salted'의 옛말로, 이것이 발전되면서 소스라는 말이 유래된 것으로 추정된다. 소스의 역할은 요리의 풍미를 더해주는 것이며, 서양요리의 맛은 소스의 영향을 많이 받는다.

소스란 서양요리에서 맛이나 색을 내기 위해 생선, 고기, 달걀, 채소 등 각종 요리의 용도에 적합하게 첨가하는 액상 또는 반유동 상태의 배합형 액상조미액으로, 주로 스톡에 향신료를 넣고 풍미를 낸 뒤 농후제로 농도조절을 해 음식에 뿌리는 것을 말한다. 소스의 종류는 수백 가지이지만 기본적으로 크게 나누어 베샤멜(Bechamel) 소스, 벨루테(Veloute) 소스, 데미글라스(Demiglace) 소스, 토마토(Tomato) 소스, 홀랜다이즈(Hollandaise) 소스 등이 있고, 이 모체 소스에 첨가되는 각종 재료에 의해 수많은 소스가 파생되어 만들어진다. 이러한 모든 소스의 종류를 기억한다는 것은 불가능하므로 본 교재에서는 모체가 되는 소스만을 소개하도록 하겠다.

(1) 소스의 기본 구성요소

소스란 주로 스톡에 향신료를 넣고 풍미를 낸 뒤 농후제로 농도조절하여 음식에 뿌리는 것을 말한다. 따라서 소스를 만들기 위해서는 먼저 스톡과 농후제를 만들어야 한다. 루(Roux)는 서양요리의 대표적인 농후제로 밀가루 1/2과 버터 1/2의 혼합물을 말한다. 소스의 농후한 정도는 이들 재료들의 비율과 농후제의 젤화 특성, 조리시간에 따라 다르다.

① 스톡(Stock)

우리말로는 육수, 불어로는 퐁(Fond) 또는 부이용(Bouillon), 일어로는 다시(だし)라 한다.

스톡(stock)이란 소뼈, 닭뼈, 생선뼈 등에 향미채소와 향신료를 함께 넣고 끓여 우려낸 국물로서 수프와 소스의 맛을 결정하는 가장 중요한 요리이다. 뼈를 그냥 사용하면 화이트 스톡이 되고, 소뼈의 경우 오븐에 굽거나 태워서 사용하면 브라운 스톡이 된다. 스톡을 소스에 이용할 경우 앙트레(entree)의 주재료가 흰색이면 화이트 스톡을 사용하고 갈색이면 브라운 스톡을 사용한다.

육수는 크게 색과 기본재료 따라 나눠볼 수 있다.

가. 색에 의한 분류

　⊙ 흰색 육수 : 송아지, 닭, 새끼양, 쇠뼈에서 우려낸 육수를 말하는데, 반드시 흰색을
　　 띠는 것은 아니지만, 갈색 육수와 달리 색을 띠지 않아 흰색 육수라고 불린다.

　⊙ 갈색 육수 : 송아지, 새끼양, 쇠뼈를 불에 익혀서 갈색을 나게 만드는 육수를 말한
　　 다. 갈색 육수는 보통 갈색 루나 밀가루, 전분녹말을 첨가해 걸쭉한 농도의 소스
　　 를 만들 때 사용한다.

나. 재료에 의한 분류

　⊙ 고기 육수 : 송아지, 새끼양, 쇠뼈로 우려낸 육수이다.
　　 흰색 육수, 갈색 육수로 만들어 사용할 수 있고, 에스파뇰(Espagnol) 소스나 데미
　　 글라스(Demi-Glace) 등의 기본 소스는 물론,
　　 갈색이 나는 거의 모든 소스에 사용한다.

　⊙ 닭고기 육수 : 닭을 깨끗이 씻어 닭뼈로 끓여낸
　　 육수를 말하며 3시간 정도 끓여서 소스에 사
　　 용하거나 1시간 30분 정도 끓여서 가벼운 육수
　　 나 리조토에 사용한다.

　⊙ 생선육수 : 생선 뼈로 만든 국물을 말한다. 모
　　 든 생선요리의 국물이나 소스에 사용된다.
　　 도미, 가자미와 같은 넓적한 생선의 뼈가 적당하다. 주로 흰색 생선을 사용하며
　　 기름기가 많은 생선은 사용하지 않는다.

　⊙ 야채육수 : 야채육수는 건강을 생각하기 시작한 80년대부터 시작되었으며 생각보
　　 다 가벼우면서 맛이 좋아 최근에 많이 애용되고 있다.

② 루(Roux)

루(Roux)란 서양요리에서 소스나 수프를 걸쭉하게 하기 위해 밀가루를 버터로 볶은 것으로 농후제라고도 부르며 정제버터와 밀가루를 보통 1：1로 섞어서 만든다. 먼저 정제버터를 붓고 다음 밀가루를 붓고 타지 않도록 계속 저어준다. 불에서 조리하는 시간에 따라 백색 루, 담황색 루, 다갈색 루의 3종류로 나눌 수 있는데, 만드는 소스나 수프의 종류에 따라 볶는 정도를 달리하여 만든다.

가. 화이트 루(White Roux)

밀가루, 버터 또는 마가린을 1：1의 비율로 혼합해서 색깔이 나지 않도록 볶은 것이다. 주로 화이트 소스나 베샤멜 소스(bechamel sauce), 수프와 같이 색을 필요로 하지 않는 소스나 수프에 사용된다.

나. 블론드 루(Blond Roux)

밀가루, 버터 또는 마가린을 1：1의 비율로 섞어 화이트 루보다 약간 더 볶으면 희미한 갈색이 된다. 이것은 은은한 향을 필요로 하는 소스에 사용하며 벨루테(veloute)나 토마토 소스, 수프 등에 사용한다.

다. 브라운 루(Brown Roux)

밀가루, 버터 또는 마가린을 1：1의 비율로 섞어 불에서 짙은 갈색이 나도록 볶은 것으로 주로 육류계통의 요리나 향이 강하고 짙은 소스에 이용한다.

③ 리에종(Liaison)

리에종이란 '연결시킨다'거나 '연결체'란 의미로서, 두 개의 물질을 결합시켜 하나의 물질을 만드는 역할을 하며, 소스의 맛·색깔·농도를 조절하는 것으로 일반적으로 버터, 루(Roux), 크림, 전분 등의 증점제(Thickening agent)가 많이 이용된다.

(2) 소스의 모체

세계 요리의 기본이 되는 프랑스 요리의 기본 소스라고 정의되어진 소스로서 19세기에 프랑스의 요리사 카렘(Antonin Careme)이 베샤멜(Bechamel), 에스파뇰(Espagnole), 벨루테

(Veloute), 알망드(Allemande)로 분류하여 정리하였고 20세기의 요리사 에스코피에(Auguste Escoffier)가 다음의 다섯 가지로 갱신하여 재분류하였다.

① 데미글라스 소스(Demiglace Sauce)

데미글라스(demiglace)는 브라운 소스를 반으로 졸인 소스를 말한다. 프라이팬에 버터를 두르고 당근, 양파, 셀러리 등을 볶다가 밀가루를 넣고 갈색이 날 때까지 볶는다. 여기에 토마토 페이스트를 넣고 볶다가 비프 스톡을 붓고 약한 불에서 끓인다. 소스가 끓기 시작하면 토마토와 향신료를 넣고 약한 불에서 부피가 반으로 줄어들 때까지 끓이다가 소금과 후춧가루로 간한다. 데미글라스는 여러 가지 다른 소스의 기초로 사용되는 소스 중의 하나로 주로 육류요리에 많이 사용되고 있다.

② 벨루테 소스(Veloute Sauce)

야채를 버터에 볶은 후 화이트 루(White Roux)를 넣고 흰색 육수(White Stock)를 넣어 끓인 소스이다. 스톡에 따라 벨루테 소스의 명칭도 달라지는데, 치킨 스톡(Chicken Stock)으로 만들면 치킨 벨루테(Chicken Veloute), 생선 스톡(Fish Stock)으로 만들면 생선 벨루테(Fish Veloute)라고 한다. 화이트 스톡이나 생선 스톡에 루(Roux)를 사용함으로써 농도를 내며, 재료에 따라 많은 파생 소스를 만들어낼 수 있는데, 그 이유는 화이트 스톡이냐 생선 스톡이냐에 따라 생산되는 벨루테가 다르고 생산된 각각의 벨루테에서 파생되는 소스가 다시 나누어지기 때문이다. 벨루테 소스를 좀 더 풍미있고 부드럽게 생산하기 위해서는 본래의 맛을 좌우하는 스톡의 품질이 제일 중요하다. 또, 벨루테 소스를 생산할 때에는 자연스러운 육수향이 깃들게 해야 하고 밝은 상아색을 유지하며, 맛이 깊어야 한다.

③ 베샤멜 소스(Bechamel Sauce)

주로 생선이나 야채에 많이 사용되는 소스로 밀가루를 버터에 볶은 화이트 루(White Roux)에 우유를 넣고 끓이면서 소금, 후추, 양파, 너트메그(Nutmeg), 월계수잎 등을 넣어서 끓여 만든 소스이다. 프랑스 소스 중 가장 먼저 모체 소스로 사용되었으며, 프랑스의 황제 루이 14세 시절 그의 집사였던 루이스 베샤멜(Louis de Bechamel)의 이름에서 유래되었다. 초기의 베샤멜 소스는 농도가 짙은 송아지 벨루테(Thick veal veloute)에 진한 크림(Heavy cream)을 첨가하여 만들었다.

④ 홀랜다이즈 소스(Hollandaise Sauce)

계란과 버터를 이용하여 생선과 야채에 주로 사용되는 소스이다. 이것은 식초, 부추, 계란 노른자, 양파 등을 넣고 혼합하여 레몬 주스와 소금 등을 가미한 것을 말한다. 불투명한 연한 노란색을 띠며 크리미하고 부드럽다.

홀랜드(Holland)는 네덜란드(Netherlands)를 일컫는데 이 나라는 오래전부터 달걀과 버터의 품질이 가히 세계적이라 할 만큼 상등품에 속했다. 많은 프랑스의 요리사들이 이 소스의 주재료인 품질 좋은 네덜란드의 달걀과 버터를 주로 이용함으로써 자연스럽게 붙여진 이름이라고 한다.

⑤ 토마토 소스(Tomato Sauce)

토마토 소스는 적색 소스로서 밀가루 음식에 많이 쓰이는데, 흰 육수(White Stock)에 토마토, 각종 야채, 허브, 스파이스 등을 브라운 루(Brown Roux)와 함께 넣어 만든 소스이다. 맛있고 풍미있는 토마토 소스를 만들기 위해서는 시거나 떫지 않고 너무 달지 않은 토마토를 사용하여 만들어야 한다. 토마토 소스의 파생 소스로는 멕시칸 스타일의 살사 소스와 이탈리아의 미트 소스 등이 대표적이다.

(3) 스페셜 소스(Special Sauce)

① 오쥬 소스(Au Jus Sauce)

고기를 로스트할 때 자연적으로 흘러내리는 맑은 육즙 소스이다.

② 타르타르 소스(Tartar Sauce)

마요네즈에 잘게 썬 양파, 오이 피클, 케이퍼, 파슬리, 골파 등의 야채와, 잘게 썬 삶은 달걀 등을 섞은 흰색의 진한 소스이다. 새우튀김, 굴튀김 등과 같은 해물류의 튀김과 잘 어울린다.

(4) 테이블 소스(Table Sauce)

공장에서 대량으로 만들어 병에 담아 사용하는데, 차가운 소스이기 때문에 일반적으로 뜨거운 음식 위에는 직접 끼얹지 않고 접시의 한쪽에 놓고 찍어 먹는다. 항공기 기내에서도

기본적으로 카트에 세팅하고 승객의 요구에 의해 서비스
되어진다.

① 호스래디시 소스(Horseradish Sauce)

호스래디시의 뿌리를 갈아서 만든 부드러운 소스로 훈
제연어 요리 시 케이퍼와 함께 사용되고 소고기, 돼지고
기, Roast Beef, 생선, 굴요리와 잘 어울린다.

② 우스터 소스(Worcestershire Sauce)

서양요리의 간장이라고 할 수 있으며 1850년대 영국의
우스터 시에서 처음 만들어진 뒤로 새콤한 맛과 향이 필요할 때 사용된다.

③ A1(에이원) 소스(A1 Sauce)

토마토 퓌레를 기본 베이스로 식초나 기타 향신료를 적절히 배합한 것으로 Beef Steak와
잘 어울린다. 이때 A1 소스는 고기의 피비린내를 없애주고 깊은 맛은 더해주는 역할을 한다.

④ 머스터드 소스(Mustard Sauce)

겨자를 주원료로 만들었으며 각종 육류요리에 잘 어울리며 소시지, 햄, 로스트비프를 찍
어먹거나 스테이크의 소스로 활용된다.

⑤ 핫소스(Hot Sauce)

핫소스는 멕시코의 타바스코 지방의 작고 매운 붉은 고추로 만든 타바스코 소스와 케이
준 소스, 살사 소스, 바비큐 소스 등이 있다. 톡 쏘는 맛과 매운 향이 특징이며 생선과 야채
요리에 잘 어울린다.

5. 서양식의 구성

서양식은 시간대와 나라별로 식사의 구성에 약간의 차이가 있다. 유럽의 여러 나라에서는
프랑스식 식사를 하는데 아침식사는 아주 가볍게 하며 점심은 조금 넉넉한 음식으로 식사
시간을 충분히 갖고, 저녁식사는 조금 늦게 하는 편이다. 일반적으로 영미식 식사는 아침에
균형잡힌 영양식을 먹고 점심식사는 가볍게 하며 저녁식사는 잘 차려진 음식으로 가족과
함께 즐거운 시간을 보낸다.

서양식의 구성을 식사시간대별로 살펴보면 다음과 같다.

1) 아침식사(Breakfast)

(1) 아침식사의 의미

서양에서의 아침식사는 깊은 잠에서 깨어 아침을 열고 단식을 중단한다라는 의미로 하루 식사 중에서 가장 가벼운 메뉴로 구성되어 있다. 특히 유럽에서의 아침식사는 빵과 커피 정도로 더욱 간단하다. 일반적으로 미국식, 유럽식으로 나누며 영국식은 미국식과 같으나 생선요리가 포함되어 있다.

미국식(American Style)	유럽식(Continental Style)
계란요리가 곁들여진 아침식사로 계절과일류, 주스류, 시리얼류, 계란요리류, 음료류, 케이크류, 빵류 및 그 밖의 계란요리가 제공될 때는 햄, 베이컨 혹은 소시지 등이 곁들여 제공된다.	계란요리를 곁들이지 않은 아침식사로 빵 종류, 주스, 커피나 홍차 등을 제공한다.
 American breakfast	 Continental breakfast

(2) 아침식사의 구성

① 계절과일

포도, 그레이프프루트, 사과, 오렌지, 복숭아, 살구, 체리, 복숭아 등 다양한 제철과일을 먹는다.

② 주스류

오렌지 주스, 토마토 주스, 파인애플 주스, 그레이프프루트 주스, 사과 주스, 야채 주스 등의 주스류를 먹는다.

③ 시리얼

아침식사에만 먹는 곡물요리로서 핫 시리얼(Hot Cereal)과 드라이 시리얼(Dry Cereal)의 두 가지로 구분된다.

가. 핫 시리얼(Hot Cereal)

오트밀(Oatmeal), 크림 휘트(Cream Wheat) 등이며 이런 더운 시리얼은 더운 우유와 설탕을 같이 제공한다.

나. 드라이 시리얼(Dry Cereal)

콘플레이크(Cornflake), 퍼프트 라이스(Puffed Rice), 레이진 브란(Raisin Bran) 등이 있으며 일명 콜드 시리얼이라 하며 찬 우유와 설탕을 함께 제공한다.

 맛보기

미국인의 아침 식탁을 장식하는 시리얼은 원래 의사 켈로그가 소화 잘되는 환자용 음식으로 고안한 것으로 처음에는 몇 분 정도 가열해서 먹는 핫 시리얼이었다. 후에 있는 그대로 먹을 수 있는 콘플레이크와 같은 콜드 시리얼이 출연하면서 미국인의 아침식사 풍경이 크게 변했다.

옥수수, 쌀, 밀을 원료로 하는 시리얼은 많지만 이 중에서도 플레이크 상태로 만든 콘플레이크가 가장 인기가 많다.

콘플레이크가 생겨나게 된 것은 정말 우연이었다. 미시간 주 배틀크리크에서 요양소를 경영하던 존 켈로그 박사와 동생 윌 키즈 켈로그는 환자들을 위해 소화가 잘되는 빵을 만드는 연구에 여념이 없었다.

그러던 어느 날 두 사람은 데친 밀을 철판 위에 놓아 굽던 중 켈로그 박사는 수술실에 불려가고 동생도 사망한 환자의 장례 절차를 상담하러 가게 되었다. 얼마 안되어 주방에 돌아온 두 사람은 약간 타버린 밀을 즉석에서 롤러로 으깨본 결과 놀랍게도 밀의 낱알 하나하나가 크고 얇은 플레이크 모양이 되는 것을 발견하였다. 옥수수와 쌀로 만든 플레이크도 마찬가지로 똑같은 실험을 통해 만들어졌다.

한 그릇의 시리얼에 우유 반 컵을 곁들이는 식사는 열량이 180kcal 정도 되고 각종 인공영양분이 첨가돼 있다. 국가에서 권장하는 하루 섭취량 중 단백질 15%, 비타민 A 30%, 비타민 C 25%, 칼슘 15%, 비타민 D 25%, 비타민 B 25%, 마그네슘 4% 등 13종의 영양소가 고루 들어 있어 영양가가 높다. 그래서인지 미국 인구의 25%가 시리얼로 아침을 먹는다. 넷 중 한 명꼴로 똑같은 아침식사를 하고 있는 것이다. 또한, 취향에 따라 과일을 곁들여서 먹기도 한다. 다양한 종류의 시리얼이 생산되고 있지만, 기본적인 식사방법이나 맛은 똑같다.

④ 계란요리

미국식 아침(American Breakfast)식사에서는 계란요리가 주요리로 제공되는데 조리방법에 따라 그 명칭이 다르다. 따라서 고객은 자신의 식성에 맞게 주문하게 된다.

조리형태는 다음과 같다.

　가. 프라이드 에그(Fried Egg)

　　프라이팬에 계란 두 알을 깨어 넣고 그대로, 또는 뒤집어 익히는 조리방법이다.

　　㉠ 서니 사이드 업(sunny side up) : 계란 노른자의 표면이 약간 익을 정도의 프라이드 에그이다.

　　서니 사이드 업(sunny side up)은 팬이나 그릴에 오일이나 버터를 바르고 달걀을 깨어 얹어서 흰자만 익혀 태양이 떠오르는 것처럼 선명하게 하는 것을 말한다. 한 마디로 노른자가 위에 보이는 우리 식 '달걀 프라이'이다. 노란 것이 '해'같이 생겼다고 해서 sunny란 이름이 되었다.

　　㉡ 턴 오버(turn over) : 서니 사이드 업 상태에서 뒤집어 약간 익힌 프라이드 에그이다.

　　㉢ 오버 이지(over easy) : 턴 오버 상태에서 노른자가 약간 덜 익은 상태의 프라이드 에그이다.

　　㉣ 오버 하드(over hard) : 턴 오버 상태에서 노른자까지 완전히 익힌 상태이다.

　나. 스크램블드 에그(Screambled Eggs)

　　버터를 칠한 프라이팬에 껍질을 깨고 풀어서 우유를 약간 가미한 계란을 붓고 낮은 온도로 가열하면서 나무주걱으로 계속 휘저어 되직한 응고물 상태로 만든 계란요리이다.

　다. 보일드(Boiled)

　　고객이 주문한 시간만큼(예 : 3분, 5분, 7분) 계란을 삶아서 에그 스탠드를 이용해서 제공하는 요리이다.

● soft : 3~5분

● medium : 6~8분

● hard : 10~12분

라. 포치드(Poached)

식초를 약간 첨가한 끓는 물에 계란을 깨서 넣고 3~4분간 익혀 반숙을 만든 다음, 밑에 멜바 토스트를 깔고 그 위에 올려놓아 수분을 흡수시킨 계란요리이다.

마. 오믈렛(Omelette)

계란을 깨서 우유, 양파, 버섯 등 기타 양념을 넣고 잘 섞은 후 오믈렛 팬(omelette Pan)에서 적당히 낮은 온도로 조리해야 한다. 호텔에서 제공되는 오믈렛은 고객이 특별히 원하는 재료를 주문받아 즉석에서 만들어지며 완성되면 지체 없이 제공된다.

(3) 아침 빵

아침 식사용 빵으로는 부드럽고 달콤한 것이 좋으며 토스트(toast)가 가장 많이 제공된다. 그 외에 크루아상(croissant), 브리오슈(brioche), 기타 스위트 롤(sweet roll) 종류가 제공된다. 또한 버터와 잼 종류가 함께 제공된다.

`참고동영상` **빵을 먹는 방법** (https://www.youtube.com/watch?v=TbjT6cU_s-8)

① 토스트(Toast)

가. Pullman bread dry toast : 영국 풀먼 열차의 식당에서 제공된 식빵이라 하여 이름이 붙여진 풀먼 브레드(객차모형의 식빵)를 일정한 간격으로 썰어서 아무것도 바르지 않고 그냥 구워 놓은 아침식사용 토스트이며 버터와 잼을 곁들여 제공한다.

나. cinnamon toast : pullman bread를 썰어서 계핏가루를 가미하여 구운 계피 토스트

다. rye bread toast : 호밀빵을 구워 놓은 토스트

라. butter bread toast : 버터를 가미한 식빵을 구워 놓은 토스트

마. french toast : 식빵에 계란, 우유, 설탕, 메이플시럽 등을 발라 프라이팬에 익혀 꿀이나 시럽과 버터를 함께 제공하는 토스트

② 크루아상(Croissant)

초생달 모양의 빵으로 1686년 강국 터키의 침공을 받아 농성 중이던 도시국가 부다페스트의 한 제과사가 새벽에 일어나 아침 빵을 만들던 중 땅굴을 파고 침공하려는 터키군의 땅굴작업소리를 듣고 곧바로 신고하여 적을 퇴치시켰다. 제과사의 공로를 기념하기도 하고 군

사들의 사기를 높이기 위해 터키 국기 속에 그려 있는 초생달 모양의 빵을 만들어 식사를 했다는 유래를 갖고 있으나 그 후 프랑스에서 더욱 개발된 아침 식사용 빵이다.

③ 브리오슈(Brioche)

크루아상(croissant)과 함께 프랑스의 대표적인 빵이며 버터와 계란을 듬뿍 넣어 영양가가 풍부한 프랑스 빵 중의 하나이다.

④ 스위트 롤(Sweet Roll)

영국의 sweet buns 빵이 미국에 전해져서 다양하게 발달한 빵 종류로써 sweet cinnamon roll, fruit sweet roll, butter sweet roll, mixed nut strudel 등이 있다.

⑤ 도넛(Doughnut)

네덜란드의 튀김과자에서 유래되어 미국에서 링 도넛으로 개발되었으며 이스트균을 이용하여 만든 이스트 도넛과 화학 팽창제를 사용한 케이크 도넛으로 구분한다.

⑥ 데니시 패스트리(Danish Pastry)

덴마크에서 개발되어 전 세계에 전해진 빵으로 설탕, 유지, 계란이 많이 들어간 반죽을 유지로 싸서 밀고 접기를 반복하여 구운 빵으로 Denmark style, European style, American style 등의 여러 종류가 있다.

(4) 아침 음료

음료란 식사음료로서 커피, 홍차, 코코아, 밀크 등을 말하는데 아침식사 때에는 주로 커피를 마시게 된다. 아침에는 커피를 많이 마시는 경향이 있어 호텔에서는 주로 pot service를 하며 기내에서는 여러 번 서비스해 드리도록 한다.

2) 브런치(Brunch)

이 명칭은 최근에 미국의 식당에서 이용되는 아침과 점심식사의 중간쯤에 먹는 식사로 breakfast의 br과 lunch의 unch자로 만들어진 새로운 말이다. 이것은 저녁 늦게 자고, 아침 늦게 일어나서 아침식사하는 사람들을 위한 메뉴로 무거운 점심보다 가벼운 아침식사를 찾는 데서 기인되었다. 브런치를 제공하는 식당은 12 : 00 점심시간 전까지 'Brunch is avail-able'이란 간판을 걸고 고객을 유치한다.

3) 점심식사(Lunch)

영국에서는 아침과 저녁 사이에 먹는 것을 점심이라고 하며, 미국 사회에서는 12 : 00부터 아무 때나 간단하게 먹는 것을 점심이라고 하는데, 대개의 순서에 따라 3~4가지 코스로 수프, 앙트레, 디저트, 커피 등으로 구성된다.

4) 오후 다과(Afternoon Tea)

이는 영국의 전통적인 식사습관으로 유명한 milk tea와 엷은 토스트를 함께하여 점심과 저녁식사 사이에 먹는 간식을 말한다. 그러나 지금은 영국뿐만 아니라 세계 각국에서 이 오후의 티타임을 즐기고 있다.

간단한 샌드위치, 과자, 초콜릿, 차 종류 또는 가벼운 와인까지 포함하여 서브되는 간단한 스낵으로 세미나, 컨벤션에 많이 이용되는 서비스이다.

5) 저녁식사(Dinner)

저녁식사(dinner)는 내용적으로 충분한 시간을 갖고 질 좋은 재료로 요리한 식사를 즐기는 것으로 서양식의 가장 중요한 식사이다. 또한 저녁식사에서는 어울리는 와인이나 알코올 음료도 함께 제공되며 중요하게 여긴다.

통상 저녁식사(dinner)는 4~6코스로 제공되며, 정식 저녁식사인 정찬(formal dinner)에서 생선요리(fish)나 로스트(roast)를 추가하기도 한다. dinner는 하루의 식사 중 가장 화려하고 멋있는 식사로서 서양식의 기초라 할 수 있다. 따라서 다음 장에서 이 디너에 대해 좀 더 깊이 있게 알아보도록 하겠다.

6) 서퍼(Supper)

서퍼란 처음에는 formal dinner(정찬), 즉 격식 높은 정식 만찬을 의미하였으나, 근래에 와서는 그 양상이 변하여 저녁 늦게 먹는 밤참으로 제공되는 것을 말한다. 늦게 끝나는 저녁 행사(음악회, 연주회, 기타 큰 행사) 후에 하는 식사로서 가벼운 음식을 간단하게 2~3코스로 구성하며, 수프(soup)나 샌드위치(sandwich), 음료, 소시지(sausage) 등을 제공한다.

✈ 단원문제

Q1. 서양요리의 특징 중 식사와 상차림의 특징을 서술하시오.

Q2. 서양식메뉴의 종류 5가지 이상을 나열하시오.

Q3. Buffet의 형태 2가지를 서술하시오.

Q4. 서양식 조리 중 육류나 가금류, 생선, 야채 등을 통째로 구워내는 방법을 뜻하는 말을 적으시오.

Q5. 서양식의 조리 중 Blanching에 대해 설명하시오.

Q6. 조미료의 종류 3가지 이상을 말하고 그 특징을 설명하시오.

Q7. 향신료의 5가지 종류와 특징을 나열하시오.

Q8. 소스의 특징과 기본 구성요소 3가지를 적으시오.

Q9. Liaison이란 무엇인지 설명하시오.

Q10. Breakfast의 의미와 두 나라로 나누어 특징을 서술하시오.

Q11. 아침 빵의 종류 3가지와 특징을 서술하시오.

Q12. Brunch란 무엇인지 설명하시오.

디너의 이해(전채요리~샐러드)

Chapter 10

서양식의 디너는 앞에서 살펴보았듯이 매우 복잡한 풀코스로 제공되었으나 현대에 와서는 간편화되어 7코스 정도로 제공되는 것이 일반적이다. 따라서 기본이 되는 서양식의 코스에 대해서 알아보고자 한다.

서양식 7코스

전채요리(Appetizer) → 수프(Soup) → 야채요리(Salad) → 생선요리(Fish) → 육류요리(Main Dish, Entree)→ 소스(Sauce) → 후식(Dessert) → 음료(Beverage)

---

1. 전채요리(Appetizer)

1) 전채요리의 개요

서양요리에서 전채의 의미는 격식을 갖춘 식탁에 일정한 순서의 요리가 나오기 전에 제공하는 소품요리를 총칭하는 것으로서 식욕을 돋우는 요리이다. 우리말로는 전채요리, 영어로는 애피타이저(Appetizer), 프랑스어로는 오르되브르(Hors d'oeuver), 러시아어로는 자쿠스카(Zakuska), 중국어로는 첸차이(前菜)라고 한다

전채요리는 러시아에서 연회를 하기 전에 별실에서 기다리는 고객에게 독한 술과 함께 자쿠스키(Zakuski)라는 간단한 요리를 제공한 데서 유래되었다고 한다.

영어의 'Appetite'는 '식욕'을 의미하며, 'Appetizer'는 '식욕을 돋우는 음식'을 의미한다. 다

시 말하면 식사 전 메뉴 이외에 제공되는 적은 양의 음식으로 식욕을 촉진시키기에 적합한 요리를 뜻한다.

2) 전채요리의 특징

일정한 메뉴대로 요리가 나오기 전에 고객에게 식욕촉진제로 제공되는 소품요리이므로 다음에 계속해서 나오는 요리와 중복되지 않는 메뉴여야 한다. 주요리의 식욕을 돋우어주기 위한 첫 번째 순서의 요리이므로 외관은 보기 좋아야 하고, 색이 있어야 하며 맛도 좋아야 한다. 한마디로 말해 전채요리의 생명은 주요리를 한층 더 돋보이게 하는 데 있다. 전채요리는 일반적으로 다음과 같은 조건을 충족시켜야 한다.

- 오르되브르는 분량이 작은 소품요리로 한 입에 먹을 수 있도록 양이 적어야 하고, 맛과 영양이 풍부해야 한다.
- 타액의 분비를 촉진시킬 수 있도록 짠맛 또는 신맛이 적절히 배어 있어야 한다.
- 시각적 효과로 다음 코스로 제공될 음식 특히 주요리와 조화와 균형을 이루어야 한다.
- 메뉴 구성을 할 때 계절 감각이나 지방색이 풍부한 요리가 되어야 한다.

3) 전채요리의 종류

온도에 따라 더운 전채요리(hot appetizer), 찬 전채요리(cold appetizer)로 분류하고, 형태에 따라 가공하지 않고 재료 그대로 만들어 형태와 모양 그리고 맛이 그대로 유지되는 가공되지 않은 플레인(plain appetizer)과 조리사에 의해 가공되어 모양이나 형태가 바뀐 드레스드(dressed appetizer)로 나누기도 한다.

세계적으로 유명한 3대 전채요리로는 거위 간(foie gras, goose liver), 철갑상어알(caviar), 송로버섯(truffle)이 있다.

(1) 온도에 의한 분류

① 더운 전채요리(Hot Appetizer)

대표적인 더운 전채요리에는 식용달팽이 요리인 에스카르고(escargot)와 바닷가재, 관자구이 등이 있다.

에스카르고 요리

② 찬 전채요리(Cold Appetizer)

철갑상어알, 훈제연어, 테린(Terrine), 거위 간, 생굴 등으로 만든 전채요리가 있다.

4) 세계 3대 전채요리

(1) 거위 간(Foie Gras)

거위 간으로 만든 파테(Goose Liver pate)라고도 하며 거위 간을 반죽하여 묵처럼 만들어 놓은 것을 말한다. 최상품의 푸아그라(Foie Gras)는 프랑스 남부 알자스(Alsace)주에서 양육된 거위의 간으로 만든 것이다. 푸아그라는 '비대한 간'이라는 뜻으로 거위나 오리에게 옥수수 등의 사료를 억지로 먹이고 운동은 시키지 않아 비대해진 거위의 간을 일컫는다. 양질의 단백질, 지질, 비타민 A, E, 철, 인, 칼슘 등 빈혈이나 건강 증진에 필요한 성분이 풍부하다. 그러나 독특한 풍미로 인해 싫어하는 사람이 있다.

푸아그라는 그대로 구워먹거나 토스트 위에 얇게 바르거나 수프에 넣어서 먹는 등 다양한 요리법이 존재한다. 그 중에서도 거위 간에 붙어 있는 핏줄과 기름을 잘 걷어내고, 포르투갈산 와인과 여러 가지 양념을 넣어 으깬 뒤 원형 또는 사각형 용기인 테린(Terrine)에 넣어 구워서 차갑게 만든 파테가 유명하다. 이 때 가운데 트러플(Truffle)을 넣으면 거위

Truffle in Foie Gras

간의 특이한 냄새가 제거되어 더욱 맛있는 명품요리로 변모한다.

(2) 철갑상어알(Caviar)

전 세계에서 가장 섹시한 음식이라 불리는 철갑상어의 알인 캐비아는 건강식품으로 오래 전부터 인기가 있었다. 요즘에도 수술 후 빠른 회복을 위해 환자들이 많이 먹고 있는 웰빙식품 중 하나이다.

캐비아는 조혈 및 강장 효과가 있어 임산부, 수술환자 등에 좋으며 오메가3와 DHA 성분이 많이 들어 있고, 지방이 적으며 비타민, 단백질이 많고 칼로리가 낮은 완벽에 가까운 식품이다. 또한 캐비아는 여성들의 미용식과 화장품으로도 큰 인기를 얻고 있다. 그러나 가격이 비싸 서양 귀족문화를 상징하는 음식으로 평가되어진다.

카스피해는 세계에서 가장 질 좋은 캐비아 산지로 알려져 있다. 현대의 캐비아는 아제르

바이잔, 이란, 러시아, 그리고 카자흐스탄 연안의 카스피해에서 잡히는 철갑상어의 알로 만들어진다. 캐비아의 알의 크기는 2.5~4.0mm이며, 검회색 혹은 은회색이 나며 캐비아 생산에는 종류에 따라 약간의 차이가 있으나 약 7년에서 15년 정도 성장해야 한다. 캐비아는 짠맛과 쓴맛이 없고 연하고 순한 맛을 가져야 최고의 캐비아로 인정받는다. 캐비아는 일반적으로 벨루가(Beluga), 오세트라(Ossetra), 세브루가(Sevruga)로 구분한다.

캐비아는 크게 저열처리한 것과 그렇지 않은 것으로 나누는데 모두 2~4℃에 냉장 보관해야 하며 일단 뚜껑을 열어 개봉한 것은 2~3일 이내에 먹어야 한다. 개봉하지 않은 것도 2개월 이상은 보관하지 말아야 한다.

기내식의 캐비아는 삶은 달걀의 흰자와 노른자, 파슬리 다진 것, 사워크림, 멜바 토스트, 레몬 버터 등과 함께 얼음 위에 제공된다. 처음에는 전혀 조리되지 않은 천연의 맛이 어색하지만 몇 번만 그 맛을 보게 되면 그다음부터는 '저항할 수 없는 그 맛'에 끌린다고 한다.

① 벨루가 : 캐비아 중에서도 가장 값비싼 종류이며, 알 크기 또한 가장 크다. 알 색깔은 검은색에 가까운 어두운 회색에서부터 진주빛을 띠는 밝은 회색까지 여러 가지가 있는데, 색깔이 균일하고 냄새가 없다. 철갑상어가 15년 정도 자라야 캐비아를 생산하기 때문에 알이 크고 좋아 고가이다.

② 오세트라 : '철갑상어'를 뜻하는 러시아 말로, 선호도가 가장 높다. 알 크기는 중간이며, 알 색깔은 갈색부터 녹회색, 짙은 청색, 검은색, 흰색, 금색까지 다양하다. 오세트라는 특히 견과류의 향미가 풍부한 것으로 유명하다.

③ 세브루가 : 거의 멸종된 철갑상어의 알로 알 크기는 작으며 색깔은 암회색이다. 섬세하고 독특한 풍미가 있으며 단백질과 지방이 가장 많이 포함되어 있다.

(3) 송로버섯(Truffle)

인공재배가 안되고 채취량도 적어 땅속의 다이아몬드라 불리는 트러플은 독특한 향이 너무 강해 유럽에서는 기차 객실의 반입을 금지하고 있다. 송로버섯인 트러플은 색상에 따라 블랙 트러플과 화이트 트러플 두 종류로 구분한다. 블랙 트러플은 10~12월 프랑스에서 생산되는 것이 최상품이고, 화이트 트러플은 9월에 이탈리아에서 소량 생산되기 때문에 kg당 천만 원을 호가하는 것도 있다. 비싸기 때문에 흑진주 또는 다이아몬드라 불리는데 떡갈나무

아래의 땅속에서 자생한다. 지하 10~40에서 자생하며 향에 의해서 그 가치가 결정된다.

　프랑스에서는 블랙 트러플을 주로 사용하며 푸아그라 요리에 이용하거나 수프, 송아지 고기 요리 등 맛이 단순한 요리에 첨가하여 먹는다. 프랑스 블랙 트러플은 물에 끓여 보관해도 향기를 잃지 않으나 이탈리아 화이트 트러플은 날것으로만 즐길 수 있다. 프랑스의 트러플을 이용한 가장 전통적인 음식은 이를 넣은 거위 간 파테이며 수프, 송아지 고기나 바닷가재 요리에 넣기도 한다. 누벨 퀴진(현대식 프랑스 음식)으로 각광받은 폴 보큐즈(Paul Bocuse)가 개발한 트러플 수프는 단순한 부이용(국물)에 트러플과 거위 간을 얇게 썰어 넣은 것이었다.

　날것으로 제맛을 내는 이탈리아 화이트 트러플(실제는 엷은 갈색을 띰)은 샐러드를 만들거나 대패나 강판 같은 기구로 아주 얇게 갈아서 음식 위에 뿌려 먹는다. 트러플을 넣어 먹을 요리는 그 맛이 단순한 것일수록 좋다. 그래야만 트러플 맛도 살고 요리 자체 맛도 살아나기 때문이다.

참고동영상 **세계 3대 진미** (https://www.youtube.com/watch?v=qWDjShh9fk4)

2. 수프(Soup)

1) 수프의 개요

　육류나 생선의 뼈 혹은 조각을 단독 또는 채소와 조합하여 향신료를 넣어 삶아 우려낸 국물을 기초로 하여 각종 재료를 가미하여 다시 끓인 것을 말한다. 수프는 식사의 첫 번째 코스의 액체요리로서 가볍고 영양가가 높을 뿐만 아니라 위에 부담을 적게 주는 요리여야 한다. 스톡(stock)이나 부이용(bouillon)을 다시 조리하거나 곁들임을 첨가하여 만들므로 국물이 주가 되는 것과 건더기가 주가 되는 것이 있는데 뒤따르는 주요리에 어울려야 한다. 불어에서는 포타주(potage)라고 하는데, 이는 'Pot에서 익혀먹다'라는 의미이고, 수프(soupe)는 부이용이나 포타주(potage)를 얇게 썬 빵 위에 부어 먹었다는 것을 의미했다고 한다. 17세기까지 프랑스에서는 수프(soupe)와 포타주(potage)가 각각 분리되어 사용되었으나 18세기경에 포타주는 영어의 수프(soup)와 불어의 수프(soupe)로 공통적으로 불리게 되었다.

　수프를 제공할 때 가장 중요한 것은 뜨거운 수프는 뜨겁게, 차가운 것은 차갑게 제공되어야 한다는 것이다.

2) 수프의 종류

(1) 스톡(Stock)

스톡은 앞에서 살펴본 바와 같이 육류, 생선, 가금류나 이들의 뼈 등을 장시간 끓인 맑은 액체의 국물이며, 맛과 향을 보충하기 위하여 야채, 향신료와 허브를 첨가하기도 한다. 수프와 소스(sauce)를 만드는 데 기본재료로 사용하고 있으므로 수프나 소스를 만드는 데 가장 중요한 것이 바로 스톡의 맛이다.

프랑스 요리사 마르탱(F. Martin)은 스톡을 '소스의 영혼과 맑은 물'이라고 했다. 이는 소스의 기초는 말할 것도 없이 스톡이 가장 중요하다는 것을 말해주고 있다.

화이트 스톡(White Stock)과 브라운 스톡(Brown Stock)이 있다.

(2) 수프(Soup)의 종류

수프는 온도에 따라 더운 수프(hot soup)와 찬 수프(cold soup), 농도에 따라 맑은 수프(clear soup), 진한 수프(thick soup)가 있다. 또한 이용한 스톡이나 내용물에 따라 그 성격이나 명칭이 달라진다.

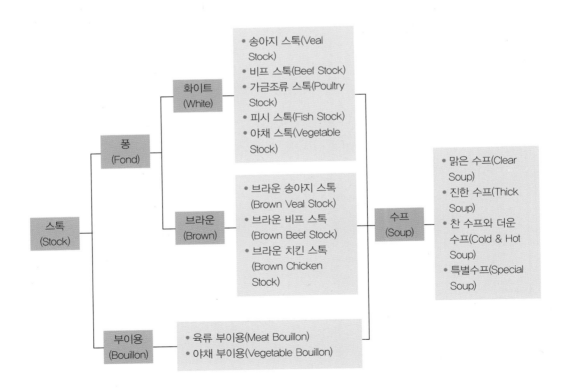

① 맑은 수프(Clear Soup)

맑은 수프란 맑게 제공되는 수프를 말한다.

가. 콩소메(Consomme)

대표적인 맑은 수프로 고기나 야채 삶은 물을 걸러서 만든다. 향이 은은하고 스톡의 재료나 장식(Garnish)에 따라 수프의 이름이 다양하게 바뀐다.

전통적으로 맑은 수프는 그 국물 안에 맛이 스며들어 있고 먹는 사람으로 하여금 맛을 느낄 수 있도록 색깔도 투명한 색을 지니고 있다. 맑은 수프를 마무리할 때 야채나 신선한 허브(herb)를 작고 예쁘게 만들어 장식으로 같이 곁들이는 것이 좋다.

재료, 가니쉬 및 술의 종류에 따라 수십 가지의 명칭이 붙는데, 콩소메에 잘게 자른 채소(당근, 셀러리, 순무) 등을 넣은 콩소메 브뤼누아즈(Brunoise), 채소를 가늘게 채 썰어 넣은 콩소메 쥘리엔느(julienne), 소면과 같은 가는 국수를 삶아 넣은 콩소메 버미첼리(Vermicelli), 계란을 기포 없게 쪄 마름모꼴로 넣은 콩소메 로얄(Royal) 등이 그 예이다.

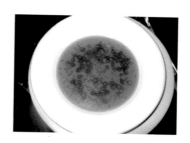

예) Chicken Consomme, Beef Consomme, Fish Consomme

나. 맑은 수프(Soup)에 사용되는 가니쉬(Garnish)

쥘리엔느 (Julienne)		가늘고 길게 채로 써는 것
버미첼리 (Vermicelli)		아주 가느다란 이탈리아식 국수. 흔히 잘게 잘라 수프에 넣어 먹음
셀레스틴 (Celestine)		계란과 밀가루를 반죽하여 밀전병으로 만들어 가늘게 채 썬 것

로얄 (Royal)		달걀 노른자, 크림을 반죽하여 지단으로 만들어 주사위 모양이나 다이아몬드 모양으로 자른 것

참고동영상 **수프를 먹는 방법** (https://www.youtube.com/watch?v=5m2gMM1rt70&list=PLWPkA5hSBzBuIJ GdYWDr4qfQ–K0rima7q)

② 진한 수프(Thick Soup)

짙은 수프를 말하며 부이용을 기본으로 야채, 녹말, 생선, 육류, 가금류 등을 주재료로 해서 양념을 첨가하여 농도가 진한 걸쭉한 수프를 말한다.

가. 크림 수프(Cream Soup) : 크림을 넣어 걸쭉하게 만든 수프이다.

나. 퓌레 수프(Puree Soup) : 호박·감자·콩 종류 등 녹말질이 많은 채소를 삶아 걸러서 걸쭉하게 만든 수프이다.

다. 벨루테 수프(Veloute Soup) : 시금치·콜리플라워 등 녹말질이 적은 채소를 삶아 걸러서 달걀노른자·생크림·밀가루·버터 등을 넣어 걸쭉하게 만든 수프이다.

라. 비스크 수프(Bisque Soup) : 새우, 게, 바닷가재 등 갑각류를 사용하여 만든 진하고 걸쭉한 수프이다.

마. 차우더 수프(Chowder Soup) : 생선, 조개, 감자와 야채로 만든 일종의 크림 형태의 수프이다.

✄ 진한 수프에 어울리는 가니쉬

Crouton	빵을 주사위 모양으로 잘라 버터를 묻혀 튀겨낸 것
Chopped Bacon	잘게 다진 베이컨
Diced Sausage	주사위 모양으로 자른 소시지
Cracker	크래커

③ 더운 수프와 찬 수프(Hot & Cold Soup)

아직까지 우리나라는 차가운 수프에 대해서는 다소 생소한 느낌을 가질 수 있으나 유럽이나 미주에서는 수프를 차게 해서 계절에 관계없이 식탁에 자주 올린다.

요즘은 차가운 수프를 만들 때 빵 종류를 넣기보다는 과일과 신선한 야채를 퓌레(puree)로 만들어 크림이나 다른 가니쉬를 곁들이는 방법을 많이 사용하고 있다. 그리고 찬 수프는 여름 식단에 많이 이용하며 체중조절이나 체질개선 등의 목적으로 식이요법을 하는 사람이 애용한다.

3. 빵

1) 빵(Bread)의 정의

빵(영 ; Bread/프 ; Pain/독 ; Brot)은 밀가루와 물을 섞어 발효시킨 뒤 오븐에서 구운 것이다.

밀가루, 이스트, 소금, 물을 주원료로 하고 경우에 따라 당류, 유제품, 계란제품, 식용유지, 그 외 부재료를 배합하고 식품 첨가물을 더해 섞은 반죽을 발효시켜 구운 것이 빵이다.

빵의 역사는 6000년 전으로 거슬러 올라간다. 성경에 '사람은 빵으로만 살 수 없다'라고 쓰여 있는 것을 보면 빵은 성서가 쓰여지기 전부터 존재하였음을 알 수 있다. 인류의 문화가 수렵생활에서 농경, 목축생활로 옮아가면서 빵의 식문화가 일어났다고 볼 수 있다. 초기에 인류는 곡식으로 미음을 끓여 먹었다. 이것이 죽, 납작한 무발효빵, 발효빵의 순으로 발전해 온 것이다.

일부 특권층의 것이었던 빵은 15세기 르네상스 시대에 이르러서야 비로소 대중 속으로 파고 들 수 있었다. 빵을 부풀리는 효모균이 발견, 정식으로 발표된 때는 17세기 후반이다. 그 뒤 1857년에 프랑스의 파스퇴르(L. Pasteur)가 효모의 작용을 발견하였다. 이후로 발효를 일으킬 수 있는 이스트가 공업적으로 만들어짐에 따라 이젠 세계 어느 곳에서나 빵집을 볼 수 있게 되었다.

2) 빵(Bread)의 구분

빵은 용도에 따라 저녁 빵과 아침 빵으로 나눌 수 있다. 빵은 수프(Soup)코스에서 메인디시(Main Dish)까지 계속 서비스되는 것이 일반적이며, 여러 음식의 고유의 맛을 감지하기 위하여 입안에 남아 있는 맛을 깔끔하게 씻어내는 역할을 한다. 디너 빵은 버터와 함께 제공되고 아침 빵은 잼 종류가 함께 서비스된다.

〈대표적인 저녁 빵〉

• Hard Roll : 겉이 딱딱한 빵으로 프랑스의 바게트가 대

표적이다.

- Soft Roll : 식빵과 같이 부드러운 빵
- Grissini : 연필과 같이 길고 딱딱한 빵

4. 샐러드

1) 샐러드의 개요

샐러드란 여러 가지 차가운 계절채소 및 허브와 과일 등을 이용하여 그 위에 소스를 곁들여 먹는 것을 일컫는다.

샐러드는 기원전 그리스·로마 시대부터 먹던 음식으로, 생채소에 소금만 뿌려 먹었던 습관에서 시작되었다고 한다. 샐러드의 어원인 라틴어의 '살(sal)' 또한 소금이라는 뜻이다. 얼마 전까지만 해도 샐러드는 메인요리를 먹을 때 전채나 곁들임으로 먹는 것이 일반적이었지만 지금은 하나의 요리로 자리매김하고 있다.

필수지방산과 미네랄을 섭취하는 데 많은 도움을 주고 미용효과 면에서 우수한 건강요리라는 것이 널리 알려지면서 샐러드는 훌륭한 한 끼 식사가 될 만큼 그 재료와 먹는 방법이 다양해지고 있다.

고기와 채소는 맛에서도 조화를 이루지만 산성이 강한 식품인 고기와 알칼리성이 강한 생채소와의 조화는 영양학적인 의미를 가진다. 일반적으로 서양식에서는 샐러드를 먹고 주요리인 고기류를 먹는데 고기와 샐러드는 번갈아 먹는 것이 더욱 효과적이다. 영국과 미국인들은 샐러드를 고기요리와 같이 먹거나 그전에 먹는 반면 프랑스인들은 고기요리가 끝난 다음에 먹는 습관이 있다고 한다.

참고동영상 **샐러드를 먹는 방법** (https://www.youtube.com/watch?v=PUOu86jGx8k)

2) 샐러드의 구성

샐러드는 일반적으로 주재료와 끼얹어 먹는 소스인 드레싱과 제일 위에 고명처럼 얹어 시각적인 맛을 돋우는 가니쉬(Garnish)로 구분된다. 주재료로는 기본적인 잎채소와 함께 과일·파스타·고기·해산물 등이 쓰인다. 옷을 입힌다는 뜻의 '드레싱'이라는 말은 유럽에서 유래된 것으로 샐러드의 맛을 결정하는 데 매우 중요한 역할을 한다.

올리브오일과 발사믹식초를 사용하는 것이 기본이지만 과일즙이나 향신료 등 드레싱 재료와 방법은 매우 다양하다. 가니쉬는 샐러드를 하나의 요리로 완성시켜 주는 것으로 모양을 아름답게 만들고 맛을 배가시키는 역할을 한다.

(1) 샐러드의 기본요소

바탕, 본체, 드레싱, 가니쉬로 구성되어 있다.

① 바탕(base)

바탕은 일반적으로 잎상추, 로메인 레티스와 같은 샐러드 채소로 구성된다.

이름	사진	설명
Romane Lettuce (로메인 레티스)		영어 명칭은 '로마인의 상추'라는 뜻으로, 로마인들이 대중적으로 즐겨 먹던 상추라 하여 붙여졌다.
Iceburg Lettuce (아이스버그 레티스)		잎이 공처럼 단단히 말려 있는 상추
Butterhead Lettuce (버터헤드 레티스)		결구상추라고 하며 양상추보다 결이 부드러운 상추이다.

② 본체(body)

본체는 샐러드의 중요한 부분이다. 샐러드의 종류는 사용된 재료의 종류에 따라 결정된다. 본체는 좋은 샐러드를 만들기 위해 지켜져야만 하는 법칙들을 준수하여 요리해야 한다.

Celery(셀러리)	Arugula(아루굴라)	Scallions(골파)
Water Cress(물냉이)	Escarole(꽃상추)	Chicory(Curly Endive ; 치커리)
Radish(래디시)	Belgian Endive(벨지언 엔다이브)	Radicchio(라디치오)
Corn Salad(콘샐러드)	Pak Choi Seeds(청경채)	Rocket(로켓)

③ 드레싱(Dressing)

드레싱은 일반적으로 모든 종류의 샐러드와 함께 차려낸다. 샐러드의 맛을 조절하고 향과 풍미를 제공하는 소스로서 유럽에서는 소스(sauce) 혹은 비네그레트(vinaigrette)라고 한다.

드레싱은 요리의 전반적인 성공여부에 매우 중요한 역할을 한다. 또한 맛을 증가시키고 가치를 돋보이게 하며 소화를 도와줄 뿐만 아니라 몇몇 경우에 있어서는 곁들임의 역할도 한다.

드레싱의 종류는 마요네즈(mayonnaise) 계열과 오일 비니거(oil & vinegar) 계열 등으로 분류된다.

가. 프렌치 드레싱(French Dressing) : 오일에 식초, 겨자, 마늘 등을 넣고 향료를 감미한 드레싱이다.

나. 이탈리안 드레싱(Italian Dressing) : 오일에 적포도주 식초, 마늘, 타라곤(tarragon) 등을 넣어 만든 드레싱이다.

다. 블루치즈 드레싱(Blue Cheese Dressing) : 프렌치 드레싱에 블루치즈를 넣은 드레싱이다. 프랑스 남부 로크포르(Roquefort) 마을의 치즈를 이용하여 로크포르 드레싱이라고도 한다.

라. 1000 아일랜드 드레싱(Thousand Island Dressing) : 마요네즈, 계란, 토마토케첩, 양파, 후추 등을 넣은 드레싱이다.

마. 러시안 드레싱(Russian Dressing) : 1000 아일랜드 드레싱에 캐비아(caviar) 또는 연어 알 등을 넣은 드레싱이다.

바. 앤초비 드레싱(Anchovy Dressing) : 멸치 페이스트(anchovy paste), 계란, 겨자, 레몬 주스 등으로 만든 드레싱이다.

사. 과일 샐러드 드레싱(Fruit Salad Dressing) : 마요네즈 또는 크림에 젤리, 레몬 주스를 섞어 만든 드레싱이다.

④ 가니쉬(Garnish)

곁들임의 주목적은 완성된 제품을 아름답게 보이도록 하는 것이지만 몇몇 경우에 있어서는 형태를 개선시키고 맛을 증가시키는 역할도 한다. 곁들임은 기본 샐러드 재료의 일부분일 수도 있으며, 본체와 혼합되는 첨가항목일 수도 있다. 곁들임은 항상 단순해야 하며, 손님의 관심을 끌고 식욕을 자극하는 데 도움을 주어야 한다.

3) 샐러드 제공 시 주의사항

어떤 샐러드이건 재료가 좋아야 하며 가능한 유기적으로 생산된 식물이 좋다. 또한 신선한 채소만이 비타민, 미네랄 등이 파괴되지 않고 저장되어 있기 때문에 계절에 맞는 신선한 채소를 사용하는 것이 좋다. 무기질은 열에 약하므로 잎이 있는 채소, 과일, 양배추, 싹, 뿌리 식물들은 씻은 후 잘라서 생으로 익히지 않은 채 제공하는 것이 좋다.

샐러드는 지방분이 많은 주요리의 소화를 돕고, 비타민 A, C 등 필수 비타민과 미네랄이 함유되어 있어 건강의 균형을 유지시켜 주는 데 좋은 역할을 한다.

샐러드 조리 시 주의할 점은 각종 채소 및 식재료는 반드시 물기를 완전히 제거한 다음 접시에 담아야 한다. 물기가 남아 있으면 드레싱이 흘러내려 보기에 좋지 않고 맛도 저하된다. 잎채소의 경우 작은 잎은 그대로 사용하고 큰 잎인 경우에는 가급적 칼을 사용하지 않고 손끝으로 적당히 자르는 것이 좋다. 이는 칼을 사용하면 야채의 색이 빨리 변하고 비타민 손실이 우려되기 때문이다.

최상의 샐러드를 서비스하기 위해서는 다음에 주의하여야 한다.

① 깨끗하고 신선한 재료를 사용하여야 한다.

② 차게 보관하여야 한다.

③ 냉각한 것처럼 바삭거려야 한다.

④ 다채롭고 풍성하게 색상이 배열되어야 한다.

4) 샐러드의 종류

샐러드는 응용요리이기 때문에 종류가 매우 다양하다. 따라서 기본적인 샐러드의 분류만을 제시하고 대표적인 샐러드만을 소개하도록 하겠다.

샐러드는 재료에 따른 분류, 만드는 방법에 의한 분류, 찬 것, 더운 것 등으로 분류한다. 이 중에서 재료에 따른 분류를 살펴보면 다음과 같다.

(1) 단순 샐러드(Simple Salad) : 고전적인 순수 샐러드는 한 종류의 야채만으로 만들어지며, 여기에 파슬리, 처빌, 타라곤을 잘게 다져 얹고 비네그레트를 곁들였다고 한다. 현대에 와서는 순수 샐러드라고 할지라도 단순하게 한 종류의 식자재보다는 여러 가지 야채를 적당히 배합하여 영양, 맛, 색상 등이 서로 조화를 이루도록 변화하였으며, 각종 향초나 향료류는 드레싱에 가미되어 곁들여지고 있다.

(2) 혼합 샐러드(Combined Salad) : 혼합 샐러드란 각종 식재료, 향료, 소금, 후추 등이 혼합되어 양념, 조미료 등을 더 이상 첨가하지 않고 그대로 고객에게 제공할 수 있는 완전한 상태로 만들어진 것을 말한다. 일반적으로 오일과 식초를 많이 사용하며 경우에 따라서 마요네즈 및 각종 드레싱류도 사용한다.

① 시저 샐러드(Caesar Salad)

기본적으로 야채(로메인 레티스), 갈릭 비네그레트 드레싱, 파머산 치즈, 달걀, 앤초비(서양멸치젓), 크루통(수프 등에 넣는 빵조각)으로 만든 샐러드를 말한다.

이 모든 것이 어우러져 맛을 내며 이들 재료 중에서 어느 것 하나가 빠져도 제맛이 나지 않는다.

이 샐러드는 1924년 멕시코의 티후아나(Tijuana)에 살던 시저 카디니(Caesar Cardini)라는 이탈리아 요리사에 의해 처음 만들어져 '시저 샐러드'라고 부른다.

② 케이준 치킨 샐러드(Cajun Chicken Salad)

1620년대에 캐나다의 아카디아(Acardia, 현재의 노바스코티아(Nova Scotia))에 이주해 와서 살던 프랑스인들이 1755년 이곳을 점령한 영국인들에 의해서 미국 남부의 루이지애나로 강제 이주되어 그곳에서 프랑스인들이 발전시킨 요리가 케이준이다. 케이준 요리는 힘든 이민생활을 반영하듯 거칠고 양으로 승부하며, 거친 재료의 맛을 보완하기 위해 양념을 많이 쓰는 요리가 되었다.

✈ 단원문제

Q1. 현대에 와서 간편화 되어진 서양식의 7코스에 대해 순서대로 나열하시오.

Q2. Appetizer의 개념과 특징을 서술하시오.

Q3. 세계적으로 유명한 3대 Appetizer를 적으시오.

Q4. Caviar의 종류를 나열하고 설명하시오.

Q5. Soup의 개념에 대해 서술하시오.

Q6. Stock에 대해 설명하시오.

Q7. Thick Soup의 종류를 제시하고, 자세히 설명하시오.

Q8. 대표적인 저녁 빵의 종류와 특징을 서술하시오.

Q9. 샐러드 개념에 대해 설명하시오.

Q10. 샐러드 base에 대해 설명하시오.

Q11. 최상의 샐러드를 서비스하기 위하여 주의할 사항에 대해 설명하시오.

Q12. Caesar Salad에 대해 설명하시오.

항공기 기내식 식음료 서비스실습

과목명	항공기식음료론	수행 내용	
실습 1. 실습 2. 실습 3.			

승무원역할 팀	실습 No.	실습생 명단(명)	승객역할 팀
1팀	1		2팀
	2		
	3		
2팀	1		3팀
	2		
	3		
3팀	1		4팀
	2		
	3		
4팀	1		1팀
	2		
	3		

*팀장은 사전에 실습 준비용품을 준비바랍니다.

실습평가표

과목명		평가 일자	
학습 내용명		교수자 확인	
교수자		평가 유형	과정 평가
실습학생	학번	학과	
	학년/반	성명	

평가 관점	주요내용	교수자의 평가		
		A	B	C
실습 도구 준비 및 정리	• 수업에 쓰이는 실습 도구의 준비			
	• 수업에 사용한 실습 도구의 정리			
실습 과정	• 실습 과정의 주요 내용을 노트에 주의 깊게 기록			
	• 실습 과정에서 새로운 아이디어 제안			
	• 실습에 적극적으로 참여(주체적으로 수행)			
태도	• 주어진 과제(또는 프로젝트)에 성실한 자세			
	• 문제 발생 시 적극적인 해결 자세			
	• 인내심을 갖고 과제를 끝까지 완수			
행동	• 수업 시간의 효율적 활용			
	• 제한 시간 내에 과제 완수			
협동	• 조별 과제 수행 시 조원과의 적극적 협력 및 소통			
	• 조별 과제 수행 시 발생 갈등 해결			

종합의견

디너의 이해(앙트레)

1. 앙트레

1) 앙트레의 개요

주요리(Main Dish)를 보통 앙트레(Entree)라고 부르며, 영어의 Entrance와 같은 뜻으로 정찬의 입구, 즉 본격적인 식사를 의미한다. 요리사가 가장 힘을 기울여 아름답고 맛있게 실질적으로 만드는 요리이며 정찬 서비스의 핵심이라고 할 수 있다. 앙트레 접시의 구성은 Entree, Starch, Vegetable이며 재료로는 수조육류(獸鳥肉類)를 다양하게 사용한다. 또한 각 육류에 맞는 소스를 만들고 조리한 채소를 곁들여서 생선요리와 로스트 사이에 내놓는다. 그러나 최근에는 간편화되어 주요리로 제공하는 모든 요리를 앙트레(Entree)라고 한다. 나이프와 포크는 생선용 다음의 육류용 중에서 가장 큰 것을 쓰고, 술은 적포도주를 쓴다. 정식인 디너에서는 앙트레 뒤에 입가심으로 셔벗을 내기도 한다.

2) 앙트레(Main Dish)의 구성

(1) Entree : 앙트레에 쓰이는 육류는 높은 칼로리의 단백질, 탄수화물, 지방, 무기질, 비타민 등이 풍부하여 대부분 주요리로 이용되지만, 현대인들의 기호 변화에 따라 생선요리, 야채요리, 파스타류 등을 선택하는 경향이 높아지고 있다.

(2) Starch : 전분이 함유되어 있는 재료로 만든 감자, 밥, 국수 등을 의미한다. 앙트레에 사용되는 Starch는 곡물, 감자 등 탄수화물을 함유하고 있는 것을 말하며, Potato, Rice, Pasta, Noodle 등이 있다.

(3) Vegetable : 앙트레에 사용되는 야채류는 곁들이는 더운 야채를 의미하며 조리 시 풍미나 향이 훼손되지 않아야 한다. 야채의 종류에는 감자, 당근, 브로콜리, 아스파라거스 등이 주로 사용된다.

3) 앙트레의 종류

(1) 육류(Meat)

서양요리에서 주요리라고 하면 일반적으로 떠올리는 메뉴로 육류는 쇠고기, 돼지고기, 양고기 등이 있다.

① Beef 요리

육류요리 중 주요리로 가장 많이 제공되는 쇠고기(Beef)요리는 부위에 따라 질의 차이가 나고, 요리의 이름도 부위의 명칭과 조리방법에 따라 결정된다.

Beef의 주요 부위별 명칭

Sirloin 등심
Ribloin 갈비
Round 엉덩이살
Leg 다리
Tenderloin 안심

참고동영상 **소고기 부위별 위치와 특징** (https://www.youtube.com/watch?v=K_Wm2avLhTA)

Beef의 대표적 요리방법으로는 일정한 크기(1인분 단위)로 잘라 소테(Saute)하거나 그릴(Grill)하는 스테이크와 안심이나 등심을 통째로 일정한 온도의 오븐에 구워 1인분씩 제공하는 로스트(Roast)가 있다. 로스트는 큰 고깃덩어리(Lump)째로 모양이 변하지 않도록 실에 감아 오븐에서 굽는 요리법을 말하는데, 고기가 불에 구워지면서 고기의 외부에 딱딱한 껍질(Crust)이 형성되어 내부의 육즙이 보존되어 고유의 맛이 높아진다.

로스트를 서비스할 때에는 약 6~8mm의 두께로 Cutting하여 2~3Pcs로 서비스하고 굽는 도중 고기에서 나오는 육즙 오쥬(Au Jus) 소스를 함께 곁들인다.

　육류의 조리 정도를 판별하는 방법으로 요리사들은 육류 온도계를 사용하지만 기내에서는 육류로부터 누출되는 육즙의 상태 및 색상을 보고 측정하거나 손가락으로 눌러서 육질의 탄력 정도에 의한 측정을 한다. 또한 탑재되었을 때의 익히기와 두께를 미리 살펴보아 어느 정도의 가열시간이 필요한지 가늠하여야 하며 오븐에 남겨둘 경우 오븐의 여열까지 생각하여야 한다. 승객의 기호에 맞는 서비스를 하기 위해서는 평상시에 관심을 가지고 육류의 익히기를 살펴보아야 한다.

✂ 스테이크의 굽기 정도

굽기 정도	상태
레어(Rare)	약간 구운 것. 표면만 구워 중간은 붉은 날고기 상태로 질은 붉은색이며 육즙이 풍부하다.
미디엄 레어 (Medium Rare)	좀 더 구운 것. 중심부가 핑크인 부분과 붉은 부분이 섞여 있는 상태로 자르면 피가 보이고 자르면 따뜻하다.
미디엄(Medium)	중간 정도 구운 것. 중심부가 모두 핑크빛으로 절반 정도 익힌 것으로 따뜻하고 부드러우며 탄력이 있다.
미디엄 웰던 (Medium Welldone)	구운 고기의 색은 갈색과 핑크색이 섞여 있으며 맑은 핑크빛 육즙이 조금 있고 단단하고 탄력이 느껴진다.
웰던(Welldone)	표면이 완전히 구워지고 중심부도 충분히 구워져 갈색을 띤 상태로 완전히 구워진 상태이며 육즙이 적고 단단하다.

　가. 안심 스테이크(Fillet Steak)

　　안심은 육질이 연하고 부드러운 것이 특징으로 소 한 마리에 보통 2개가 있는데, 평균 5~6kg 정도로 매우 적다. 쇠고기 중 가장 연한 부위로 특유한 미각을 맛볼 수 있으며 안심 1개의 기름을 제거하고 스테이크로 자르면 안심의 위치에 따라 스테이크

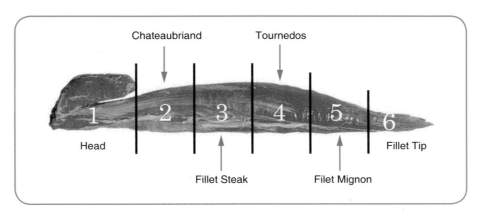

의 명칭이 달라진다. 대표적으로 샤토브리앙(Chateaubriand), 투르네도(Tournedos), 필레미뇽(Filet Mignon) 등이 있다.

샤토브리앙(Chateaubriand)
소의 등뼈 양쪽에 붙어 있는 가장 연한 안심부분으로 스테이크의 최고품이다. 일반적으로 3~5cm 두께로 자라서 2인분으로 조리된다. 한 덩이가 2인분으로 조리되므로 고기의 결과 직각이 되게 반 쪽으로 잘라 1인분을 2~3Pcs 정도로 잘라 요리한다.

투르네도(Tournedos)
1885년 프랑스 파리에서 처음 시작된 것으로 투르네도란 눈 깜짝할 사이에 다 된다는 의미이다. 안심의 앞부분을 약 150g 정도로 커팅한 것에 얇게 저민 돼지비계나 베이컨을 감아서 구워내는 요리이다. 베이컨을 감아 요리하는 것은 지방분을 보충하고 베이컨의 강한 풍미가 쇠고기로 옮겨져 스테이크의 풍미를 증가시키기 위해서이다.

필레미뇽(Filet Mignon)
필레미뇽은 작고 예쁜 스테이크라는 의미로 안심의 뒤쪽 끝부분을 잘라서 베이컨을 감아 구워낸 요리이다. 투르네도 다음 부분으로 고기가 연하며 역시 최고급 스테이크로 애호되며, 스테이크에 거위 간 요리(Foie Gras)를 곁들인 'Filet Mignon Rossini' 요리는 매우 유명하다.

나. 등심 스테이크(Sirloin Steak)

등심 스테이크는 갈비 안쪽에 붙은 등심고기로서 영국 왕 찰스 2세가 즐겨 먹어 이 고기에 작위를 주었다 한다. Loin(허리 살)에 'Sir'를 붙여 '설로인(Sirloin) 스테이크'라고 불리며, 안심보다는 육질이 조금 질기고 고소한 맛을 지녔다.

뉴욕 컷 스테이크(New York Cut Steak)
소의 13번째 갈비에서 왼쪽 뼈 끝 사이의 척추 위에 붙은 살을 말하며, Cut했을 때의 모양이 New York 도시의 맨해튼(Manhattan)섬을 닮았다 하여 뉴욕 컷이라는 이름이 붙여졌다.

다. 갈비중심 스테이크(Rib Steak)

갈비중심 스테이크는 동쪽에 있는 부위로 두껍고 지방분이 많다. 이 스테이크에는 립 아이 스테이크(Rib Eye Steak), 로스트 비프 스테이크(Roast Beef Steak) 등이 있다.

티-본 스테이크(T-Bone Steak)

티-본 스테이크는 한 개의 뼈를 사이에 두고 한쪽에는 안심(Fillet), 다른 한쪽에는 등심(Sirloin)이 붙어 있어, 하나의 스테이크에서 두 부위의 맛을 볼 수 있는 별미의 스테이크 요리로 뼈가 T자 모양을 하고 있다.

---

② Veal 요리

송아지고기를 말하며 지방분이 적고 부드러우며 독특한 향이 있다. 송아지고기는 일반적으로 생후 6개월 미만의 어린 소를 이용한다. 적은 지방층과 많은 수분을 갖고 있어 부드럽고 연한 맛과 독특한 향이 그 특징이며, 얇기 때문에 주문받을 때 일반적으로 굽기의 정도를 주문받지 않는다. 송아지고기의 대표적인 요리로는 빌 커틀릿(Veal Cuttle), 스위트 브레드(Sweet Bread), 스칼로피네(Scalloppine)가 있다.

가. 빌 커틀릿(Veal Cutlet)

송아지 다리부분을 얇게 저민 다음 소금과 후추로 간해서 밀가루를 묻힌 후 계란이나 빵가루를 입혀 기름에 튀긴 요리이다. 풍미를 더하기 위해 Bacon으로 감아서 Roast하기도 한다. Welldone으로 익혀 나오며 6~8mm 두께로 잘라서 2~3Pcs로 담게 된다.

나. 스위트 브레드 메달리온(Sweet Bread Medallion)

송아지의 목젖살로 만든 요리로 두께가 얇고 부드럽다. 송아지의 후두육(목덜미살)을 찬물에 담가 얇은 막을 제거한 다음, 밀가루를 묻혀 버터로 팬에 프라이(Fry)한 다음, 셰리 와인(Sherry Wine) 등을 넣은 소스를 곁들이는 요리이다.

다. 스칼로피네(Scalloppine)

얇게 자른 송아지고기를 소금과 후추로 양념하여 와인으로 맛을 낸 후 소테(Saute)하여 양송이 소스와 함께 서브하는 요리로 이태리어로 슬라이스(Slice)했다는 뜻이다.

③ Pork 요리

돼지고기는 쇠고기 다음으로 많은 양이 소비되는 육류요리로 돼지고기 요리는 속살까지 익혀 고기 색이 Pink 빛이 없는 은회색(Gray-white)빛이 될 정도로 요리되어야 한다. 돼지고기의 부위는 안심(Fillet), 등심(Loin), 볼기살(Ham), 어깨살(Shoulder), 삼겹살(Flank)의 내장 그리고 족(Feet)과 머리(Head) 등으로 분리된다. 이러한 돼지고기는 소시지(Sausage), 햄(Ham), 베이컨(Bacon) 등으로 가공하여 저장한다. 베이컨은 삼겹살을 절단한 다음 소금과 향신료 등으로 절여서 훈연한 것으로 지방이 적고 담백하다. 소시지는 돼지고기의 지육을 주로 사용하지만 쇠고기나 다른 육류를 섞어서 만들기도 한다.

이와 같은 돼지고기 요리는 중식당과 뷔페식당에서 많이 사용하며 대표적인 요리는 다음과 같다.

가. 포크찹(Pork Chop)

돼지고기 등심을 팬(Pan)에 색깔이 나도록 굽고 별도로 양파, 셀러리를 버터로 볶은 다음 나머지 재료와 구운 고기를 넣고 만들어 바비큐 소스와 함께 위에 얹어 서비스한다.

나. 햄 스테이크(Ham Steak)

햄을 석쇠구이한 요리로 제공할 때에는 슬라이스한 파인애플을 위에 얹어 서비스한다.

다. 포크 커틀릿(Pork Cutlet)

돼지고기를 얇게 저민 다음 소금과 후추를 뿌리고 밀가루, 계란, 빵가루를 입힌 후 프라이 팬(Pan)에 튀기는 요리이다.

④ Lamb 요리

Lamb은 1년 미만의 어린 양고기를 말하며 육질이 부드럽고 지방과 수분함량이 적기 때문에 조금만 익혀야 한다. 주로 Mint sauce와 잘 어울린다. 양고기는 근섬유가 가늘고 조직이 약하기 때문에 소화가 잘되고 특유의 향이 있다. 1년 이상 자란 양고기(Mutton)는 향이 강하므로 특유의 향을 약화시키기 위해 조리할 때 민트(Mint)나 로즈메리(Rosemary)를 많이 사용한다. 반면에 생후 1년 이내의 어린 양을 램(Lamb)이라 하는데 육질이 부드럽고 지방과 수분 함량이 적어 요리 시 조금만 익혀야 한다. 양고기 요리는 호주, 중동 지역이나 유태인들이 즐겨 찾는 요리이기도 하다.

양고기 요리를 살펴보면 다음과 같다.

가. 램 찹(Lamb Chop)

양갈비의 뼈가 붙어 있는 채로 잘라 양념하여 석쇠구이한 양고기 요리이다.

나. 랙 오브 램(Rack of Lamb)

허리부분의 뼈 달린 부분을 잘라 양념을 뿌려 소테(Saute)한다.

다. Roast Leg of Lamb Mint Jelly Sauce

다리 부위 중 뼈를 빼고 살 부분만을 Roast한 것으로 mint jelly sauce를 곁들여 나오는 요리이며 medium이나 welldone으로 익혀 나온다. roast beef처럼 6~8mm 두께로 잘라서 나온다.

라. 누아제트(Lamb Noisette)

누아제트(noisette)란 양의 허리고기 살의 뼈를 빼내고 1인치 두께가 되도록 다듬은 고기 조각을 saute하거나 fry한 후 sauce를 곁들여 나오는 요리이다.

(2) 어패류(Seafood)

생선은 크게 어류와 패류로 구분하며 육류와 더불어 동물성 단백질의 주된 급원식품으로 원래 격식을 갖춘 정식메뉴에서 수프 다음에 제공되는 것이 원칙이나 요즘에는 생선 코스를 생략하고 애피타이저나 앙트레로 생선을 제공하고 있다.

무병장수하려면 하루에 두 끼 이상 생선을 먹으라는 말이 있는 것처럼 생선요리는 육류보다 맛이 담백하고 연해서 소화가 잘되고 열량이 적으며 단백질, 지방, 칼슘, 비타민 이외에도 최근 각광받고 있는 성분인 오메가-3 지방산도 함유하고 있는 것으로 알려져 건강식으로 선호도가 높아지고 있는 추세이다. 또한 육류의 단백질은 과다 섭취에 따른 비만 및 성인병의 원인이 될 수 있지만 생선의 단백질은 과다 섭취에 따른 부작용을 걱정할 필요가 없는 건강한 단백질을 공급해 주는 것으로 알려져 있다.

이러한 이유로 기내식으로도 많이 이용되는 생선요리는 여성고객 또는 종교적으로 육류를 드시지 않는 고객들에게 주요리로 많이 애용되고 있으나, 부패하기 쉽고 살이 부드러워 서비스 시 모양이 흐트러지지 않도록 취급하는 데 각별히 주의를 하여야 한다. 최근에는 기내식으로 서양식의 주요리인 생선요리 이외에도 한식 제공이 늘면서 한상차림의 한 구성으로 생선구이나 생선전 등으로 서비스되기도 한다.

어패류는 싱싱한 것을 사용해야만 요리의 고유한 맛을 살릴 수 있다. 따라서 케이터링센터에서는 제철 식자재를 분류하고 구매부터 요리되어 승객에게 제공되기까지 철저한 관리가 필요하다. 일반적으로 신선한 어패류를 선별하기 위해서는 눈과 코 그리고 손을 사용하여 선별한다. 먼저 눈으로 생선의 눈과 광택을 살피는데 이때 생선의 눈이 투명하고 생선 자체의 광택이 나면 신선한 것이다. 후각으로는 생선 고유의 냄새가 아닌 단백질 분해로 인해 생긴 심한 냄새가 난다면 신선하지 않은 것이다. 마지막으로 손을 이용하여 아가미를 벌려 아가미의 색깔이 선홍색이고, 손가락으로 생선을 눌러보아 탄력이 있고 머리를 잡고 들었을 때 생선이 활처럼 휘지 않고 일직선에 가깝게 있다면 신선한 생선임을 알 수 있다.

① 어패류의 종류

생선요리는 생선의 종류와 요리방법에 따라 요리이름이 결정된다. 또한 그에 따라 각기 개성 있는 맛과 풍미가 결정된다. 기내식으로 많이 사용되는 어패류의 종류는 다음과 같다.

- Halibut : 넙치
- Turbot : 가자미
- Sole : 혀가자미
- Red Snapper : 붉은 도미
- Sea Bass : 농어
- Trout : 송어
- Mackerel : 고등어
- Crab : 게
- Lobster : 바닷가재
- Cray Fish : 가재
- Salmon : 연어
- Tuna : 참치
- Sea Bream : 도미
- Mero Fish : 메로
- Cod : 대구
- King Fish : 민어
- Anchovy : 멸치
- Oyster : 굴
- Clam : 조개
- Scallop : 가리비 조개

- Prawn : 큰 새우
- Shrimp : 작은 새우
- Abalone : 전복
- Pen Shell : 키조개

② 어패류의 요리방법

생선류는 여러 가지 생선의 모양과 조직, 지방 함유 정도가 조리방법을 좌우하는 중요한 요인이 된다. 지방이 적은 생선은 포칭(Poaching) 또는 딥 프라잉(Deep-flying)하거나, 소스에 넣어 베이킹(baking)한다.

가. 피시 포칭(Fish Poaching)

여러 가지 재료를 넣어 만든 스톡에서 조리하는 방법으로 낮은 온도(75~90℃)로 익히며 단백질 식품을 부드럽게 익히기 위하여 사용하는 조리방법이다. 이때 사용한 액체를 다시 활용하여 일반적으로 요리의 소스를 만든다. 조리방법에서 주의해야 할 것은 생선이 조리과정에서 부서지지 않도록 하는 것이다.

나. 브레이징(Braising)

서양의 대표적인 조리방법으로 생선에 소량의 육수를 넣고 끓여서 졸이는 요리방법이다. 브레이징할 때 생긴 육즙은 따로 모아 소스로 사용한다.

다. 브로일링(Broiling)

생선에 정제버터나 오일을 바르거나 그 속에 살짝 담갔다가 꺼낸 다음 굽는 요리방법으로 생선살이 부스러지는 것을 방지하기 위하여 생선에 밀가루를 발라서 굽는 경우도 있다.

라. 프라이(Fry)

생선을 기름에 튀기는 요리방법으로 생선살의 표면을 보호하고 맛을 더 좋게 하기 위하여 생선살에 밀가루를 묻혀서 조리하는 방법이다. 빵가루를 입혀서 튀기는 방법, 묽은 반죽을 입히는 방법 등 다양하게 조리된다.

마. 생선 오븐구이(Baking)

생선을 신속하게 조리하여 지방이 적은 생선이 건조화되는 것을 방지하는 요리법으로 오븐에 넣어 굽는 방법인데 생선을 팬에 그릴(Grill)하여 색을 내고 오븐에서 완전히 익히는 요리방법이 혼합되어 사용되는 경우가 많다.

바. 뫼니에르(Meuniere)

뫼니에르란 '밀가루집 아내'란 말을 불어로 나타낸 것으로 기내식으로 많이 사용되는 요리방법이다. 생선에 소금과 후추를 뿌려 밀가루를 가볍게 묻혀 버터에 구운 것이며 레몬즙과 파슬리로 향을 낸 레몬버터 소스와 곁들인다.

사. 스티밍(Steaming)

모든 생선 종류에 많이 사용하는 조리방법으로 선반이 있는 깊은 팬이나 전용찜기에서 증기를 이용하여 생선을 익히는 방법이다.

(3) Poultry류

Poultry란 일반적으로 가금류를 의미한다. 가금(家禽)은 집 가(家) + 날짐승 금(禽)으로 집에서 기르는 날짐승이라는 뜻이다. 가금류 가운데 가장 널리 이용되고 있는 것은 닭고기이며 칠면조 요리는 추수감사절이나 크리스마스에 등장하는 요리로 연중 먹기 시작한 것은 최근의 일이다. 오리는 고기보다 뼈와 지방질이 많으며 연한 것이 특징이다. 오리보다 지방질이 더 많은 거위는 중국과 유럽에서 야생하는 기러기를 육용으로 사육한 것이 지금의 것이 되었다. 거위는 고기보다는 강제 사육하여 거위 간(Foie Gras)을 생산하는 것으로 유명하다. 가금류는 비타민 B복합체의 좋은 급원으로 지방이 비교적 적고 분리가 쉬워 양질의 단백질을 함유한 저지방 식이용으로 적합하다.

이와 같은 가금조류는 주로 로스트(Roast) 요리법을 사용하고 있으며 이 밖에도 그릴드(Grilled), 프라이드(Fried), 브로일드(Broild) 등의 방법도 사용한다.

① 가금류의 종류

가. 닭고기

모든 문명권에서 제한 없이 먹는 닭고기는 영양학적으로 고단백 식품이다. 부위별로 차이가 있지만 닭가슴살의 단백질 함유량은 100g당 23.3g에 달한다. 그러나 지방과 콜레스테롤은 다른 육류에 비해 상대적으로 낮은 편이다. 따라서 쇠고기보다 소화가 잘되고 담백하다. 식용 닭은 크게 분류해서 수탉(Cock), 암탉(Hen), 어린 닭

(Chicken)으로 구분할 수 있으며 주된 요리방법은 Fly 또는 Roast이다.

닭고기(Chicken)의 대표적인 요리는 다음과 같다.

㉠ 알라 키예프(A'la Kiev) : 러시아의 전통적인 닭요리이다. 닭가슴살에 버터, 소금, 조미료를 뿌려 만 다음, 밀가루를 가볍게 묻히고 달걀물에 담갔다가 빵가루를 묻혀 프라이한 것이다.

㉡ 코코뱅(Coq au vin) : 닭고기와 야채에 포도주를 부어 조린 프랑스의 전통요리로 직역하면 '포도주 안의 수탉'이라는 뜻이다. 프랑스 농가에서 즐겨먹던 요리에서 시작되었으며, 지금은 크리스마스의 대표적인 음식이다.

> 참고동영상 **프랑스 요리 코코뱅 제조 방법** (https://www.youtube.com/watch?v=DvkniLXkkSE)

㉢ 치킨 코르동 블뢰(Chicken Cordon Bleu) : 닭가슴살 안에 햄과 스위스 치즈를 넣고 빵가루를 입혀서 튀긴 음식으로 송아지고기를 사용하여 만들기도 하는 요리이다. 일반적으로 코르동 블뢰는 특정한 고급 음식이나 조리사에게 붙이는 명칭이다.

㉣ 브레이즈드 치킨(Braised Chicken) : 찜요리의 일종으로 닭고기에 야채, 포도주, 육수 등을 넣고 맛이 스며들도록 찐 요리이다.

나. 오리요리

오리고기의 독특한 냄새와 오렌지의 향이 잘 어울리기 때문에 오리고기 요리에는 주로 오렌지 소스(Orange Sauce)가 곁들여 나온다.

대표적인 오리요리는 다음과 같다.

㉠ 비가라드(Roast Brast of Duckling Bigarade) : 가슴부위의 살을 로스트한 다음 설탕, 오렌지 주스(Orange Juice), 오리스톡(Duck Stock)을 넣어 졸인 것에 데미글라스 소스(Demiglace Sauce)를 곁들여 오렌지 슬라이스(Orange Slice)를 얹어 요리한 것이다.

㉡ Breast of Duckling Surprise : 오리 가슴살에 Foie Gras를 채우고 Ham으로 만 요리이다.

다. 칠면조요리

매년 크리스마스 무렵에 칠면조고기의 기름기가 적당히 많아지므로 고기 맛이 가장 좋다. 주로 로스트(Roast)로 요리되나 훈제품으로도 가공되어 샌드위치요리에 많이 애용된다.

(4) 게임류(Game)

사냥해서 잡은 야생동물을 일컫는 말이며, 집에서 사육한 것과는 풍미가 달라 미식가들에게 인기가 있다. 같은 종류라도 사냥한 시간이나 장소에 따라 맛이 크게 달라진다.

여러 가지의 영양성분을 포함하고 있는데 특히 철분과 인이 많이 함유되어 있어 건강 식자재로 인기가 있다. 꿩, 메추리와 같은 엽조류부터 멧돼지, 토끼와 같은 것이 사용된다.

4) 앙트레 소스(Entree Sauce)

소스(Sauce)는 요리의 풍미를 더해주고 요리의 맛과 외형, 그리고 수분을 보완해 주어 요리를 한층 돋보이게 하는 중요한 역할을 한다. 소스는 원래 식품 본래의 맛과 향기를 유지하면서 음식의 맛을 돋우어준다.

소스의 어원은 소금을 기본 양념으로 한다는 데서 유래하였다. 소스는 육류의 저장방법이 발달하지 않았던 중세 시장에서 구입한 품질이 낮은 고기의 맛을 돋우기 위하여 유럽의 주방장들이 만들기 시작하였다. 그러나 육류의 저장기술이 발달한 지금도 육류의 맛과 향, 그리고 색상을 부여하여 음식의 외형을 좋게 하고 수분도를 높임으로써 부드러운 감촉을 느끼게 하는 데 소스를 이용하고 있다.

훌륭한 조리사는 그가 만든 소스에 의해 조리기술의 정도가 결정된다는 말이 있다. 이와 같이 소스가 요리에 미치는 역할은 매우 중요한 것으로 조리기술의 극치이며 예술이라고 할 수 있다.

현재 사용되는 소스는 수백 종에 이르지만 기본적으로 데미글라스 소스, 벨루테 소스, 베샤멜 소스, 홀랜다이즈 소스, 토마토 소스 등 5가지 모체 소스로 나눌 수 있으며, 이 모체 소스를 바탕으로 여러 가지 부재료를 첨가하여 파생 소스를 개발할 수 있다.

(1) 앙트레 소스의 특성

소스는 일반적으로 뜨겁게 나오며 요리에 끼얹어 내는 것으로 부드러운 감촉과 맛 그리고 농밀성이 느껴지도록 하는 것이 중요하다. 만드는 재료와 방법이 매우 다양하며 그것에 따라 맛이나 질감, 외관 등이 각기 개성을 지니고 있어야 하며 요리 자체의 맛을 압도하는 향신료 냄새가 나거나 농도가 너무 묽어지면 원래 요리 맛을 떨어뜨릴 수 있으므로 유의하여 만들어져야 한다. 소스는 주로 오랜 경험을 쌓은 요리사들에 의해 만들어지며 실제로 소스의 맛에 따라 훌륭한 요리사로 평가하기도 한다.

(2) 소스와 앙트레요리의 조화
① 단순한 요리에는 영양이 풍부한 소스가 어울린다.
② 색상이 안 좋은 요리에는 화려한 색상의 소스로 보완한다.
③ 갈색의 소스는 red meat류, 흰색 또는 노란색의 소스는 white meat, 생선, 야채요리와 잘 어울린다.
④ 싱거운 요리에는 맛이 강한 소스가 어울린다.
⑤ 수분이 적은 팍팍한 요리에는 수분이 많아 부드럽고 묽은 소스가 어울린다.
⑥ 전통적으로 이어져 오는 소스
- Pork : Pineapple Sauce
- Lamb : Mint Jellly Sauce
- Duck : Orange Sauce

5) 앙트레에 사용되는 Starch

(1) Potato류

Baked Potato (베이크드 포테이토)		감자의 껍질을 벗기지 않고 통째로 구워서 butter, sour cream, green onion, bacon 등과 함께 먹는 요리이다.
Mashed Potato (매시트 포테이토)		찐감자의 껍질을 벗겨 으깨어 butter, 우유, cream 등을 넣어 섞은 요리이다.
Parisiennie Potato (파리지엔느 포테이토)		감자를 작은 ball 모양으로 잘라 버터에 노랗게 구운 것

Chateau Potato (샤토 포테이토)		감자를 장방형 또는 원통형으로 만들어 버터에 노랗게 구운 것
Hashed Potato (해시드 포테이토)		감자를 가늘게 채 썰어 소금, 후추로 간해 노랗게 구운 것
Anna Potato (아나 포테이토)		감자를 동그란 모양으로 잘라 버터를 바른 mould에 넣고 구운 것
Duchesse Potato (뒤쉐스 포테이토)		감자를 삶아 으깨어 계란노른자, 버터를 넣고 작은 케이크 모양으로 만들어 구운 것
Lyonnaise Potato (리요네즈 포테이토)		잘게 잘라서 양파와 함께 버터를 넣고 볶은 것
Macaire Potato (마케르 포테이토)		감자를 구워서 잘 으깨어 butter를 넣어 섞은 다음 pan cake와 같이 작은 pan에 볶은 것

(2) Rice류

Risi Bisi (리시 비시)		fat rice에 fresh green pea를 넣고 육수로 밥을 지은 것
Rice Pilaw (라이스 필로)		long grain 쌀에 잘게 썬 양파, 옥수수, 버터를 넣고 육수로 밥을 지은 것

Saffron Rice (사프란 라이스)		rice pilaw에 saffron 착색 향료를 넣어 노란색이 나게 함
Wild Rice (와일드 라이스)		야생 쌀에 육수를 넣어 밥을 지은 것으로 갈색이 남
Rice Croquette (라이스 크로켓)		이태리 쌀을 달걀 노른자, 파르메산 치즈, 버터와 혼합한 다음 냉각하여 크로켓 모양으로 달걀과 빵가루에 묻혀 기름에 튀긴 것
Fried Rice (프라이드 라이스)		쌀밥에 계란, 양파, 고기류, ham, soy sauce 등을 넣고 기름에 볶은 것

(3) Pasta류

Noodle Gratin (누들 그라탱)		국수에 모르네이 소스를 혼합하여 치즈를 뿌린 후 오븐에서 갈색으로 구운 것 ⇒그라탱 : 표면에 치즈나 빵가루를 뿌려 갈색으로 굽는 요리방법
Spinach Noodle (스피니치 누들)		시금치로 색을 낸 연두색 국수
Egg Noodle (에그 누들)		달걀을 넣고 가늘게 만든 국수

Macaroni (마카로니)		속이 빈 대롱같이 생긴 국수
Tortellini (토르텔리니)		작은 초생달 모양으로, 잘게 다진 고기류와 파르메산 치즈를 섞어 속을 채운 파스타
Ravioli (라비올리)		시금치, 육류, 치즈 등으로 속을 채운 파스타
Lasagna (라자냐)		넙적하게 만든 국수에 토마토, 치즈 소스를 층층으로 얹어 오븐에 구움
Canelloni (카넬로니)		육류로 속을 채우고 토마토, 치즈 소스를 곁들여 구움
Ruote (루오테)		차바퀴 모양으로 만든 국수로 오븐에 구움

6) 앙트레에 사용되는 야채류

(1) 아스파라거스

온대지방과 아열대지방에서 재배하고 있다. 독특한 모양과 파릇한 색상이 식감을 자극하고 아삭하게 씹히는 맛이 특징인 아스파라거스는 로마시대부터 미식가들에게 사랑받아 온 채소 중의 하나이다. 숙취 해소에 좋은 아미노산의 일종인 아스파라긴이 처음 발견된 채소라고 하여 붙은 이름으로 미국과 유럽 등지에서 많이 애용되고 있다.

(2) 아티초크(Artichoke)

지중해 서부와 중부가 원산지이며, 이곳에서 고대에 지중해 동부로 전파되었다. 아티초크는 대형 엉컹퀴와 같은 모양새를 가지고 있으며 맛이 미묘하고 견과 같은데 대개 두상꽃차례나 꽃눈이 가장 부드럽다. 두상꽃차례는 소스를 곁들인 따뜻한 야채나 차가운 샐러드 또는 전채(前菜)로 이용된다.

(3) 방울 양배추(Brussels Sprouts)

16세기부터 벨기에 브뤼셀 지방에서 재배되어 오다가 유럽에 본격적으로 보급된 것은 19세기 이후인데 영국을 포함한 북유럽과 미국에서 많이 재배하고 있다. 한국에도 보급되었으나 소규모로 재배되고 있다.

강한 향기가 나는 채소로, 흔히 곁들여 내는 음식으로 쓴다. 밝은 녹색을 띠고 잎이 빽빽하게 들어찬 것이 좋으며, 작고 어린 결구는 오래된 것보다 더 부드러운 맛이 난다. 단백질과 비타민 A, 비타민 C 등이 다량 함유되어 있고 저장성이 좋아 신선한 채소가 부족되기 쉬운 겨울철에 환영받는 채소이다.

(4) 브로콜리(Broccoli)

영국에서는 콜리플라워를 브로콜리라고 한다. 지중해 동부와 소아시아가 원산지이고 이탈리아에서는 고대 로마시대부터 재배했으며, 영국에는 1720년경, 미국에는 식민지시대에 들어온 것으

로 보인다. 맛은 양배추와 비슷하지만 약간 순하다. 싱싱한 브로콜리는 암녹색이고 단단한 꼭지와 빽빽한 꽃눈이 있다. 날것으로 또는 요리해서 먹는다.

(5) 그린 비타민(Green Vitamin)

잎의 색이 진하여 여러 가지 요리에 많이 쓰이고 있으며 샐러드나 애피타이저 또는 장식용으로도 쓰인다. 한 포기에 5개 정도의 잎이 달려 있으나 하루 정도 지나면 잎이 노랗게 떠 벌어진다.

(6) 꽃양배추(Cauliflower)

잎은 잿빛을 띤 녹색이며 꽃방석처럼 퍼져 있고 양배추보다 길다. 주로 채소로 요리하며 꽃 부위는 샐러드로 만들거나 날것을 그대로 먹는다. 한국에는 1926~1930년경에 도입됐으며, 1970년대 말부터 본격적으로 재배하기 시작했다.

(7) 호박(Zuccini)

아주 어린 호박으로 일반적으로 길쭉한 오이모양에 색은 초록색과 연한 녹색을 나타내지만 최근에는 교배종이 생산되면서 다양한 모양과 함께 주황색과 노란색도 생산되고 있다. 이탈리아에서 재배하기 시작해 지금은 전 세계에 널리 알려져 재배되고 있다.

(8) 마늘잎쇠채(Salsify)

지중해 지역이 원산지로 자르면 유액이 나오고 뿌리가 굵고 흰색을 띤다. 두꺼운 흰색의 원뿌리는 요리하는 데 쓰이며 굴과 비슷한 맛이 난다. 꽃은 자주색을 띠고, 잎은 폭이 좁고 뒤로 젖혀졌으며 아랫부분은 대개 줄기를 감싼다. 때로는 관상용으로 심기도 하고 잎과 뿌리를 샐러드에 넣어 먹기도 한다.

(9) 완두콩(Green Pea)

완두의 한 품종으로 완전히 여물기 전에 딴 파란 완두콩을 의미하며 수분이 많고 단맛이 있어 통조림으로 많이 애용된다. 미숙할수록 단백질과 당분이 많고 익을수록 전분, 섬유소, 기타 다

당류가 많아진다.

7) 앙트레에 사용되는 버섯류

(1) 서양 송로버섯(Truffle)

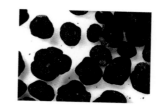

서양의 송로버섯은 우리나라에서 아직 발견되지 않고 있으며 크기와 모양은 도토리 크기에서 주먹만한 감자 크기와 모양이며 땅속에서만 자라기 때문에 돼지나 훈련된 개의 후각을 이용해서 만 찾을 수 있다. 세계 3대 진미 중의 하나로 향기가 짙고 풍미가 강해, 서부 유럽에서는 옛날부터 진귀하고 고가의 버섯으로 알려 져 있다.

프랑스에서는 흑송로(Black Truffle), 이태리에서는 백송로(White Truffle)가 주로 사용되며, 음식 속의 다이아몬드라 불린다.

(2) 양송이버섯(Button Mushroom)

세계적으로 가장 많이 재배되고 있으며, 송이버섯에 비해 갓이 부드럽고 자루가 짧으며 크림색이다. 샐러드에는 생으로도 사용 되며 각종 요리에 많이 이용된다.

(3) 모렐버섯(Morel Mushroom)

그물버섯 또는 곰보버섯이라고도 불리는 모렐버섯은 다른 버섯 과 확연하게 구분할 수 있는 모양새를 가지고 있다. 우승패 모양 을 하고 겉모양은 그물모양이며 가운데는 구멍이 나 있다. 가격 은 비싸지만 진한 향과 쫄깃한 식감이 음식 본연의 감칠맛을 살 려주어 프랑스 요리의 식자재로 많이 사용되고 있다. 요리사들 은 독특한 향을 보존할 수 있는 요리를 주로 만든다.

(4) 살구버섯(Chanterelle)

살구버섯은 일반적으로 히말라야산맥을 중심으로 아시아와 유럽 북미 등지에 널리 분포되어 있다. 이끼가 낀 침엽수 아래에 서 무리지어 자라는 경향이 있으며, 노란색이나 주황색을 띠고 있다. 북미와 프랑스 요리에 많이 이용되고 있다.

⊗ 단원문제

Q1. Main Dish의 정의와 구성에 대해 설명하시오.

Q2. Entree에서 Beef 대표적 요리방법에 대해 설명하시오.

Q3. Steak의 굽기 정도를 설명하시오.

Q4. Chateaubriand에 대해 설명하시오.

Q5. Filet Mignon에 대해 설명하시오.

Q6. Sirloin Steak에 대해 설명하시오.

Q7. Seafood의 종류 8가지를 말하시오.

Q8. Meuniere에 대해 서술하시오.

Q9. Entree Sauce의 역할을 설명하시오.

Q10. 소스와 앙트레요리의 조화를 말하시오.

디너의 이해(치즈 & 디저트)

1. 치즈

1) 정의

치즈는 소, 염소, 양 등의 동물의 젖 등을 주재료로 한다. 이를 유산균에 의해 발효시키고 효소를 가하여 응고시킨 후 유청을 제거한 다음 가열 또는 가압 등의 처리에 의해 만들며, 유용한 박테리아, 세균, 곰팡이 등을 이용하여 일정한 온도와 습도를 갖춘 장소에서 일정기간 동안 숙성시켜 만든다. 가공치즈는 자연치즈에 유제품을 혼합하고 첨가물을 가하여 유화한 것을 말한다.

2) 역사

(1) 최초의 치즈

흔히 유럽에서 치즈를 처음 만들었다고 생각하지만, 치즈를 최초로 제조한 사람들은 중앙아시아의 유목민들이었다. 처음으로 가축을 사육했던 이들은 방목되던 가축으로부터 우유를 얻고 그 부산물로 치즈를 얻었으며 유럽으로 이동하면서 치즈 제조기술을 전파했다. 이는 약 1만 2천여 년 전으로 추정된다. 우유를 이용한 치즈는 인간이 처음으로 소를 기른 기원전 7~8천 년경이라고 한다.

(2) 응유효소

치즈를 제조할 때 응유효소를 넣는데 이를 레닛이라고 한다. 레닛은 고대 아라비아의 행상에 의해 발견되었다고 전해진다. 행상이 양의 위로 만든 주머니에 염소의 젖을 넣어서 사막을 횡단할 때 하루 여행을 마치고 밤에 주머니를 열어보니 염소젖이 물과 같은 액체와 흰 덩어리로 변해 있는 것을 발견하게 되었다. 양이나 송아지의 위 점막에는 천연 응유효소인 레닛이 있는데, 이 주머니에 남아 있던 레닌이 젖을 응고시켰던 것이다. 이는 치즈의 다양화와 발전에 상당한 영향을 끼쳤으며 로마시대에는 동물성 레닛에 비해 응집력이 떨어지는 무화과나 엉겅퀴 등에서 나오는 식물성 레닛을 사용했다고 전해진다.

(3) 근현대의 치즈

1700년대에 발명된 현미경에 의해 진보한 미생물학은 치즈의 제조기술 역시 발전시켰다. 이어서 1800년대의 냉장고 발명과 파스퇴르의 저온살균법으로 치즈의 대량생산이 이루어졌다. 1851년에는 윌리엄스가 미국의 뉴욕주에 체다치즈 공장을 설립하면서 치즈의 공업적 생산이 시작되었고 1870년경 덴마크의 한샘이 정제 레닛을 생산하면서 공장 생산이 활성화되었다. 가공치즈는 1911년 스위스에서 최초로 개발되었다. 초기에는 유럽에서 관심을 끌지 못했지만, 오늘날은 치즈 생산량의 80% 이상을 차지하고 있다.

(4) 대한민국의 치즈 역사

전통적으로 우유를 즐겨 먹지 않았던 우리나라의 치즈 역사는 매우 짧다. 조선시대 기록에도 우유의 섭취를 국가적으로 통제하여 소가 농우로서의 역할을 충분히 할 수 있도록 하고, 우유를 송아지 기르는 데 사용하도록 하여 번식을 잘할 수 있도록 하였다. 따라서 우유의 대표적인 가공품인 치즈는 우리에게 익숙지 않은 식품 중 하나였다. 우리나라에는 치즈가 서양문물과 함께 약 200년 전에 소개되었을 것으로 추정되는데, 이는 서양인들 위주로 소비되었을 것이다. 50년 전만 해도 치즈 생산기반이 취약하였고, 일반인들은 치즈에 대한 관심이 없어 수요도 거의 없는 상황이었기 때문에 치즈를 생산할 필요가 없었다. 1959년에 벨기에에서 선교사로 온 지정환(본명 디디에 세르스테반스) 신부가 1966년에 전북 임실에 치즈를 소규모로 생산한 것이 우리나라 치즈 생산의 기원이라고 볼 수 있다. 1972년에는 서울우유에서 체다치즈를 생산하기 시작하였고, 1970년대에 피자가 국내에 소개되고 그 수요가 증가하면서 피자용 치즈가 여러 업체에서 생산되었다.

1970년에 지정환 신부는 저장기간이 짧고 보

관이 힘든 카망베르 대신에 3개월 이상 보관할 수 있는 체다치즈를 만들기 시작했다. 보관시설이 미비했던 임실공장에서는 변질을 우려하여 치즈를 썰어보지도 못하고 처음 만든 치즈 7kg을 미사리에 있는 외국 치즈전문상점에 판매를 부탁하였다. 그중 500g을 조선호텔로 가져갔는데, 양식당 주방장의 반응이 아주 좋아 호텔식당에서 10일에 70kg씩 사용하겠다는 약속도 받으며 거래처가 늘어나게 되어 물량공급이 모자랄 정도였다. 그 이후 공장을 확장하고 설비를 증설하면서 산양조합은 신용협동조합 형태로 변경되었고 조합원 자녀 학자금도 지급할 수 있을 정도로 나날이 발전하였다. 지정환 신부가 시작한 임실치즈는 한국에서 만든 최초의 치즈가 되었다.

> 참고동영상 **치즈를 이용한 요리** (https://www.youtube.com/watch?v=RqxETeymNyQ)

3) 국가별 치즈

(1) 프랑스

프랑스는 세계에서 가장 뛰어난 치즈를 생산하기로 정평이 난 곳이다. 프랑스에서는 치즈가 유행됨에 따라 부유한 상류계층들은 치즈를 존경하는 사람이나 사랑하는 사람에게 감사의 선물이나 사랑의 증표로 선물하기도 하였다. 당시에는 가난한 농부들에 의해서도 치즈제조가 급속도로 번져나갔는데, 이때 새로운 치즈제조법과 기술들이 창조되었다. 특히, 양과 염소 젖을 이용하는 일이 많아졌으나 그래도 사시사철 가능한 소젖으로 만든 치즈들이 생활에서 가장 중요한 일부를 차지했다. 이러한 농부들에 의해 만들어진 독특한 치즈들은 비밀스럽게 그 전통방법을 고수하여 오늘날의 Appellation Origin System을 받은 특등급치즈가 되었다. 15세기경까지 프랑스는 식탁에 오르는 치즈가 곧 계급을 상징하는 사회였다. 치즈는 프랑스 가정의 중요한 식단의 한 부분을 차지하였는데, 가난한 이들은 숙성기간이 짧은 Fresh-Matured Cheese를 식사대용으로 먹었고, 부유층은 6개월 이상 숙성시킨 치즈를 식사가 끝난 후 입을 즐겁게 해주기 위해 먹었다. 그러나 16세기에 부유층에서도 농부들이 먹는 스타일의 치즈가 유행하기 시작하여, 식사용 외에도 디저트나 제과에도 치즈가 사용되기 시작했다. 현재 세계에서 가장 유명한 프랑스 치즈는 바로 카망베르이고, 가장 사랑받는 치즈는 콩테, 다음은 로크포르라고 한다. Pasteur의 출현으로 프랑스의 치즈는 세계적으로 유명해졌으며 맛이 부드러워졌다.

① 카망베르(Camembert)

카망베르 치즈는 소프트치즈로 젖소유로 만든 지름 11cm, 무게 250g의 작은 원반형 치즈이다. 숙성기간은 3주~2개월이며 지방함유율은 45%인 테이블 치즈이다. 18세기 말부터 만들어지기 시작한 흰곰팡이 치즈로 프랑스 노르망디 지방이 원산지며 솜털처럼 하얀 곰팡이층을 가지고 있다. 나폴레옹이 정말 좋아했던 이 치즈는 버섯수프와 같은 향을 가지기도 하며, 거의 고기에 가까운 맛을 낸다. appetizer, 샌드위치, 크래커에 이용된다.

② 브리(Brie)

소프트치즈로 세계 최상품의 치즈이며 프랑스가 대표적이다. 브리드 모(Brie de Meaux)와 브리드 멀륀(Brie de Melun)의 두 가지로 나뉜다.

브리드 모는 '치즈의 여왕'이라고 알려진 치즈로 흰곰팡이 치즈의 원조격인 만큼 오랜 역사와 전통을 가지고 있다. 지름은 약 30~37cm이고, 두께는 3cm 정도, 무게는 2.5~3kg의 납작한 원반형이다. 숙성기간은 4~8주이다. 진한 노란빛 크림형태의 치즈는 상온에서는 녹아내리기도 한다. 약간의 신맛과 버섯크림수프 맛이 나고, 쏘는 맛을

가진 암모니아 맛과 부드러운 나무향이 동시에 난다. 숙성은 레닛을 이용해 30분 정도 응고 시간을 가진다.

브리드 멀륀은 강한 풍미와 짠맛을 지녔다. 지름 27cm 정도에 두께 3.5~4cm, 무게는 1.5~1.8kg의 납작한 원반형이다. 안쪽은 크림형태로 달고 짠맛이 강하다. 숙성은 유산균을 이용해 적어도 18시간 정도의 응고시간을 갖는다. 브리드 모는 솜털 같은 새하얀색의 외피를 가진 반면에 브리드 멀륀은 갈색과 붉은색이 섞인 흰곰팡이의 외피를 가진다.

③ 로크포르(Roquefort)

소프트치즈로 2.5~3kg의 원통형이다. 세계 3대 블루치즈 중 하나이며 숙성기간은 적어도 3개월 이상이다. 푸른 줄무늬가 들어 있는 것이 특징인데 이것은 특수한 푸른곰팡이로 숙성시키기 때문이다. 콩테(Comte)에 이어 프랑스에서 두 번째로 많이 소비되는 치즈이다. 향과 맛이 워낙 강하고 자극적이어서 주로 상추나 호두 등과 함께 버무린 샐러드나 파스타와 잘 어울린다. 식사가 끝난 후 소테른 와인과 함께 즐겨도 좋다.

(2) 이탈리아

이탈리아는 치즈 제조기술을 정립하고 전파한 고대 로마인들의 후예답게 로마시대 때부터 치즈 제조에 앞장섰고, 신선한 우유와 무화과 주스를 사용하여 치즈를 만드는 일을 당연시해 왔다. 특히 염소와 암 양의 젖을 많이 사용하는데, BC 1세기경부터는 치즈의 종류가 다양하게 발달되었다. 로마인들은 유난히 치즈를 이용한 요리법을 즐겼으며 생치즈에 허브나 스파이스 등을 첨가하거나 훈제를 하는 가공법도 큰 인기를 끌어왔다. 프랑스에서는 치즈가 식사코스 중 하나의 코스를 차지하는 반면, 이탈리아에서는 요리에 다양하게 이용되고 있다. 북쪽은 알프스산맥이 있는 관계로 스위스의 스타일인 하드 치즈가 발달되었고, 따뜻한 남쪽은 버팔로의 젖을 이용하여 Mozzarella와 같은 소프트한 생치즈를 주로 생산한다. 프랑스와 마찬가지로 이태리도 대규모 공장에 의존하지 않고 전통을 고수한 독특한 양질의 치즈들이 많이 발견되고 있어 프랑스에 비해 맛과 향이 결코 뒤지지 않는다. 현재 이탈리아에는 400여 종의 치즈가 있으며 그중의 일부는 프랑스와 마찬가지로 원산지 등급인 D.O.C등급에 의해 법적인 보호를 받고 있다.

① 고르곤졸라(Gorgonzola)

꿀 찍어먹는 피자, 크림 소스 파스타 등 우리가 이탈리안 레스토랑에서 쉽게 접할 수 있는 블루치즈 중 하나가 바로 고르곤졸라이다. 푸른곰팡이 치즈이면서도 톡 쏘는 맛이 덜하고, 염분이 강하지 않은 특유의 부드러움을 가지고 있기 때문에 우리나라에서도 많은 사랑을 받는다. 숙성기간은 3~6개월이며, 20세기 초부터 세계 여러나라에서 인기 있는 치즈가 되었다. 영양가가 높고, 약간은 자극적이지만 크림처럼 부드러운 맛을 지니고 있다. 파스타나 리조토 등 여러 가지 요리에 사용되며, 유난히 맛이 강한 고르곤졸라는 그린샐러드에 넣어서 즐기면 잘 어울린다고 한다.

② 마스카포네(Mascarpone)

크림치즈로 지방 함유율은 건조상태에서 80% 이상이다. 이것은 우유에서 크림을 분리시켜 만들기 때문이다. 따라서 맛이 굉장히 부드럽고 섬세한 크림 향이 난다. 다른 치즈처럼 짠맛이나 치즈 특유의 발효냄새가 나지 않는 것이 특징이다. 부드러운 질감 때문에 티라미수 케이크의 재료로 흔히 사용하며 각종 빵에 발라 먹기도 한다. 그 밖에 코코아나 커피 등에 넣어서 부드러움을 더하기도 하고 소스의 재료로도 활용된다.

③ 모차렐라(Mozzarella)

우리가 잘 알고 있는 카프레제 샐러드의 치즈가 바로 모차렐라 치즈다. 토마토, 바질과 함께 샐러드용으로 주로 이용되는 모차렐라는 피자 토핑에 쓰
이기도 해서 흔히 피자 치즈라고도 알려져 있다. 생치즈로
서 제조시간은 8시간이 채 되지 않을 정도로 신선한 것이
특징이다. 신선한 우유 냄새와 함께 약간의 단맛과 신맛이
나며 치즈 특유의 냄새가 나지 않아 많은 사람들이 부담 없
이 즐기는 치즈 중에 하나이다. 신선한 백포도주나 가벼운
느낌의 적포도주와 함께하면 모차렐라만의 맛을 더욱 잘 느
낄 수 있다.

④ 리코타(Ricotta)

이탈리아어로 '다시 가열한'이라는 뜻을 가진 리코타는 이탈리아 전역에서 생산된다. 다
른 치즈와는 다르게 커드로 만드는 것이 아니라 훼이를 다시 가열해서 만드는 방식이다. 특
유의 달고 진한 우유맛과 고소한 향이 특징이다. 치즈 특유의 짠맛이나 신맛, 쏘는 맛이 없
다는 것이 주목할 점이다. 감미로운 맛으로
각종 요리나 과자에 쓰이기도 한다. 신선한
리코타는 그대로 신선한 과일과 함께 먹곤
하지만 설탕이나 초콜릿, 바닐라 등을 첨가
해서 디저트로 먹기도 한다.

(3) 영국

영국은 청동기시대부터 치즈제조용 도구가 발견되었으며, 하드 치즈(Hard Cheese)가 유명
하다. 영국의 기후는 연중 저온인 관계로 대부분의 치즈는 여름에 제조되었으며 16세기까지
양과 염소젖을 소젖으로 칭하며 혼합하여 사용했고, 심지어는 영국의 유명한 대표 치즈인
체다(Cheddar)치즈도 양과 소젖을 혼합하여 만들었다.

탈지우유(Skimmed Milk)로 제조한 하드 치즈는 보관시간이 길수록 너무 딱딱해져서
White Meat라 불리기도 했는데 이는 하인들이나 천민들의 주 양식이었다. 일반 우유나 저지
방 우유로 제조한 세미 하드 치즈는 단시간 내에 숙성되기 때문에 즐기기에 수월했다. 보관
기간이 짧고 염도가 낮은 생치즈는 귀족들만이 먹을 수 있는 부의 상징이 되었다. 그러나 17
세기에 진입하면서 하드 치즈의 나쁜 평판은 점차 사라지기 시작하였고 양질의 치즈를 생산
하는 Somerset, Gloucestershire, Lancashire 같은 지역들이 무역으로 명성을 얻기 시작했다.

이 무렵에야 비로소 치즈상인협회가 발달하면서 보다 넓은 계층에게 양질의 치즈가 보급되게 되었다. 이때 영국의 대표 치즈인 Cheddar의 명성이 알려졌다.

18세기, 문호인 Daniel Defoe는 여행 중에 알게 된 블루치즈인 Stilton을 크게 칭찬하며 선전하기도 했다. Stilton은 유일무이하게 영국 치즈 중 저작권의 보호를 받고, 현재까지도 고가에 팔리는 독특한 치즈이다. 영국의 치즈는 가축유행병, 전염병, 제2차 세계대전 등 수많은 위기를 겪어 전통 치즈 중 오늘날까지 현존하는 치즈는 거의 없다. 이에 영국은 치즈를 제조하는 데 있어서 옛 방법을 제고하기 위해 매년 '브리티시 치즈 어워드'를 개최하는 등 많은 노력을 하고 있다.

① 스틸턴(Stilton)

2.5kg 또는 8kg의 드럼형 블루치즈이다. '치즈의 왕'이라 불리는 세계 3대 블루치즈 중 하나로 영국인에게 오랫동안 사랑받는 치즈이다. 숙성기간은 3~18개월로 치즈가 녹으면 약간 쓴맛과 단맛이 난다. 블루치즈 특유의 강한 향이 있지만 맛은 로크포르나 고르곤졸라에 비해 순한 편이고 백포도주와 허브향이 섞인 듯한 향과 호두향, 과일향이 난다. 독특한 맛 때문에 수프에 넣어 풍미를 더하기도 하며 스낵과도 어울려서 훌륭한 디저트의 재료로 사용하기도 한다. 단맛이 도는 술과 잘 어우러진다.

② 체다(Cheddar)

많이 들어본 익숙한 이름만큼이나 전 세계적으로 가장 흔하고 사랑받는 치즈이다. 세미하드 치즈이며 원통형이고 무게는 약 26kg 정도이다. 숙성기간은 약 5~8개월로 부드러운 호두향이 나며 단맛과 강한 짠맛을 가진다. 달콤한 향과 약간의 신맛이 조화를 이루며 크래커나 샐러리와 함께 먹으면 맛

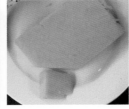

을 잘 느낄 수 있으며 쉽게 녹는 성질 때문에 각종 요리에도 많이 사용된다.

(4) 스위스

알프스의 초원, 맑고 깨끗한 공기, 건강한 소 그리고 치즈에 대한 노하우. 이런 모든 것은 스위스 치즈를 프랑스 치즈 못지않은 세계 최고로 만들었다. 기원전에는 딱딱한 외피를 가진 치즈가 제조되었는데, 그들은 장작불 위에 두꺼운 토기를 얹고 소나무 가지를 이용하여 우유를 저어가며 치즈를 만들었다고 한다. 로마인들에게 배운 이렇게 만든 치즈는 껍질이 딱딱하여 쉽게 변질되지 않으므로 겨우내 몇 달씩 추운 날씨를 견뎌야 하는 그들에게 최적의 식량이었다. 그러한 이유로 스위스 치즈의 시초가 되는 Greuyere와 Emmental과 같은 치즈가 발달되기 시작하였다. 고대 스위스 사회에서 치즈는 사회적인 위치를 보여주는 하나의 증표였는데, 이것은 한때 스위스에서 치즈가 성직자나 예술가, 일꾼들에게 화폐 역할을 하였기 때문이다. 또한, 갓 태어난 아이의 선물로 전통적으로 치즈를 주기도 했다고 한다. 오늘날에도 스위스 치즈는 국제적인 인기를 얻으면서 자국 내 경제의 중요한 부분을 차지하고 있다. 소규모 농장의 발달이 잘 되어 있는 스위스는 협동조합에 의해 통제를 받는다. 예를 들면 지역명을 표기하지 않은 치즈는 판매가 제한될 정도이다. 심지어 정부에 의해서 가격이 관리될 만큼 그 중요성이 인지되고 있다.

① 아펜젤러(Appenzeller)

볼록한 차륜형인 하드 치즈로 무게는 5~6.75kg 정도이다. 숙성기간은 4~6개월이며 톡 쏘는 발효된 과일향이 난다. 전통적인 아펜젤러는 신선한 생유로 만들어지며 저온살균하지 않는다. 색은 연한 미색으로 숙성 중에 땅콩 크기만한 구멍이 생기기도 한다. 얇게 썰어 그냥 먹거나 가루를 내어 샐러드에 섞어서 먹기도 하지만 잘 녹는 성격으로 그라탱이나 퐁듀로 먹는 것이 유명하다.

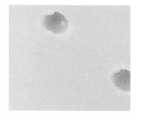

② 에멘탈(Emmental)

'구멍난 치즈'라고 불리는 에멘탈 치즈는 60~130kg의 볼록한 차륜형인 하드 치즈이다. 숙성 중 박테리아 때문에 생기는 이산화탄소 구멍은 에멘탈 치즈의 질을 더욱 좋게 만든다. 숙성기간은 약 10~12개월이며 '스위스 치즈'라고 불릴 만큼 스위스의 대표적 치즈이다. 탄력 있고 쫀득하지만 딱딱한 질감을 가져서 씹으면 마치 고무지우개를 씹는 느낌이다. 고소한

호두맛이 특징이고 달콤하고 자극적인 향
기가 난다. 오랜 숙성을 거친 에멘탈 치즈
는 부드러운 조직과 이 치즈만이 가지는 와
인향이 난다. 폰티나와 그뤼에르와 비슷하
게 녹으면 늘어나는 성질이 있어서 퐁듀요
리에 많이 사용된다.

③ 그뤼에르(Gruyere)

무게가 20~45kg인 차륜형태의 하드 치즈이다. 숙성기
간은 6~12개월이며 그뤼에르 역시 치즈 안쪽에 구멍들
이 있지만 에멘탈보다는 부드럽고 미세한 형태이다. 색
은 어두운 노란색으로 조직이 치밀하고 단단하지만 부
드러운 유연성 또한 있다. 호두맛과 크림맛이 나는 감
미로운 맛에 약간의 신맛이 더해져서 난다. 녹이면 끈
끈한 성질이 생기며 잘게 부수지 않아도 잘 녹아서 흔
히 소스나 퐁듀, 구운 고기에 사용된다.

(5) 네덜란드

네덜란드는 세계 최대의 치즈 수출국이며 에담과 고다 치즈에 중점적으로 관심을 기울이
고 있다. 초창기에는 치즈의 운반과 품질유지가 용이한 치즈를 개발하기 위해 지속적인 노
력이 불가피했다고 한다. 하지만 그 결과 현재의 지속적인 수출이 가능하게 되었다. 끊임없
는 노력의 결과로 얻은 에담과 고다는 특유의 부드러운 질감과 오래 보전되는 장점이 세계
적 명성을 얻게 했다. 한창 네덜란드가 식민지 활동을 할 때에는 East Indies와 남미까지 치
즈의 수출이 가능했고, 오늘날에도 네덜란드에서 생산된 치즈는 세계 곳곳의 슈퍼마켓에서
비교적 쉽게 구할 수 있게 되었다. 현재 네덜란드의 치즈는 경제에 중요한 역할을 끼치며 연
간 생산량의 75%가 꾸준히 수출되고 있고, 법적 규제로 치즈제조에 파스퇴르유를 반드시
사용하도록 명시되어 있다고 한다.

① 에담(Edam)

세미하드 또는 하드 치즈의 형태이며 1.5kg 정도의 공 모양이다. 숙성기간은 4개월 이상

으로 왁스코팅을 해서 보존성을 높이는 것
이 일반적이다. 호두향이 나고 부드러우며
약간 짠맛이 나기도 한다. 아침식사용으로
얇게 썰어 샌드위치와 함께 많이 먹으며 스
낵 치즈로서도 사랑받는다.

② 고다(Gouda)

낮은 원통모양의 5~10kg의 하드 치드이다. 숙성기간은 1년 이상으로 겉에 왁스코팅을 해
서 보존성을 높인다. 네덜란드의 고다라는 마을에서 처음 만들어져 그 지역의 이름을 딴 치
즈이다. 고다의 치즈시장은 유명한 관광명소라고 한다. 6세기경부터 시작된 수출로 현재는
전 세계에 많이 알려지게 되었고, 네덜란드 전체 치즈 생산의 60% 이상을 차지하고 있다. 색
을 보통 노란색이며 과일의 달콤한 맛이 난다. 빵이나 피클과 함께 먹기도 하고 샌드위치에
넣어서 먹기도 한다. 또한 디저트용으로도 많이 사용한다. 달콤한 향이 나는 은은한 화이트
와인이나 진한 레드와인, 위스키, 맥주 등과 잘 어울린다.

(6) 미국

미국은 치즈 생산이 늦게 시작되었지만 생산량은 세계 1위이다. 유럽에서 미국으로 이주
한 사람들이 치즈를 전파했기 때문에 진정한 의미의 '미국 치즈'는 거의 없다. 최근 미국은
지중해식 식생활에 관심을 보이는 경향 때문에 프레시 치즈인 모차렐라나 리코타 치즈의 소
비량이 급속히 증가하고 양보다는 질적인 면에 높은 비중을 두기 시작했다. 직접 농장에서
신선하게 제조되는 자연치즈에 대한 관심도 상당히 높아졌다. 생유 사용에 대한 엄격한 제
한을 두었던 정부도 60일 이상 숙성시키는 치즈에 한해서는 사용할 수 있도록 제도를 완화
하기에 이르렀다. 이러한 미국 내의 분위기 변화가 치즈의 질을 높이는 데 기여해 다른 나라
에 비해 치즈의 수요가 훨씬 적지만 근래 들어 양질의 유럽 치즈를 수입하기 시작하였고 유
럽 정통방식의 치즈를 만드는 좋은 생산자들이 생겨나고 있다. 더불어 자연치즈를 추구하

는 미국 내 치즈농장들도 많이 늘어나고 있다.

① 브릭(Brick)

젖산균으로 숙성시키는 반경질의 치즈이다. 무게는 약 2kg이며 지름 13cm, 지방 함유율은 50%이다. 벽돌 같은 모양에서 '브릭'이라는 이름이 유래되었다고 한다. 초기에는 진짜 벽돌을 이용해서 치즈의 모양을 만들었다는 설도 전해지고 있다. 적갈색의 외피를 가지고 있지만 최근에는 외피가 없는 치즈로 생산된다. 단단한 편이지만 나이프로 쉽게 잘리고 자극적이지만 부드러운 단맛과 향을 가지고 있다. 미국 전역에서 가장 많이 사랑받는 치즈이다.

② 몬테레이 잭(Monterey Jack)

무게가 약 4kg이면서 가장자리가 뾰족하지 않은 정사각형 모양의 하드 치즈이다. 숙성기간은 3주~10개월이며 부드럽지만 조금은 쏘는 맛을 지녔고, 색은 흰색에 가까운 연한 아이보리색이다. 질감은 부드럽지만 전체적으로 밋밋한 느낌을 준다고 한다. 드라이한 화이트와인과 좋은 조화를 이룬다.

③ 콜비(Colby)

체다치즈와 비슷한 느낌의 미국식 하드 치즈다. 1882년에 만들어진 치즈로 역사가 매우 짧다고 할 수 있다. 콜비라는 이름은 처음 제조된 지역인 미국의 콜비(Colby)라는 지방의 이름을 따서 지어졌다. 이 치즈의 특이한 점은 발효를 시키는 동안 저어주어야 한다는 것이며, 발효 직후에 소금을 첨가해 형태를 만들어야 한다는 것이다. 쉽게 건조해지고 향이 날아가 버리는 특성이 있어서 구매 후 즉시 먹는 것이 가장 좋다. 여러 가지 크기와 형태로 판매되는데 대부분이 진한 오렌지색으로 물들여서 판매된다. 일명 '테이블치즈'라고도 불릴 만큼 식사 때 옆에 두고 편히 즐기는 치즈이다. 체다치즈보다 수분이 많이 함유되어 있어 부드럽다. 치즈 특유의 구린 향이나 쏘는 맛이 없고 약간 달콤한 맛이 난다.

The Perfect Cheeseboard

4) 치즈의 분류

치즈를 분류하는 방법은 원유의 종류, 단백질이나 지방함량, 숙성기간 등 여러 가지가 있겠지만 가장 일반적인 방법인 수분 함유량에 따라서 다음과 같이 분류된다.

Type	수분 함량(%)		종류
Soft cheese	40~60	젖산균 숙성	Belpase, Colwich, Lactic
		흰곰팡이 숙성	Camembert, Brie, Ricatta
		비숙성	Cottage, Mozzarella, York, Cream
Semi-hard cheese	40~50	젖산균 숙성	Brick, Munster, Limburger, Port de Salut, Tilsit, Feta
		푸른곰팡이 숙성	Roquefort, Gorgonzola, Blue, Stilton
Hard cheese	34~45	젖산균 숙성	Cheddar, Gouda, Edam
		프로피온산 숙성	Emmental, Gruyere
Very hard cheese	13~34	젖산균 숙성	Parmessan, Pecorino-Romano
Process cheese	숙성치즈나 비숙성치즈* 등을 혼합하여 다양한 방식으로 가열·발효시켜 가공한 치즈를 말한다.		

※ 비숙성치즈란 숙성되지 않은 자연치즈를 의미한다.

Soft cheese   Semi-hard cheese   Hard cheese   Very hard cheese   Process cheese

5) 치즈 자르기(Cutting)

　치즈는 원산지와 제조과정도 중요하지만 테이블에 올릴 때 어떻게 자르느냐도 맛과 향에 지대한 영향을 준다고 전문가들은 조언한다. 냉장 보관했던 치즈는 자르기 전에 반드시 반 시간 정도 실온에 두어야 치즈 고유의 향을 즐길 수 있다. 또 치즈마다 향이 다르고, 질감이 다르기 때문에 한번 사용한 치즈 나이프는 다른 치즈에는 사용하지 않는 것이 좋다. 동그란 치즈를 자를 때 주의해야 할 점과 하드형 치즈를 자를 때 좀 더 보기 좋고 맛있게 먹기 위해서 자르는 방법에 대한 약속이 몇 가지 있다. 다음은 Cheese Cutting의 요령과 Cheese Knife에 관한 설명이다.

　참고동영상 **치즈 자르는 방법** (https://www.youtube.com/watch?v=yHXGZ3QyJ98)

(1) 치즈 자르기 요령

• Camembert, Edam, Gouda 등의 둥근형 Cheese는 중심으로부터 바깥쪽을 향해 부채꼴로 자른다.	
• Cheddar, Emmenthal, Gruyere 등 각형 Cheese는 3mm 정도로 얇게 Slice하며 양 끝부분은 대체로 딱딱하게 굳어 있으므로 서비스하지 않는다.	
• Brie, Chaume, Pot du Salut 등의 사각형 Cheese는 가로, 세로방향으로 자른다.	
• Blue Cheese는 부채꼴의 원형대로 잘라 숙성된(푸른 곰팡이) 부분이 골고루 있도록 한다.	
• Boursin과 같이 Soft Creamy Type Cheese는 Tea Spoon을 이용하여 뜨듯이 Dish-Up한다.	

- 치즈 본연의 맛과 향이 살아나도록 공기와 접촉하는 면이 많도록 유도하며 자른다.
- Cheese를 knife로 자를 때는 위에서 아래로 수직으로 누르듯이 자른다.
- Cheese 고유의 향이 서로 섞이지 않도록 주의를 기울인다.
- 곰팡이가 생기지 않도록 비닐장갑을 끼고 자르고, 위생에 주의한다.

6) 치즈의 영양

우유의 10배가 농축되어 있는 치즈는 고기와 비교했을 때, 단백질의 함량이 약 1.5배, 200배의 칼슘이 들어 있을 만큼 고영양식품이다. 또한 인, 황 등 무기질이 풍부하며 비타민 A, B_2도 많아 여성들과 어린이 성장발육에 좋은 식품이다. 하드 치즈 100g을 섭취하면 평균적으로 1일 단백질 필요량의 절반 이상, 칼슘 필요량은 전부 채워진다고 한다.

2. 디저트(Dessert)

1) 디저트의 정의

프랑스어의 데세르(Dessert)는 음식을 다 먹고 접시를 내린다는 의미의 데세르비르(Desservir)에서 유래한 것으로 Dessert는 데세르를 영어식 발음으로 읽은 것이다. 즉, Dessert(후식)는 프랑스어로 '식사를 끝마치다' 또는 '식탁 위를 치우다'라는 뜻을 가지고 있다. 서양요리에서 샐러드 다음에 나오는 단맛의 과자류, 과일 등을 말하며 그 종류가 헤아릴 수 없을 정도로 다양하다. Dessert는 일반적으로 식사 후에 제공되는 요리를 말한다. 깔끔하게 식사를 마쳤다는 느낌을 주는 것이 후식의 역할이다.

참고동영상 **과일을 이용한 요리** (https://www.youtube.com/watch?v=4Hpwhk5B3r8)

2) 디저트의 종류

(1) 과일

과일은 과실이라고도 하며 사람들이 먹을 수 있는 식물의 열매를 말한다. 과육·과즙이

풍부하고 단맛이 강하며 향기가 좋은 것이 특징이다. 과일을 먹기 가장 좋은 온도는 10℃ 전후이다. 열대과일은 인도, 동남아시아 넓게는 중동지역에서 나는 과일을 말한다.

① 사과(Apples)

알칼리성 식품으로 주성분은 탄수화물이며 비타민 C와 칼륨·칼슘 등의 무기질이 풍부하다. 생으로 먹거나 잼·주스·식초·파이·셔벗 등을 만들어 먹는다.

② 아보카도(Avocados)

악어의 등처럼 겉이 울퉁불퉁하기 때문에 악어배라고도 불린다. 멕시코와 남아메리카에서 생산된다. 영양가 높은 과일로 과육은 노란색을 띠며 독특한 향기가 난다. 그냥 먹기도 하고 소스를 만들거나 칵테일, 샐러드 등의 요리재료로 쓰며, 빵에 발라먹거나 아보카도기름을 채취하기도 한다.

③ 베리류(Berries)

- Blue berries : 열매가 둥글고 단맛과 신맛이 나기 때문에 주스, 통조림 등으로 이용된다.
- Black berries : 성숙되면 검은빛이 돌아 검은딸기라는 이름이 붙여졌다.
- Longan berries : 열매는 붉은색이며 주스, 파이, 젤리 등을 만드는 데 이용된다.
- Rasp berries : 붉은색 열매를 말하며 열매는 생으로 먹거나 잼, 술을 만든다.
- Straw berries : 과일의 모양은 타원형이며 대부분 붉은색을 띤다.

④ 체리(Cherries)

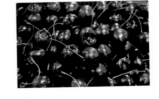

순수한 우리말로는 버찌라고도 하며, 과실의 수확시기가 빠르고 맛과 색깔이 우수하여 예전부터 과수원에서 재배되기보다는 뜰 안에 관상을 위해 심어져 왔다. 체리는 생으로 먹기도 하며 머핀, 파이, 빙수, 음료 등 다양하게 이용이 가능하다.

- Sweet Cherry : Garnish로 사용되며 당분이 높아서 생으로 먹거나 통조림을 만들며 양주에 넣기도 한다.

- Sour Cherry : 당분이 낮고 즙이 풍부하며 신맛이 강하므로 건과를 만들거나 냉동저장 하며 과자, 아이스크림, 과일 칵테일의 중요한 재료로 쓴다.

⑤ 자몽(Grapefruit)

향기가 포도 같다는 뜻도 있으나 포도송이 모양으로 열매를 맺는다는 데서 유래한다. 과육은 노란색으로 즙이 많으며 맛은 신맛과 단맛이 강하며 쓴맛도 조금 있다. 생으로 먹거나 주스로 이용된다.

⑥ 라임(Limes)

열매의 과육은 황녹색이고 신맛이 나며 외형은 레몬과 같지만 레몬보다 더 새콤하고 달다. 열매는 피클에 사용되고 즙액은 주스, 음식, 화장품 등의 향기를 내는 재료로 쓰며, 샐러드나 생선 구이 등에 양념으로도 쓴다. 라임주스는 맥주와 혼합하기도 하고 Cocktail로도 쓰인다.

⑦ 멜론(Melons)

- Honeydew : 미국과 멕시코에서 생산되고 겉은 흰색이며 과육은 두껍고 녹색인 Melon.
- Musk Melon : 그물멜론계 일종으로 뚜렷한 그물무늬가 있다.
- Cantaloupe : 열매의 겉에 그물눈이 생기지 않고 혹 모양의 돌기가 있으며 세로홈이 있다. 겉은 희고 과육은 오렌지색이다.

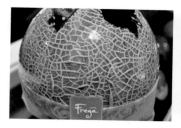

⑧ 두리안(Durian)

크고 단맛이 강해 과일의 왕자라는 별명을 지녔지만, 양파처럼 향취가 매우 자극적인 특징이 있다.

과육은 연한 노란색이며 단맛이 강하기 때문에 식용 또는 잼으로 사용한다.

⑨ 망고(Mango)

열매는 사과보다 큰 타원형 모양이고 즙이
풍부하다. 망고는 진한 황색에 향이 강한 것이
우수품이다. Cake에 장식하거나 주스로 많이
이용된다.

⑩ 파파야(Papaya)

열매는 공 모양이거나 표주박과 같은 모양이
고 색깔은 녹색을 띤 노란색에서 붉은색을 띤
노란색으로 변하고, 과육은 황색이나 자줏빛
을 띤 빨간색이다.

⑪ 람부탄(Rambutan)

람부탄이란 말레이시아어로 털이 있는 열매라는 뜻이다. 열매는
붉은색 타원 모양이고 작은 달걀 크기이며 길고 부드러운 털로 덮
여 있다. 과육은 말랑말랑한 흰색 알맹이고 과즙이 풍부하며 단맛
과 신맛이 난다.

⑫ 만다린(Mandarin)

외형은 귤, 밀감과 비슷하고 다른 감귤류보다 껍질을 벗기기 쉬
워 먹기 편하고 과피가 푸른색이 나는 황색으로 달콤하다.

⑬ 망고스틴(Mangostine)

말레이시아가 원산지인 망고스틴은 향기가 있고 새콤달콤한 맛으로 열매 중의 여왕이라
불릴 정도로 맛이 뛰어나다.

⑭ 여주(Lychee)

겉은 진한 빨간색이고 과육은 포도알 같은 반투명 하얀 우
웃빛으로 맛은 부드럽고 달콤하다. 생으로 먹거나 얼려서 먹
는다.

⑮ 구아바(Guava)

과육은 즙이 풍부하고 달콤하며 비타민을 다량 함유하고 있다. 주로 생으로 먹거나 젤리,
잼, 통조림 등의 원료로 이용된다.

오렌지   자몽   레몬

무화과   파인애플   석류

(2) 스위트 디시(Sweet Dish)

Dessert의 한 종류로 단 음식 모두를 총칭한다.

① 가토(Gateau)

프랑스어로 구운 Cake를 의미한다. 가토는 라틴어 astare에서 유래된 용어로 독일어로는
쿠헨(kuchen), 이탈리아어로는 포카치아(focaccia)라고 하며, 대형 케이크는 그로 가토(Gros
Gateau), 소형 Cake는 프티 가토(Petit Gateau)라고 한다.

② 타르트(Tarte)

밀가루와 버터를 혼합해서 만든 반죽 안에 과일이나 채소를 넣고 그 위를 밀가루로 덮지 않고 그대로 Oven에 구워낸 프랑스식 Pie이다. 겉은 바삭바삭하며 속은 부드러운 특징이 있다.

③ 푸딩(Pudding)

계란, 우유 등을 넣어 쪄서 만드는 것으로 따뜻하게 먹기도 하고 차게 먹기도 한다. 달콤하고 부드러워 디저트로 많이 먹는다.

④ 셔벗(Sherbet)

과즙에 설탕, 양주, 젤라틴 등을 넣고 잘 섞어서 얼려 굳힌 빙과이다. 시원하여 식후 입가심으로도 쓰이며 이는 소화를 돕고 입맛을 상쾌하게 해준다.

⑤ 푸티 푸르(Petits Fours)

식사가 끝난 후 제공되는 작은 Cake로 한 입에 먹기 좋게 만든다. 지금은 구운 과자뿐만 아니라 한 입에 들어가는 모든 과자를 뜻한다.

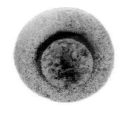   

⑥ 샬럿(Charlottes)

작은 Tea Cake의 하나로 찬 것과 따뜻한 것 2가지가 있다. 과일과 빵을 쌓아 겉에 Cream
으로 장식한 Dessert이다.

(3) 빙과류(Frozen Dessert)

① 아이스크림(Ice Cream)

우유, 계란, 설탕 등을 넣고 얼린 빙과로 원래는 서양요리의 dessert로 사용되었으나 오늘
날에는 기호품으로 널리 이용된다.

② 파르페(Parfait)

생크림, 시럽, 계란 등을 넣
고 초콜릿이나 과일 등으로
윗부분을 장식하여 먹는 빙과
이다.

(4) 음료

① 커피

커피의 나무에서 열매를 수확하여 볶은 후 원두를 섞어
추출하여 마시는 기호음료이며 아프리카 대륙의 에티오피아
에서 유래되었다. 양치기 칼디가 목장 주변 나무에서 양떼
들이 열매를 먹은 후 흥분해서 뛰어다니는 것을 보고 수도

원 원장에게 이야기하였고 이후에 그 열매를 따서 먹어보았는데, 이상하게도 그 열매를 먹고 난 뒤 기분이 좋아지면서 머리가 상쾌해졌다는 것이 가장 잘 알려진 커피의 기원이다. 그후에는 자신의 제자들에게도 그것을 먹게 해서 제자들이 졸지 않고 기도에 집중할 수 있게 되었다는 이야기도 있다.

가. 커피의 종류

ㄱ Espresso : 정통 이탈리아식 커피이다. 매우 진하기 때문에 작은 커피 잔에 담아 마셔야 커피의 제맛을 느낄 수 있다.

ㄴ Espresso Macchiato : Espresso에 우유거품을 첨가한 커피이다. Macchiato는 원래 이탈리아어로 '얼룩진'이라는 뜻을 가지고 있다. 즉, 크림에 우유거품이 얼룩진 모양을 말한다.

ㄷ Espresso Romano : 들어가는 설탕의 양을 최소한으로 하고 레몬즙을 첨가한 커피다.

ㄹ Baileys Coffee : 아이리시 커피라고도 하며 대표적인 알코올이 들어간 커피이다.

ㅁ Cappuccino : Espresso에 뜨거운 우유를 섞은 뒤 우유 거품과 계핏가루를 첨가한 커피이다.

ㅂ Americano : 진한 Espresso 원액에 뜨거운 물을 첨가하여 농도를 묽게 한 커피이다.

ㅅ Caffe Latte : 프랑스어에서 Cafe는 Coffee를 뜻한다. 그리고 이탈리아어로 Latte는 우유를 뜻한다. 즉 Espresso커피에 뜨거운 우유를 탄 커피를 말한다.

ㅇ Caffe Mocha : Espresso에 뜨거운 우유와 초코시럽을 첨가하여 초콜릿 맛을 강조한 커피이다.

ㅈ Vienna Coffee : Espresso에 휘핑크림을 얹은 커피를 말하며 커피를 젓지 않고 마시는 것이 특징이다.

ㅊ Ice Coffee : Espresso에 차가운 물과 얼음을 넣은 커피이다.

3) 국가별 주요 디저트

(1) 한국과 중국

① 식혜

한국 고유의 음료로 식혜는 소화작용이 뛰어나 한국에서 음식을

먹고 난 뒤 많은 사람들이 후식으로 즐겨 먹는다.

② 보이차

흑차의 일종으로 향기가 오래 지속되는 특징이 있다.

처음에는 소수민족들이 마시다가 지방과 콜레스테롤을 분해하는 효과가 있다는 사실이 알려지면서 애용하는 사람들이 증가하고 있다.

(2) 싱가포르와 스페인

① 아이스 까창(Ice Kajang)

동남아식 빙수인 아이스 까창은 우리나라의 빙수와 만드는 방법이 비슷하다. 우선 바닥에 팥, 옥수수, 젤리 등을 깔고 얼음가루를 덮고 우유와 시럽을 뿌려준다. 기호에 맞게 위에 아이스크림이나 망고 같은 과일을 얹어 먹을 수 있다. 일 년 내내 더운 싱가포르에서 더위를 식히기에 안성맞춤인 디저트이다.

② 나띠야(Natilla)

스페인 사람들에게 가장 사랑받는 디저트 중 한 가지이다.

달콤한 바닐라향과 부드러운 크림이 사람들의 입맛을 끄는 데 충분하다.

(3) 프랑스와 미국

① 크렘 브륄레(Creme Brulee)

부드러운 커스터드에 설탕을 뿌려 캐러멜 코팅을 입힌 프랑스의 대표적 디저트이다.

② 치즈 케이크

디저트의 천국인 미국은 달콤한 디저트가 많은데 그중 미국의 대표적인 dessert로 뉴욕치즈케이크가 있다.

진한 치즈의 향과 부드러움을 느낄 수 있어 많은 사람들이 찾는다.

(4) 홍콩

① 에그타르트

에그타르트는 세계 여러 나라에도 많지만 홍콩의 소호거리에 있는 '타이청 베이커리'의 에그타르트는 그중 더 유명하다.

홍콩의 총리였던 크리스 패튼도 세계 최고의 에그타르트라고 극찬을 아끼지 않았다고 한다. 그만큼 홍콩여행 중 절대로 놓쳐선 안될 디저트 중 하나이다.

② 망고 푸딩

홍콩의 에그타르트와 견주어 꼭 먹어봐야 할 디저트로는 망고 푸딩이 있다. 망고 푸딩은 부드러운 맛과 착한 가격 둘 다 만족스러워서 홍콩 사람들이 즐겨먹는 디저트 중 하나이다.

(✈) 단원문제

Q1. 프랑스 Cheese의 특징에 대해 설명하고 종류를 서술하시오.

Q2. Camembert의 특징을 설명하시오.

Q3. 이탈리아 Cheese의 특징을 설명하시오.

Q4. 영국 Cheese의 특징을 설명하시오.

Q5. 네덜란드 Cheese의 특징에 대해 서술하시오.

Q6. 미국 Cheese의 특징을 설명하시오.

Q7. Cheese의 분류 방법을 자세히 설명하시오.

Q8. Cheese 자르는 요령 중 각형과 둥근형을 자르는 방법에 대해 서술하시오.

Q9. Semi-hard Cheese의 특징을 설명하시오.

Q10. Dessert는 언제 제공되며 무슨 역할을 하는지 서술하시오.

Q11. Berries 종류와 특징을 서술하시오.

Q12. Gateau에 대해서 서술하시오.

Q13. Coffee의 종류와 특징 5가지 이상 서술하시오.

항공기 기내식 식음료 서비스실습

과목명	항공기식음료론	수행 내용	
실습 1. 실습 2. 실습 3.			

승무원역할 팀	실습 No.	실습생 명단(명)	승객역할 팀
1팀	1		2팀
	2		
	3		
2팀	1		3팀
	2		
	3		
3팀	1		4팀
	2		
	3		
4팀	1		1팀
	2		
	3		

*팀장은 사전에 실습 준비용품을 준비바랍니다.

실습평가표

과목명		평가 일자	
학습 내용명		교수자 확인	
교수자		평가 유형	과정 평가
실습학생	학번	학과	
	학년/반	성명	

평가 관점	주요내용	교수자의 평가		
		A	B	C
실습 도구 준비 및 정리	• 수업에 쓰이는 실습 도구의 준비			
	• 수업에 사용한 실습 도구의 정리			
실습 과정	• 실습 과정의 주요 내용을 노트에 주의 깊게 기록			
	• 실습 과정에서 새로운 아이디어 제안			
	• 실습에 적극적으로 참여(주체적으로 수행)			
태도	• 주어진 과제(또는 프로젝트)에 성실한 자세			
	• 문제 발생 시 적극적인 해결 자세			
	• 인내심을 갖고 과제를 끝까지 완수			
행동	• 수업 시간의 효율적 활용			
	• 제한 시간 내에 과제 완수			
협동	• 조별 과제 수행 시 조원과의 적극적 협력 및 소통			
	• 조별 과제 수행 시 발생 갈등 해결			

종합의견

Chapter 13

한·중·일식의 이해

1. 한식의 이해

1) 한식의 개요

한국은 기후와 풍토가 농사에 적합하여 신석기시대 후에 잡곡농사로 농업이 시작되었고, 그 후 벼농사가 전파되었다. 이후 곡물은 한국 음식문화의 중심이 되었고, 삼국시대 후기부터 밥과 반찬으로 주식, 부식을 분리한 한국 고유의 일상식 형태가 형성되었다.

2) 한식의 특성

우리나라는 사계절이 뚜렷한 동북아시아의 반도국으로서 농경문화가 발달하여 예부터 벼농사를 중심으로 곡물류의 생산이 활발히 이루어져 왔으며 또한 삼면이 바다여서 수산물이 풍부하다. 이런 자연조건하에서 우리 조상들은 자연과 조화를 중시하면서 과학적이고 멋스런 한국 고유의 음식문화를 이루어내었다. 겨울의 혹한에 대비하기 위해 김치, 장류 등의 발효식품이 발전하였고, 그에 따른 저장법 또한 크게 발전한 것이 바로 그 예라 할 수 있다. 또한 진달래화전, 국화꽃전 등 계절과 명절에 따른 다양한 음식들을 통해 자연에 순응하면서도 멋과 풍류를 살린 조상들의 지혜를 엿볼 수 있다. 자연환경의 영향 외에도 한국의 음식은 유교사상 등의 인문사회적 환경에도 많은 영향을 받아왔다. 특히 유교사상은 의례 음식의 발전을 가져왔으며, 수저를 사용하는 습관 등 식사 절차와 예절에도 큰 영향을 끼쳤다. 일상생활에서는 독상이 중심이 되었으나 벼농사 중심의 농경문화 속에서 곡물류의 생산과 동시에 공동체문화를 형성하여 마을축제 등을 통한 공동식 또한 발달하였다.

궁중에서는 전국 각지의 진귀한 식재료를 사용하여 궁중음식문화가 발달하였고, 지역별로는 다양한 특산물을 활용한 향토음식이 발달하였다. 이러한 자연, 인문, 사회적 배경을 지닌 한국음식의 특징을 대략 정리하면 조리상의 특징으로써 주식과 부식이 분리되었으며, 약식동원의 조리법이 우수하며 곡물조리법과 김치, 젓갈류, 장류 등의 발효음식이 발전하였다. 그 외 유교의례에 따른 음식이 발전하였으며 반상차림이 중심이었다.

다음은 『한국의 맛』에서 한국음식의 특징을 조리상·제도상·풍속상으로 분리하여 그 특징을 소개한 것이다.

(1) 조리상의 특징

- 주식과 부식이 분리되어 발달하였다.
- 곡물조리법이 발달하였다.
- 음식의 간을 중히 여긴다.
- 조미료, 향신료의 이용이 섬세하다.
- 약식동원의 조리법이 우수하다.
- 미묘한 손동작이 요구된다.

(2) 제도상의 특징

- 유교의례를 중히 여기는 상차림이 발달하였다.
- 일상식에서는 독상 중심이었다.
- 조반과 석반을 중히 여겼다.

(3) 풍속상의 특징

- 의례를 중히 여겼다.
- 조화된 맛을 중히 여겼다.
- 풍류성이 뛰어났다.
- 저장식품이 발달하였다.
- 주체성이 뛰어났다.
- 공동식의 풍속이 발달하였다.

3) 한식의 식사 형태

한국인의 일상식은 밥을 주식으로 하고, 여러 가지 반찬을 곁들여 먹는 식사 형태이다. 주식은 쌀만으로 지은 쌀밥과 조, 보리, 콩, 팥 등의 잡곡을 섞어 지은 잡곡밥을 기본으로 한다. 부식은 국이나 찌개, 김치와 장류를 기본으로 하고, 육류, 어패류, 채소류, 해조류 등을 이용해서 반찬을 만들었다. 이렇게 밥과 반찬을 같이 먹는 식사 형태는 여러 가지 식품을 골고루 섭취함으로써 영양의 균형을 상호 보완시켜주는 합리적인 식사 형식이다.

주식으로는 밥, 죽, 국수, 만두, 떡국, 수제비 등이 있고, 부식으로는 국, 찌개, 구이, 전, 조림, 볶음, 편육, 나물, 생채, 젓갈, 포, 장아찌, 찜, 전골, 김치 등 가짓수가 많다. 이러한 일상

음식 외에 떡, 한과, 엿, 화채, 차, 술 등의 음식도 다양하다. 또 저장발효식품인 장류, 젓갈, 김치 등이 다양하게 발달하였다.

(1) 의례음식

한국 음식은 매일 반복되는 일상식과, 일생을 살아가는 동안에 거치는 통과의례음식, 풍년과 풍어를 기원하는 풍년제와 풍어제, 부락의 평안을 비는 부락제 등의 행사에 따라 차려지는 행사음식이 있으며, 또 고인을 추모하여 차리는 제사음식이 있다.

(2) 계절음식

계절에 따라 제철에 나는 음식을 이용하여 절식(節食)을 즐겼다. 한국의 절식 풍속은 인간과 자연의 지혜로운 조화를 이룬 것으로 영양상으로도 지극히 과학적인 것이 많았다. 예를 들어 정월대보름에 호두를 깨 먹으면 일 년 내내 부스럼이 안 난다는 것은 필수지방산이 부족했던 때에 이를 공급함으로써 피부가 헐거나 버짐, 습진을 막는 데 효과적이라는 과학적 뒷받침을 가지고 있다. 입춘에는 새 봄에 나는 향채를 조리해 먹음으로써 봄맞이하는 기분뿐 아니라 생채가 부족했던 겨울을 지내고 난 후 비타민 C를 보충해 주는 합리화된 식습관이라 할 수 있다.

(3) 향토음식

향토음식은 그 지역 공간의 지리적·기후적 특성을 갖고 생산되는 지역 특산물로 그 지역에서만 전수되어 오는 고유한 조리법으로 만들어진 토속 민속음식이라 할 수 있다. 즉, 향토음식은 고장마다 전승되는 세시풍속이나 통과의례 또는 생활풍습 등은 문화적 특질뿐 아니라 향토음식이 지니고 있는 영양적 의의도 크다고 본다.

4) 상차림

우리나라의 식사법은 준비된 음식을 한꺼번에 모두 차려 놓고 먹는 것을 원칙으로 하고 있다. 따라서 식사 예절에서는 상차리기가 매우 중요시되고 그만큼 형식도 까다롭다. 상차림이란 한 상에 차려놓은 찬품의 이름과 수효를 말한다. 한국 일상음식의 상차림은 전통적으로 독상이 기본이다. 음식상에는 차려지는 상의 주식이 무엇이냐에 따라 밥과 반찬을 주로 한 반상을 비롯하여 죽상, 면상, 다과상 등으로 나눌 수 있고, 상차림의 목적에 따라 교자상, 돌상, 큰상, 젯상 등으로 나눌 수 있는데 계절에 따라 그 구성이 다양하다.

한국 음식은 한 상에 모두 차려내는 데 특징이 있으며, 상은 네모지거나 둥근 것을 썼다.

상에는 반드시 음식이 놓이는 장소가 정해져 있어 차림새가 질서정연하였고, 먹을 때에는 깍듯이 예절을 지킨다.

대가족 중심의 가정에서는 어른을 중심으로 그릇과 밥상이 모두 1인용으로 발달해 왔다. 그러나 핵가족 중심으로 바뀐 지금은 온 가족이 함께 두레상에서 개인용 접시에 나누어 먹는 형식으로 바뀌었다.

(1) 3첩 반상 : 밥, 국, 김치, 종지 1, 반찬 3

있는 대로 적당히 먹었던 시민의 상차림으로, 기본적인 밥, 국, 김치, 장 외에 생채 또는 숙채, 구이, 혹은 조림, 마른반찬이나 장 또는 젓갈 중 한 가지의 세 가지 찬을 내는 반상이다.

❀ 차리는 방법

① 밥, 국, 김치가 기본이 되며 밥은 왼쪽, 국은 오른쪽에 둔다.
② 수저는 국그릇 뒤에 두고 젓가락은 숟가락 뒤에 붙여 놓는다.
③ 수저 끝이 3cm 정도 밖으로 나오도록 한다.
④ 장류는 상의 중심에 두고 김치는 중심에서 뒤쪽에 둔다.

(2) 5첩 반상 : 밥, 국, 김치, 종지 2, 찌개 1, 반찬 5

어느 정도 여유가 있는 서민층의 상차림으로, 밥, 국, 김치 2가지, 장(간장, 초간장), 찌개(조림) 외에 생채 또는 숙채, 구이, 조림, 전, 마른반찬이나 장 또는 젓갈 중 한 가지, 이렇게 다섯 가지 찬을 내는 반상이다.

❀ 차리는 방법

① 찌개는 오른쪽에 둔다.
② 전유어가 있으므로 초간장을 더 놓는다.

(3) 7첩 반상 : 밥, 국, 김치, 종지 3, 찌개 2, 반찬 7

반가의 상차림으로 우리나라 전통상차림의 하나이다. 밥, 국, 김치 2가지, 장(간장, 초간장, 초고추장), 찌개 2가지, 찜 또는 전골 외에 생채, 숙채, 구이, 조림, 전, 마른반찬이나 장 또는 젓갈 중에서 한 가지,

회 또는 편육 중 한 가지의 찬을 내는 반상이다.

(4) 9첩 반상 : 밥, 국, 김치, 종지 3, 찌개 2, 반찬 9
반가의 상차림으로, 생채, 숙채, 구이, 조림, 전, 마른반찬, 장과 젓갈, 회 또는 편육 중 한 가지의 찬을 내며 이 반상에는 전골상이 곁상으로 곁들여진다.

(5) 12첩 반상 : 밥, 국, 김치, 종지 3, 찌개 2, 반찬 12
반찬의 가짓수가 많을 뿐 아니라 식사 예법도 까다로운 편이다. 12가지 이상의 찬을 내는 반상으로 수라상이라고도 한다. 수라상에는 대원반, 소원반, 사각반의 세 가지 상에 차려지는데 기존 찬, 밥, 국, 김치, 찌개, 찜, 전골 이외에도 상채, 숙채, 구이 2종류(찬구이, 더운구이), 조림, 전, 마른반찬, 장과 젓갈, 회, 편육, 별찬 이렇게 12가지가 나오고 조리법이나

수라상

양념이 중복되지 않도록 각별히 신경을 쓴 12첩 반상이다. 전국에서 생산되는 명산물을 가지고 궁중의 주방 상궁들의 빼어난 솜씨로 올려지게 된다.

5) 한국 음식의 종류

한국 음식은 곡류를 중심으로 하는 주식과, 곡류 외의 각종 식품으로 만드는 반찬, 후식이나 간식으로 떡과 한과가 있으며, 음료로서 차와 화채가 있다.

(1) 밥, 국, 찌개

밥과 국, 찌개는 장류, 김치와 함께 반상의 첩 수에 포함되지 않는다. 주식은 보통 밥이나 면류이며, 밥은 쌀로만 만드는 흰밥, 콩을 넣는 콩밥, 수수·조 따위를 넣는 잡곡밥 등이 있다. 비빔밥, 볶음밥 등은 한 그릇 음식으로 한 그릇으로 한 끼를 채울 수도 있다. 국은 국물 요리로서 반상차림에 반드시 있는 것이 원칙이다. 청국장, 육개장, 맑은장국이 대표적이며 그 외에도 된장을 넣고 호박, 두부 등을 넣어 만드는 된장국, 아이를 출산한 여성의 몸조리 용으로도 많이 쓰이는 미역국, 숙취해소용으로 많이 쓰이는 콩나물국 등이 있다. 국에 비해 건더기가 많은 음식을 찌개라고 하며, 김치찌개, 부대찌개, 된장찌개 등이 있다.

(2) 전골, 생채, 숙채, 구이

전골은 전골냄비에 고기와 채소의 색을 맞추어 담고 육수를 부어 끓여 즉석에서 먹는 음식이다. 주재료에 따라 버섯전골, 곱창전골 등이 있다. 찜은 육류나 채소류 따위를 물에 잠길 정도로 담고 끓이거나, 증기로 익혀 먹는 음식으로서 끓여 먹는 것은 쇠갈비, 돼지갈비 찜이 있고, 생선, 새우, 조개 따위는 증기로 익혀 먹는 것이 보통이다.

계절에 맞는 채소를 익히지 않고 먹는 것을 생채라고 하며 초장, 고추장, 겨자장 등으로 간을 한다. 설탕과 식초를 조미료로 사용하면 새콤한 맛을 더할 수 있다. 무, 배추, 오이, 산나물 등이 주로 쓰인다. 생채와는 달리 익히거나 데쳐서 양념에 무치거나 기름에 볶아 만드는 음식을 숙채라고 하며, 고사리, 시래기, 시금치 등이 주로 쓰인다. 구이는 불에 직접 굽거나 번철에 달구어 먹는 음식을 일컬으며, 김·쇠고기 등을 많이 쓴다.

(3) 조림, 전유어, 회

한편 간장으로 간을 하고 국물을 조금 넣어 끓인 음식을 조림이라 하는데 생선, 고기, 콩, 연근을 주로 쓴다. 비린내가 심한 생선은 고춧가루나 고추장으로 조린다. 어패류, 채소류를 기름에 달구어 만드는 음식을 전유어라고 하며 전유어를 만들 때는 붉은 살 생선이 아닌 흰 살 생선을 써야 한다. 고기, 채소, 생선을 날것으로 하여 초간장이나 초고추장 등에 찍어 먹는 음식을 회라고 한다.

(4) 튀각, 부각, 김치, 떡 등

재료를 기름에 튀긴 튀각과 부각은 간식으로 쓸 수 있으며, 특히 부각은 재료에 찹쌀 풀칠을 하여 필요할 때 튀겨 먹어 밑반찬으로 많이 쓰인다. 포는 육포와 어포로 나뉘고 술안주나 간식, 밑반찬으로 쓰인다. 떡은 명절이나 큰 행사에 자주 쓰이는 음식으로 고조선시대의 시루가 발견되어 긴 역사를 가늠할 수 있다. 만드는 방법에 따라 치는 떡, 빚는 떡, 찌는 떡이 있으며 백설기, 송편 등이 유명하다. 차는 정신을 맑게 하는 효과가 있어 승려들이 많이 마셨다고 전하며 잎을 그대로 말려 마시는 녹차와 발효시켜 마시는 우롱차, 홍차가 있다.

김치는 전국적으로 다양한 재료와 조리방법이 있으나, 보통 김치라고 하면 배추에 파, 마늘, 고춧가루로 간을 하여 발효시키는 배추김치를 일컫는다. 김치를 제조할 때에는 '김치를 만들다'라고 하지 않고 '김치를 담그다'라고 하는 것이 일반적이다. 깍두기 김치, 파 김치, 고구마줄기 김치 등이 있으며, 유산균이 시큼한 맛을 내고, 매운맛이 식욕을 돋우는 음식이다. 화채는 냉수에 꿀이나 엿기름을 탄 음식으로, 과일이나 오미자즙을 넣어 만들기도 한다. 다른 음료로는 숭늉, 수정과, 식혜 등이 있다.

(5) 반주

저녁 밥상에는 반주가 따른다. 계절에 따라 봄, 가을, 겨울에는 약주류가 쓰이고, 여름에는 약소주류가 쓰인다. 반주용 술은 대개 가정에서 계절에 맞추어 빚은 가양주(家釀酒)였다.

술을 빚기 위하여 초복 직후 길일(吉日)인 신미(辛未), 을미(乙未), 경자(庚子)일을 골라 누룩을 디디고, 술 빚는 길일은 정묘(丁卯), 경오(庚午), 계미(癸未), 갑오(甲午), 을미(乙未)일을 골라 술을 빚어서 제사와 차례에 대비하고 손님 접대와 반주용으로 쓰였다.

2. 일식의 이해

1) 일식의 개요

일본 요리(日本料理)라 함은 좁은 의미로는, 일본 고유의 요리법을 사용한 일본 고유의 요리들을 지칭한다. 일본인이 오랫동안 먹어온 식사라 해도, 그것이 일본의 독특한 요리가 아니라면, '일식'이라 불리지 않는다. 일본 요리와 '일본이 먹어온 식사'가 반드시 일치하는 것은 아니다. 일본 요리는 수많은 정치적·사회적 변화를 겪으며 여러 세기에 걸쳐 발전해 왔다. 일본 요리는 쇼군 치하 동안에 엘리트주의를 없애려 했던 중세시대가 출현하며 변화하였다. 초기 현대시대에 서양문화가 일본에 전래하면서 엄청난 변화를 겪게 된다.

현대적 용어인 '일본 요리'는 전통 스타일의 일본 음식을 말하며, 이는 1868년에 쇄국정책이 끝나기 전에 존재했던 것과 비슷하다. 더 넓게 보면, 해외에서 들어온 요리방식이나 재료로 만든 음식을 포함하지만 저만의 일본식으로 개발해 냈다는 것에 그 의의가 있다. 현재, 일본인이 먹는 식사 중에서, 다른 나라의 요리로서의 성격이 강한 것을 제외한 나머지를 '일본 요리'라고 부르는 경우가 많다.

2) 일식의 특징

일식은 쌀을 주식으로 하고, 풍부한 농산물과 해산물을 부식으로 한다. 일반적으로 색채와 모양이 아름다우면서 맛이 담백하고 풍미가 뛰어난다.

일본 요리는 재료의 품질과 외양을 위해 음식이 나오는 시기를 중요하게 생각한다.

일식은 눈으로 먹는다고 할 만큼 색깔의 조화를 대단히 중요시한다. 그래서 오색이라고 하는 흰색, 검은색, 노란색, 빨간색, 청색 등을 잘 조화시켜 시각적인 아름다움을 창출한다. 가능한 조미료를 사용하지 않고 재료가 가지고 있는 맛을 최대한 살리고 계절을 한 발 앞서 느낄 수 있는 재료를 사용하여 고객으로 하여금 계절의 흐름을 느낄 수 있도록 한다.

조리법에 있어서도 육, 해, 공에서 나는 재료들을 골고루 배합하여 영양의 균형을 맞추어 조리하는 것이 기본이다. 자연의 맛과 멋을 최대한 살릴 수 있는 조리법을 선택하는데 대표적인 것이 생선회와 생선초밥이다.

3) 일식 상차림의 특징

요리를 그릇에 담을 때도 비교적 요리의 양이 적으며 섬세하고, 그릇에 가득 차게 담지 않고 공간이 넉넉하게 담는다. 또한 접시에 담을 때 기본 원칙이 있는데 내용은 다음과 같다.

먼저 그릇의 위아래를 잘 살펴보고 그릇의 그림이 먹는 사람의 정면에 오도록 담는다. 외형으로 구분이 어려울 시에는 그릇 뒤 제조회사의 상표 또는 제조자의 이름을 보고 그릇의 위아래를 판단한다.

오른쪽에서 왼쪽으로 담는 것이 기본이고, 그릇 바깥쪽에서 자기 앞쪽으로 담는다.

생선은 머리가 왼쪽으로 향하게 하고, 배는 자기 앞으로 오게 담는다. 닭고기와 생선일 경우 오른쪽에 닭

고기, 왼쪽에 생선을 담는다.

먹는 사람이 젓가락으로 집어먹기 쉽게 담는다.

찬 요리는 차갑게, 뜨거운 요리는 접시를 데워서 뜨겁게 담아 낸다.

색상의 조화와 계절감을 뚜렷이 나타낼 수 있는 그릇을 선택하여 담는다.

4) 일본의 대표요리

(1) 사시미(회)

일본의 사면은 바다로 둘러싸인 섬나라이기에 각종 해산물이 풍성하다. 날생선을 그대로 먹는 사시미가 일본의 대표요리가 된 것이다.

일본 사람들은 재료 자체의 본맛을 살려 먹는 걸 좋아한다. 값비싼 사시미의 경우에는 특히 생선 본래의 맛을 더욱 원한다. 그러니 생선의 맛을 돋워주는 와사비간장 정도만을 살짝 묻혀 먹는 게 일반적이다. 그리고는 곁들여 나온 저민 생강을 한두 점 집어먹는다. 이것은 입가심용이라고 할 수 있는데, 특히 다른 종류의 회를 먹을 때 앞서 맛본 생선의 맛과 섞이지 않도록 하기 위해서 일종의 입안 청소를 하는 서양의 빵과 같은 역할을 하는 것이다.

(2) 스시(생선초밥)

'鮓' 또는 '壽司'라고도 쓴다. 식초로 간을 한 밥에다 생선·조개를 곁들인 요리 또는 소금에 절인 생선에 밥을 넣어 자연발효시킨 것을 말한다.

스시의 종류는 아주 다양하지만 크게 나레즈시와 하야즈시[早鮨] 계통으로 나눌 수 있다. 나레즈시에는 생선을 염장하여 자연발효시켜 신맛을 낸 것, 생선과 밥을 켜켜이 쌓아 눌러서 숙성시킨 것, 밥의 열로 재료의 발효를 촉진시킨 것 등이 있다. 하야즈시는 식초를 사용하는 것으로, 오늘날 스시라고 하는 것은 거의 이 계통의 것을 가리킨다.

스시는 생선의 종류가 다양한 만큼 그 종류도 매우 많다. 따라서 본 교재에서는 대표되는 종류만 간략하게 소개하도록 하겠다.

스시(すし)의 종류

참치뱃살(大トロ―おおとろ, 오도로)

참치뱃살(중심)(きもふり, 기모후리)

참치붉은살(マグロ赤身, 마구로아카미)

방어(ぶり, 부리)

연어(さけ/サーモソ, 사케/사몽)

토미(たい, 다이)

광어(平目―ひらめ, 히라메)

개량조개(こばしら, 고바시라)

왕우럭조개(ミル貝, 미루가이)

전어(こはだ, 고하다)

고등어(さば, 사바)

학공치(さより, 사요리)

표고버섯(しいだけ, 시이다케)

붕장어(穴子―あなご, 아나고)

새우(えび, 에비)

청어 알(数の子, 가즈노코)

연어 알(イクラ, 이쿠라)

3. 중식의 이해

1) 중식의 개요

중국의 요리, 곧 중화요리의 준말로 중국요리는 지방에 따라 특색이 뚜렷하기로 유명하며 우리나라 요리에 가장 많은 영향을 미치기도 했다. 또 우리나라 사람 거의 누구나 자장면에 대한 유년의 기억이 있을 만큼 중국요리는 우리 정서와 밀접한 친화력을 갖는 것이 사실이다. 중국 요리는 서양요리처럼 색채의 배합을 중요시하지 않아서 얼핏 보기에 화려하지는 않지만 미각의 만족에 그 초점을 두고 있다.

또 중국 요리의 조리는 1분 1초를 다투는 경우가 많다. 조금만 늦어도 음식의 독특한 맛을 잃게 되므로 모든 재료와 기구를 꼼꼼히 준비해서 가까이 두고 가열하기 시작해야 한다. 그만큼 모든 기구들을 신속하고 효과적으로 다루기 위한 체력이 필요하다. 또 본토의 수많은 요리들이 아직 적극적으로 소개되지 못한 실정이어서 새로운 요리를 발굴, 소개할 수 있는 여지도 많다. 다만 건강을 위하여 지방질을 멀리하는 현대인들의 식성에 기름기 많은 중국 요리를 어떻게 변화시켜 대응해야 할지가 숙제로 남는다.

2) 중식의 특징

중국에서는 5천 년 이상의 세월 동안 조리법만도 40여 종이 넘게 발달했다.

기본적인 조리법으로는 볶는 것, 튀기는 것, 조리는 것, 찌는 것을 들 수 있는데 튀긴 후 볶거나 찐 것을 다시 조리하는 등 조리법이 병용되는 경우가 많다. 맛을 낼 때도 '불로장수'의 사상에 따라 오미(五味) 즉 신맛, 쓴맛, 단맛, 매운맛, 짠맛을 조화롭게 사용했는데 이 오미가 인간의 오장을 보양한다고 여겼기 때문이다.

또한 한 가지 식품을 전부 먹는 것이 건강에 좋다고 하여 어떤 재료든지 남기는 법이 없다. 예를 들어 생선이라면 머리부터 꼬리까지 야채라면 잎부터 뿌리까지 통째로 먹는 것이 좋다는 것이다. 같은 재료라도 요리법을 달리하여 내놓고, 1백여 종의 향신료를 사용하여 다양한 맛이 서로 균형을 이루도록 한 것도 중국 요리의 특징이다.

3) 중식의 상차림

중국 요리 대부분은 적당한 크기로 손질되어 바로 집어먹을 수 있게 되어 있다. 전통적으로 중국문화는 식탁에서 칼과 포크를 이용하는 것을 야만스럽게 본다. 이는 이런 도구들이 무기로 여겨질 수도 있기 때문이다. 아울러, 손님이 직접 음식을 자르는 것도 무례한 것으로 여긴다.

생선요리는 보통 완전히 요리되어 나오며 젓가락으로 살코기 덩어리를 집어먹는다. 다른 종류의 요리는 보통 발라내서 먹는데 이와 대조된다. 가능한 신선하게 대접해야 한다는 것도 있지만, 더 중요한 것은 물고기는 문화적으로 완전함을 상징하므로 머리와 꼬리 부분이 있어야 한다고 여긴다. 수많은 식당에서 두 개의 숟가락을 이용하여 고기를 나눠 식탁에 올려놓는 것이 일상화되어 있다. 닭고기 또한 중국 요리에 있어 자주 사용되는 재료이다. 닭의 살코기를 여러 갈래로 찢어 벼슬까지 대접하기도 하는데, 이 또한 완전함을 상징한다.

(1) 일반상식

- 중국 음식은 젓가락만을 사용한다.
- 식탁은 회전식이 기본형이며 메뉴는 8인에서 10인이 가장 적당하게 먹을 수 있다.
- 음식의 품수를 4종 단위로 내놓기 때문에 중국 음식을 주문할 경우 사람 수만큼의 요리에 수프를 첨가하는 것이 기본이다.

(2) 중국 요리의 기본 코스

코스 요리는 처음에 입맛을 돋우기 위한 전채로 4종류의 요리가 나온다.
다음은 수프, 생선, 고기 등이 나온 후 밥이 나온다.
마지막으로 디저트 코스인 텐신이 나오는데 이는 보통 과자를 의미한다.

① 전채

전채로는 냉채를 많이 내는데, 식사를 하기 전에 술을 함께 곁들이면 좋다. 냉채라고 해서 반드시 차게 해서 내놓으란 법은 없다. 조리하자마자 뜨거울 때 테이블에 올리는 경우도 있다. 찬 요리 2가지와 뜨거운 요리 2가지를 내는 것이 보통이다. 냉채를 몇 종류 배합시켜 담아 내놓는 요리를 병반이라고 하는데 접시에 담은 모양이나 맛의 배합에 세심한 신경을 써서 식욕을 돋우게 한다. 조리법으로는 무침요리인 반(拌), 훈제요리인 훈(燻)이 많이 쓰인다.

② 주요리

따차이(大菜)라고 하는 주요리는 탕(湯)·튀김(炸)·볶음·유채(조미한 물녹말을 얹은 요리) 등의 순서로 나오는 것이 일반적이나 순서 없이 나오기도 한다. 대규모의 연회에서는 찜, 삶은 요리 등이 추가된다. 흔히 중국 요리는 처음부터 많이 먹으면 나중에 진짜로 맛있는 요

제3부 • 식의 이해

리를 못 먹는다고 말하는 것은 정식코스에서 기름진 음식이 나오기 때문이다. 또한 우리나라의 국이나 서양의 수프에 해당하는 탕채는 전채가 끝나고 주요리에 들어가기 전에 입안을 깨끗이 가시고 주요리의 식욕을 돋우게 한다는 의미로 나오는 것으로 주요리의 중간이나 끝 무렵에 내는 경우도 있는데 처음에는 걸쭉하거나 국물기가 많은 조림 등을 내며 끝에는 국물이 많은 요리를 낸다.

③ 후식

코스의 마지막을 장식하는 요리이다. 앞서 먹었던 요리의 맛이 남아 있는 입안을 단맛으로 가시라는 의미가 포함되어 있다. 보통 복숭아 조림, 중국 약식, 사과탕 등 산뜻한 음식이 쓰인다. 단 음식이 나오면 일단 코스가 끝났다고 보아야 한다. 코스 중간 이후에 나오는 딤섬도 후식의 일종이다. 단 음식의 다음으로 빵이나 면을 들면서 식사를 끝내기도 한다.

4) 중식의 분류

(1) 황하유역 : 북경요리(北京茱)

북쪽에 있는 만큼 화력이 강한 석탄을 연료로 사용하였기 때문에 튀김요리와 볶음요리 등 맛이 진하고 기름진 요리가 특히 발달해 있다. 밀의 생산이 많아 면류·만두·빙의 종류가 많은 것도 특징이라고 할 수 있다. 대표적인 음식으로는 북경오리요리가 있다. 우리나라에서 흔히 볼 수 있는 중국집은 대부분 이 북경의 요리법을 따르고 있다.

(2) 양자강 유역 : 상해요리(上海茱)

이 지방은 비교적 바다와 가깝기 때문에 해산물을 많이 이용하고 조미료로 간장과 설탕을 많이 쓰기 때문에 달고 진한 맛이 난다. 색이 화려하고 선명하도록 음식을 만드는 것이 특징이며 원래 이 지역을 대표하는 도시는 남경이지만 상해가 항구로서 발달하여 국제적인 풍미를 갖추었기 때문에 상해요리로 부르게 되었다. 돼지고기에 진간장을 써서 만드는 홍사오러우(紅燒肉)가 유명하고 한 마리의 생선을 가지고 부위별로 조리법과 양념을 다르게 하여 맛을 낸 생선요리도 일품이다. 특히 9월 말부터 1월 중순에 맛볼 수 있는 상해의 게요리는 전 세계 식도락가들이 최고로 뽑는 진미이다.

(3) 남부 연안지방 : 광동요리(廣東菜)

자연의 맛을 살리는 담백함이 특징인데, 서유럽 요리의 영향을 받아 쇠고기, 서양채소, 토마토케첩, 우스터 소스 등 서양요리 재료와 조미료를 받아들인 요리도 있다. 간을 싱겁게 하고 기름도 적게 써 가장 대중적인 요리로 꼽는다. 탕수육, 팔보채도 사실은 광동요리이며 중국 요리의 보석으로 꼽히는 딤섬도 광동요리다.

(4) 서부 대분지 : 사천요리(四川菜)

옛날부터 중국의 곡창지대로 유명한 사천분지는 해산물을 제외한 사계절 산물이 모두 풍성해, 야생 동식물이나 채소류, 민물고기를 주재료로 한 요리가 많다. 더위와 추위가 심해 향신료를 많이 쓴 요리가 발달한 것이 특징이다. 따라서 매운 요리와 마늘·파·고추를 사용하는 요리가 많다. 또한 오지이기 때문에 소금절이, 건조물 등 저장식품의 사용이 잦다. 마파두부가 대표적인 사천요리이다.

✖ 단원문제

Q1. 한식의 특성을 서술하시오.

Q2. 한식의 식사 형태를 설명하시오.

Q3. 한식의 상차림은 총 몇 가지로 구성되어 있는지 적으시오.

Q4. 한국 음식의 종류 5가지를 나열하시오.

Q5. 일식 상차림의 특징을 서술하시오.

Q6. 일식 대표 요리 중 사시미 요리의 특징은 무엇인지 서술하시오.

Q7. 일본의 대표요리 중 식초로 간을 한 밥에 생선, 조개 등을 곁들인 요리 또는 소금에 절인 생선에 밥을 넣어 자연 발효시킨 것을 무엇이라고 하는지 적으시오.

Q8. 중식의 특징을 서술하시오.

Q9. 중국요리의 기본코스를 설명하시오.

Q10. 중식 남부 연안지방의 요리를 무엇인지 말하고, 그 특징을 서술하시오.

항공기내식음료론

기내 식음료서비스의 이해

4

SALAD

MEAT

BREAD

TEA

DESSERT

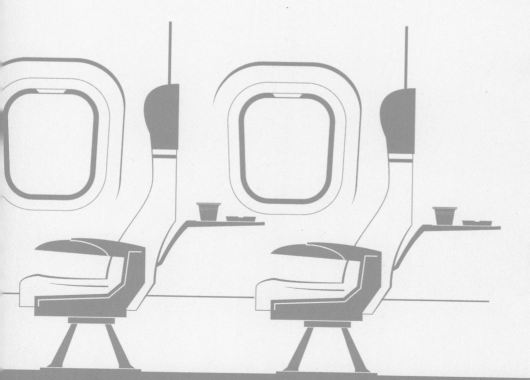

기내 음료 서비스

1. 기내 서비스 흐름도

1) 일등석(First Class) 서비스 절차

(1) 중·장거리 노선

Lunch/Dinner/Supper Light Meal	Breakfast/Brunch	Refreshment

Wine List
Aperitif Order Taking
Hot Towel
Table Opening
Aperitif
Menu Book
Menu Order Taking

Tablecloth Spread & Tableware Setting	Tablecloth Spread & Tableware Setting	Tablecloth Spread & Tableware Setting
Water	Water	Water
Bread	Yoghurt	Bread
Wine	Bread	Wine
Appetizer	Hot Beverage	Soup
Soup	Wine(Brunch Only)	Main Dish
Salad	Main Dish	Toothpick
Main Dish	Toothpick	Tableware 회수
Toothpick	Tableware 회수	Fruit
Tableware 회수	Fruit	Hot Beverage
Cheese & Fruit	Hot Beverage	2nd Hot Towel
Tablecloth 회수	2nd Hot Towel	Clear Off
Dessert	Clear Off	
Espresso Coffee 안내지		
Hot Beverage & Liqueur		
2nd Hot Towel		
Clear Off		

(2) 단거리 노선

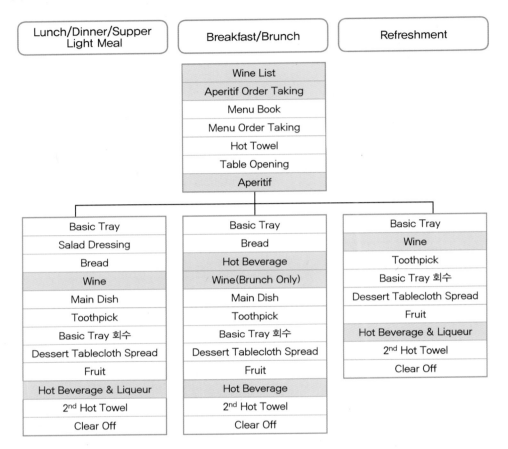

2) 비즈니스석(Business Class) 서비스 절차

(1) 중·장거리 노선

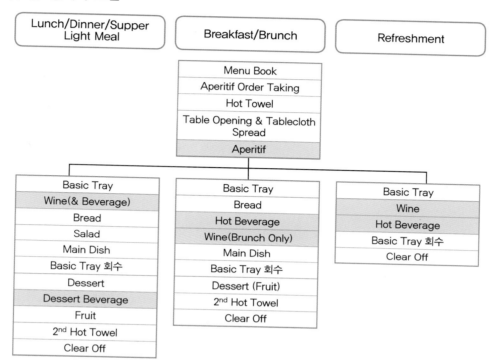

Lunch/Dinner/Supper Light Meal	Breakfast/Brunch	Refreshment

Breakfast/Brunch
- Menu Book
- Aperitif Order Taking
- Hot Towel
- Table Opening & Tablecloth Spread
- Aperitif

Lunch/Dinner/Supper Light Meal
- Basic Tray
- Wine(& Beverage)
- Bread
- Salad
- Main Dish
- Basic Tray 회수
- Dessert
- Dessert Beverage
- Fruit
- 2nd Hot Towel
- Clear Off

Breakfast/Brunch
- Basic Tray
- Bread
- Hot Beverage
- Wine(Brunch Only)
- Main Dish
- Basic Tray 회수
- Dessert (Fruit)
- 2nd Hot Towel
- Clear Off

Refreshment
- Basic Tray
- Wine
- Hot Beverage
- Basic Tray 회수
- Clear Off

(2) 단거리 노선

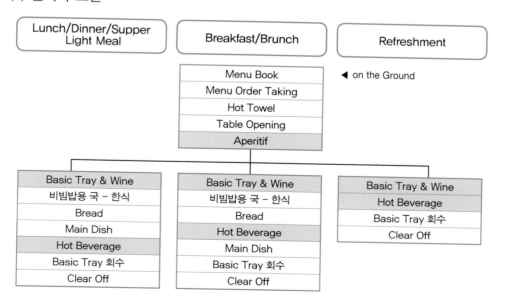

Lunch/Dinner/Supper Light Meal	Breakfast/Brunch	Refreshment

Breakfast/Brunch
- Menu Book
- Menu Order Taking
- Hot Towel
- Table Opening
- Aperitif

◀ on the Ground

Lunch/Dinner/Supper Light Meal
- Basic Tray & Wine
- 비빔밥용 국 – 한식
- Bread
- Main Dish
- Hot Beverage
- Basic Tray 회수
- Clear Off

Breakfast/Brunch
- Basic Tray & Wine
- 비빔밥용 국 – 한식
- Bread
- Hot Beverage
- Main Dish
- Basic Tray 회수
- Clear Off

Refreshment
- Basic Tray & Wine
- Hot Beverage
- Basic Tray 회수
- Clear Off

3) 이코노미석(Economy Class) 서비스 절차

(1) 중·장거리 노선

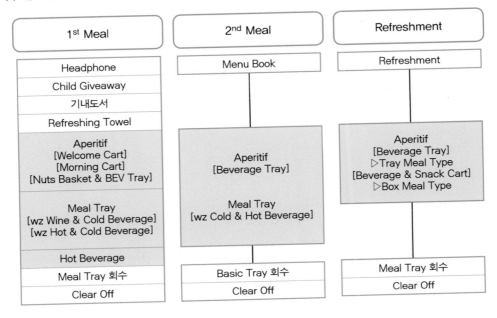

(2) 단거리 노선

2. 기내 음료 서비스

1) 일등석(First Class) 음료 서비스 절차

(1) Welcome Drink Service

● 서비스 준비

① Ground Preparation 시 Fresh Orange Juice, 전통주, Champagne을 Chilling하고, Champagne은 Ice를 넣은 Ice Bucket에 꽂아 준비한다.

② Champagne이 충분히 차갑지 않을 경우에는, 단시간에 효과적으로 Chilling하기 위해 Ice Bucket에 물과 얼음을 함께 넣어 Chilling하는 방법을 이용하는 것이 좋다.

③ Glass의 청결상태 및 파손유무를 확인한 후 Serving Tray에 Champagne Glass, 전통주 잔, Orange Juice를 준비한다.

● 서비스 방법

① 승객의 직함을 호칭하며, 탑승 환영인사를 건넨 후, 음료 소개를 하면서 서비스한다.

② 음료는 승객 Table의 오른쪽에 Coaster를 깔고 놓으며, Nuts는 음료 왼쪽에 Cocktail Napkin을 깔고 놓는다.

③ Champagne을 주문받은 경우에는 먼저 Champagne Glass를 세팅한 후 샴페인 라벨을 자연스럽게 Showing하며 따라드린다.

④ 준비된 음료 외의 추가 주문을 받은 경우 Galley에서 준비하여 서비스한다.

⑤ Glass를 회수하기 전에는 반드시 Refill을 권유하며, 전통주와 같이 잔의 용량이 작은 것은 2회 이상 Refill한다.

⑥ Wine, Champagne, 전통주 서비스 시에는 Linen Napkin을 4절로 접어 한 손에 준비한다.

참고동영상 **음료 서비스** (https://www.youtube.com/watch?v=UTJqZkdFMk8)

(2) Wine List Service

● 서비스 준비

Wine List의 청결상태 및 수량을 점검하며, 해당 노선에서 제공되는 와인 내용을 숙지하며 준비한다.

● 서비스 방법

해당 노선에서 제공되는 Wine과 Cocktail에 대해 간단히 소개하며 승객에게 Wine List를 건넨다.

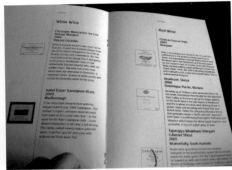

(3) Aperitif Order Taking

❀ 서비스 준비

승객에게 주문을 받기 전 해당 노선에서 서비스할 음료의 내용을 미리 숙지하고, Serving Tray 위에 Order Chart를 준비한다.

❀ 서비스 방법

① 앞쪽 승객부터 눈높이 자세로 Aperitif를 주문받는다.

② 승객이 음료를 결정하지 못한 경우 Champagne, Wine, Cocktail 등을 적극 권유한다.

③ Hard Liquor류를 Straight로 원하는 승객에게는 Chaser를 함께 주문받는다.

(4) Aperitif Service

❀ 서비스 준비

Serving Tray에 승객 주문에 따라 Aperitif, Cocktail, Napkin, Coaster, Nuts를 준비한다.

❀ 서비스 방법

① 승객 Table 오른쪽에 Coaster를 받쳐 Aperitif를 서비스하고, Nuts는 음료의 왼쪽에 Cocktail Napkin을 깔고 서비스한다.

② Champagne, Wine, 전통주를 주문받았을 경우 먼저 Table에 Glass 또는 전통주 잔을 놓아드린 다음 병을 들고 나가 승객 앞에서 따라드리고, 이때 Linen Napkin을 4절로 접어 한 손에 준비한다.

③ Cocktail을 서비스하는 경우에는 승객의

기호에 맞는지를 반드시 확인한다.

④ 회수하기 전 승객의 의향을 여쭈어 Refill한다.

(5) Water Service

✿ 서비스 준비

충분한 양의 Mineral Water를 Chilling한다.

✿ 서비스 방법

① Chilling한 Mineral Water를 병째 들고 나가 승객 Table 위에 준비되어 있는 Tumbler Glass에 Logo의 반 정도(7~8부)까지 따른다.

② 다른 한 손에는 Linen Napkin을 4절로 접어 준비한다.

(6) Wine Service

✿ 서비스 준비

① Wine은 종류별로 항상 서비스 적정온도가 유지되도록 관리하고, 이를 위해 서비스 전이나 서비스 중에도 지속적으로 온도를 점검한다. 또한 미리 Open하여 충분히 Wine breathing이 이루어지도록 준비한다.

② 제공되는 Wine을 종류별로 Wine Basket에 담아 준비하고, Wine 서비스용 Linen을 4절로 접어 준비한다.

③ Wine 서비스 적정온도는 White Wine은 6~12℃로 차가운 것이 좋고 Red Wine은 실온(15~20℃)에서 서비스하는 것이 좋다.

✿ 서비스 방법

① Bread 서비스가 1/2 정도 이루어지면 Wine Basket을 이용하여 Wine을 서비스한다.

② 한 손으로 Wine Basket 손잡이를 잡고 다른 한 손은 Basket 아랫부분을 받쳐 들며, 와인서비스 시 와인 병은 Basket의 뒤쪽으로 꺼내고 넣는다.

③ 상세한 와인소개 후 주문을 받고 서비스하며 승객이 와인을 선택하신 뒤에는 Testing을 할 수 있도록 와인 잔에 소량을 따라드린다. 승객의 의향을 여쭈어본 후 잔의 3분

의 2까지 따른다. 이때 와인 병의 라벨을 승객에게 보여드리면서 Eye contact을 실시한다. 승객이 선택한 와인은 Order Chart에 기입하여 Refill 시 드시는 와인을 혼동 없이 제공한다.

④ 개별 서비스 이후 와인은 Serving Cart 중단 Holder에 Setting하여 Dessert Course까지 지속적으로 Refill한다.

(7) Hot Beverage & Liqueur Service

● 서비스 준비

① Cart 상단 한쪽에 Hot Beverage 서비스 Item, 다른 한쪽에 Liqueur를 Setting한다.

② 향과 신선도를 살릴 수 있도록 제공 직전에 Coffee를 Brew하고 Coffee Cup, Silver Ware Pot를 Warming하며, 서비스 전 맛을 보아 온도 및 농도를 점검한다.

③ 차게 보관했던 Liquid Cream은 냉기가 가시도록 서비스 전 실온에 미리 꺼내 Cream Pitcher에 담아 준비하며, Milk Tea 서비스용 Fresh Milk는 Pack째 미리 중탕해 둔다.

④ Tea Bag류는 Wine Glass에, Sugar는 Tumbler Glass에 담고, 8″Plate에는 장식용 Doily를 깔아 Warming한 Coffee Cup을 준비하고, 3″Plate, 5″Plate, Tea Spoon을 적당량 준비한다.

⑤ 각종 Liqueur, Brandy, Port Wine Bottle 외부의 청결상태를 확인하여 이물질이 묻은 경우 닦아내고 Liqueur Glass, Brandy Glass, Wine Glass와 함께 Cart에 Setting한다.

⑥ Cocktail Napkin, Coaster를 Setting하고 Cart 중단에 Water/Water서비스용 Linen을 준비한다.

❀ 서비스 방법

① Hot Beverage ➡ Liqueur, Brandy, Port Wine 순으로 주문받아 서비스한다.
에스프레소 커피 메이커가 장착된 기종의 경우에는 항공사에 따라 다양한 커피를 제공하고 있다.

❀ Coffee서비스 방법

① Coffee와 함께 Sugar, 액상 Cream을 주문받는다.

② Coffee Cup을 손잡이가 오른쪽으로 오도록 하여 5″Plate에 받쳐 들고, Cup의 7~8부까지 Coffee를 따른다.

③ Sugar, Cream을 모두 원하는 경우 Tea Spoon은 Cup의 앞쪽에, Sugar는 Cup의 뒤쪽에 놓고, Cream은 Cream Pitcher를 이용하여 Cup에 승객이 원하는 만큼 따라 드린다.

❀ Tea 서비스 방법

① Green Tea는 컵에 7~8부까지 뜨거운 물을 붓는다. 설탕과 크림이 없이 Tea Bag만 3″Plate에 담아 Cup의 오른쪽 상단에 놓는다.

② Black Tea는 설탕과 크림, Lemon Slice를 주문받아 함께 제공한다. Tea Bag은 3″Plate에 담아 Cup의 오른쪽 상단에 놓고, Fresh Milk는 Liqueur Glass에 담아 3″Plate의 오른쪽에 놓는다.

❀ 인삼차, Instant Coffee 서비스 방법

① Pack을 뜯어 내용물을 Cup에 담고, 뜨거운 물을 Cup의 7~8부까지 따르고, Tea Spoon을 Cup의 앞쪽에 얹어 서비스한다.

② 꿀은 3″Plate에 담아 Cup의 오른쪽 상단에 놓는다.

③ Sugar, Cream을 모두 원하는 경우 Tea Spoon은 Cup의 앞쪽에 Sugar는 Cup의 뒤쪽에 놓고, Cream은 Pitcher를 이용하여 Cup에 승객이 원하는 만큼 따라드린다.

④ 디카페인 커피(Decaffeinated coffee)나 인스턴트 커피(Instant coffee)의 경우에도 위와 동일한 방법으로 서비스한다.

⚜ 리큐어(Liqueur) 서비스 방법

① 주문하기 어려워하시는 경우 평소에 어떤 맛을 좋아하시는지 여쭈어보아 그에 맞는 리큐어를 추천해 드린다. 또는 칵테일을 원하시는 경우 제공해 드린다.

⚜ Espresso Coffee Maker 작동법

① 전원용 Switch를 누르고 'Ready Light'에 불이 들어올 때까지 기다린다.

② Brew Handle을 위로 들어올려 Brew Cup을 빼서, Brew Cup에 Espresso Coffee Pack을 넣는다.

③ Brew Cup 장착 후 Demitasse Cup을 Plate의 Brew Head 아래에 놓고 Brew Handle을 내린다.

④ Brew Switch를 'On'시켜 약 20초 후에 완료되면 Brew Switch의 Lamp Light가 'Off'된다.

⚜ Milk Frothing 방법

① 전원용 Switch를 누르고 'Ready' Light에 불이 들어올 때까지 기다린다.

② Frothing Pitcher에 200ml(Milk/Pack)의 우유를 붓고, Frothing Tube를 담근다.

③ Coffee Maker Plate에 Frothing Pitcher를 놓는다.

④ 'Froth' Switch를 'On'하여 우유를 적정온도로 데우고, Switch가 'Off'되면 Pitcher에 Frothing Tube가 담긴 채로 Coffee Maker에서 꺼낸다.

✖ Espresso Coffee 품목별 제조방법

품목	제조방법	사용기물
Espresso	Espresso Coffee	Demitasse
Cappuccino	Espresso Coffee + Steam Milk(Cup 1/2) + 계핏가루	Regular Cup
Americano	Espresso Coffee + Hot Water	Regular Cup
Caffe Latte	Espresso Coffee + Steam Milk(Cup의 8부) * 승객의 기호에 따라 설탕을 첨가한다.	Regular Cup
Caffe Mocha	Choco Syrup(1Ts) + Espresso Coffee + Steam Milk(Cup의 8부) + Whipping Cream + Choco Syrup(격자무늬 가로 3줄 + 세로 3줄) * Mocha는 Coffee와 Choco가 함유되었다는 의미	Regular Cup
Vienna Coffee	설탕 + Espresso Coffee + Whipping Cream * Coffee를 젓지 말고 그대로 마신다.	Regular Cup
Espresso Macchiato	Espresso Coffee + 우유거품	Demitasse
Espresso Romano	Espresso Coffee + Lemon Peel Lemon Slice를 이용 Cup 가장자리에 Lemon즙을 묻히고 Lemon Peel을 띄운다.	Demitasse
Baileys Coffee	Baileys(1Ts) + Espresso Coffee	Demitasse
Ice Coffee	Ice Cube(3~4개) + Espresso Coffee + Cold Water(Glass의 8부까지) * Liqueur Glass에 올리고당을 6부 정도 부은 후 Tumbler Glass 오른편에 준비한다.	Tumbler Glass

2) 이등석(Business Class) 음료 서비스 절차

(1) Welcome Drink

● 서비스 준비

① 일등석의 Welcome Drink 서비스 준비와 동일하다. 다만 Business Class는 보다 많은 승객에게 제공할 수 있도록 Large Tray에 Orange Juice, Water, Champagne, Guava Juice 등과 함께 냅킨, Coaster 그리고 땅콩과 함께 준비한다.

● 서비스 방법

① 승객에게 환영음료임을 알리고 선택할 수 있도록 도와드린다. 일등석보다 Tray에 많은 양이 있으므로 특별히 주의하며 승객에게 제공한다.

② Tray에 없는 음료를 주문받을 때에는 반드시 소요시간을 알려드린 후 서비스한다.

③ 회수 시에는 반드시 Refill 여부를 확인한 후 치워드린다.

(2) Aperitif 서비스

❀ 서비스 준비

① 중·장거리 Aperitif 서비스의 경우에는 Cart 서비스를 원칙으로 하며 2nd 서비스의 경우에는 Tray Base로 준비한다.

② Cart 상단에는 Mat를 깔고 Ice Bucket에 얼음을 담아 준비하고 칵테일을 주문받을 수 있도록 Base가 되는 술 종류를 Label이 보이도록 Setting한다. Beer, Soft Drink류, 각종 Juice류와 함께 Tumbler Glass와 냅킨, 땅콩 그리고 Coaster를 준비한다.

❀ 서비스 방법

① Meal 서비스 시점을 기준으로 하여 식전에 Aperitif를 제공한다. 승객이 원하시는 음료를 드실 수 있도록 적극적으로 권유한다.

② 승객 Table 오른쪽에 Coaster를 받쳐 Aperitif를 서비스하고, Nuts는 음료의 왼쪽에 Cocktail Napkin을 깔고 서비스한다.

③ Cocktail을 주문하는 경우에는 제조할 수 있는 Base와 Mixer류가 탑재되어 있는 경우에 제조하여 제공한다.

④ Cart는 안정감 있게 두 손으로 잡고, Aisle을 지날 때에는 승객이 다치지 않도록 주의하며 서비스 중 정지 시에는 반드시 Locking한다.

⑤ Can으로 제공되는 음료의 경우 Can을 Open한 후 얼음을 담은 잔과 함께 제공한다.

⑥ Cocktail을 서비스하는 경우에는 승객의 기호에 맞는지를 반드시 확인하며 회수하기 전에 승객의 의향을 여쭈어 Refill한다.

(3) Mineral Water Service

서비스 준비와 서비스 방법이 일등석과 동일하다.

(4) Wine Service

서비스 준비와 서비스 방법이 일등석과 동일하며 Breakfast Menu 이외의 식사 시 식중주의 개념으로 제공한다. 일부 항공사와 노선에 따라 Quarter Bottle의 Wine을 제공하기도 한다.

(5) Hot Beverage & Liqueur Service

서비스 준비와 방법이 일등석과 동일하다.

3) 이코노미석(Economy Class) 음료 서비스 절차

(1) Cold Beverage Service

✿ 서비스 준비

[By Cart]

① 서비스할 음료는 Ground에서 미리 Chilling한다.

② 서비스 직전 외관의 청결상태 및 Label상태를 확인한다.

③ 구간 특성에 맞는 Cart Top Setting 구성 및 음료 서비스에 필요한 Dry Item 등이 제대로 준비되었는지 확인한다.

BEV. Chilling

✿ 서비스 방법

[International BEV. SVC By Cart]

① Cart를 승객이 잘 볼 수 있게 위치시킨 후, 준비된 음료를 소개한다.

② 음료를 안내하고 주문을 받는다.

③ 음료는 Napkin과 함께 서비스하며, 이때 로고를 맞춘다. 컵을 잡을 때는 입 닿는 부분을 만지지 않도록 주의하여 컵의 아랫부분을 잡는다.

④ Nuts를 드린다. 음료를 드시지 않는 손님께도 Napkin과 함께 서비스하며 로고를 맞춘다.

⑤ 주문한 음료가 Cart Top이나 Drawer에 준비되어 있지 않아 즉시 제공하기 어려운 경우에는 손님께 양해를 구한 후, 주문한 음료를 기다리는 동안 드실 대체음료를 문의해 서비스한다.

⑥ 주무시는 승객께는 Sleeping Tag을 붙여드리고, 수시로 확인한다.

Tip **Sequence of Service**

- 1. 1 Cart의 경우, L Side → R Side
- 2. 2 Aisle의 경우, L & R Side 동시에
- 3. 여성손님 → 남성손님, 연장자 → 연하자
- 4. 창측 → 복도측

International BEV. Cart

● 음료별 서비스 준비와 방법

[M/W]

- 항상 Chilling된 것을 서비스하며, Ice Cube는 넣지 않는다. 단 손님이 요청하는 경우 넣어드린다.
- 유럽노선의 경우, Sparkling Water의 애호도가 높으므로 반드시 Mineral Water와 Sparkling Water를 구분해야 한다.

- 병을 들고 나가 Refill할 경우 다른 한 손에는 Serving Tray를 준비한다.

[Fruit Juice]

- Orange Juice(O/J), Tomato Juice(T/J), Pineapple Juice(P/J), Apple Juice(A/J) 등이 탑재된다.
- 항상 Chilling된 것을 서비스하며, Ice Cube는 넣지 않는다.
- Juice를 미리 컵에 따라 둘 경우, 침전물이 생겨 주스의 품질과 맛이 저하되므로, 서비스 직전에 따른다.

※ Tip Pouring Line

구분	내용
Cold BEV.	Plastic Cup의 8부
Wine	Wine Glass의 5부, Plastic Cup의 5부
Cognac & Liquor	Wine Glass의 8부, Plastic Cup의 7부
Hot BEV.	Coffee Cup의 8부

[Soft Drink]

- Coke, Sprite, Diet Coke, Diet 7-Up, Club Soda, Ginger Ale 등이 탑재된다.
- 항상 Chilling된 것을 서비스하며, 승객이 원하시는 경우 Lemon Slice를 넣어드린다.
- 먼저 Ice Tong을 이용해 Ice Cube 2~3조각을 Plastic Cup에 넣고, 음료를 Pouring 한 후 Cocktail Napkin과 Nuts를 함께 드린다.

- 미리 준비해 둘 경우, 얼음이 녹고 탄산성분이 감소하므로 서비스 직전 준비하여 제공한다.
- 손님이 Can째 드시길 원할 경우, Can째 제공하도록 한다.

[Beer]

- 다양한 고객 취향을 고려하여 Ground Preparation 시에 각 브랜드별로 골고루 Chilling한다.
- Dry Ice로 Chilling 시 맥주가 얼지 않도록 주의한다.
- 가장 적당한 온도는 6~8도로 이때 맥주가 가진 탄산가스의 맛이 제대로 살아나 가장 신선한 맛을 즐길 수 있다.

- 맥주를 주문하는 승객께는 탑재된 맥주의 종류(OB, HITE, CASS, MAX, HEINEKEN 등)를 말씀드려 선택하실 수 있도록 한다. 이때 각 Station별로 탑재되는 맥주의 종류가 다르므로 반드시 서비스전 재확인하고 안내한다.
- Ice Cube나 별도의 Garnish는 하지 않는다.
- Beer Can을 Open한 후, Plastic Cup과 Cocktail Napkin, Nuts와 함께 드린다.
- Beer Can을 미리 Open할 경우 Beer 거품이 감소되어 Beer의 맛과 향이 저하되므로 서비스 직전에 Open하여 제공한다.

[Wine]

- White Wine은 차게, Red Wine은 상온상태로 서비스할 수 있도록 준비해 둔다.
- Ground Preparation 시에 와인 코르크를 미리 따놓아 Wine Breathing을 실시한다.
- 와인을 따를 때는 Show the Label → Pour → Stop & Twist → Make Eye Contact의 순서에 따른다.
- 와인 서비스 시에는 병이 흔들리지 않도록 정중하고 정돈된 자세로 따르며, Stop & Twist하여 흘리지 않도록 주의한다.
- 마지막 한 방울까지 따르지 않고, 한 잔이 나오지 않을 정도로 남았을 경우 새 와인을 서비스한다.
- Wine Refill 시에는 손님이 마시고 있는 Wine 종류를 먼저 확인한 후, 다른 종류의 Wine을 요청하시는 경우, 새 잔에 서비스한다.
- 남은 Wine은 버리지 않고, 코르크로 막아 적절한 온도에 보관하였다가 추가 서비스한다.

Tip **적당한 Wine 보관온도**
- Sparkling Wine : 4~6도
- White Wine : 6~8도
- Red Wine(Young & Sweet) : 8~12도
- Red Wine(Old & Dry) : 16~20도
- Beaujolais Nouveau는 Red Wine이지만 Young Wine이므로, 약간 차게 서비스

[Cognac]

- 상온에 보관해 서비스하며, 뚜껑을 닫은 채로 Cart Top 세팅하고 손님 앞에서 오픈한다.
- Individual SVC 시, Plastic Cup의 2부가량 Cognac을 담아 Nuts, Napkin과 함께 서비스

한다.

[Whisky/Vodka/Gin]

- 상온에 보관해 둔 것을 서비스한다.
- 뚜껑을 닫은 채로 Cart Top Setting하며, 손님 앞에서 오픈한다.
- Individual SVC 시, Plastic Cup의 2부가량 따라 Nuts, 냅킨과 함께 서비스한다.
- 드시는 취향을 여쭈어 On the Rocks 또는 Straight로 서비스한다. On the Rocks로 드시는 경우 Muddler는 사용하지 않는다.

[Cocktail]

- Cocktail은 두 가지 이상의 음료를 섞어 흔들어 마시는 알코올 음료이며, Base는 대개 양주가 쓰이고, Mixer로 알맞게 섞은 후 서비스한다.
- Cocktail 제조방법은 먼저 Plastic Cup에 Ice Cube를 2~3조각 넣고, Base를 1.5oz 붓는다(P/C에 1/3 정도). 그다음 Mixer를 8부까지 넣고, Muddler를 꽂아 Garnish(Lemon, Orange, Cherry 등)로 장식한다.
- Cocktail은 만든 즉시 서비스한다.
- 얼음을 넣은 Cocktail에는 반드시 Muddler를 꽂아드린다.
- Napkin, Nuts와 함께 서비스한다.
- 손님의 기호에 적당한지 여쭙고, 기호에 맞지 않을 경우 조절해 드린다.

> *Tip* **기내에서 주로 사용되는 Cocktail 용어**
>
> - Base : Gin, Vodka, Whisky, Cognac, Beer 등
> - Mixer : Tonic Water, Club Soda, Ginger Ale, Juices, Water 등
> - Garnish : Orange Slice, Lemon Wedge, Cherry, Olive 등
> - Chaser : Straight나 독한 술 뒤에 마시는 음료(생수, 우유 등)
> - Seasoning : 맛을 내기 위해 Tabasco Sauce나 Worcestershire Sauce 등으로 양념하는 것
> - Strain : 걸러낸다는 뜻으로 음료를 얼음에 섞어 차게 한 후 얼음을 걸러 음료만 따라내는 것
> - Stir : 휘저어 섞는 방법
> - Straight : 얼음이나 아무 첨가물 없이 순수 원액을 마시는 것
> - On the Rocks : 얼음에 원액을 부어 마시는 것. 이때 Muddler는 꽂지 않는다.

Tip 기내에서 주로 제공되는 Cocktail 종류

Cocktail	Ingredient
Scotch Water	1/3 Scotch Whisky 2/3 Mineral Water No Garnish
Scotch Soda	1/3 Scotch Whisky 2/3 Soda Water No Garnish
Scotch Coke	1/3 Scotch Whisky 2/3 Coke No Garnish
Scotch 7-Up	1/3 Scotch Whisky 2/3 7-Up No Garnish
Whisky Sour	1/3 Scotch/Bourbon Whisky Lemon Juice 1/2 Sugar Sachet Stir & Strain Lemon Slice & Cherry Garnish
Gin Tonic	1/3 Gin 2/3 Tonic Water
Gin Fizz	1/3 Gin Lemon Juice 1/2 Sugar Sachet Stir 2/3 Soda Water Lemon Slice Garnish

Cocktail	Ingredient
Screw Driver	1/3 Vodka 2/3 O/J Orange Garnish
Bloody Mary	1/3 Vodka 2/3 T/J Worcestershire Sauce Tabasco Sauce S&P Seasoning Lemon Slice Garnish
Virgin Mary	T/J Worcestershire Sauce Tabasco Sauce S&P Seasoning Lemon Slice Garnish
Brandy Coke	1/3 Brandy 2/3 Coke No Garnish
Shandy	No Ice 1/2 Beer 1/2 7-Up No Garnish

[Liqueur]

- 증류주나 양조주에 약초나 향료, 과실 등을 혼합하여 그 향기를 술에 옮기고 당분을 더한 것으로, 주로 식후에 마시거나 칵테일을 만드는 데 사용된다.
- Baileys Irish Cream, Tia Maria, Vermouth, Drambuie, Cointreau, Creme De Menthe, Creme De Cassis, Grand Marnier 등이 있다.

[막걸리 또는 전통주]

- Open 전 살짝 흔들어 침전물을 섞어준다.

[Fresh Milk]

- Whole Fat Milk(Regular Milk)와 Low Fat Milk가 탑재되며, Gly에 냉장 보관한다.

[Sports Drink]

- Pocari Sweat, Gatorade, Power Aid 등의 Sports Drink류가 탑재되며, 손님이 요청하실 경우 서비스한다.

[Nuts]

- 미취학 아동들에게 Nuts류를 제공할 경우에는 보호자의 동의를 득해야 한다.

Tip **기내 주로 탑재되는 Alcoholic Beverage**

- 양조주(발효주) : 맥주, 와인, 막걸리, 청주, 샴페인 등
- 증류주 : 위스키, 브랜디, Gin, Rum, Vodka, 소주, 고량주, 사케, 한국 전통주 등
- 혼성주 : 인삼주, Vermouth, Campari, Sherry, Port Wine, Liqueur, Cocktails 등

---

(2) Hot Beverage Service

[Coffee] : Brew Coffee, Instant Coffee, De-Caf. Coffee 등

[Tea] : Black Tea, Green Tea, Jasmine Tea, Ginseng Tea 등

[Brew Coffee]

❖ 서비스 준비

① Coffee Pack을 납작하게 하여 Drawer 안에 넣는다.

② Drawer를 원위치에 끼우고 〈Brew〉와 〈Hot Plate On〉 Button을 누른다. Coffee SVC가 끝나면 〈Hot Plate On〉 Button을 끈다.

③ Brew 이후 1시간 이상 지난 Coffee는 맛이 변하므로 서비스하지 않는다.

④ Hot Water로 Warming & Rinse를 끝낸 Coffee Pot 안에 Brew Coffee를 8부가량 담는다.

⑤ Cream & Sugar를 각각 Melamine Dish에 가지런히 담아 2/3Tray에 Setting한다.

Coffee SVC: 2/3Tray w/Accompaniment

[Black Tea/Green Tea]

❀ 서비스 준비

① Coffee Pot에 Hot Water를 넣어 Warming & Rinse를 시킨다.

② Tea Bag을 Coffee Pot 안에 넣고, 안전사고에 대비하여 Hot Water를 8부가량 붓는다.

③ Tea 고유의 향과 맛이 충분히 우러나도록 잘 흔든 후, Tea Bag을 제거한다. 이때 한번 사용한 Tea Bag은 재사용하지 않는다.

④ Cream & Sugar, Lemon Slice w/Cocktail Pick을 각각 Melamine Dish에 가지런히 담아 2/3Tray에 Setting되어 있는지 확인한다(녹차 서비스 제외).

Tea SVC: 2/3Tray w/Accompaniment

[Coffee/Tea]

❀ 서비스 방법

① 손님이 Entree를 거의 다 드셨을 시점에 Coffee/Tea SVC를 실시한다.

② 손에 들고 있는 Coffee/Tea의 종류를 안내하며, 서비스 여부를 문의한다.

③ Coffee/Tea를 원하시는 경우, 2/3Tray를 손님 쪽으로 옮겨, Pax Meal Tray에 Setting되

어 있는 Coffee Cup을 승무원의 2/3Tray에 옮겨 달라고 요청한다.

④ Cup을 받으면 2/3Tray를 Aisle 쪽으로 돌린 후, Coffee/Tea를 따른다.

⑤ 이어 2/3Tray를 손님 쪽으로 낮추어 옮긴 후, 손님이 직접 Cup과 Accompaniment를 집을 수 있도록 한다. 이때 Coffee/Tea가 뜨거움을 반드시 안내한다.

⑥ 손님의 취식 속도에 맞춰 2nd Coffee/Tea를 실시한다.

[Individual Coffee/Tea]

✿ 서비스 준비

① Melamine Coffee Cup을 Hot Water로 Rinse한다.

② 손님이 개별 주문한 Coffee나 Tea를 준비한다.

③ Melamine Plate에 Paper Napkin을 깔고, 그 위에 Coffee Cup을 놓는다. 이때 Coffee Cup의 Handle이 손님의 오른쪽에 있게 한다.

④ Tea Spoon을 Coffee Cup 앞쪽이나 오른쪽에 Setting한다.

⑤ Coffee Cup 왼쪽에는 필요한 설탕과 크림을 항공사 Logo가 보이도록 준비한다.

✿ 서비스 방법

① 개별적으로 Coffee/Tea를 주문한 경우, 크림과 설탕이 필요한지 문의한다.

② Pax Table 중앙이나 우측 상단에 Coffee/Tea를 놓는다. 이때 Coffee/Tea가 뜨거움을 안내한다.

③ Coffee/Tea를 거의 다 드셨을 무렵, Refill을 원하시는지 문의해 SVC한다.

④ 다 드셨다면 바로 치워드린다.

⊗ 단원문제

Q1. First Class의 Aperitif Order Taking 서비스 방법의 특징을 설명하시오.

Q2. First Class Wine Service 적정온도에 대해 종류별로 서술하시오.

Q3. First Class와 Business Class의 서비스 방법의 차이점을 나열하시오.

Q4. Sequence of Service의 4가지 특징을 설명하시오.

Q5. 적당한 Wine 보관온도에 대해 종류별로 서술하시오.

Q6. Economy Class의 Soft Drink 종류와 서비스 방법을 설명하시오.

Q7. 기내에서 주로 제공되는 Cocktail 종류 5가지를 나열하시오.

Q8. Liqueur의 의미를 설명하고 종류 3가지 이상을 나열하시오.

Q9. 기내에 주로 탑재되는 Alcoholic Beverage 종류와 각 예시를 3가지씩 서술하시오.

Q10. Economy Class의 Hot Beverage의 종류는 2가지로 나뉠 수 있다. 그 종류와 예시 3가지씩 순서대로 나열하시오.

기내식의 서비스 절차와 내용

서비스 절차는 항공사마다 약간의 차이가 있으나 일반적인 서비스 흐름은 동일하다. 제14강의 기내식 서비스 절차 도표를 참고하기 바란다.

참고동영상 **각 나라별 기내식** (https://www.youtube.com/watch?v=GeSoWAh9Sio)

1) 일등석(First Class) 기내식 서비스

(1) Hot Towel

❁ 서비스 준비

① Towel을 Oven에 넣고 뜨겁게 Heating 한다(Med 20~25분).

② Towel Basket에 Linen을 깔고 Heating된 Towel을 승객수에 맞게 가지런히 담아 준비한다.

③ 제공 전 습기와 온도를 확인하고 탑재된 향수를 분사한다.

❁ 서비스 방법

① Towel은 Towel Tong을 이용하여 말아진 상태로 제공하며, 회수 시는 승객이 직접 담을 수 있도록 유도하거나 Tong을 이용하여 회수한다.

② Tong를 이용하지 않을 때는 Tong이 Basket 아랫부분에 위치하도록 한다.

(2) Menu Book

❁ 서비스 준비

① Menu Book Cover와 각종 안내지의 청결상태 및 수량 등을 점검한다.

② 한식 Menu 안내지는 승객 국적에 따라 Menu Book의 해당 언어 면을 펴서 함께 준비한다.

✿ 서비스 방법

① 한 손으로 Menu Book Cover의 아랫부분을 받치고 검지손가락으로 Menu Book의 첫 면을 펼쳐 승객에게 드린다.

② 해당 노선의 식사내용 및 제공시점을 간단히 소개하고, Menu Book은 한번에 많은 양을 들고 서비스하지 않도록 한다.

(3) Menu Order Taking

✿ 서비스 준비

① 승객에게 주문을 받기 전 해당 노선의 Meal 내용을 반드시 숙지한다.

✿ 서비스 방법

① 앞쪽 승객부터 눈높이 자세로 Main Dish를 주문받는다.

② 승객이 주요리를 결정하지 못한 경우 요리의 재료, 조리법, 맛 등을 상세하게 소개하여 결정을 도와드린다.

③ Beef Steak(Portion Type)의 경우 익힘 정도 (Rare, Medium, Well-done)를 함께 주문받는다.

④ 메뉴를 주문받은 뒤에는 Galley 내의 Briefing Sheet에 기재하여 해당 클래스의 승무원 모두가 알 수 있도록 한다.

(4) Bread

✿ 서비스 준비

① 'Do Not Re-Heat'라고 명기된 Bread를 제외한 모든 Bread는 별도로 정해진 Heating 기준에 의해 Heating해야 하며 따뜻하게 서비스될 수 있도록 서비스 직전에 꺼내어 준비한다.

② Heating하지 않는 Bread도 Chiller 등에 장시간 보관으로 인해 서비스 시 차갑지 않도록 서비스 전 미리 꺼내두어 냉기를 없앤다.

③ Garlic Bread/Focaccia 등 향이 강한 Bread는 Linen으로 따로 감싸 다른 Bread에 그 향이 배지 않도록 한다.

④ Serving Tray 위에 Olive Oil과 빈 3″Plate를 적당히 Setting해 둔다.

❀ 서비스 방법

① Bread의 종류를 소개하고 승객이 자리에서 직접 보고 고르실 수 있도록 Basket의 위치를 낮추어 보여드린다.

② Tong으로 Bread를 집을 때는 Tong의 끝부분으로 Bread의 위아래를 집어 Bread의 모양이 손상되지 않도록 한다.

③ Bread 서비스에 이어 곧바로 준비해 둔 Olive Oil을 들고 나가 승객에게 소개하고 원하는 경우 3″Plate와 Olive Oil을 승객 Table에 놓아드린다.

④ Cheese Course까지 수시로 Refill한다.

⑤ Heating한 Bread는 계속 따뜻하게 제공될 수 있도록 Oven이나 Warmer에 보관한다. Bread는 양식 취식 승객 중심으로 서비스하며 한식 취식 승객도 원하는 경우 제공한다.

(5) Appetizer

❀ 서비스 준비

① Appetizer를 Cart 상단에 6인 기준으로 가지런히 Setting한다.

② Cart 중단에는 Wine 4종/ Champagne/ Wine 서비스용 Linen을 준비한다.

③ 캐비아 서비스가 있는 경우에는 잘게 부순 얼음 위에 캐비아를 준비하고 Garnish를 준비한다.

❀ 서비스 방법

① Appetizer를 간단히 소개하고 서비스한다.

② Appetizer 서비스 후 Wine과 Champagne을 권유하여 서비스한다.

(6) Soup

✿ 서비스 준비

Soup의 온도, 맛, 묽기 등을 점검하여 뜨겁지 않은 경우 Hot Cup에 끓여 준비하고 Garnish는 필요시 Warming한다.

① Cart 상단에는 Warming한 Soup Tureen & Ladle과 Warming한 Soup Bowl을 준비한다.

② Soup Bowl에 탑재된 Garnish를 넣고 덜어서 서비스할 Tea Spoon을 준비한다.

③ 맑은 수프인 경우 차게 Chilling한 Dry Sherry를 준비한다.

④ Soup은 뜨겁게 제공되어야 하므로 승객수가 4명 이상인 경우 Soup Tureen을 2개 준비하여 서비스가 신속하게 이루어지도록 한다.

⑤ Cart 중단에는 Wine 4종/ Champagne/ Wine 서비스용 Linen을 준비한다.

⑥ 서비스 직전 Warming한 Soup Spoon을 들고 나가 승객 Table에 Setting한다.

✿ 서비스 방법

① 승객에게 Soup의 종류를 소개한다.

② Menu Book에 명시되어 있지 않은 Garnish의 경우 승객에게 소개하고 주문을 받는다.

③ Soup Tureen의 뚜껑을 열어 Cart 맨 하단에 둔다. Soup은 Warming한 Soup Bowl에 두 번에 나누어 담도록 한다. 담을 때는 Ladle을 Tossing한 후 Ladle의 밑을 Tureen 가장자리에 스치도록 하여 방울이 떨어지지 않도록 한다.

④ 승객 Table에 Soup을 서비스하고 Clear Soup인 경우 Chilling한 Dry Sherry와 Hot Sauce를 권한다.

(7) Salad-Bulk Type Salad

✿ 서비스 준비

① Cart 상단에는 Salad Bowl & Salad Tongs/ Salad Dressing(In Gravy Boat & Small Ladle), Garnish(w/Tea Spoon), Salt Shaker & Pepper Mill, Salad Plate를 준비한다.

② Cart 중단에는 Water/ Water 서비스용 Linen/ Extra Cutlery Tray를 준비한다.

③ Salad를 너무 빨리 꺼내놓을 경우 야채의 신선도가 떨어지므로 서비스 직전 Chiller에서 꺼내 준비한다.

❀ 서비스 방법

① Dressing 종류와 Anchovy를 소개하고 주문을 받는다.

② Salad Plate에 Salad Tongs로 야채와 Vegetable Garnish를 색상이 조화를 이루도록 골고루 담고 Dressing을 야채 위에 'S'자형으로 끼얹는다.

③ 주문받은 Anchovy를 보기 좋게 Topping한다.

④ Dish-up한 Salad Plate를 승객 Table에 놓아드린 후 소금과 통후추를 주문받아 Salt Shaker와 Pepper Mill을 이용하여 직접 뿌려드린다.

⑤ Wine은 Dressing의 신맛 때문에 Salad와 잘 어울리지 않으므로 승객이 원할 경우에만 제공한다.

(8) Main Dish

❀ 서비스 준비

① Main Dish Plate를 Warming하고, 각 Main Dish를 Heating 기준에 맞추어 Heating한다.

② Main Dish의 익힘 정도를 확인하고 Warming한 Main Dish Plate에 Serving Spoon과 Serving Fork를 이용하여 Dish-up한다.

③ Entree Sauce류 서비스 기준은 Dish-up 시 Entree Sauce를 Plate에 깐 다음 Entree를 그 위에 놓는다. Au Jus Sauce의 경우 Entree 전체에 골고루 끼얹는다. Beef Wellington Sauce는 Custard의 Crispy한 맛을 음미하실 수 있도록 Beef 위가 아닌 곁에 부어 서비스하며, 기타 Entree Sauce는 Entree 오른쪽 1/3 정도 위에 끼얹는다.

🌸 서비스 방법

① 승객 Table 중앙에 Main Dish Plate를 놓아드린다.

② 승객이 주문한 Main Dish에 어울리는 Wine을 권유하거나, 드시던 Wine을 Refill한다.

③ 승객이 Ready-Made Sauce나 고추장을 원할 경우 Galley에서 준비하여 갖다드린다.

④ 고추장은 비빔밥 서비스 시를 제외하고 고추장 Tube는 3″Plate에 담아드린다.

⑤ Water, Bread를 Refill한다.

【Meat류】

① 기름이 붙어 있는 경우 기름 부분이 위로 가도록 담는다.

② 뼈가 붙어 있는 경우 뼈 부분이 Plate의 상단 위쪽으로 가도록 담는다.

③ Bacon이 둘러진 Steak류는 Bacon이 둘러진 채로 모양을 살려 담는다.

【Seafood류】

① Fish의 경우 복부가 앞쪽, 꼬리가 오른쪽으로 가도록 한다.

② 조개류는 등쪽이 Plate에 닿도록 담는다.

【Starch류】

① Plate의 상단 왼쪽으로 담는다.

② Baked Potato인 경우 Garnish류를 주문받아 Sour Cream, Bacon, Chive의 순으로 Topping하여 담는다.

【Vegetable류】

① Plate 상단의 오른쪽에 백, 청, 적의 순으로 담는다.

(9) Cheese & Fruit

🌸 서비스 준비

① Cart 상단에는 Fruit을 Tray째 Setting하고 Salad Tongs를 준비한다.

② Cheese는 Cheese Board에 올리고(Blue Cheese 제외) Food Tong을 준비한다.

③ Cracker는 비닐을 벗겨 Lemon Tong과 함께 탑재된 Stainless Silver Tray에 담아 준비

한다.

④ Port Wine과 Wine Glass/6″Plate/Cocktail Napkin
을 준비한다.

⑤ Cart 중단에는 Wine 4종/Water/Wine 서비스용
Linen/Water 서비스용 Linen/Extra Cutlery Tray를
준비한다.

❀ 서비스 방법

① 준비된 치즈의 명칭을 먼저 말하고 어떤 것을 선호하시는지 여쭈어본다.

② 먼저 치즈를 주문받은 후 과일도 주문받는다. 그리고 주문받은 치즈와 과일을 Salad
Tongs를 이용하여 6″Plate에 담는다.

③ 승객 Table 오른쪽에 Knife, 왼쪽에 Fork를 Setting
한 후 Cheese & Fruit과 Cocktail Napkin을 서비
스한다.

④ Cheese & Fruit 서비스 후 Cheese와 잘 어울리는
Port Wine을 권유하여 서비스한다.

𝒯𝒾𝓅 Whole Type Fruit Cutting 요령

- 과일은 형태나 생김새에 따라 Linen Napkin으로 받쳐, 꼭지가 있는 부분부터 자르고, 과
  육이 위로 향하도록 Plate에 담는다.
① Apple, Pear : 1/20이나 1/4로 잘라 담는다.
② Peach : Whole로 제공하는 것을 원칙으로 하나 자를 때는 옆을 잘라 담는다.
③ Mango : 씨를 중심으로 옆을 길이로 잘라 Tea Spoon과 함께 제공한다.
④ Melon : 길이로 8등분하여 씨를 제거하고 한쪽씩 담는다.
⑤ Kiwi : 반으로 잘라 껍질이 붙어 있도록 하여 Tea Spoon과 함께 제공한다.
⑥ Orange : 꼭지 있는 부분을 잘라내고 Whole로 세워 담는다.
⑦ Grape : 물에 헹궈내어 별도의 Plate에 준비하여 적당량을 잘라 송이째 제공한다.
⑧ Strawberry, Cherry : 물에 깨끗이 헹구어 별도의 Plate에 준비하여 서비스한다.

(10) Dessert

❀ 서비스 준비

① Cart 상단에는 한쪽에 양식용 Dessert와 6″Plate, 다른 한쪽에 한식용 Dessert와 6″Plate를 준비한다.

② 서비스 진행상태를 감안하여 적정시점에 Ice Cream의 Dry Ice를 제거한다.

③ 항공사별로 Ice Cream과 Cake을 함께 서비스하기도 하고 각각 별도의 Large Casserole에 Setting하여, Serving Spoon과 Serving Fork를 준비하여 서비스하기도 한다.

④ Ice Cream Sauce는 Soup Bowl에 붓고 Tea Spoon을 꽂아 준비한다. (Ice Cream Sauce는 Heating하지 않는다.)

⑤ 한식용 Dessert인 떡은 8″Plate에 Food Tongs와 함께 준비한다. 두텁떡은 8″Plate 또는 Large Casserole에 담고, Tin Foil을 씌워 5분(Med)간 Heating하여 준비한다.

❀ 서비스 방법

① 다양한 종류의 Dessert가 준비되어 있음을 소개하고 주문받는다.

② 아이스크림의 경우 아이스크림의 종류와 함께 위에 Topping할 Garnish의 종류를 주문받는다. 아이스크림을 놓아드린 후 아이스크림 스푼도 서비스한다.

③ 초콜릿과 쿠키가 준비된 경우에는 2개에서 3개 정도를 6"Plate에 담아 서비스하고 함께 드실 음료도 서비스한다.

④ Cake 혹은 떡을 주문받은 경우, 승객 Table과 Fork를 Setting한 후 Cocktail Napkin과 Cake/ 떡을 Bowl째 Table 중앙에 서비스한다. 떡은 한식 취식 승객에게 우선 권하여 주문받는다.

(11) In-Between Snack 서비스

장거리 노선에서는 정규 Meal 서비스 외에 간식으로 다양한 Light Snack을 제공한다. 일등석의 경우에는 일반적으로 Bar에 Setting하여 승객이 직접 원하는 것을 선택하여 드실 수 있도록 제공한다.

● 서비스 준비

탑재된 Snack을 Bar에 Setting한다. 얼음을 담은 Ice Bucket과 각종 음료를 준비한다.

● 서비스 방법

승객이 자유롭게 선택하여 드실 수 있도록 권유하며 함께 드실 음료를 주문받아 서비스한다.

2) 비즈니스석(Business Class) 기내식 서비스

비즈니스석의 서비스는 일등석의 서비스를 조금 더 간편화한 것으로 코스와 선택의 폭을 줄인 것이다.

(1) Menu Book

● 서비스 준비

① Menu Book Cover와 안내지의 청결상태, 수량 등을 점검한다.

② 특정 서비스를 안내하는 안내지(Beaujolais Nouveau Wine 안내지, 막걸리 안내지 등) 가 탑재되는 경우 Menu Book의 해당 면에 끼워 준비한다.

● 서비스 방법

① 한 손으로 Menu Book Cover의 아랫부분을 받치고 검지손가락으로 Menu Book 첫 면을 펼쳐 승객에게 드린다.

② 해당 노선의 식사내용 및 제공 시점을 간단히 소개한다.

③ Menu Book을 한꺼번에 5개 이상 들고 서비스하지 않도록 한다.

(2) Menu Order Taking

● 서비스 준비

① 승객에게 주문을 받기 전 해당 노선에서 서비스할 Meal 내용을 숙지한다.

② Serving Tray 위에 Order Chart를 준비한다.

③ 비빔밥이 서비스되는 노선일 경우 Order Chart 아래 비빔밥 식사방법 안내지를 같이 준비한다.

● 서비스 방법

① 준비한 Order Chart를 이용하여 앞쪽 승객부터 눈높이 자세로 Main Dish를 주문받는다.

② 당일 제공되는 Main Dish의 종류를 간략하게 소개하고 승객이 주요리를 결정하지 못한 경우 요리의 재료, 조리법, 맛 등을 소개하며 결정을 돕는다.

③ Beef Steak(Portion Type)의 경우 익힘 정도(Rare, Medium, Well-done)를 주문받는다.

④ 비빔밥을 주문하는 외국인 승객의 경우 비빔밥 취식 안내지를 1부씩 제공한다.

(3) Basic Tray

Business Class의 경우에는 Basic Tray에 Appetizer가 미리 세팅되어 탑재되며 서비스 시 Food Cover를 제거하고 서비스하면 된다.

● 서비스 준비

Mineral Water를 Chilling하고, Condiment Set을 준비한다.

① 깨끗한 Tablecloth를 상단에 펼쳐 깔고, Chilling한 Mineral Water를 Tumbler Glass에 부어 Glass Rack째 Setting한다.

② 양식 Basic Tray에는 Condiment Set을 Setting한다(중장거리구간 이상).

③ 1인용 Cup Type Dressing이 Bulk로 탑재된 경우, Large Tray에 적정량 준비하여 Cart 내부 상단 1열에 Setting한다.

④ Food Cover를 제외한 Vinyl Wrap은 Galley에서 미리 제거한다.

● 서비스 방법

① Aperitif가 1/2 정도 진행되었을 때 준비된 Basic Tray Cart를 이용하여 서비스한다.

② Basic Tray 오른쪽 상단에 Tumbler Glass를 올리고 Tray Setting 상태를 정리하여 승객 Table 위에 놓아드린다.

③ Appetizer(또는 Salad)에 Food Cover가 씌워져 있는 경우, 서비스 직전 Tray 정리 시 제거하여 서비스한다.

④ 제거한 Food Cover는 Cart 맨 하단에 두어 Meal Cart 상단이 지저분해지지 않도록 유의한다.

(4) Bread

● 서비스 준비

① 'Do Not Re-Heat'이라고 명기된 Bread를 제외한 모든 Bread는 별도로 정해진 Heating 기준에 의해 Heating하여야 하며 따뜻하게 서비스될 수 있도록 서비스 직전에 꺼내어 준비한다.

② Heating하지 않는 Bread도 Chiller 등에 장시간 보관으로 인해 서비스 시 차갑게 되지

않도록 서비스 전 미리 꺼내두어 냉기를 없앤다.

③ Bread Basket에 Linen을 깔고 Bread를 종류별로 담은 후 Bread Tongs를 준비한다.

④ Garlic Bread/ Foccacia 등 향기 강한 Bread는 Linen으로 따로 감싸 다른 Bread에 그 향이 배지 않도록 한다.

🌸 서비스 방법

① Bread는 종류를 소개하고 승객이 자리에서 직접 보고 고를 수 있도록 Basket의 위치를 낮추어 보여드린다.

② Tongs로 Bread를 집을 때는 Tongs의 끝부분으로 Bread의 위아래를 집어 Bread의 모양이 손상되지 않도록 한다.

③ Heating한 Bread는 계속 따뜻하게 제공될 수 있도록 Oven이나 Warmer에 보관하며 한번에 많은 양을 가지고 나가 서비스하지 않고 중간중간 Refill하여 서비스한다.

(5) Salad

🌸 서비스 준비

① Cart 상단은 Bowl(Plate) Type Salad를 Setting한다.

② Dressing을 Gravy Boat에 담고 Small Ladle을 꽂는다.

③ 1인용 Cup Type Dressing이 탑재된 경우 6″Plate에 종류별로 용기째 준비한다.

④ Garnish는 Soup Bowl에 담아 Tea Spoon을 꽂아 준비한다.

⑤ 상단 한쪽에 Salt Shaker와 Pepper Mill을 준비한다.

⑥ Cart 중단은 Extra Salad Bowl(Plate)과 Extra Cutlery Tray를 준비한다.

✿ 서비스 방법

① Dressing과 Garnish를 소개하고 주문을 받는다.

② Small Ladle을 이용, Dressing을 야채 위에 'S'자형으로 끼얹는다.

③ 1인용 Cup Type Dressing의 경우 용기째로 서비스한다.

④ 주문받은 Anchovy Garnish를 보기 좋게 Topping한다.

⑤ Dish-up한 Salad Plate를 승객 Table에 놓아드린 후 소금과 통후추를 주문받아 Salt Shaker와 Pepper Mill을 이용하여 직접 뿌려드린다.

(6) Main Dish : 양식

양식과 한식은 별도의 Cart를 이용하여 준비 및 서비스한다.

✿ 서비스 준비

Main Dish를 종류별로 Heating 기준에 맞추어 Heating한다.

① Cart 상단은 서비스 직전 Heating한 Main Dish를 Serving Cart에 Setting한다.

② Cart 중단은 Ready-Made Sauce/고추장(In Soup Bowl)/Extra Cutlery Tray/Serving Tray/Serving Tray & Casserole Tongs/승객의 Main Dish 주문내용을 기록한 Order Chart를 준비한다.

✿ 서비스 방법

① Main Dish 서비스 직전에 Extra Cutlery Tray를 들고 나가 승객 Table 위에 부족한 Cutlery를 Refill한다.

② Order Chart를 참조하여 승객의 Main Dish를 확인한 후 음식명, 재료, 요리방법 등을 소개하며 Main Dish를 서비스한다.

③ Main Dish Casserole은 Casserole Tongs를 이용하여 집어 Serving Tray에 받쳐 승객 Tray에 놓아드린다.

④ 승객이 원할 경우 Ready-Made Sauce 및 고추장을 서비스한다.

⑤ Ready-Made Sauce류 중 Horseradish, Mustard는 Tea Spoon을 이용하여 승객의 Main Dish Casserole이나 승객이 원하는 곳에 적정량을 덜어드리고, Hot Sauce, A1

Sauce, Worcestershire Sauce는 뚜껑을 열어 병째 Table에 놓아드린다.

⑥ Main Dish 서비스 후 Bread, Wine 및 Mineral Water를 Refill한다.

(7) Main Dish : 한식(비빔밥)

✿ 서비스 준비

① Cart 상단은 Warming한 우동 Bowl에 햇반을 담아 비빔밥용 나물과 함께 Serving Cart에 가지런히 Setting한다.

② 비빔밥용 국은 Warming한 Soup Bowl에 담아 Large Tray에 Tray Mat를 깔고 6인분씩 준비한다.

✿ 서비스 방법

① Serving Cart에 준비한 밥과 나물을 승객 Basic Tray에 제공한다.

② 준비한 국을 비빔밥 취식 승객 Table에 서비스한다. 한식과 함께 서비스되는 국은 뜨겁게 서비스하여야 하는 점을 고려하여, 반드시 서비스 직전 준비하여 Large Tray를 이용, 따로 서비스한다.

③ Main Dish 서비스 후 Bread, Wine 및 Mineral Water를 Refill한다.

(8) Basic Tray 회수

✿ 서비스 준비

① Meal Cart 상단에 Tablecloth를 깔고 빈 Glassware Rack을 준비한다.

② Cart 내부 상단에 Condiment Set 회수용 Large Tray를 준비한다.

✿ 서비스 방법

① 승객이 다 드셨는지를 확인한 후 의향을 묻고 Basic Tray를 회수하여 Cart의 상단부터 채운다.

② Cheese가 서비스되는 구간에서 Bread Plate는 승객이 계속해서 드실지 의향을 물은 후 회수한다.

③ Condiment Set은 미리 준비한 Condiment Set 회수용 Tray에 따로 회수한다.

④ Basic Tray 회수 시 Water Glass와 Wine Glass는 승객의 의향을 물어 회수한다.

(9) Dessert : Cheese/Fruit/Cake(떡)을 함께 서비스하는 경우

🌸 서비스 준비

① Cart 상단은 Cheese & Fruit Tray, Cake/떡 Bowl을 Setting한다.

② Cheese & Fruit 서비스용 6″Plate를 적정량 Setting하고 Salad Tong을 준비한다.

③ Port Wine과 Wine Glass, Cocktail Napkin을 Setting 한다.

④ Linen을 접어 Fort, Knife를 담아 준비한다.

⑤ Cart 중단은 Wine 서비스용 Line, Extra 6″Plate, Extra Cake/떡 Bowl을 준비한다.

🌸 서비스 방법

① 다양한 종류의 Dessert가 준비되어 있음을 소개하고 주문받는다.

② Cheese & Fruit의 경우 주문받은 내용은 Salad Tong을 이용하여 6″Plate에 담는다.

③ 승객 Table 오른쪽에 Knife, 왼쪽에 Fork를 Setting한 후 Cheese & Fruit과 Cocktail Napkin을 서비스한다.

④ Cheese & Fruit 서비스 후 Cheese와 잘 어울리는 Port Wine을 권유하여 서비스한다.

⑤ Cake 혹은 떡을 주문받은 경우, 승객 Table과 Fork를 Setting한 후 Cocktail Napkin과 Cake/떡을 Bowl째 Table 중앙에 서비스한다. 떡은 한식 취식 승객에게 우선 권하여 주문받는다.

3) 일반석(Economy Class) 기내식 서비스

(1) Towel : Refreshing Towel

🌸 서비스 준비

① Refreshing Towel은 Chilling하지 않고 탑재된 상태 그대로 준비한다.

② Towel Basket에 담당 Zone의 승객수만큼 담아 준비한다.

❁ 서비스 방법

① 각 기종별로 정해진 Serving Flow에 따라 제공한다.

② 회수 시에는 승객이 직접 Towel Basket에 담을 수 있도록 유도하거나 승무원이 회수하며, Towel Basket에는 적정량을 담아 2~3회 반복 회수한다.

(2) Towel : Cotton Towel

❁ 서비스 준비

① Oven을 이용하여 Med 20~25분 정도 뜨겁게 Heating한다.

② Heating된 Towel을 Basket에 적정량을 담고, 탑재된 향수를 Spray하여 준비한다.

③ Towel은 Basket당 30개(3Pack) 정도를 담는 것이 적당하며 최대 40개(4Pack) 이상을 넘지 않도록 한다.

❁ 서비스 방법

① 각 기종별로 정해진 Service Flow에 따라 서비스한다.

② 손바닥으로 Towel Basket의 아랫부분을 받치고 Tongs를 이용하여 둥글게 말아진 형태로 서비스한다.

③ Towel Tong는 미사용 시 Towel Basket 아랫부분에 위치하도록 한다.

④ 서비스 시 뜨거운 Towel로 인해 승객이 화상을 입지 않도록 안내한다.

⑤ 회수 시에는 승객이 직접 Towel Basket에 담을 수 있도록 유도하거나 Tong을 이용하여 회수하며 Towel Basket에는 적정량만을 담아 2~3회 반복 회수한다.

⑥ 회수된 Towel은 기내 장착된 회수용 Can에 넣거나 회수용 Bag에 담아 빈 Meal Cart에 보관한다.

(3) Menu Book

❁ 서비스 준비

탑승 승객의 인원에 맞추어 청결상태를 확인하여 준비한다. Menu Book의 언어는 자국어와 영어가 기본적으로 표기되며 노선에 따라 제3 외국어가 추가로 표기된다.

🌸 서비스 방법

① Menu Book의 아랫부분을 잡고 한 장씩 승객에게 나누어드리며 오늘 탑재된 Menu에 대하여 간략하게 소개한다.

② 승객 한 분 한 분 눈을 마주치며 설명하여 소외받았다는 느낌이 들지 않도록 한다.

(4) Meal

🌸 서비스 준비

[Meal Check & Entree Heating]

① Ground Preparation 시 Meal Tray와 Entree가 당일 탑승객 숫자에 맞게 탑재되었는지 확인한다. (1st Meal, 2nd Meal, Movie Snack, Special Meal)

② 탑재된 음식물의 청결 및 신선도와 Chiller의 작동상태를 확인한다.

③ Meal SVC 30분 전 Chiller를 Off하고 Meal Cart 상단 Drawer 내에 Setting되어 있는 Dry Ice를 제거한다(2nd Meal은 1시간 전에 Off).

Meal Tray

Etree

④ 예열된 Oven에 Entree 종류와 특성에 맞게 Oven Timer(15~20분)와 Heating온도(Med)를 설정한 후, Heating을 실시한다. 이때 Tin Foil이 벗겨지지 않도록 한다.

⑤ Heating이 끝나면, Physical 점검을 실시하여, 추가 Heating 여부를 결정한다.

⑥ Heating이 끝나면, Meal Tray에 Entree를 Setting한다. 이때 내용물의 변형을 막기 위하여 포개어 놓지 않는다. 또한 훼손된 Entree Tin Foil은 완전히 제거한 후 새것으로 교환하여 Setting한다.

⑦ Air Chiller가 장착되어 있는 경우 Meal Setting이 끝난 Meal Cart를 보관할 때는 Air Chiller를 미리 Off 시킨다.

Tip 기내에 주로 탑재되는 Entree!(Main Dish/Starch/Vegetable/Mixed Grill)

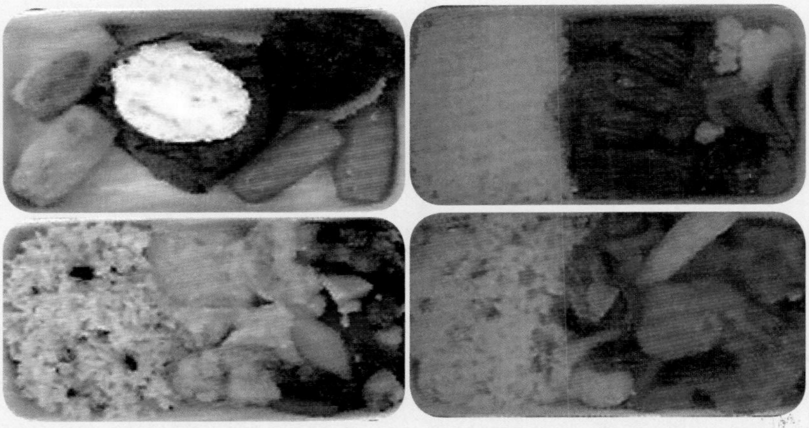

Dinner or Lunch: Beef Steak w/Potato Chateau, 불갈비 w/Steamed Rice, Seafood w/Fried Rice

Breakfast: Omelet w/Potato Wedges, Quiche w/Asparagus, Frittata w/Hash Brown

---

[Meal Cart Top]

① Assorted Soft Drink가 Setting된 Drawer를 Meal Cart Top에 놓는다.

② 해당 노선, 비행 시간대 및 식사 특성에 맞게 M/W, Wine, Bread, Coffee/Tea(Breakfast SVC), Hot Water(한식 국 SVC), P/L Cup, 고추장, Napkin 등을 Cart Top에 추가로 Setting한다.

③ 빵을 Heating하여 SVC하는 구간에서는 Bread Basket에 Linen을 깔고 Heating된 빵을

담아 준비한다.

④ 한식을 SVC하는 경우, Hot Water가 담긴 Coffee Pot을 Setting한다.

⑤ Breakfast를 SVC하는 경우, Coffee Pot에 각각 Brew Coffee와 Black Tea를 준비한다.

⑥ 이때 빵, Hot Water, Coffee/Tea는 식지 않도록 SVC 직전에 준비한다.

✳ 기내식 Cart Top

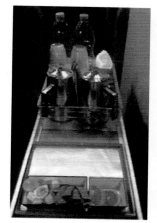

Breakfast w/Coffee/Tea

Breakfast w/Coffee/Tea & Bread

Collection w/Water

Dinner w/Wine

Dinner w/Wine & Bread

Dinner w/Wine & Hot Water
Meal Cart Top

⚙ 서비스 방법

① 서비스 시점 및 기종별로 정해진 Service Flow에 따라 제공한다.

② Aperitif Service가 종료된 후 Used Cup 등을 회수하고 Galley 및 Aisle을 정리 정돈한

후 Meal을 서비스한다.

③ Meal Cart Top Setting이 완료되면 Meal Cart를 담당 Zone 1st Low에 위치시킨 후 Cart Lock을 한다.

④ 같은 열/ 같은 Side 손님들에게 Entree를 소개한 후, 주문을 받는다. Entree 소개 시에는 Main Dish, Starch, Mixed Grill, Style(양식/한식/중식/일식) 등을 간략히 소개한다. (예: 한식 불갈비와 백반, Seafood w/Fried Rice In Chinese Style)

⑤ 원하는 Choice가 없을 경우, 다른 Zone에 Choice가 있는지 확인하고, 없을 경우 손님께 양해를 구한다.

⑥ Dinner의 경우, Meal Tray를 드린 후 곧바로 Wine을 주문받는다. Wine을 드시지 않을 경우, Cart Top에 Setting된 음료를 소개하고 서비스한다.

⑦ Wine을 드실 경우, Setting된 Wine을 소개하고, Label을 Showing하며 7부가량 Pouring한다. 이때 Wine Bottle 입구가 Wine Glass에 닿지 않도록 1cm 정도 간격을 유지하며 따른다. 다 따르기 직전에는 Stop & Twist하여 Dropping을 방지한다. Wine을 서비스한 후에는 다른 음료도 추가로 주문받는다. Meal 서비스를 마치면 바로 2nd Wine 서비스를 실시하여 Refill한다.

⑧ Breakfast의 경우, Meal의 특성상 Meal Tray를 드린 후 곧바로 Coffee/Tea를 주문받는다. 역시 Meal 서비스를 마치면 바로 2nd Coffee/Tea SVC를 실시하여 Refill한다.

⑨ 한식을 드시는 경우, Tray에서 국 뚜껑을 제거하고 준비된 Hot Water를 부어드리며, 이때 국이 뜨거움을 안내한다.

⑩ 식사 대신 음료만 드시는 경우, Cocktail Napkin과 함께 드리며, 주무시는 손님의 경우, Sleeping Tag을 붙이고 수시로 확인한다.

⑪ Meal Cart를 이용하지 않고 개별적으로 Meal Tray 제공 시 2개 이상 포개어 들지 않도록 한다.

⑫ Galley 담당 승무원은 담당 Zone, 각 Aisle의 Service 진행 여부를 확인하고, Meal Tray가 부족할 경우 여유 있는 Cart로부터 Meal Tray를 전달하는 등 Meal Service가 동시에 종료될 수 있도록 조절한다.

Tip 기내에 탑재되는 한식 Tray

한식 비빔밥

영양쌈밥

❀ 회수 방법

① 빈 Drawer 및 생수 등이 준비된 회수 Cart로 Meal Tray 회수를 실시한다.

② 회수 시에는 손님께 회수 안내와 함께 식사를 잘 마치셨는지, 혹은 더 필요한 것은 없는지 여부 등을 확인하여, 식사 중인 Tray를 미리 회수하는 실수를 미연에 방지한다.

③ 회수 시 Tray를 손님 머리 위로 나르거나, Tray가 Over-Load되지 않도록 한다.

④ Tray 외에 휴지, 비닐 등을 치울 경우, 치워도 되는지 반드시 손님께 확인하도록 한다.

⑤ 식사를 마친 손님일지라도 동석한 손님이 식사 중일 때 수거하는 것은 예의에 어긋나므로 나중에 함께 치워드리도록 한다. 그러나 부득이 치워드려야 하는 상황이라면, 손님께 양해말씀을 드린 후 회수한다.

4) 한정식 기내식 서비스

(1) 한정식의 서비스 개요

모든 한식은 Galley에서 개별적으로 준비하여 서비스한다. 비빔밥을 포함한 모든 한식은 Main Dish Course에서만 양식과 다르게 서비스되지만 한정식은 각 Course별로 양식과 구분되는 음식을 제공하는 일등석만의 특화 서비스이다. 한정식은 Large Basic Tray에, 비빔밥을 포함한 모든 한식은 Large Tray에 Cotton Tray Mat를 깔고 한상 차림으로 준비하여 제공한다. 비빔밥과 한정식용 Cutlery는 한식 수저 & 받침대를 사용하고, 기타 한식 서비스용 Cutlery는 Soup Spoon과 Chopsticks를 Linen Napkin으로 감싸서 준비한다.

(2) 한정식 서비스

⚙ 서비스 준비

① 밥, 국, 죽, Main Dish 서비스용 Chinaware를 Warming한다.

② 햇반, 한정식용 Main Dish를 Heating하고, 국을 Hot Cup에 끓인다.

③ 죽이 Plastic Jar에 탑재된 경우 Jar의 뚜껑을 열어 Vinyl Wrap을 씌운 뒤 Microwave Oven에 넣고 2분 30초간 데운다. 죽이 Vinyl Pack에 탑재된 경우 Oven을 이용하여 데운다.

④ Large Basic Tray에 Cotton Tray Mat를 깔고 반찬을 미리 준비한다.

⑤ Main Dish Course 직전 준비한 Large Basic Tray에 밥, 국, Main Dish를 얹어 준비한다.

⚙ 서비스 방법

① Tablecloth Spread & Setting Course에서 한식 수저 & 받침대를 미리 Setting해 드린다.

② 각 Course별로 한정식용 Appetizer, 죽을 서비스한다.

③ Salad Course에서는 양식 취식 승객과 동일하게 Fork & Knife를 준비해 드리되 한식 수저와 받침대는 Main Dish까지 사용하시므로 회수하지 않는다.

④ Main Dish Course에서 준비된 Large Basic Tray를 승객 Table에 Tray째 서비스한다.

⑤ 승객 Table 위의 Tumbler Glass/Wine Glass를 Large Basic Tray 오른쪽 상단으로 올린다.

⑥ Dessert 서비스 시에는 한정식용 Dessert를 서비스한다.

(3) 비빔밥[중/장거리]

⚙ 서비스 준비

① 밥그릇, 국그릇을 Warming한다.

② 햇반을 Heating(Low 15분)하고, 국을 Hot Cup에 끓인다.

③ Large Tray에 Cotton Tray Mat를 깔고 반찬/나물/김/참기름/고추장을 미리 준비한다.

④ Main Dish Course에서 준비된 Large Tray에 밥, 국을 얹어 준비한다.

① Main Dish Course 시작 전 한식 수저 & 받침대를 승객 Table에 Setting한다.

② Main Dish Course에서 준비한 Large Tray를 승객 Table에 Tray째 서비스한다.

③ 승객 Table 위의 Tumbler Glass/Wine Glass를 Large Tray 오른쪽 상단으로 올린다.

④ Dessert 서비스 시에는 한식용 Dessert를 서비스한다.

(4) 도가니탕/꼬리곰탕

◉ 서비스 준비

① 우동 Bowl, Soup Bowl을 Warming한다.

② 도가니탕/꼬리곰탕 국물을 Hot Cup에 부어 끓인다.

③ Hot Cup의 국물이 끓으면 도가니/꼬리를 넣어 한번 더 끓인다.

④ Large Tray에 Cotton Tray Mat를 깔고 반찬류와 양념장, 한식용 Cutlery를 미리 준비해 둔다.

⑤ 우동 Bowl에 도가니탕/꼬리곰탕을, Soup Bowl에 밥을 담아 Main Dish Course 서비스 직전 준비한 Large Tray에 Setting한다.

◉ 서비스 방법

① Tablecloth Spread & Tableware Setting Course에서 도가니탕/꼬리곰탕 취식 승객에게 한식용 Cutlery를 Setting한다.

② Main Dish Course에서 준비한 Large Tray를 들고 나가 승객 Table에 Tray째 서비스한다.

③ 승객 Table 위의 Tumbler Glass/Wine Glass를 Large Tray 오른쪽 상단으로 올린다.

(5) 북엇국

◉ 서비스 준비

① 우동 Bowl, Soup Bowl을 Warming한다.

② Hot Cup에 8부 정도의 물을 부어 끓인다(4인 기준).

③ Hot Cup의 물이 끓으면 Instant 북엇국 Pack을 넣어 잘 저은 후 2~3분 간 더 끓인다(북어국 1Pack은 2인 기준).

④ 북엇국이 끓으면 콩나물과 두부를 넣고 한번 더 끓인다.

⑤ Large Tray에 Cotton Tray Mat를 깔고 반찬류와 고춧가루 등을 미리 준비해 둔다.

⑥ 우동 Bowl에 북엇국을, Soup Bowl에 밥을 담아 Main Dish Course 서비스 직전 준비한 Large Tray에 Setting한다.

🌣 서비스 방법

① Tablecloth Spread & Tableware Setting Course에서 북엇국 취식 승객에게 한식용 Cutlery를 Setting한다.

② Main Dish Course에서 준비한 Large Tray를 들고 나가 승객 Table에 Tray째 서비스한다.

③ 승객 Table 위의 Tumbler Glass/Wine Glass를 Large Tray 오른쪽 상단으로 올린다.

(6) 죽

🌣 서비스 준비

① 우동 Bowl을 Warming한다.

② Hot Cup에 물을 부어 끓인 다음 Instant Pack을 넣고 5~7분간 중탕한다(죽 1Pack은 1인 기준).

③ Large Tray에 Cotton Tray Mat를 깔고 반찬류와 붕어간장을 미리 준비한다.

④ 우동 Bowl에 죽을 담아 Main Dish Course 서비스 직전 준비한 Large Tray에 Setting한다.

🌣 서비스 방법

① Tablecloth Spread & Tableware Setting Course에서 죽을 주문하신 승객 Table에 한식용 Cutlery를 Setting한다.

② Main Dish Course에서 준비한 Large Tray를 들고 나가 승객 Table에 Tray째 서비스한다.

③ 승객 Table 위의 Tumbler Glass/Wine Glass를 Large Tray 오른쪽 상단으로 올린다.

(7) 냉국수

🌣 서비스 준비

① 냉국수 국물은 냉장고나 Ice를 이용하여 차갑게 보관한다(국물 양 : 1Btl/2인분).

② Large Tray에 Tray Mat를 깔고 반찬류와 양념장을 미리 준비한다.

③ 국수를 차가운 물로 가셔낸 다음 우동 Bowl에 담는다. 색깔별로 고명을 올린 다음 국물을 붓는다. (Ice 3~4개를 띄워 시원한 맛을 더한다.)

④ 온면을 Main Dish Course 서비스 직전 준비한 Large Tray에 Setting한다.

🌣 서비스 방법

① Tablecloth Spread & Tableware Setting Course에서 냉국수 취식 승객에게 한식용 Cutlery를 Setting한다.

② Main Dish Course에서 준비한 Large Tray를 들고 나가 승객 Table에 Tray째 서비스한다.

③ 승객 Table 위의 Tumbler Glass/Wine Glass를 Large Tray 오른쪽 상단으로 올린다.

(8) 라면

라면, 온면, 우동과 같은 면류의 서비스 준비와 방법은 거의 흡사하다. 다음 기준에 맞추어 서비스하도록 한다.

🌣 서비스 준비

① Hot Cup에 뜨거운 물을 붓고 끓인다.

② 끓는 물에 면과 수프를 넣고 젓가락으로 잘 저은 후 라면의 두께에 따라 다르지만 일반적으로 5~6분 정도 끓인다. (일회용 용기의 라면은 1~2분 정도만 끓인다.)

③ 계란은 반드시 승객의 기호를 여쭙도록 한다.

④ 3"Plate에 단무지와 김치를 종류별로 가지런히 담는다.

⑤ Soup Spoon과 Chopsticks를 Linen Napkin으로 감싸 준비한다.

⑥ 우동 Bowl에 끓인 라면을 담고 Garnish(파, 버섯 등)를 Topping한다.

❀ 서비스 방법

① Large Tray에 Cotton Tray Mat를 깔고 단무지, Water, 한식용 Cutlery, 라면 등을 준비하여 라면 취식 승객 Table에 Tray째 제공한다.

② 승객이 Rice를 원할 경우에는 Soup Bowl에 담아 준비한다.

(9) 오미자 배화채/수정과/식혜

❀ 서비스 준비

① 오미자 배화채/수정과/식혜를 Chilling한다.

② 오미자 배화채/수정과/식혜 전용 Bowl과 Saucer를 준비한다.

③ 오미자 배화채/수정과/식혜 전용 Bowl과 Saucer에 오미자/수정과/식혜를 8부까지 담는다.

④ 오미자 배화채에는 꿀에 절인 배와 잣을, 수정과와 식혜에는 잣을 띄워 Saucer에 받치고, Tea Spoon을 함께 준비한다. 잣은 홀수로 3개 또는 5개 정도 띄운다.

⑤ Saucer에 Tea Spoon을 같이 준비한다.

❀ 서비스 방법

① Serving Tray에 오미자 배화채/수정과/식혜를 준비하여 서비스한다.

② 오미자 배화채/수정과/식혜 서비스 시에는 두텁떡/증편/녹두신감초점증병을 권유한다.

(10) 두텁떡/증편/녹두신감초점증병

떡은 Meal 서비스 중에는 한식의 Dessert로, 승객 Rest 시에는 In-Between Snack으로 서비스한다.

❀ 서비스 준비

① 증편/녹두신감초점증병 : 한식 Dessert로 서비스 시에는 6″Plate에, In-Between Snack으로 서비스 시에는 5″Plate에 2개씩 담는다.

② 두텁떡 : Oven에서 5분(Med) 정도 Heating하여 따뜻하게 준비한다. 한식 Dessert로 서비스 시에는 Warming한 6″Plate에, In-Between Snack으로 서비스 시에는 Warming

5″Plate에 2개씩 담는다.

서비스 방법

① 두텁떡/증편/녹두신감초점증병을 담은 Plate와 Fork를 승객 Table에 놓아드린다.

(11) Cookie

서비스 준비

① Oven Pan에 Tin Foil을 깔고 Cookie를 일정한 간격으로 Setting한다.

② Oven에 20분(Med) 정도 Heating한다.

③ Heating이 끝난 후 Oven Pan째 꺼내 Cookie를 차갑게 식힌다.

서비스 방법

① 5″Plate에 2개씩 담아 Serving Tray에 준비하여 승객 Table에 놓는다.

✈ 단원문제

Q1. First Class 기내식 서비스 Main dish의 종류 4가지를 설명하고 특징을 나열하시오.

Q2. Bread 서비스 준비 중 주의해야할 점을 설명하시오.

Q3. Whole Type Fruit Cutting 요령을 설명하시오.

Q4. Economy Class의 Towel 종류를 쓰고 서비스 준비방법을 순서대로 나열하시오.

Q5. Economy Class 기내식 서비스를 할 때 Meal Cart Top의 특징 3가지를 설명하시오.

Q6. 양식과 한정식의 서비스의 차이점을 설명하시오.

Q7. 비빔밥 서비스 준비는 어떻게 이루어지는지 설명하시오.

Q8. Meal Service 중 Wine 서비스의 방법을 순서대로 서술하시오.

Q8. 라면, 온면, 우동과 같은 면류의 서비스 준비와 방법을 간단히 설명하시오.

Q10. Meal Service 방법의 특징 5가지 이상을 서술하시오.

항공기 기내식 식음료 서비스실습

과목명	항공기식음료론	수행 내용
실습 1. 실습 2. 실습 3.		

승무원역할 팀	실습 No.	실습생 명단(명)	승객역할 팀
1팀	1		2팀
	2		
	3		
2팀	1		3팀
	2		
	3		
3팀	1		4팀
	2		
	3		
4팀	1		1팀
	2		
	3		

*팀장은 사전에 실습 준비용품을 준비바랍니다.

실습평가표

과목명		평가 일자	
학습 내용명		교수자 확인	
교수자		평가 유형	과정 평가
실습학생	학번	학과	
	학년/반	성명	

평가 관점	주요내용	교수자의 평가		
		A	B	C
실습 도구 준비 및 정리	• 수업에 쓰이는 실습 도구의 준비			
	• 수업에 사용한 실습 도구의 정리			
실습 과정	• 실습 과정의 주요 내용을 노트에 주의 깊게 기록			
	• 실습 과정에서 새로운 아이디어 제안			
	• 실습에 적극적으로 참여(주체적으로 수행)			
태도	• 주어진 과제(또는 프로젝트)에 성실한 자세			
	• 문제 발생 시 적극적인 해결 자세			
	• 인내심을 갖고 과제를 끝까지 완수			
행동	• 수업 시간의 효율적 활용			
	• 제한 시간 내에 과제 완수			
협동	• 조별 과제 수행 시 조원과의 적극적 협력 및 소통			
	• 조별 과제 수행 시 발생 갈등 해결			

종합의견

김경옥(2011), 서양요리, 예문사.

김기재・김주희・돈타롤리・김명진(2005), 와인을 알면 비즈니스가 즐겁다, 세종서적.

김대철(2009), 와인과 음식, 한올출판사.

김대철(2009), 와인과 포도, 한올출판사.

김완수・이경애・구난숙(2008), 식품위생학, 파워북.

김재홍(2010), 아시아나, '7성급 기내식' 제공, 세계일보(2010.06.24).

김지향・민성희 외(2008), 새로 쓴 식품학 및 조리원리, 수학사.

박영배・정연국・조춘봉(2010), 음료・주장관리, 백산출판사.

박영배・나영선・권동극(2000), 호텔 외식산업 식음료 관리론.

박한표(2007), 와인 아는 만큼 즐겁다, 대왕사.

방우석・김옥경 외(2011), 식품위생학, 지구문화사.

성중용(2010), 위스키 수첩, 우듬지.

안재민(2011), 대한항공, 中잡지가 꼽은 '세계 최고 기내식 항공사', 이데일리(2011.05.13).

윤정식(2010), 최고의 기내식 한식, 아시아나에 있소이다, 헤럴드뉴스(2010.09.27).

이두찬・이은정・최정윤・정수식・최영준(2010), 서양요리, 교문사.

이영미(2004), 치즈, 김영사.

이영희・이지민・양정미(2006), 항공기 식음료론, 연경문화사.

이정학(2004), 호텔 식음료 실습, 기문사.

이종필・김옥란・함형만(2006), 서양조리, 효일출판사.

이주희 외 (2008), 과학으로 풀어 쓴 식품과 조리원리, 교문사.

조영신・김선희 외(2011), 항공객실업무개론, 한올출판사.

전수진(2006), 잘 먹고 잘사는 법 1, 2, 가치창조.

전현모・함문훈・김광수(2008), 프랑스 와인, 대왕사.

정영오(2010), 기내식이 맛없는 이유? 소음 때문에, 한국일보(2010.10.17).

정혜경(2009), 천년한식견문록, 생각의나무.

정혜정(2003), 조리용어사전, 효일.

한치원 외(2006), 뉴 서양조리, 도서출판 효일.

호텔신라서비스교육팀(1999), 현대인을 위한 국제매너, 김영사.

홍철희・함형만 외(2007), 과학적 조리의 원리의 이해, 대왕사.

대한항공 객실 훈련원(2002), Food & Beverage, 대한항공.

Adams, A.(1995), "Food Safety: The final solution for the hotel and catering industry", British Food Journal, vol. 94, no. 4, pp. 19–23.

Adams, C.(2000), "HACCP Applications in the Food service Industry", Journal of the association of food and drug officials, vol. 94, pp. 422–425.

Anon(1999), "Why SPML? For Variety of Reasons, Passengers Pick a Special Meal", PAX international, Mar/Apr., 18.

Baker, J(2000), "Sky High Standards", Caterer & Hotelkepper, vol. 188, no. 4131, pp. 30–31.

Bareham, J.(1995), Consumer Behaviour in the Food Industry: a European Perspective, Oxford: Butterworth–Heinemann Ltd.

Behan, R.(2002a), "Air Rage Attacks Coming Hard and Fast: Assaults on cabin staff are not only more frequent but more violent, according to a survey conducted on a British airline", Daily Telegraph, /02, 5.

Behan, R.(2002b), "Judge says Drink and Flying don't Mix: Virgin Atlantic Criticised in court for selling alcohol to abusive passenger", Daily Telegraph, 09/03/02, 5.

Brody, J. E.(2002), "On the Long flights, Take steps, Lots of Them", The New York Times, 17, Dec.

Calder, S.(2000), "The Complete Guide to Air Rage", The Independent, 18, Mar.

Cardello, A. V.(1996), "Food Choice, Acceptance and Consumption", In Food Choive Acceptance and Consumption, Meiselman HL and MacFie HJH Eds., Chapman and Hall.

Cohen, A.(2002), "When the Drinks Trolley Hits a Bump: Business travel: Don't take your inflight drink for granted. Air rage and DVT are putting the cork back in the bottle", The Financial Times, 11 June.

DK Publishing(2009), The World Cheese Book, DK ADULT.

Finn, G.(1998), "Branson Launches Air Rage Blacklist", The Independent, 2 Nov.

Frank, P.(2000), "Sky Meals", Food Product Design, vol. 10, no. 1, pp. 107–115.

Hargrave, S.(1997), "Sitting Still on Long Flights can Lead to Fatal Blood Clotting", Sunday Times, 2 Nov.

Jancis Robinson(2005), Wine & Spirits, WSET.

Johnny Iuzzini & Roy Finamore(2010), Dessert Four Play, Clarkson Potter.

Kahn, F.(1995), "Throw a Chicken in the Air...", Financial Times, 21–22 Oct.

Keenan, S.(2002), "DVT Study Calls for an End to In–flight Alcohol", The Times, 16 May.

Kevin Zraly(2010), Complete Wine Course, 한스미디어.

Landstrom, R.(2001), "For a Special Group : US Airways Revamps SPML Lineup", PAX International, vol. 5, no. 5, pp. 40–42.

Miles, P.(2002), "Peace Breaks Out at 3,000ft: Air rage incidents are on the wane", Daily Telegraph, 28 Sept.

Milmo, C.(2001), "Professor with His Stomach in the Clouds and a Tasteless Task Ahead", The independent, 24 Jan.

Momberger, K., and Momberger, M.(2003), Aviation Catering News, Momberger Airport information, 25 Nov.

Perry, I.(2003), "Air Travellers Needn't Succumb to Cabin Fever : Perceptions of the health risks we run with air travel often do not fit the facts", The Guardian, 4 May.

Peter, J.(2004), "Flight Catering", IFCA.

Stuart Walton & Suzannah Olivier · Joanna Farrow(2006), The Bartender's Companion to 750 Cocktails, Hermes House.

Thrombosis Online(2002), Fast Facts about Deep Vein Thrombosis and Pulmonary Embolism [Online], Available from : http://www.thrombosisonline.com/dvt-fact-sheet[Accessed21/05/03].

Wurtman, R. J., Hefti, F., and Melamed, E.(1981), "Precursor Control of Neurotransmitter Synthesis", Pharmacological Review, no. 32, pp. 315-335.

Young, R.(1995), "Airline Wines are Getting better", The Times, 13 July.

〈사이트 및 사진〉

http://www.airlinesmeal.net.

http://www.asianaairline.co.kr

http://www.cheesesupply.com

http://WWW.foodsubs.com

http://www.gourmetfb.co.kr

http://france.co.kr

http://www.Koreanair.co.kr

http://cheesekindmain.htm

www.smkf.com

* 치즈자르기 사진

  http://cafe.naver.com/lovecheese01.cafe?iframe_url=/ArticleRead.nhn%3Farticleid=7&imgsrc=data 40%2F2008%2F12%2F16%2F33%2Fabout_55a_yuriko.jpg&topReferer=http%3A%2F%2Fcafeblog. search.naver.com

* 치즈나이프 사진

  http://blog.naver.com/uscheese486?Redirect=Log&logNo=40106718079

* 레르담 1

  http://blog.naver.com/ahrath?Redirect=Log&logNo=110085709184&topReferer=http://cafeblog.search. naver.com&imgsrc=20100507_93/ahrath_1273171284741soYvU_jpg/leerdammer_ahrath.jpg

* 레르담 2

  http://cafe.daum.net/ssing790/AKWN/49?docid=1HQvV|AKWN|49|20090423235234&q=%B7%B9% B8%A3%B4%E3&srchid=CCB1HQvV|AKWN|49|20090423235234

* 브릭 1

  http://blog.naver.com/taco22?Redirect=Log&logNo=140105900501

* 브릭 2

  http://blog.naver.com/cooktalk?Redirect=Log&logNo=60099640672

* 콜비 2

  http://blog.naver.com/redfox00kr?Redirect=Log&logNo=140047690307&topReferer=http://cafeblog.
  search.naver.com&imgsrc=data44/2009/5/28/294/colby300_redfox00kr.jpg

* 플랑

  http://cafe.naver.com/sitcomfriend.cafe?iframe_url=/ArticleRead.nhn%3Farticleid=5071

* 람부탄

  http://blog.naver.com/suger1130?Redirect=Log&logNo=150009170168

* 망고스틴

  http://imagesearch.naver.com/search.naver?where=idetail&rev=10&query=%B8%C1%B0%ED%BD%
  BA%C6%BE&from=image&ac=-1&sort=0&res_fr=0&res_to=0&merge=0&spq=0&start=49&a_q=&n_
  q=&o_q=&img_id=cafe20340869%7C42%7C78_2&font=d

* 파르페

  http://blog.naver.com/bestone13?Redirect=Log&logNo=150002679059&topReferer=http://cafeblog.
  search.naver.com&imgsrc=data14/2006/3/17/253/%C6%C4%B8%A3%C6%E4%281317%29-
  bestone13.jpg

* 에그타르트

  http://blog.naver.com/viagem?Redirect=Log&logNo=110086300497

* 망고푸딩

  http://imagesearch.naver.com/search.naver?where=idetail&rev=10&query=%B8%C1%B0%ED%20
  %C7%AA%B5%F9&from=image&ac=-1&sort=0&res_fr=0&res_to=0&merge=0&spq=0&start=3&img_
  id=blog10979147%7C7%7C70000749946_1&font=d

* 나띠야

  http://blog.naver.com/aristata73?Redirect=Log&logNo=110043566579

* 크렘블레

  http://blog.naver.com/cjstkddbswl?Redirect=Log&logNo=10083684377

* 인도라씨

  http://blog.naver.com/djanus?Redirect=Log&logNo=90084453589

* 미국 치즈케이크

  http://blog.naver.com/bleutree?Redirect=Log&logNo=120103707957

* 보이차

  http://blog.daum.net/foreverland/15965704
* 식혜

  http://www.cyworld.com/eunkyo/3580248

〈동영상〉

https://www.youtube.com/watch?v=-E6ZJ-g-6Cc
https://www.youtube.com/watch?v=lMfcHd-Pwo
https://www.youtube.com/watch?v=wJwwO7nH6nk
https://www.youtube.com/watch?v=7AYiUEiHtEU
https://www.youtube.com/watch?v=uCGNGwHN6sw
https://www.youtube.com/watch?v=1vVqLU8ZLdM
https://www.youtube.com/watch?v=K3Rz25r4cEY
https://www.youtube.com/watch?v=j8VK9x3asgo
https://www.youtube.com/watch?v=j8VK9x3asgo
https://www.youtube.com/watch?v=qVNnzSyCf7l
https://www.youtube.com/watch?v=KY8AEHDq_7w
https://www.youtube.com/watch?v=eRYpc6BuHMw
https://www.youtube.com/watch?v=YtDWQXmgYNc
https://www.youtube.com/watch?v=OO4aPgwE0-c
https://www.youtube.com/watch?v=TbjT6cU_s-8
https://www.youtube.com/watch?v=qWDjShh9fk4
https://www.youtube.com/watch?v=5m2gMM1rt70&list=PLWPkA5hSBzBulJGdYWDr4qfQ-K0rima7q
https://www.youtube.com/watch?v=PUOu86jGx8k
https://www.youtube.com/watch?v=K_Wm2avLhTA
https://www.youtube.com/watch?v=DvkniLXkkSE
https://www.youtube.com/watch?v=RqxETeymNyQ
https://www.youtube.com/watch?v=yHXGZ3QyJ98
https://www.youtube.com/watch?v=4Hpwhk5B3r8
https://www.youtube.com/watch?v=UTJqZkdFMk8
https://www.youtube.com/watch?v=GeSoWAh9Sio

PROFILE

김선희
순천향대학교 대학원 관광경영학 박사
㈜대한항공 객실승무원
전) 중부대학교 항공서비스학과 교수

조영신
동국대학교 대학원 호텔관광경영학 박사
㈜아시아나항공 캐빈승무원
전) 서울신학대학교 관광경영학과 교수

양정미
인하대학교 대학원 교육학 박사
㈜대한항공 객실부사무장
현) 극동대학교 항공운항서비스학과 교수

서현경
경기대학교 서비스경영전문대학원 서비스컨설팅
　박사과정 수료
㈜대한항공 객실부사무장
현) 국제대학교 항공서비스학과 교수

김윤진
인하대학교 대학원 경영학 박사
㈜대한항공 객실사무장
전) 인하공업전문대학 항공운항과 교수

이효선
중앙대학교 대학원 인적자원개발학 박사
㈜대한항공 객실부사무장
현) 극동대학교 항공운항서비스학과 교수

정희용
한남대학교 경영학 박사
㈜대한항공 객실승무원
현) 배재대학교 항공운항과 교수

저자와의
합의하에
인지첩부
생략

항공기내식음료론

2023년 2월 20일 초판 1쇄 인쇄
2023년 2월 25일 초판 1쇄 발행

지은이 김선희 · 조영신 · 양정미
　　　　서현경 · 김윤진 · 이효선 · 정희용
펴낸이 진욱상
펴낸곳 (주)백산출판사
교　정 성인숙
본문디자인 신화정
표지디자인 신화정

등　록 2017년 5월 29일 제406-2017-000058호
주　소 경기도 파주시 회동길 370(백산빌딩 3층)
전　화 02-914-1621(代)
팩　스 031-955-9911
이메일 edit@ibaeksan.kr
홈페이지 www.ibaeksan.kr

ISBN 979-11-6567-616-2　93590
값 34,000원